W0259131

Verlag von Julius Springer in Berlin W 9

Handbibliothek für Bauingenieure

Ein Hand- und Nachschlagebuch für Studium und Praxis

Herausgegeben von

Robert Otzen
Geheimer Regierungsrat,
Professor an der Technischen Hochschule zu Hannover

I. Teil: Hilfswissenschaften .... 5 Bände
II. Teil: Eisenbahnwesen und Städtebau .. 9 Bände
III. Teil: Wasserbau .... 8 Bände
IV. Teil: Brücken- und Ingenieur-Hochbau . 4 Bände

Inhaltsverzeichnis.

I. Teil: Hilfswissenschaften.

1. Band: Mathematik. Von Prof. H. E. Timerding, Braunschweig. Mit 192 Textabbildungen. VIII und 242 Seiten. 1922.
2. Band: Mechanik. Von Dr.-Ing. Fritz Rabbow, Hannover. Mit 237 Textabbildungen. VIII und 203 Seiten. 1922. Gebunden GZ. 6.4*
3. Band: Maschinenkunde. Von Prof. H. Weihe, Berlin-Lankwitz. Mit etwa 450 Textabbildungen. Umfang etwa 240 Seiten. Erscheint Anfang 1923.
4. Band: Vermessungskunde. Von Prof. Dr. Martin Näbauer, Karlsruhe. Mit 344 Textabbildungen. X und 338 Seiten. 1922. Gebunden GZ. 11*
5. Band: Betriebswissenschaft. Von Dr.-Ing. Max Mayer, Duisburg. Erscheint voraussichtlich im Jahre 1923.

II. Teil: Eisenbahnwesen und Städtebau.

1. Band: Städtebau. Von Prof. Dr.-Ing. Otto Blum, Hannover, Prof. G. Schimpff †, Aachen, und Stadtbauinspektor Dr.-Ing. W. Schmidt, Stettin. Mit 482 Textabbildungen. XII und 478 Seiten. 1921. Gebunden GZ. 15*
2. Band: Linienführung und allgemeine Bahnanlage. Von Prof. Dr.-Ing. E. Giese. Charlottenburg, und Regierungsbaurat Dr.-Ing. Fritz Gerstenberg, Berlin. Mit etwa 160 Textabbildungen. Umfang etwa 320 Seiten. Erscheint voraussichtlich im Jahre 1923.
3. Band: Unterbau. Von Prof. W. Hoyer, Hannover. Mit etwa 120 Textabbildungen. Umfang etwa 170 Seiten. Erscheint voraussichtlich Anfang 1923.
4. Band: Oberbau und Gleisverbindungen. Von Regierungs- und Baurat Bloss, Dresden. Erscheint voraussichtlich im Sommer 1923.

* *Die eingesetzten Grundzahlen (GZ.) entsprechen dem ungefähren Goldmarkwert und ergeben mit dem Umrechnungsschlüssel (Entwertungsfaktor), Anfang November 1922: 160, vervielfacht den Verkaufspreis.*

5. Band: Bahnhöfe. Von Prof. Dr.-Ing. Otto Blum, Hannover, Prof. Dr.-Ing. Risch, Braunschweig, Prof. Dr.-Ing. Ammann, Karlsruhe, und Regierungs- und Baurat a. D. v. Glinski, Chemnitz. Erscheint voraussichtlich im Sommer 1923.

6. Band: Eisenbahn-Hochbauten. Von Regierungs- und Baurat Cornelius, Berlin. Mit 157 Textabbildungen. VIII und 128 Seiten. 1921. Gebunden GZ. 6.4*

7. Band: Sicherungsanlagen im Eisenbahnbetriebe. Auf Grund gemeinsamer Vorarbeit mit Prof. Dr.-Ing. M. Oder † verfaßt von Geh. Baurat Prof. Dr.-Ing. W. Cauer, Berlin; mit einem Anhang „Fernmeldeanlagen und Schranken" von Regierungsbaurat Dr.-Ing. Fritz Gerstenberg, Berlin. Mit 484 Abbildungen im Text und auf 4 Tafeln. XVI und 459 Seiten. 1922. Gebunden GZ. 15

8. Band: Verkehr, Wirtschaft und Betrieb der Eisenbahnen. Von Oberregierungs-Baurat Dr.-Ing. Jacobi, Erfurt, Prof. Dr.-Ing. Otto Blum, Hannover, und Prof. Dr.-Ing. Risch, Braunschweig. Erscheint voraussichtlich im Jahre 1923.

9. Band: Eisenbahnen besonderer Art. Von Prof. Dr.-Ing. Ammann, Karlsruhe, und Regierungsbaumeister H. Nordmann, Steglitz. Erscheint voraussichtlich im Jahre 1923.

III. Teil: Wasserbau.

1. Band: Grundbau. Von Regierungsbaumeister a. D. O. Richter, Frankfurt a. M. Mit etwa 300 Textabbildungen. Umfang etwa 220 Seiten. Erscheint voraussichtlich im Jahre 1923.

2. Band: See- und Seehafenbau. Von Prof. H. Proetel, Aachen. Mit 292 Textabbildungen. X und 221 Seiten. 1921. Gebunden GZ. 7.5*

3. Band: Flußbau. Von Regierungs-Baurat Dr.-Ing. H. Krey, Charlottenburg.

4. Band: Kanal- und Schleusenbau. Von Regierungs-Baurat Engelhard, Oppeln. Mit 303 Textabbildungen und einer farbigen Übersichtskarte. VIII und 261 Seiten. 1921. Gebunden GZ. 8.5*

5. Band: Wasserversorgung der Städte und Siedlungen. Von Prof. O. Geißler, Hannover, und Geh. Reg.-Rat Prof. Dr.-Ing. J. Brix, Charlottenburg. Erscheint voraussichtlich Ende 1923.

6. Band: Entwässerung der Städte und Siedlungen. Von Geh. Reg.-Rat Prof. Dr.-Ing. J. Brix, und Prof. O. Geißler, Hannover. Erscheint voraussichtlich Ende 1924.

7. Band: Kulturtechnischer Wasserbau. Von Geh. Reg.-Rat Prof. E. Krüger, Berlin. Mit 197 Textabbildungen. X und 290 Seiten. 1921. Gebunden GZ. 9.5*

8. Band: Wasserkraftanlagen. Von Dr.-Ing. Adolf Ludin, Karlsruhe. Erscheint voraussichtlich im Sommer 1923.

IV. Teil: Brücken- und Ingenieurhochbau.

1. Band: Statik. Von Priv.-Doz. Dr.-Ing. Walther Kaufmann, Hannover. Erscheint voraussichtlich im Herbst 1922.

2. Band: Holzbau. Von N. N.

3. Band: Massivbau. Von Geh. Reg.-Rat Prof. Robert Otzen, Hannover. Erscheint im Frühjahr 1923.

4. Band: Eisenbau. Von Prof. Martin Grüning, Hannover. Erscheint voraussichtlich im Frühjahr 1923.

---

* *Die eingesetzten Grundzahlen (GZ.) entsprechen dem ungefähren Goldmarkwert und ergeben mit dem Umrechnungsschlüssel (Entwertungsfaktor), Anfang November 1922: 160, vervielfacht den Verkaufspreis.*

Handbibliothek für Bauingenieure

Ein Hand- und Nachschlagebuch für Studium und Praxis

Herausgegeben

von

Robert Otzen

Geh. Regierungsrat, Professor an der Technischen Hochschule zu Hannover

I. Teil. Hilfswissenschaften. 1. Band:

Mathematik

von

H. E. Timerding

Berlin

Verlag von Julius Springer

1922

Mathematik

Von

H. E. Timerding

Dr. phil., o. Professor an der Technischen Hochschule
zu Braunschweig

Mit 192 Textabbildungen

Berlin
Verlag von Julius Springer
1922

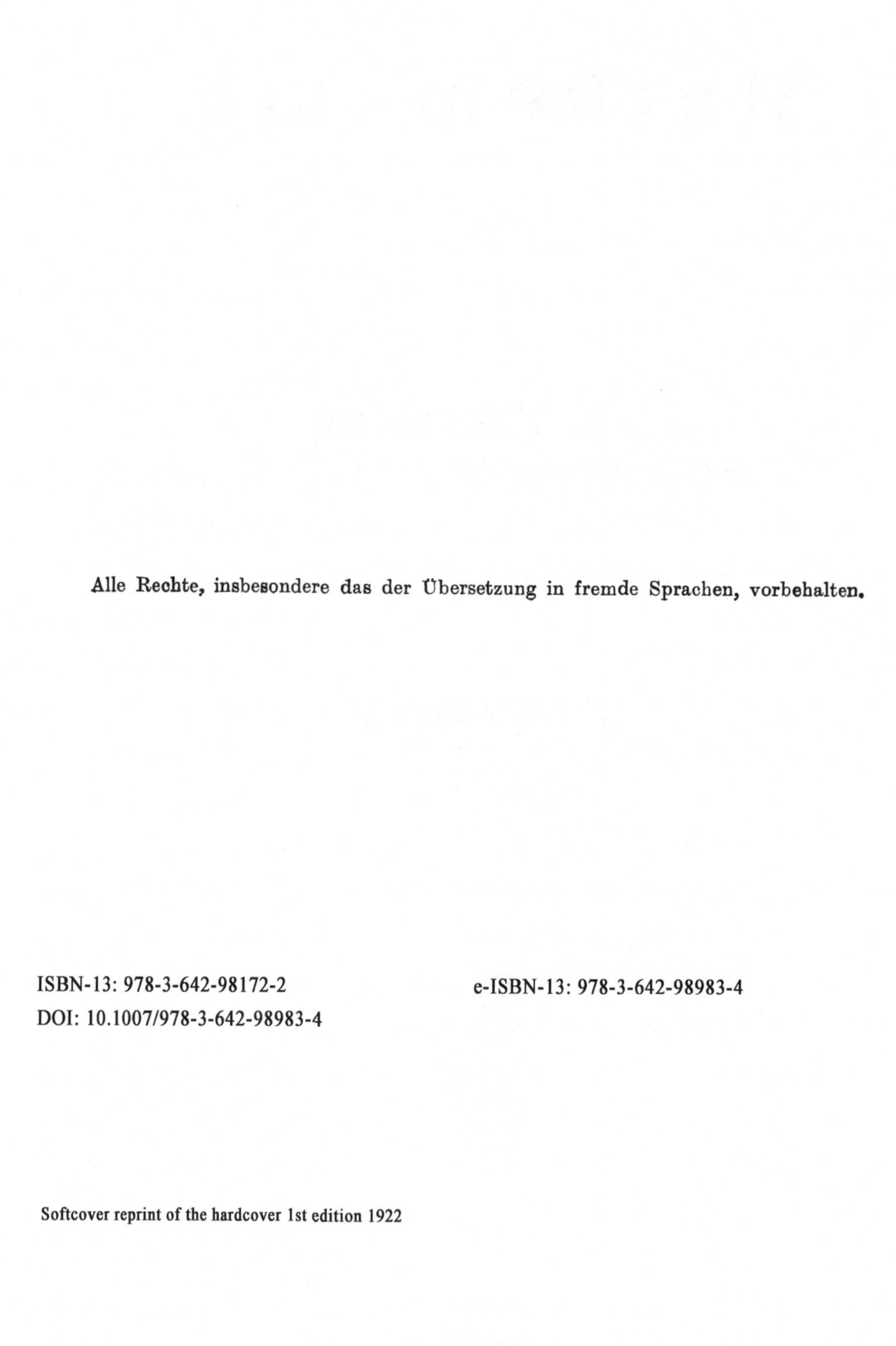

ISBN-13: 978-3-642-98172-2 e-ISBN-13: 978-3-642-98983-4
DOI: 10.1007/978-3-642-98983-4

Softcover reprint of the hardcover 1st edition 1922

Vorwort.

Das Gebiet der Ingenieur-Mathematik auf dem knappen Raum von 15 Druckbogen in seinem vollen Umfang zur Darstellung zu bringen, schien beim ersten Anblick ein undurchführbares Unternehmen. Umfassen doch die wichtigsten Teilgebiete, wie die Differential- und Integralrechnung und die darstellende Geometrie, in den gebräuchlichsten Lehrbüchern allein mindestens einen starken Band, meist aber zwei Bände. Hier sollten nun auch noch die übrigen Zweige der Mathematik, die algebraische Analysis, die analytische Geometrie, die Trigonometrie und die Vektorenrechnung, samt den meist ganz vernachlässigten numerischen und graphischen Methoden der praktischen Analysis, hinzutreten. Die so sich ergebende Überfülle an Material ließ sich nur bewältigen, wenn von vornherein auf die Vollständigkeit in den Einzelheiten und in der Wiedergabe der Ableitungen verzichtet wurde. Die Ergebnisse mußten zum großen Teile ohne Begründung angeführt werden und in vielen Fällen konnten allein die Hauptgesichtspunkte hervorgehoben werden. Damit wird das Buch zur ersten Einführung ungeeignet, es wird aber für denjenigen von Wert, der bereits den üblichen mathematischen Lehrgang durchgemacht hat und nun das Gelernte in knapper Zusammenstellung vor Augen zu haben und nach Bedürfnis in einzelnen Punkten zu ergänzen wünscht. Es kann auch neben den Hochschulvorlesungen benutzt werden, damit der Hörer eine gedrängte Übersicht besitzt und eine Weiterführung nach der und jener Richtung zu erlangen vermag. Auf diese Weise wird das kleine Werk, wie ich glaube, Nutzen stiften können.

Überraschen kann vielleicht die starke Berücksichtigung der elementaren Gebiete. Das, was gemeinhin als höhere Analysis bezeichnet wird und an die Einführung der Infinitesimalbegriffe geknüpft wird, nimmt hier nur knapp die Hälfte des gesamten Umfanges ein. Aber gerade das Zurückgehen auf die Elemente ist von der größten Bedeutung, wenn jemand die locker gewordene Fühlung mit dem Geist der Mathematik wieder zu festigen sucht, und daß für die praktischen Probleme die elementaren Teile mindestens dieselbe Bedeutung haben wie die höheren Gebiete, braucht nicht besonders hervorgehoben zu werden, gehört doch z. B. die ganze darstellende Geometrie, so wie sie allgemein behandelt wird, zu diesen elementaren Teilen. Überall habe ich mich bemüht, gerade das stärker hervorzuheben, was sonst leicht zu kurz kommt, und dadurch eine wünschenswerte Ergänzung zu den gewöhnlichen Lehrbüchern zu liefern. Die ganze Darstellung ist in stetigem Hinblick auf die Bedürfnisse des Ingenieurs gegeben, aber damit kann nicht gesagt sein, daß sie von vornherein an die Probleme der Praxis anknüpft. Die Mathematik läßt sich nicht anders erobern, als indem sich der Lernende zunächst willig ihr hingibt. Er muß erst die mathematischen Methoden und Hilfsmittel an sich beherrschen, ehe er sie für die Aufgaben seines Faches verwenden kann. Überall nur mit gebrauchsfertigen Formeln und Vorschriften zu arbeiten ist Sache des technischen Hilfsarbeiters, nicht des führenden und selbständig schaffenden Ingenieurs, denn so kommt er nicht dazu, für ein neues Problem die zweckmäßigste Lösung zu finden. Eine Überschätzung der Mathematik in ihrer Bedeutung für das technische Entwerfen und Ausführen braucht damit nicht ausgesprochen zu sein. Selbst wo die mathematischen Formeln und Konstruktionen nicht unmittelbar zur Anwendung kommen, kann die erworbene Fähigkeit zum mathematischen Denken und die an der Mathematik erlangte Größen- und Raumanschauung von großem Werte sein. In diesem Sinne möchte ich den vorliegenden Versuch von dem Ingenieur verstanden und gewertet sehen. Im übrigen wird er genug finden, was un-unmittelbar auf praktische Bedürfnisse zugeschnitten ist.

Auf Literaturangaben glaubte ich verzichten zu können. Eine Auswahl ließ sich nicht ohne Parteilichkeit und Willkür treffen, und wäre Vollständigkeit erstrebt worden, so hätte sich eine solche Überfülle ergeben, daß der Leser mehr verwirrt als geleitet worden wäre. Ich selbst habe bei der Abfassung namentlich die Lehrbücher meines hiesigen Amtsgenossen Robert Fricke benutzt, weil ich mich naturgemäß an den Lehrbetrieb der eigenen Hochschule hielt. Eine Anzahl Figuren, zum Teil mit den dazugehörigen Entwicklungen, sind den Schriften von C. Runge, Graphische Methoden, H. v. Sanden, Praktische Analysis, R. Rothe, Darstellende Geometrie des Geländes, und dem Artikel von R. Mehmke über numerisches Rechnen in der Enzyklopädie der mathematischen Wissenschaften entlehnt. Die Vektoranalysis am Schluß hält sich an das von mir selbst deutsch herausgegebene Lehrbuch der theoretischen Mechanik von R. Marcolongo. Dem Verlage schulde ich den herzlichsten Dank für die Sorgfalt bei der Drucklegung und Ausstattung des Buches.

Braunschweig, im April 1922.

H. E. Timerding.

Inhaltsverzeichnis.

Erstes Kapitel.

Arithmetische und algebraische Elemente.

1. Das numerische Rechnen.

Bei den Rechnungen, welche der Ingenieur auszuführen hat, ist nur eine bestimmte beschränkte Genauigkeit erforderlich. Alle theoretischen Betrachtungen, welche als Hilfsmittel für die zu lösenden praktischen Aufgaben anzustellen sind, müssen daher auf den Grad der Genauigkeit, mit welcher das gewünschte Ergebnis zu erzielen ist, von vornherein Rücksicht nehmen. Die Mathematik des Ingenieurs trägt deshalb einen ausgesprochen approximativen Charakter und unterscheidet sich dadurch von dem Forschungsgebiet des Mathematikers, auf dem eine bis ins Unbegrenzte zu steigernde Genauigkeit die Voraussetzung ist. Das schließt aber nicht aus, daß sich der Ingenieur die Betrachtungsweisen und Ergebnisse der reinen Mathematik, soweit sie für ihn in Betracht kommen, nutzbar machen kann, indem er die Methoden überall seinen Zwecken anzupassen trachtet.

Das erste mathematische Hilfsmittel des Ingenieurs ist die einfache numerische Rechnung, die auf den vier Grundrechnungsarten aufgebaut ist. Hierbei sind Addition und Subtraktion in der gewöhnlichen schulmäßigen Form sofort brauchbar. Für die Multiplikation und Division ist immer das sogenannte abgekürzte Verfahren zu verwenden, bei dem nicht mehr Dezimalstellen errechnet werden, als wirklich gebraucht werden. Ist z. B. zu multiplizieren 3,14 und 7,23, so sieht die Rechnung folgendermaßen aus

$$\begin{array}{r}
7{,}23 \cdot 3{,}14 \\ \hline
21{,}69 \\
72 \\
29 \\ \hline
22{,}70
\end{array}$$

Rückwärts würde die Division ergeben:

$$\begin{array}{l}
22{,}70 : 3{,}14 = 7{,}23 \\
\underline{21{,}98} \\
\quad\ \ 72 \\
\quad\ \ \underline{63} \\
\quad\ \ \ 9
\end{array}$$

Unter Umständen ist eine Dezimalstelle mehr mitzunehmen, um die Genauigkeit der letzten Dezimale in dem Ergebnis zu sichern.

Eine wesentliche Unterstützung für die Ausführung von Rechnungen bietet die Formel. In der Formel sind die auftretenden Zahlgrößen nur ihrer Bedeutung und Verwendungsart nach festgelegt, nicht aber ihrem konkreten Wert nach, und sie werden, um eine solche Festlegung zu ermöglichen, durch Buchstaben bezeichnet. So ergibt sich z. B. die Regel für die Multiplikation zweier Summen

$$(a+b)(c+d)=ac+ad+bc+bd,$$

die jeder Multiplikation mehrstelliger Zahlen zugrunde liegt.

Die Formel

$$(a+b)(a-b)=a^2-b^2$$

liefert z. B. die Rechnung $102\cdot 98=100^2-2^2=9996$, ebenso die Formel

$$(a+b)^2=a^2+b^2+2\,ab$$

die Rechnung

$$\begin{array}{r} 67^2=3649 \\ 840 \\ \hline 4489 \end{array}$$

Die letzte Formel kann auch zur Auflösung der reinen quadratischen Gleichung $x^2=a$, d. h. zur Ausziehung der Quadratwurzel aus einer positiven Zahl a benutzt werden. Um z. B. die Gleichung

$$x^2=7$$

aufzulösen, setzt man zunächst $x=2+u$, dann wird $x^2=4+4u+u^2$ und hierbei kann in erster Annäherung u^2 vernachlässigt werden. Dann ergibt sich $4u=3$ und bis auf eine Dezimale $u=0{,}7$. Macht man nun $x=2{,}7-v$, so wird wie vorhin angenähert $x^2=7{,}29-5{,}4\,v$, also $5{,}4\,v=0{,}29$, $v=0{,}055$ und in zweiter Annäherung $x=2{,}645$. Wird weiter $x=2{,}645+w$, also $x^2=6{,}996+5{,}290\,w$ gesetzt, so findet man $w=0{,}000\,756$, also

$$x=\sqrt{7}=2{,}645\,756.$$

Dies Ergebnis ist bis auf die letzte Stelle genau.

Vielfach ist dieselbe Rechnung eine größere Anzahl Male auszuführen, wobei von den in die Rechnung eingehenden Größen nur eine sich ändert. Man ordnet die Rechnung dann zweckmäßig in einer Tabelle an, in deren erste Spalte man die sich bei der Rechnung verändernde Zahl, gewöhnlich der Größenfolge nach, einsetzt. Man nennt diese das Ergebnis der Rechnung, den Tafelwert, bestimmende Größe den Eingang der Tabelle.

Handelt es sich z. B. um die Berechnung des Ausdruckes $x^2\cdot\sqrt{1{,}29-x^5}$ für verschiedene Werte von x, so legt man die Tabelle folgendermaßen an:

1	2	3	4	5	6	7
x	x^2	x^3	x^5	$1{,}29-x^5$	$\sqrt{1{,}29-x^5}$	$x^2\cdot\sqrt{1{,}29-x^5}$

Aus den Werten in Spalte 1 entstehen dann, indem man sie mit sich selbst multipliziert, die Werte in Spalte 2, durch Multiplikation der Werte in Spalte 1 und 2 die Werte in Spalte 3, durch Multiplikation der Werte in Spalte 2 und 3 die Werte in Spalte 4, durch Subtraktion dieser Werte von 1,29 die Werte in Spalte 5, durch Wurzelausziehen die Werte in Spalte 6, und durch Multiplikation dieser Werte mit denen in Spalte 2 die Werte in Spalte 7.

Liegt eine solche Tabelle bereits vor und man sucht noch den Wert des zu berechnenden Ausdruckes für einzelne Zwischenwerte des Tabelleneingangs, etwa zu den Werten 100, 101 auch noch für den Wert 100,5, so braucht man nicht immer den Ausdruck aufs neue zu berechnen, sondern kann sich eines Verfahrens bedienen, das man als Interpolation bezeichnet. Dabei ist die einfachste und am häufigsten gemachte Annahme, daß der Wert des zu errechnenden Ausdrucks, wenn der Eingang x vom einen Werte x_0 zum folgenden Werte x_1 zunimmt, gleichförmig sich ändert, d. h. daß die Änderung von y der Änderung von x proportional ist, also das Verhältnis $(y-y_0):(x-x_0)$ einen festen Wert hat, nämlich den Wert $(y_1-y_0):(x_1-x_0)$, der erreicht wird, wenn $x=x_1$, $y=y_1$ geworden ist. Es ist also

$$\frac{y-y_0}{x-x_0}=\frac{y_1-y_0}{x_1-x_0}$$

und mithin wird

$$y=y_0+\frac{y_1-y_0}{x_1-x_0}(x-x_0). \tag{1}$$

Danach ist dann y leicht zu berechnen. Diese Berechnungsart heißt lineare Interpolation. Man kann auch weitergehen und zur Berechnung einen Ausdruck von der Form

$$y=y_0+z_1(x-x_0)+u(x-x_0)(x-x_1) \tag{2}$$

verwenden, derart, daß die nach diesem Ausdruck berechneten Werte für drei aufeinander folgende Werte des Tabelleneingangs x_0, x_1, x_2 mit den Tafelwerten übereinstimmen. Dies ist der Fall, wenn wir setzen:

$$z_1=\frac{y_1-y_0}{x_1-x_0},\quad z_2=\frac{y_2-y_0}{x_2-x_0},\quad u=\frac{z_2-z_1}{x_2-x_1}. \tag{3}$$

Dieses Verfahren wird als quadratische Interpolation bezeichnet.

Man kann noch weitergehen und es so einrichten, daß der für die Interpolation dienende Ausdruck für 4, 5 und mehr Tabelleneingänge mit den Tafelwerten übereinstimmt. Man kommt dann zu den allgemeinen Interpolationsformeln, die aber für die Praxis nur in wenigen Fällen zur Geltung kommen.

Neben der übersichtlichen Anordnung, wie sie bei der Rechnung in Tabellenform z. B. gegeben ist, kommt als wichtiges Erfordernis jeder Rechnung die fortlaufende Kontrolle in Betracht. Wenn man in Tabellenform rechnet, so ist eine solche Kontrolle, vorausgesetzt, daß die Eingänge in gleichen Intervallen zunehmen, dadurch gegeben, daß auch die berechneten Tabellenwerte eine regelmäßige Zunahme zeigen müssen. Nötigenfalls kann man von den Differenzen der aufeinanderfolgenden Tabellenwerte nochmals die Differenzen bilden usf., bis man schließlich einen glatten Verlauf der Differenzenwerte erkennt.

Im übrigen wechseln die Kontrollmethoden von Fall zu Fall. Als letztes Hilfsmittel bleibt immer eine Wiederholung der Rechnung mit anderer Anordnung. Sehr wertvoll ist ein der genauen Berechnung voraufgehender Überschlag. Dadurch ist ein ganz grober Fehler von vornherein ausgeschaltet.

Von großer Bedeutung ist auch die fortlaufende Überwachung der Genauigkeit. Man muß sich überzeugt halten, daß die hingeschriebenen Dezimalstellen auch noch sicher richtig sind und nicht die letzten durch die Häufung von kleinen Ungenauigkeiten im Verlauf der Rechnung bereits unsicher geworden sind oder es bereits infolge der begrenzten Genauigkeit der in die Rechnung eingehenden gegebenen Größen sein müssen.

Wir können demnach zusammenfassend möglichste Einfachheit, Schnelligkeit, Sicherheit und Genauigkeit als die Erfordernisse jeder praktischen Rechnung bezeichnen.

2. Besondere Rechenhilfsmittel.

Um die mechanische Arbeit des Rechnens zu erleichtern, sind besondere Rechenmaschinen konstruiert worden. Diese Maschinen sind so beschaffen, daß sie nach Einstellung der Zahlen durch eine Kurbeldrehung je nach der Schaltung eines Hebels eine Addition oder eine Subtraktion ausführen. Aus der wiederholten Addition ergibt sich die Multiplikation, aus der wiederholten Subtraktion die Division, wobei die Anzahl der ausgeführten Additionen oder Subtraktionen selbsttätig in der Maschine erscheint. Die Addition oder Subtraktion des 10-, 100-, 1000 fachen usw. Betrages kann durch eine einfache Verschiebung eines beweglichen Teiles der Maschine erreicht werden. Als die gängigsten Typen solcher Maschinen können wir etwa die Burkhardtsche (Thomassche) Rechenmaschine und die Trinks-Brunsviga-Maschine anführen.

In der Hand des Ingenieurs sind diese Maschinen noch verhältnismäßig selten. Weit verbreiteter sind die Methoden, die auf der Verwendung der Logarithmen beruhen. Zunächst sind die Logarithmen allgemein in der Form von Logarithmentafeln benutzt worden. Diese Tafeln enthalten zu den verschiedenen Zahlen als Eingang die zugehörigen Logarithmen als Tafelwerte. Die Tafelwerte haben die besondere Eigenschaft, daß wenn y_1, y_2 die zu zwei Zahlen x_1, x_2 gehörigen Logarithmen sind, die Summe $y_1 + y_2$ als Logarithmus zu der Zahl $x_1 \cdot x_2$ gehört. Man braucht also, um das Produkt $x_1 \cdot x_2$ zu finden, nur die Logarithmen zu x_1 und x_2 aufzuschlagen und die Summe dieser Logarithmen wieder in der Tafel zu suchen, der zugehörige Eingang ist dann das verlangte Produkt. Entsprechend verfährt man bei der Division, nur ist dann statt der Summe die Differenz der Logarithmen von Dividend und Divisor zu suchen, dieser ist der Logarithmus des Quotienten. Der Logarithmus einer Quadratwurzel ist der halbe Logarithmus des Radikanden usw. Die zu einem Logarithmus gehörende Zahl heißt der Numerus.

Der Logarithmus (geschr. log) von 1 wird immer 0. Die Tafeln enthalten meist Briggische (dekadische) Logarithmen, bei denen weiter $\log 10 = 1$, also $\log 100 = 2$, allgemein $\log 10^n = n$ $(n = 1, 2, 3 \ldots)$ wird, ferner $\log 0{,}1^n = -n$. Zahlen, die sich nur durch die Stellung des Kommas unterscheiden, haben deshalb Logarithmen, die sich um ganze Zahlen unterscheiden, also in den Stellen hinter dem Komma (Mantisse) übereinstimmen. Diese Stellen werden allein in den Tabellen angegeben, und die fehlenden ganzzahligen Bestandteile aus der Stellenzahl des Numerus berechnet. Er ist gleich der um 1 verminderten Zahl der Stellen vor dem Komma, und wenn erst durch Multiplikation mit 10^n der Numerus eine (von Null verschiedene) Stelle vor dem Komma erhält, ist von dem mit 0, . . beginnenden Logarithmus n abzuziehen.

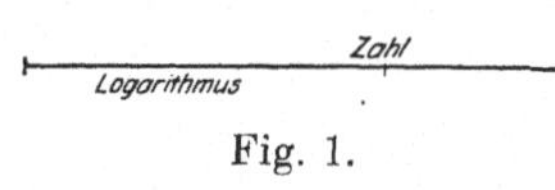

Fig. 1.

Für die Bedürfnisse der Technik reichen vierstellige, ja meist sogar dreistellige Logarithmen aus. Bei dreistelligen Logarithmen kann statt der Tabelle auch eine logarithmische Skala verwendet werden, bei der die Länge von dem Anfangspunkte den Logarithmus mißt und an dem Endpunkt der Strecke die zugehörige Zahl angeschrieben ist (Fig. 1). Sind nun zwei solche Skalen vorhanden und längs einander verschiebbar, so kann man den Anfangspunkt der zweiten Skala an einen Punkt der ersten Stelle bringen, an dem die Zahl a steht, die Zahl b der zweiten Skala steht dann der Stelle der ersten Skala gegenüber, bei der der zugehörige Logarithmus $\log a + \log b$ ist, der Numerus also $a \cdot b$ (Fig. 2). Auf diese Weise läßt sich die Multiplikation zweier Zahlen a und b unmittelbar ausführen, und auf einer solchen Einrichtung beruht der **logarithmische Rechenschieber.** Dieser besteht aus einem festen Teil, dem Stab, welcher die erste Skala, und einem in diesem beweglichen Teil, der Zunge, welcher die zweite Skala trägt. Dazu kommt zur leichteren Ablesung der Läufer, der auf dem Stabe entlang gleitet und mit einem in eine Glas- oder Zelluloidscheibe eingeritzten Indexstrich versehen ist.

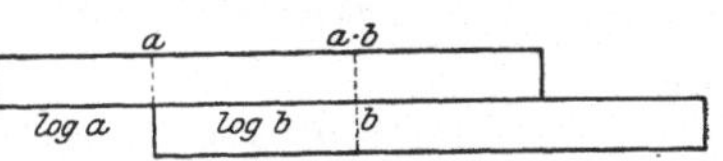

Fig. 2.

Man benutzt aber noch, daß Stab und Zunge längs zwei Linien aneinander gleiten, und bringt auch an der zweiten Linie ein Paar logarithmischer Skalen an, bei welchen aber der Maßstab doppelt so groß wie an der ersten Linie gewählt ist. Das hat zur Folge, daß von den in der gleichen Entfernung vom Anfangspunkt stehenden Zahlen der beiden Ränder x, x' die erste das Quadrat der zweiten, diese also die Quadratwurzel jener ist. Es wird also $x = x'^2$, $x' = \sqrt{x}$.

Zieht man die Zunge bis zur Marke a heraus, so stehen an den Rändern sich Zahlen gegenüber, deren Verhältnis $a:1$ beträgt. Faßt man also den Spalt zwischen Zunge und Stab als Bruchstrich zwischen je zwei einander gegenüberstehenden Zahlen auf, so sind die so entstehenden Brüche alle einander gleich. Daraus folgt auch die Regel für die Division: Man stellt dem Dividenden auf dem Stab den Divisor auf der Zunge gegenüber, dann steht der 1 auf der Zunge der Quotient auf dem Stab gegenüber. Indem man von den Zahlen am einen Rand zu denen am anderen Rand übergeht, kann man leicht auch Zahlen ins Quadrat erheben, mit anderen Zahlen multiplizieren und die Quadratwurzel ausziehen.

Schiebt man die Zunge umgedreht in den Stab hinein, so daß ihre Ränder und die Richtung der Skalenzählung vertauscht sind, so hat das zur Folge, daß jetzt an demselben Rande der Zunge sich Zahlen x', y gegenüberstehen, die der Beziehung genügen, daß $x'^2 \cdot y$ einen festen Wert hat. Vergleicht man dagegen die Zahlen x, y oder x', y' miteinander, die von dem einen Rand des Stabes und dem gegenüberliegenden Rand der Zunge auf dem Strich des Läufers stehen, so hat für diese das Produkt $x \cdot y$ oder $x' \cdot y'$ einen festen Wert. Wie dies verwendet wird, kann am folgenden Beispiele gezeigt werden. Es handle sich darum, z aus der Gleichung zu finden:

$$z^3 - 7{,}23\,z - 2{,}72 = 0,$$

die wir auch in die Form bringen können

$$z^2 - \frac{2{,}72}{z} = 7{,}23.$$

Wir stellen dann eine 1 an die Zahl 2,72 der unteren Stabskala, welche den verdoppelten Maßstab zeigt. Dann steht irgendeiner Zahl x' der unteren Stabskala auf der oberen Stabskala die Zahl $x = x'^2$ gegenüber. Unmittelbar an dieser Zahl steht auf der Zunge eine Zahl y', welche mit x' das konstante Produkt $x' \cdot y' = 2{,}72 \cdot 1$ liefert, es wird also $y' = \frac{2{,}72}{x'}$, und wenn man $x' = z$ annimmt und $x - y'$ bildet, muß 7,23 herauskommen. Durch Probieren kann man diese Stelle bestimmen und findet so leicht den Wurzelwert 2,86.

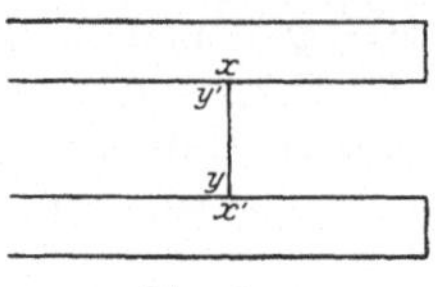

Fig. 3.

3. Potenzen und Wurzeln.

Zu den am häufigsten vorkommenden Rechenausdrücken gehören die Potenzen. Unter der Potenz a^n versteht man ein Produkt aus einer Anzahl n gleicher Faktoren a. Die Anzahl n der Faktoren heißt Exponent, der Faktor a selbst Grundzahl oder Basis der Potenz. Aus dieser Festlegung folgen sofort die Grundregeln

(1) $$a^m \cdot a^n = a^{m+n}, \qquad (a^m)^r = a^{m \cdot r}$$

und

(2) $$\frac{a^m}{a^n} = a^{m-n} \, (m > n), \qquad \frac{a^m}{a^n} = \frac{1}{a^{n-m}} \, (m < n)$$

für die Multiplikation, Potenzierung und Division von Potenzen mit derselben Grundzahl a, ferner die Regeln

(3) $$(a \cdot b)^n = a^n \cdot b^n, \qquad \left(\frac{a}{b}\right)^n = \frac{a^n}{b^n}$$

für das Potenzieren von Produkten und Quotienten.

Für das Potenzieren einer Summe gilt der sogenannte binomische Lehrsatz:

(4) $$(a+b)^n = a^n + \frac{n}{1} a^{n-1} b + \frac{n(n-1)}{1 \cdot 2} a^{n-2} b^2 + \frac{n(n-1)(n-2)}{1 \cdot 2 \cdot 3} a^{n-3} b^3 \ldots + b^n.$$

Die Zahlfaktoren hierin heißen Binomialkoeffizienten und werden auch mit $(n)_1$, $(n)_2$ usw. allgemein $(n)_\mu$ bezeichnet oder auch mit $\binom{n}{\mu}$. Ihr Bildungsgesetz ist dadurch gegeben, daß

(5) $$(n)_{\mu+1} = (n)_\mu \cdot \frac{n-\mu}{\mu+1}$$

ist, ferner wird

$$(n)_\mu = (n)_{n-\mu}.$$

Für das Potenzieren einer Differenz ergibt sich die Regel

(6) $$(a-b)^n = a^n - (n)_1 a^{n-1} b + (n)_2 a^{n-2} b^2 - (n)_3 a^{n-3} b^3 \ldots \pm b^n.$$

Wird

$$x^n = y,$$

so heißt x umgekehrt die n^{te} Wurzel aus y, geschrieben

$$x = \sqrt[n]{y}.$$

Sie ist immer zu bestimmen, wenn y eine positive Zahl ist, und zwar findet sich dann auch immer ein positiver Wert x, welcher der Gleichung $x^n = y$ genügt. Dieser positive Wert heißt der Hauptwert der Wurzel und wird vielfach einfach unter dem Zeichen $\sqrt[n]{y}$ verstanden. Die Bestimmung der Wurzel ist zunächst so gemeint, daß man der Gleichung angenähert durch einen Dezimalbruch oder allgemeiner eine rationale Zahl (Quotient zweier ganzer Zahlen) zu genügen sucht. Durch eine solche Zahl x der Gleichung $x^n = y$ genau zu genügen, ist nur möglich, wenn y selbst der Quotient der n^{ten} Potenzen zweier ganzer Zahlen oder insbesondere die n^{te} Potenz einer ganzen Zahl ist. Im letzten Falle ist auch die n^{te} Wurzel eine ganze Zahl.

Für Wurzeln gelten die Rechenregeln:

(7) $$\sqrt[m \cdot n]{a^m} = \sqrt[n]{a}, \qquad \sqrt[m]{a} \cdot \sqrt[n]{a} = \sqrt[m \cdot n]{a^{m+n}}, \qquad \sqrt[r]{\sqrt[n]{a}} = \sqrt[r \cdot n]{a},$$

(8) $$\frac{\sqrt[m]{a}}{\sqrt[n]{a}} = \sqrt[mn]{a^{n-m}} \, (m < n), \qquad \frac{\sqrt[m]{a}}{\sqrt[n]{a}} = \frac{1}{\sqrt[mn]{a^{m-n}}} \, (m > n).$$

und weiter

(9) $$\sqrt[n]{a\cdot b}=\sqrt[n]{a}\cdot\sqrt[n]{b},\qquad \sqrt[n]{\frac{a}{b}}=\frac{\sqrt[n]{a}}{\sqrt[n]{b}}.$$

Ist der Wert der Wurzel $\sqrt[n]{a}$ gefunden, so läßt sich der Wert der Wurzel $\sqrt[n]{a+b}$ berechnen, indem man zunächst $b=a\cdot h$ setzt. Dann wird

(10) $$\sqrt[n]{a+b}=\sqrt[n]{a}\cdot\sqrt[n]{1+h}=\sqrt[n]{a}\cdot\left\{1+\frac{1}{n}h-\frac{n-1}{1\cdot 2\,n^2}h^2+\frac{(n-1)(2n-1)}{1\cdot 2\cdot 3\,n^3}h^3\ldots\right\}.$$

Es sind in der Reihe soviel Glieder zu nehmen, wie bei der gewünschten Annäherung erforderlich sind. Z. B. ergibt sich so

$$\sqrt[3]{10}=\sqrt[3]{8}\cdot\sqrt[3]{1+\tfrac{1}{4}}=2\cdot\left\{1+\frac{1}{3}\cdot\frac{1}{4}-\frac{1}{3^2}\cdot\frac{1}{4^2}+\frac{5}{3}\cdot\frac{1}{3^3}\cdot\frac{1}{4^3}\ldots\right\}$$
$$=2\cdot 1{,}077\ldots=2{,}154\ldots$$

Während die Gleichung $x^n=a$ für positive Werte von a und gegebenen positiven ganzzahligen Wert von n immer eine Lösung zuläßt, ist das, auch wenn a und b positive Werte bedeuten, für die Gleichung

(11) $$a^x=b$$

nicht der Fall. Da nämlich der Ausdruck a^x nur für positive ganzzahlige Werte von x festgelegt ist, muß, damit die Gleichung lösbar ist, die Zahl b aus lauter gleichen Faktoren a bestehen. Man vereinbart sich aber dahin, unter a^x allgemein einen Ausdruck zu verstehen, der den für das Rechnen mit Potenzen geltenden Rechenregeln genügt, und zwar reicht es hin, festzustellen, daß

(12) $$a^1=a,\quad a^x a^{x'}=a^{x+x'},\quad (a^x)^u=a^{x\cdot u}$$

werden soll. Daraus folgt sofort die Regel $a^x:a^{x'}=a^{x-x'}$. Hieraus ergibt sich für $x=x'$ weiter $a^0=1$, und dann nach der zweiten Gleichung (12) $a^{-x}\cdot a^x=a^0$, mithin wird

(13) $$a^{-x}=\frac{1}{a^x}.$$

Aus der letzten Formel (12) folgt für $x=\frac{1}{n}$, $u=n$ ferner $(a^{\frac{1}{n}})^n=a$, also

(14) $$a^{\frac{1}{n}}=\sqrt[n]{a}.$$

Unter $\sqrt[n]{a}$ soll der positive Wert der n^{ten} Wurzel aus der positiven Zahl a verstanden sein.

Unter dieser Annahme läßt sich die Gleichung (11) für positive Werte von a und b nun immer lösen. Setzt man nämlich $x=\frac{m}{n}$, so läßt sich bei gegebenem positiven ganzzahligen n, wenn z. B. $a>1$, die ganze Zahl m so bestimmen, daß

$$a^{\frac{m}{n}}=\sqrt[n]{a^m}\leqq b,\qquad a^{\frac{m+1}{n}}=\sqrt[n]{a^{m+1}}>b$$

wird. Es ist also eine beliebige Annäherung an die Zahl x zu erreichen.

Wird aber

$$a^x=b,\qquad a^{x'}=b',$$

so wird

$$a^{x+x'}=b\cdot b'.$$

Zu dem Produkt bb' gehört also die Summe $x+x'$. Dies ist aber die grundlegende Eigenschaft der Logarithmen. Man kann deshalb die Lösung der Gleichung (11) in der Form ansetzen

$$x = c \cdot \log b,$$

wo c eine noch zu bestimmende Konstante ist. Diese wird sofort gefunden, wenn wir $b = a$ annehmen. Dann wird $x = 1$, also erhält man

$$1 = c \cdot \log a$$

und somit

(15) $$x = \frac{\log b}{\log a}$$

als die Lösung der Gleichung (11). Vielfach wird von Gleichung $a^x = b$ überhaupt ausgegangen, um den Begriff des Logarithmus einzuführen. Doch geschieht dies einfacher aus der geforderten Grundeigenschaft heraus, und das ist begreiflicherweise auch die Art, wie der Logarithmus ursprünglich gefunden wurde.

4. Algebraische Gleichungen.

Eine Gleichung, in welcher die Unbekannte x nur in ganzzahligen Potenzen vorkommt, heißt eine algebraische Gleichung. Der Exponent der höchsten vorkommenden Potenz von x heißt die Ordnung oder der Grad der Gleichung.

Ist die Ordnung 1, so heißt die Gleichung linear. Sie ist dann von der Form

(1) $$ax + b = 0$$

und ihre Lösung

(2) $$x = -\frac{b}{a}.$$

Ist die Ordnung 2, so heißt die Gleichung quadratisch. Sie ist dann von der Form

(3) $$ax^2 + 2bx + c = 0$$

und ihre Lösung

(4) $$x = \frac{-b \pm \sqrt{b^2 - ac}}{a}.$$

Ist zunächst $b^2 - ac > 0$, so hat die Gleichung zwei Wurzeln

(5) $$\alpha_1 = \frac{-b + \sqrt{b^2 - ac}}{a}, \quad \alpha_2 = \frac{-b - \sqrt{b^2 - ac}}{a}.$$

Ist $b^2 - ac = 0$, so ist nur eine Lösung vorhanden

(6) $$x = -\frac{b}{a}.$$

Man zieht dann aber vor, zu sagen, die Gleichung habe zwei zusammenfallende Wurzeln.

Ist $b^2 - ac < 0$, so hat die Gleichung im Gebiet der gewöhnlichen (reellen) Zahlen keine Lösung. Man gelangt aber zu einer Lösung, wenn man sich entschließt, neue Zahlen (komplexe Zahlen) einzuführen, die sich aus zwei reellen Zahlen u, v zusammensetzen, also zunächst geschrieben werden können:

$$x = (u, v).$$

Man stellt dann folgende Rechenregeln auf

(a) $$(u, v) + (u', v') = (u + u', v + v'), \quad -(u, v) = (-u, -v),$$

woraus

$$\text{(b)} \qquad (u, v) - (u', v') = (u - u', v - v'),$$

ferner

$$\text{(c)} \qquad (u, v) \cdot (u', v') = (u u' - v v', u v' + v u'),$$

$$\text{(d)} \qquad (u, 0) = u,$$

woraus, wenn r reell,

$$\text{(e)} \qquad r \cdot (u, v) = (r u, r v),$$

und weiter

$$\text{(f)} \qquad (u_1, v_1) : (u, v) = \frac{1}{u^2 + v^2} (u u_1 + v v_1, u v_1 - v u_1),$$

folgt, also insbesondere für $u_1 = 1$, $v_1 = 0$

$$\text{(g)} \qquad \frac{1}{(u, v)} = \frac{1}{u^2 + v^2} (u, -v).$$

Es läßt sich dann mit den komplexen Zahlen nach diesen Regeln genau ebenso rechnen wie mit den einfachen „reellen" Zahlen.

Da weiter

$$(u, v) = (u, 0) + (0, v) = u + v (0, 1)$$

wird, empfiehlt es sich

$$\text{(h)} \qquad (0, 1) = i$$

zu setzen. Es läßt sich dann schreiben

$$\text{(i)} \qquad (u, v) = u + i v.$$

Ferner zeigt sich noch, daß nach der Multiplikationsregel für $u = u' = 0$, $v = v' = 1$

$$\text{(k)} \qquad i^2 = (0, 1)^2 = (-1,0) = -1$$

wird. Endlich ist zu beachten, daß $(0,0) = 0$ zu setzen ist. Unter Berücksichtigung dieser Regel $i^2 = -1$ läßt sich mit den komplexen Zahlen genau so operieren, als ob es sich um wirkliche Summen $u + i v$ handle. Setzt man nun in die quadratische Gleichung

$$a x^2 + 2 b x + c = 0$$

$x = u + i v$ ein, so ergibt sich

$$a (u^2 - v^2) + 2 b u + c + 2 i (a u + b) v = 0.$$

Das bedeutet, daß

$$a (u^2 - v^2) + 2 b u + c = 0,$$
$$a u + b = 0$$

wird, also

$$u = -\frac{b}{a}, \qquad v = \pm \frac{\sqrt{a c - b^2}}{a}.$$

Es werden demnach u, v reelle Zahlen, wenn $b^2 - a c < 0$, und in diesem Falle liefert mithin die quadratische Gleichung die komplexen Wurzeln

$$\text{(7)} \qquad \alpha_1 = \frac{-b + i \sqrt{a c - b^2}}{a}, \qquad \alpha_2 = \frac{-b - i \sqrt{a c - b^2}}{a}.$$

Liegt nun eine beliebige algebraische Gleichung vor, die, wenn n ihre Ordnung ist, in die Form gebracht werden kann:

$$\text{(8)} \qquad a_0 x^n + a_1 x^{n-1} + a_2 x^{n-2} + \ldots + a_{n-2} x^2 + a_{n-1} x + a_n = 0,$$

wobei die Koeffizienten $a_0, a_1, \ldots$ irgendwelche reelle Zahlen bedeuten sollen, so gilt der Fundamentalsatz von Gauß, daß diese Gleichung immer in die Form gebracht werden kann

$$a_0(x-\alpha_1)(x-\alpha_2)(x-\alpha_3)\ldots(x-\alpha_n)=0, \tag{9}$$

wo die α reelle oder komplexe Zahlen bedeuten.

Die Gleichung (9) ist erfüllt, wenn x einen der Werte $\alpha_1, \alpha_2, \ldots, \alpha_n$ annimmt. Dies sind also die Wurzeln der Gleichung. Es können aber unter ihnen beliebige zusammenfallen. Die Gleichung hat also keineswegs immer n verschiedene Wurzeln. Die Bedingung dafür, daß mindestens zwei zusammenfallende Wurzeln vorhanden sind, ist dadurch gegeben, daß mindestens für einen Wert x auch die zweite (abgeleitete) Gleichung erfüllt ist:

$$n a_0 x^{n-1}+(n-1)a_1 x^{n-2}+(n-2)a_2 x^{n-3}+\ldots+2a_{n-2}x+a_{n-1}=0. \tag{10}$$

Durch Elimination von x aus dieser und der ursprünglichen Gleichung erhält man eine Bedingungsgleichung

$$D=0 \tag{11}$$

für die Koeffizienten $a_0, a_1, \ldots$ der gegebenen Gleichung, deren linke Seite D die Diskriminante dieser Gleichung heißt.

Sind die Koeffizienten $a_0, a_1, \ldots$ reell, so ist mit $\alpha_1=u+iv$ auch immer $\alpha_2=u-iv$, die konjugiert komplexe Zahl, Wurzel der Gleichung. Die beiden Wurzelfaktoren $(x-\alpha_1), (x-\alpha_2)$ vereinigen sich dann zu einem reellen Bestandteil

$$(x-\alpha_1)\cdot(x-\alpha_2)=x^2-2ux+(u^2+v^2).$$

Da so die komplexen Wurzelfaktoren immer paarweise auftreten, hat jede Gleichung ungerader Ordnung (mit reellen Koeffizienten) mindestens eine reelle Wurzel.

Identifiziert man die linken Seiten von (8) und (9), so findet man die Beziehungen zwischen den Wurzeln und den Koeffizienten:

$$\left\{\begin{aligned}
\alpha_1+\alpha_2+\alpha_3+\ldots+\alpha_n &= -\frac{a_1}{a_0},\\
\alpha_1\alpha_2+\alpha_1\alpha_3+\ldots+\alpha_{n-1}\alpha_n &= +\frac{a_2}{a_0},\\
\alpha_1\alpha_2\alpha_3+\alpha_1\alpha_2\alpha_4+\ldots+\alpha_{n-2}\alpha_{n-1}\alpha_n &= -\frac{a_3}{a_0},\\
\ldots\ldots\ldots\ldots\ldots\ldots &\\
\alpha_1\alpha_2\alpha_3\ldots\alpha_n &= \pm\frac{a_n}{a_0}.
\end{aligned}\right. \tag{12}$$

Die wirkliche Berechnung der Wurzeln kann nur durch Probieren und Annähern geschehen. Für die Gleichungen dritter und vierter Ordnung existieren Formeln, welche die Berechnung der Wurzeln auf das Ausziehen von Quadrat- und Kubikwurzeln (zweiten und dritten Wurzeln) zurückführen. Doch sind diese Formeln, von welchen die für die Gleichungen dritter Ordnung als die Cardanische Formel bezeichnet wird, für die praktische Berechnung nicht gut zu brauchen. Für die Gleichungen von höherer als der vierten Ordnung existieren entsprechende Formeln überhaupt nicht.

Zunächst ist anzugeben, wie eine gefundene Näherungslösung x_0 verbessert werden kann. Setzt man $x=x_0+\delta$ in die Gleichung ein und beschränkt sich auf die Glieder erster Ordnung in δ, so erhält man einen Ansatz

$$A\delta+B=0, \tag{13}$$

wobei

$$(14)\qquad \begin{cases} A = a_0 x_0^n + a_1 x_0^{n-1} + \dots + a_{n-1} x_0 + a_n, \\ B = n a_0 x_0^{n-1} + (n-1) a_1 x_0^{n-2} + \dots + a_{n-1}, \end{cases}$$

und daraus

$$(15)\qquad \delta = -\frac{B}{A}$$

als die nächste Korrektur. Indem man dieses Annäherungsverfahren noch einmal wiederholt, findet man eine noch bessere Annäherung und kann so fortfahren, bis die Annäherung genügt.

Ein anderes Verfahren findet Anwendung, wenn zwei Näherungswerte x_1, x_2 gefunden sind, für welche

$$(16)\qquad \begin{cases} a_0 x_1^n + a_1 x_1^{n-1} + \dots + a_{n-1} x_1 + a_n = y_1, \\ a_0 x_2^n + a_1 x_2^{n-1} + \dots + a_{n-1} x_2 + a_n = y_2. \end{cases}$$

Dann macht man, um eine noch bessere Annäherung x zu finden:

$$\frac{x - x_1}{x - x_2} = \frac{y_1}{y_2},$$

also

$$(17)\qquad x = x_1 + \frac{y_1}{y_2 - y_1}(x_1 - x_2).$$

Diese Formel entspricht der linearen Interpolation.

Um überhaupt Näherungswerte zu finden, kann man so verfahren, daß man die linke Seite der Gleichung für verschiedene Werte von x ausrechnet, und zu solchen Werten x zu gelangen sucht, für welche die linke Seite der Gleichung genügend klein wird.

Als eine direkte Methode, um zu Näherungswerten zu gelangen, ist das Graeffesche Verfahren zu empfehlen. Dieses besteht darin, daß man zunächst aus der Gleichung für x eine solche für x^2 ableitet.

Vertauscht man in der linken Seite der Gleichung x mit $-x$, so findet man

$$a_0 x^n + a_1 x^{n-1} + \dots + a_n = a_0 (x - \alpha_1)(x - \alpha_2) \dots (x - \alpha_n),$$
$$a_0 x^n - a_1 x^{n-1} + \dots \pm a_n = a_0 (x + \alpha_1)(x + \alpha_2) \dots (x + \alpha_n)$$

und durch Multiplikation

$$(18)\qquad \begin{aligned} &(a_0 x^n + a_1 x^{n-1} + \dots + a_n)(a_0 x^n - a_1 x^{n-1} + \dots \pm a_n) \\ &= a_0^2 (x^2 - \alpha_1^2)(x^2 - \alpha_2^2) \dots (x^2 - \alpha_n^2). \end{aligned}$$

Man erhält also durch Nullsetzen des auf der linken Seite stehenden, leicht zu berechnenden Ausdrucks, wenn man darin $x^2 = z$ macht, eine Gleichung, welche die Quadrate $\alpha_1^2, \alpha_2^2, \dots \alpha_n^2$ von den Wurzeln $\alpha_1, \alpha_2, \dots \alpha_n$ der ursprünglichen Gleichung zu Wurzeln hat.

Wiederholt man denselben Prozeß eine gewisse Anzahl Male, so gelangt man schließlich zu einer Gleichung für die Unbekannte $X = x^{2^\mu}$:

$$(19)\qquad A_0 X^n + A_1 X^{n-1} + \dots + A_n = 0.$$

War nun $x > 1$, so kann man x^{2^μ} so groß machen wie man will. Ist aber X sehr groß, so zeigt sich unter Umständen, daß in dem vorstehenden Ausdruck die Glieder nach den ersten beiden der Größe nach rasch abnehmen. Man kann sich dann auf die ersten beiden Glieder beschränken und die Gleichung ersetzen durch

$$(19\text{a})\qquad A_0 X + A_1 = 0,$$

woraus sofort

(20) $$X = -\frac{A_1}{A_0}$$

folgt und damit die Wurzel der ursprünglichen Gleichung

(20a) $$\alpha_1 = \sqrt[2\mu]{-\frac{A_1}{A_0}}.$$

Die Wurzel, die man so findet, ist die größte unter den reellen Wurzeln der Gleichung. Die linke Seite der gefundenen Gleichung bedeutet nämlich den Ausdruck

$$a_0^{2\mu}(X - \alpha_1^{2\mu})(X - \alpha_2^{2\mu})\ldots(X - \alpha_n^{2\mu})$$

und es wird vorausgesetzt, daß man in allen Wurzelfaktoren bis auf den ersten das zweite Glied $\alpha_i^{2\mu}$ gegen das erste vernachlässigen kann, was nur der Fall ist, wenn der ausgewählte Wert $\alpha_1^{2\mu}$ sehr viel größer wie die übrigen Werte $\alpha_2^{2\mu}, \ldots$ ist. Dies zeigt sich darin, daß

$$A_1 = -A_0(\alpha_1^{2\mu} + \alpha_2^{2\mu} + \ldots + \alpha_n^{2\mu}) \text{ angenähert} = -A_0\alpha_1^{2\mu}$$

gesetzt werden kann und

$$A_2 = -A_0(\alpha_1^{2\mu}\alpha_2^{2\mu} + \ldots)$$

verhältnismäßig schon klein gegen A_1 ist, da ja angenähert

$$A_2 = -A_1(\alpha_2^{2\mu} + \ldots + \alpha_n^{2\mu})$$

wird. Gleiches gilt für die folgenden Glieder.

Ist aber die größte reelle Wurzel z. B. eine Doppelwurzel, also $\alpha_1 = \alpha_2$, so kann das Glied mit A_2 nicht vernachlässigt werden. Es kann jedoch angenähert $A_2 = A_0(\alpha_1^{2\mu})^2$ angenommen werden. Dann wird angenähert

$$A_0X^2 + A_1X + A_2 = A_0(X - \alpha_1^{2\mu})^2,$$

also $A_1 = -2A_0\alpha_1^{2\mu}$ und

(20b) $$\alpha_1 = \sqrt[2\mu]{-\frac{A_1}{2A_0}}.$$

Es kann aber auch der überwiegende Bestandteil in den Ausdrücken A_1, A_2 z. B. von zwei konjugiert komplexen nicht wieder vorkommenden Wurzeln herrühren. Sei $\alpha_1 = u + iv$, $\alpha_2 = u - iv$ und $\alpha_1^{2\mu} = U + iV$, $\alpha_2^{2\mu} = U - iV$, so ist angenähert zu setzen

$$A_1 = -2A_0U, \quad A_2 = A_0(U^2 + V^2),$$

und die übrigen Glieder können vernachlässigt werden. Es wird dann

$$U = -\frac{A_1}{2A_0}, \quad V = \frac{\sqrt{4A_0A_2 - A_1^2}}{2A_0},$$

also

(20c) $$\alpha_1 = \sqrt[2\mu]{\frac{-A_1 + i\sqrt{4A_0A_2 - A_1^2}}{2A_0}}.$$

Sind die Wurzeln alle reell, verschieden und der Größe nach geordnet, so wird auch $\alpha_2^{2\mu}$ gegen alle folgenden Werte $\alpha_3^{2\mu}, \ldots$ sehr groß. Man kann also angenähert $A_2 = -A_1\alpha_2^{2\mu}$ nehmen und findet damit

(21) $$\alpha_2 = \sqrt[2\mu]{-\frac{A_2}{A_1}},$$

und ebenso

(22) $$\alpha_3 = \sqrt[2\mu]{-\frac{A_3}{A_2}} \text{ usf.}$$

5. Determinanten.

Eine Vertauschung von n Elementen

$$a_1\, a_2\, a_3\, a_4 \ldots a_n$$

wird als eine **Permutation** bezeichnet. Eine beliebige solche Permutation läßt sich immer erreichen, indem man nacheinander immer nur zwei nebeneinander stehende Elemente vertauscht. Z. B. geht aus $a_1\, a_2\, a_3\, a_4$ hervor

$$a_3\, a_2\, a_4\, a_1$$

in folgender Weise:

$$\begin{aligned} &a_1\, a_2\, a_3\, a_4,\\ &a_1\, a_3\, a_2\, a_4,\\ &a_3\, a_1\, a_2\, a_4,\\ &a_3\, a_2\, a_1\, a_4,\\ &a_3\, a_2\, a_4\, a_1. \end{aligned}$$

Je nachdem nun die Permutation durch eine gerade oder ungerade Anzahl von Vertauschungen nebeneinander stehender Elemente entsteht, nennen wir sie selbst **gerade** oder **ungerade**. Zwei Permutationen gleicher Art ergeben nacheinander angewandt, immer eine gerade, zwei Permutationen ungleicher Art eine ungerade Permutation.

Die Vertauschung irgend zweier Elemente (**Transposition**) ist immer eine ungerade Permutation. Eine gerade Permutation entsteht daher auch immer durch eine gerade Anzahl von Transpositionen, eine ungerade Permutation durch eine ungerade Anzahl von Transpositionen.

Eine Permutation ist ungerade oder gerade, je nachdem durch sie das Vorzeichen das Differenzenprodukt

$$\begin{aligned} P = (a_1 - a_2)(a_1 - a_3)(a_1 - a_4)&\ldots(a_1 - a_n)\\ (a_2 - a_3)(a_2 - a_4)&\ldots(a_2 - a_n)\\ (a_3 - a_4)&\ldots(a_3 - a_n)\\ &\ldots\ldots\\ &(a_{n-1} - a_n) \end{aligned} \tag{1}$$

geändert wird oder nicht.

Es gibt ebensoviel gerade wie ungerade Permutationen, nämlich $\frac{1}{2}\, n!$ $(n! = 1 \cdot 2 \cdot 3 \cdot 4 \ldots n)$.

Wir nehmen nun ein System von n^2 beliebigen Größen (Elementen), die wir auf folgende Weise bezeichnen und in einem quadratischen Schema anordnen:

$$\begin{matrix} a_{11} & a_{12} & a_{13} \ldots a_{1n}\\ a_{21} & a_{22} & a_{23} \ldots a_{2n}\\ a_{31} & a_{32} & a_{33} \ldots a_{3n}\\ \cdot & \cdot & \cdot \quad \cdot \\ a_{n1} & a_{n2} & a_{n3} \ldots a_{nn}. \end{matrix}$$

Wir bilden das Produkt der in der von links oben nach rechts unten gehenden Diagonale (der **Hauptdiagonale**) dieses Quadrates stehenden Elemente:

$$a_{11}\, a_{22}\, a_{33} \ldots a_{nn}.$$

Darauf permutieren wir auf alle möglichen Weisen die ersten (oder, was auf dasselbe hinauskommt, die zweiten) **Indizes** oder **Zeiger** in den Faktoren dieses Produktes und geben dem entstehenden Produkt das Vorzeichen + oder —, je nachdem die Permutation der Indizes eine gerade oder ungerade ist. Alle so entstehenden Werte fügen wir zueinander und schreiben den herauskommenden Ausdruck einfach

$$A = \sum \pm\, a_{11}\, a_{22}\, a_{33} \ldots a_{nn} \tag{2}$$

oder auch, indem wir das quadratische Schema der n^2 Größen zwischen senkrechte Striche setzen:

(3)
$$A = \begin{vmatrix} a_{11} & a_{12} & a_{13} & \dots & a_{1n} \\ a_{21} & a_{22} & a_{23} & \dots & a_{2n} \\ a_{31} & a_{32} & a_{33} & \dots & a_{3n} \\ \cdot & \cdot & \cdot & \cdot & \cdot \\ a_{n1} & a_{n2} & a_{n3} & \dots & a_{nn} \end{vmatrix}$$

Dieser Ausdruck heißt eine Determinante.

Die in dem quadratischen Schema nebeneinander stehenden Elemente bilden die Zeilen, die untereinander stehenden Elemente die Spalten der Determinante. Die Anzahl n der Elemente in einer Zeile oder Spalte heißt der Grad der Determinante.

Eine Determinante ändert sich nicht, wenn die Zeilen zu Spalten und die Spalten zu Zeilen gemacht werden, ohne ihre Reihenfolge zu ändern.

Wenn man zwei Zeilen oder zwei Spalten der Determinante vertauscht, so ändert sie nur ihr Vorzeichen.

Wenn man die Zeilen oder Spalten der Determinante irgendwie permutiert, so bleibt sie ungeändert oder wechselt nur ihr Vorzeichen, je nachdem die Permutation eine gerade oder ungerade ist.

Wenn in zwei Zeilen oder in zwei Spalten die an gleicher Stelle stehenden Größen gleich sind oder, kurz gesagt, wenn zwei Zeilen oder Spalten in der Determinante übereinstimmen, so hat diese den Wert Null.

Eine Determinante wird mit einer Zahl k multipliziert, indem man alle Elemente einer Zeile (oder Spalte) mit dieser Zahl multipliziert.

Stimmen zwei Determinanten in allen Zeilen (oder Spalten) bis auf eine überein, so findet man ihre Summe als eine neue Determinante, indem man die an gleicher Stelle stehenden Elemente der nicht übereinstimmenden Zeilen (oder Spalten) addiert und die übrigen ungeändert hinsetzt.

Danach kann auch eine Determinante, in der die Elemente einer Zeile (oder Spalte) Summen von je zwei Gliedern sind, sofort in die Summe zweier Determinanten zerlegt werden.

Eine Determinante ändert ihren Wert nicht, wenn man zu den Elementen einer Zeile (oder Spalte) die an gleicher Stelle stehenden Elemente einer anderen Zeile (oder Spalte), mit irgend einem gemeinschaftlichen Faktor k multipliziert, addiert.

Das Produkt zweier Determinanten

(4)
$$A = \begin{vmatrix} a_{11} & a_{12} & \dots & a_{1n} \\ a_{21} & a_{22} & \dots & a_{2n} \\ \cdot & \cdot & \cdot & \cdot \\ a_{n1} & a_{n2} & \dots & a_{nn} \end{vmatrix}, \qquad B = \begin{vmatrix} b_{11} & b_{12} & \dots & b_{1n} \\ b_{21} & b_{22} & \dots & b_{2n} \\ \cdot & \cdot & \cdot & \cdot \\ b_{n1} & b_{n2} & \dots & b_{nn} \end{vmatrix}$$

läßt sich wieder als eine Determinante

(5)
$$C = \begin{vmatrix} c_{11} & c_{12} & \dots & c_{1n} \\ c_{21} & c_{22} & \dots & c_{2n} \\ \cdot & \cdot & \cdot & \cdot \\ c_{n1} & c_{n2} & \dots & c_{nn} \end{vmatrix}$$

schreiben. Hierbei wird, wenn man sich für i, k der Reihe nach die Zahlen $1, 2, 3 \dots n$ eingesetzt denkt,

(6)
$$c_{ik} = a_{i1} b_{1k} + a_{i2} b_{2k} + a_{i3} b_{3k} + \dots + a_{in} b_{nk}.$$

Wir können also sagen:

Das Produkt zweier Determinanten von gleichem Grade ist eine Determinante desselben Grades, deren Elemente man findet, indem man die

Elemente einer Zeile des ersten Faktors mit den entsprechenden Elementen einer Spalte des zweiten Faktors multipliziert und die Produkte addiert.

Da eine Determinante ihren Wert nicht ändert, wenn man die Spalten zu Zeilen macht, kann man auch sagen: Das Produkt von zwei Determinanten von gleichem Grad ist eine Determinante desselben Grades, deren Elemente die Summen der Produkte von je zwei entsprechenden Elementen einer Zeile (oder Spalte) des ersten Faktors und einer Zeile (oder Spalte) des zweiten Faktors sind.

Man kann ohne weiteres nach diesen Regeln auch das Produkt von Determinanten ungleichen Grades finden, indem man die Determinante von niedrigerem Grade zu einer Determinante von demselben Grade wie die andere Determinante ergänzt in folgender Weise:

$$(7) \qquad \begin{vmatrix} b_{11} & b_{12} & \dots & b_{1m} & 0 & 0 & \dots & 0 \\ b_{21} & b_{22} & \dots & b_{2m} & 0 & 0 & \dots & 0 \\ \cdot & \cdot & \cdot & \cdot & \cdot & \cdot & \cdot & \cdot \\ b_{m1} & b_{m2} & \dots & b_{mm} & 0 & 0 & \dots & 0 \\ 0 & 0 & \dots & 0 & 1 & 0 & \dots & 0 \\ 0 & 0 & \dots & 0 & 0 & 1 & \dots & 0 \\ \cdot & \cdot & \cdot & \cdot & \cdot & \cdot & \cdot & \cdot \\ 0 & 0 & \dots & 0 & 0 & 0 & \dots & 0 \end{vmatrix} .$$

Dabei wird ihr Wert nicht geändert.

Die Determinante

$$(8) \qquad A = \sum \pm a_{11} a_{22} a_{33} \dots a_{nn}$$

enthält in keinem Gliede zwei Elemente derselben Zeile (oder Spalte). Sie enthält aber in jedem Gliede ein Element jeder Zeile (oder Spalte) und zwar immer nur in der ersten Potenz. Man kann deshalb die Determinante als Ausdrücke von folgender Form schreiben:

$$(9) \qquad \begin{cases} A = a_{11} A_{11} + a_{12} A_{12} + a_{13} A_{13} + \dots + a_{1n} A_{1n}, \\ A = a_{21} A_{21} + a_{22} A_{22} + a_{23} A_{23} + \dots + a_{2n} A_{2n}, \\ A = a_{31} A_{31} + a_{32} A_{32} + a_{33} A_{33} + \dots + a_{3n} A_{3n}, \\ \dots\dots\dots\dots\dots\dots \\ A = a_{n1} A_{n1} + a_{n2} A_{n2} + a_{n3} A_{n3} + \dots + a_{nn} A_{nn}. \end{cases}$$

Die Größen $A_{ik} (i, k = 1, 2, 3, \dots n)$ heißen die (ersten) Unterdeterminanten der Determinante A. Sie lassen sich als $(n-1)$-reihige Determinanten darstellen, und zwar entsteht A_{ik} aus der Determinante A, indem man in dieser die $i$te Zeile und die $k$te Spalte tilgt und den Faktor $(-1)^{i+k}$ hinzufügt. Die Unterdeterminante A_{ik} heißt zu dem Element a_{ik} der Determinante A, bei dem sie in den obigen Gleichungen als Faktor steht, adjungiert.

Diese Gleichungen lassen sich so formulieren, daß

$$(10) \qquad a_{i1} A_{k1} + a_{i2} A_{k2} + a_{i3} A_{k3} + \dots + a_{in} A_{kn} = A$$

wird, wenn $i = k$ ist. Ergänzend können wir hinzufügen, daß

$$(11) \qquad a_{i1} A_{k1} + a_{i2} A_{k2} + a_{i3} A_{k3} + \dots + a_{in} A_{kn} = 0$$

wird, wenn $i \neq k$ ist.

Daraus ist sofort abzuleiten, daß das System von n linearen Gleichungen mit n Unbekannten $x_1, x_2, x_3, \dots x_n$

$$(12) \qquad \begin{cases} a_{11} x_1 + a_{12} x_2 + a_{13} x_3 + \dots + a_{1n} x_n = l_1, \\ a_{21} x_1 + a_{22} x_2 + a_{23} x_3 + \dots + a_{2n} x_n = l_2, \\ a_{31} x_1 + a_{32} x_{23} + a_{33} x_3 + \dots + a_{3n} x_n = l_3, \\ \dots\dots\dots\dots\dots\dots \\ a_{n1} x_1 + a_{n2} x_2 + a_{n3} x_3 + \dots + a_{nn} x_n = l_n, \end{cases}$$

in dem die rechten Seiten $l_1, l_2, \ldots l_n$ nicht alle verschwinden, dann und nur dann ein Lösungssystem endlicher Werte $x_1, x_2, \ldots x_n$ liefert, wenn die Determinante der Koeffizienten

$$A = \begin{vmatrix} a_{11} & a_{12} & \ldots & a_{1n} \\ a_{21} & a_{22} & \ldots & a_{2n} \\ \cdot & \cdot & \cdot & \cdot \\ a_{n1} & a_{n2} & \ldots & a_{nn} \end{vmatrix}$$

von Null verschieden ist, und zwar wird, wenn A_{ik} in der angegebenen Weise die Unterdeterminanten dieser Determinante bezeichnen:

$$(13)\quad \begin{cases} x_1 = \frac{A_{11}}{A} l_1 + \frac{A_{21}}{A} l_2 + \frac{A_{31}}{A} l_3 + \ldots + \frac{A_{n1}}{A} l_n, \\ x_2 = \frac{A_{12}}{A} l_1 + \frac{A_{22}}{A} l_2 + \frac{A_{32}}{A} l_3 + \ldots + \frac{A_{n2}}{A} l_n, \\ \cdot\;\cdot\;\cdot\;\cdot\;\cdot\;\cdot\;\cdot\;\cdot\;\cdot\;\cdot\;\cdot\;\cdot\;\cdot\;\cdot\;\cdot\;\cdot\;\cdot \\ x_n = \frac{A_{1n}}{A} l_1 + \frac{A_{2n}}{A} l_2 + \frac{A_{3n}}{A} l_3 + \ldots + \frac{A_{nn}}{A} l_n. \end{cases}$$

Die Determinante der Unterdeterminanten hat den Wert

$$(14)\quad \begin{vmatrix} A_{11} & A_{12} & \ldots & A_{1n} \\ A_{21} & A_{22} & \ldots & A_{2n} \\ \cdot & \cdot & \cdot & \cdot \\ A_{n1} & A_{n2} & \ldots & A_{nn} \end{vmatrix} = A^{n-1},$$

und es wird in ihr die zu A_{ik} adjungierte Unterdeterminante $= a_{ik} \cdot A^{n-2}$. Danach ist sofort zu sehen, daß, wenn man die vorstehenden Gleichungen nach der vorher angegebenen Regel rückwärts nach $l_1, l_2, l_3, \ldots l_n$ auflöst, man wieder zu den ursprünglich gegebenen Gleichungen gelangt.

6. Auflösung linearer Gleichungen.

Ist ein System von n linearen Gleichungen mit n Unbekannten gegeben:

$$(1)\quad \begin{cases} a_{11} x_1 + a_{12} x_2 + a_{13} x_3 + \ldots + a_{1n} x_n = l_1, \\ a_{21} x_1 + a_{22} x_2 + a_{23} x_3 + \ldots + a_{2n} x_n = l_2, \\ a_{31} x_1 + a_{32} x_2 + a_{33} x_3 + \ldots + a_{3n} x_n = l_3, \\ \cdot\;\cdot\;\cdot\;\cdot\;\cdot\;\cdot\;\cdot\;\cdot\;\cdot\;\cdot\;\cdot\;\cdot\;\cdot\;\cdot\;\cdot\;\cdot \\ a_{n1} x_1 + a_{n2} x_2 + a_{n3} x_3 + \ldots + a_{nn} x_n = l_n, \end{cases}$$

so kann man zu ihrer wirklichen Auflösung folgendes Verfahren einschlagen:

Von den Koeffizienten der Unbekannten x_n muß, damit die Unbekannte in den Gleichungen überhaupt vorkommt, mindestens einer von Null verschieden sein. Wir nehmen an, a_{nn} sei von Null verschieden. Dann addieren wir die letzte Gleichung, mit $-\frac{a_{in}}{a_{nn}}$ multipliziert, zu der i ten $(i = 1, 2, 3, \ldots n-1)$. Auf diese Weise verschwinden aus den $n-1$ ersten Gleichungen die Glieder mit x_n, und diese Gleichungen gehen, wenn wir

$$(2)\quad a'_{ik} = a_{ik} - \frac{a_{in}}{a_{nn}} a_{nk}, \quad l'_i = l_i - \frac{a_{in}}{a_{nn}} l_n \; (i, k = 1, 2, 3, \ldots n-1)$$

setzen, über in

$$(3)\quad \begin{cases} a'_{11} x_1 + a'_{12} x_2 + \dots + a'_{1,n-1} x_{n-1} = l'_1, \\ a'_{21} x_1 + a'_{22} x_2 + \dots + a'_{2,n-1} x_{n-1} = l'_2, \\ \dots\dots\dots\dots\dots\dots \\ a'_{n-1,1} x_1 + a'_{n-1,2} x_2 + \dots + a'_{n-1,n-1} x_{n-1} = l'_{n-1}. \end{cases}$$

Dieses Gleichungssystem läßt sich nun genau so behandeln wie das ursprüngliche. Auch hier muß mindestens einer der Koeffizienten von x_{n-1} von Null verschieden sein. Wären sie nämlich alle $=0$, so käme x_{n-1} in den Gleichungen überhaupt nicht vor, und unter den $n-1$ Gleichungen für die $n-2$ Unbekannten wäre entweder mindestens eine überzählig oder es wäre ein Widerspruch in ihnen enthalten. In diesen Fällen wäre auch entweder von den ursprünglichen n Gleichungen für die n Unbekannten $x_1, x_2, \dots x_n$ mindestens eine überzählig oder ein Widerspruch in ihnen enthalten. Beides aber soll ausgeschlossen sein. Nehmen wir also an, $a_{n-1,n-1}$ sei nicht Null, so werde wieder die letzte Gleichung mit $-\frac{a'_{i,n-1}}{a'_{n-1,n-1}}$ $(i=1, 2 \dots n-2)$ multipliziert zu den anderen addiert. Dann fallen in allen bis auf die $(n-1)$te auch die Glieder mit x_{n-1} fort und wir erhalten ein System von $n-2$ Gleichungen für $n-2$ Unbekannte:

$$(4)\quad \begin{cases} a''_{11} x_1 + a''_{12} x_2 + \dots + a''_{1,n-2} x_{n-2} = l''_1, \\ \dots\dots\dots\dots\dots\dots \\ a''_{n-2,1} x_1 + a''_{n-2,2} x_2 + \dots + a''_{n-2,n-2} x_{n-2} = l''_{n-2}. \end{cases}$$

Fahren wir so fort, so gelangen wir schließlich zu einer einzigen Gleichung mit einer Unbekannten:

$$(5)\quad a_{11}^{(n-1)} x_1 = l_1^{(n-1)},$$

in der $a_{11}^{(n-1)} \neq 0$ sein muß.

Stellen wir dann alle übrigbleibenden Gleichungen wieder zusammen, so sind es folgende:

$$(6)\quad \begin{cases} a_{11}^{(n-1)} x_1 = l_1^{(n-1)}, \\ a_{21}^{(n-2)} x_1 + a_{22}^{(n-2)} x_2 = l_2^{(n-2)}, \\ \dots\dots\dots\dots\dots\dots \\ a'_{n-1,1} x_1 + a'_{n-1,2} x_2 + \dots + a'_{n-1,n-1} x_{n-1} = l'_{n-1}, \\ a_{n1} x_1 + a_{n2} x_2 + \dots + a_{n,n-1} x_{n-1} + a_{nn} x_n = l_n. \end{cases}$$

Die Determinante Δ dieser Gleichungen ist die gleiche wie die der ursprünglichen Gleichungen. Es wird jetzt aber:

$$(7)\quad \Delta = \begin{vmatrix} a_{11}^{(n-1)} & 0 & \dots & 0 & 0 \\ a_{21}^{(n-2)} & a_{22}^{(n-2)} & \dots & 0 & 0 \\ \dots & \dots & \dots & \dots & \dots \\ a'_{n-1,1} & a'_{n-1,2} & \dots & a'_{n-1,n-1} & 0 \\ a_{n1} & a_{n2} & \dots & a_{n,n-1} & a_{nn} \end{vmatrix} = a_{11}^{(n-1)} a_{22}^{(n-2)} \dots a'_{n-1,n-1} a_{nn}.$$

Es ist also gleichzeitig die Ausrechnung der Determinante Δ der gegebenen Gleichungen geleistet, und die Berechnung einer Determinante wird praktisch überhaupt diesen Weg gehen, der unmittelbar mit dem Weg zur Auflösung der linearen Gleichungen zusammenfällt.

Wir sehen sofort, daß die Bedingung $\Delta \neq 0$ zusammenfällt mit den gemachten Voraussetzungen:

$$a_{nn}, \quad a'_{n-1,n-1}, \ldots a_{22}^{(n-2)}, \quad a_{11}^{(n-1)} \neq 0.$$

Unter dieser Bedingung allein ist die eindeutige Auflösung der Gleichungen möglich.

Die reduzierten Gleichungen sind nun sofort aufzulösen, indem man den Wert von x_1 aus der ersten in die zweite einsetzt und aus dieser x_2 berechnet. Dann werden die gefundenen Werte von x_1, x_2 in die dritte eingesetzt und aus dieser x_3 berechnet usw., bis alle Unbekannten gefunden sind. Durch die Anlage eines zweckmäßigen Rechenschemas kann die Arbeit von Anfang an bedeutend erleichtert werden.

7. Methode der kleinsten Quadrate.

Wenn es sich um die praktische Bestimmung von Zahlgrößen handelt, so kommt es vor, daß diese nicht unmittelbar bestimmt werden können, sondern sich nur gewisse zahlmäßige Zusammenhänge zwischen ihnen festlegen lassen. Sind also $u_1, u_2, \ldots u_n$ die zu bestimmenden Werte, so ergeben sich Gleichungen, die in irgendwelcher Form diese Werte enthalten und die wir symbolisch schreiben wollen

(1) $$f_i(u_1, u_2, \ldots u_n) = 0 \qquad (i = 1, 2, 3, \ldots m).$$

Nun können wir aber annehmen, daß näherungsweise die zu ermittelnden Werte irgendwie bekannt sind und die gefundenen Gleichungen nur dienen, diese näherungsweise bekannten Werte noch zu korrigieren. Wir können daher setzen:

(2) $$u_1 = c_1 + x_1, \quad u_2 = c_2 + x_2, \ldots u_n = c_n + x_n,$$

wobei die c die vermuteten Werte und die x die noch zu bestimmenden Korrekturen bedeuten. Diese Korrekturen sind aber verhältnismäßig kleine Zahlen und man kann deshalb in erster Annäherung setzen

(3) $$f_i(u_1, u_2, \ldots u_n) = f_i(c_1, c_2, \ldots c_n) + a_{i1} x_1 + a_{i2} x_2 + \ldots + a_{in} x_n.$$

Wir gelangen derart, wenn wir $f_i(c_1, c_2, \ldots c_n) = -l_i$ machen, wieder zu linearen Gleichungen

(4) $$a_{i1} x_1 + a_{i2} x_2 + \ldots + a_{in} x_n = l_i \qquad (i = 1, 2, 3, \ldots m).$$

Es sind nun drei Fälle zu unterscheiden:

1. $m < n$. Dann reicht die Zahl der Gleichungen zur Bestimmung der Korrekturen x nicht aus.

2. $m = n$. Dann ist die Anzahl der Gleichungen, falls sie alle voneinander unabhängig sind und keine Widersprüche enthalten, gerade ausreichend zur Bestimmung der x.

3. $m > n$. Dann ist eine Überbestimmung vorhanden. Wären die Beobachtungen absolut genau, so müßte allen Gleichungen durch dieselben Werte x genügt werden, man könnte also beliebige $m - n$ der Gleichungen ausscheiden und aus den übrigen die x berechnen. Nun sind aber die Beobachtungen mit gewissen Fehlern behaftet. Man kann also nicht erwarten, daß allen Gleichungen durch dieselben Werte x genügt wird. Vielmehr kann man nur erreichen, daß die Gleichungen näherungsweise erfüllt sind, also

(5) $$a_{i1} x_1 + a_{i2} x_2 + \ldots + a_{in} x_n = l_i + v_i \qquad (i = 1, 2, \ldots m)$$

wird, wo v_i die sich herausstellende Abweichung bedeutet.

Es handelt sich nun darum, daß die Gleichungen möglichst angenähert erfüllt werden, daß also die v_i möglichst klein werden. Dies erreicht man dadurch, daß man die Quadratensumme

(6) $$v_1^2 + v_2^2 + \dots + v_m^2,$$

die man nach Gauß mit $[vv]$ bezeichnet, möglichst klein macht (Methode der kleinsten Quadrate).

In dem einfachsten Falle, wo nur eine Unbekannte x vorhanden ist, kann man annehmen, daß sich m Gleichungen

(7) $$x = l_i \qquad (i = 1, 2, \dots m)$$

ergeben haben. Die l_i bedeuten dann die direkt beobachteten Werte. Die Gleichungen sind nur so zu erfüllen, daß

(8) $$x = l_i + v_i$$

wird, indem $-v_i$ die (scheinbaren) Beobachtungsfehler bedeuten, und die Forderung $[vv] = \text{Min.}$ ergibt, daß die Summe

(9) $$\sum (x - l_i)^2 = \text{Min.}$$

wird. Diese Bedingung ist erfüllt, wenn

(10) $$\sum (x - l_i) = 0$$

wird, also

(10a) $$x = \frac{l_1 + l_2 + \dots + l_m}{m}.$$

Der günstigste Wert ist mithin das arithmetische Mittel aus den beobachteten Werten.

Sind u_i die wahren Fehler, so wird der Ausdruck

(11) $$\mu = \sqrt{\frac{[uu]}{n}}$$

als der mittlere Fehler bezeichnet. Er gibt ein Maß für die Genauigkeit der Bestimmung. Da der mittlere Fehler in dieser Form nicht festzustellen ist, weil ja der wahre Wert der zu bestimmenden Größe nicht bekannt ist, ersetzt man ihn durch seinen wahrscheinlichsten Wert

(12) $$\mu = \sqrt{\frac{[vv]}{n-1}}.$$

In dem Falle, wo die Zahl der Unbekannten $= n$ ist, ergibt die Bedingung $[vv] = \text{Min.}$, daß

(13) $$\sum_i (a_{i1} x_1 + a_{i2} x_2 + \dots + a_{in} x_n - l_i)^2 = \text{Min.}$$

werden muß. Daraus fließen die Gleichungen

$$\sum_i (a_{i1} x_1 + a_{i2} x_2 + \dots + a_i x_n - l_i)\, a_{ik} = 0 \qquad (i, k = 1, 2, \dots n)$$

oder ausgerechnet

(14) $$\begin{cases} [a_{i1} a_{i1}]\, x_1 + [a_{i2} a_{i1}]\, x_2 + \dots + [a_{in} a_{i1}]\, x_n = [l_i a_{i1}], \\ [a_{i1} a_{i2}]\, x_1 + [a_{i2} a_{i2}]\, x_2 + \dots + [a_{in} a_{i2}]\, x_n = [l_i a_{i2}], \\ [a_{i1} a_{i3}]\, x_1 + [a_{i2} a_{i3}]\, x_2 + \dots + [a_{in} a_{i3}]\, x_n = [l_i a_{i3}], \\ \dots \dots \dots \dots \dots \dots \dots \dots \\ [a_{i1} a_{in}]\, x_1 + [a_{i2} a_{in}]\, x_2 + \dots + [a_{in} a_{in}]\, x_n = [l_i a_{in}]. \end{cases}$$

Dies sind n lineare Gleichungen für die n Unbekannten $x_1, x_2, \dots x_n$, die auf die früher angegebene Art aufzulösen sind.

Zweites Kapitel.

Geometrische Elemente.

1. Geometrische Konstruktionen.

Die geometrische Zeichnung ist das zweite wichtige Hilfsmittel des Ingenieurs und tritt dem ersten Hilfsmittel, dem numerischen Rechnen, durchaus ebenbürtig zur Seite, ja die Zeichnung hat, da alle technischen Konstruktionen die zeichnerische Darstellung zu ihrer Grundlage haben, noch eine größere Bedeutung für den konstruierenden Ingenieur wie die analytische Methode des rechnerischen Verfahrens. Für die Zeichnung gelten ganz entsprechende Grundsätze wie für die Rechnung. Ebenso wie bei der Rechnung kommt es auch bei der Zeichnung darauf an, die jeweils vorliegende Aufgabe möglichst rasch und einfach, möglichst sicher und mit der erforderlichen Genauigkeit zu lösen. Eine besondere Bedeutung kommt auch bei der Zeichnung der Kontrolle zu, durch welche die Richtigkeit der Lösung bestätigt und ihre Genauigkeit festgestellt wird. Die einfachste Kontrolle liegt darin, daß ein Punkt nicht als Schnitt zweier Linien konstruiert wird, sondern daß noch eine dritte Linie gesucht wird, die durch ihn hindurchgeht. Im Gegensatz zur Rechnung zeigen die einzelnen Schritte der geometrischen Konstruktion eine größere Übersichtlichkeit und Anschaulichkeit, sie lassen sich in ihrer Bedeutung als Schritte auf dem Wege zur Lösung unmittelbarer erkennen. Deshalb wird auch häufig gesucht, die rechnerische Behandlung durch die zeichnerische Konstruktion zu ersetzen, namentlich da, wo die gegebenen Größen räumlichen Charakter tragen wie in der Statik. Solche Lösungen pflegt man als graphische zu bezeichnen. Hierbei ist ein weiterer Vorzug, daß die Genauigkeitsgrenze nicht wie bei der Rechnung beliebig, sondern durch die mechanischen Einzelheiten der Konstruktion (Strichstärke, Zirkeleinsatz usw.) von vornherein gegeben ist. Im allgemeinen ist die so erreichbare Genauigkeit gerade die für die Praxis erforderliche und daher der Natur der Aufgabe angepaßt.

Jede geometrische Konstruktion erfordert bestimmte Hilfsmittel und hängt von der Art und Beschaffenheit dieser Hilfsmittel ab. Außer Papier und Zeichenstift (Bleistift oder Reißfeder) und der zweckmäßigen Aufspannung des Papiers auf dem Reißbrett kommen in Betracht geometrische Modelle und geometrische Instrumente. Geometrische Modelle sind die Lineale als Modelle gerader Linien, die Kurvenlineale als Kurvenmodelle und die Dreiecke als Winkelmodelle (90^0, 60^0, 45^0, 30^0). Das einfachste geometrische Instrument ist der Zirkel als Meßinstrument zum Vergleichen von Entfernungen und Zeicheninstrument zum Zeichnen von Kreisen. Kompliziertere Instrumente wie Ellipsenzirkel, Proportionszirkel, Storchschnabel (Pantograph) sind im allgemeinen wenig in Gebrauch. Man begnügt sich gewöhnlich mit den angeführten Hilfsmitteln, zu denen nur noch die Reißschiene als

Mittel zur Festlegung der Grundrichtung und zum Ziehen von geraden Linien in dieser Richtung hinzukommt.

Es handelt sich dann darum, die vorkommenden Konstruktionen mit den vorhandenen Hilfsmitteln praktisch auszuführen. Eine theoretische Beschränkung wie die Forderung, daß alle Konstruktionen mit dem einfachen Lineal und dem Zirkel ausgeführt werden sollen, ist für die Praxis nicht berechtigt. So sind die Schulkonstruktionen für das Ziehen paralleler Linien, das Fällen und Errichten von Loten und das Halbieren von Strecken praktisch nicht brauchbar. Parallele Linien werden praktisch konstruiert, indem man unter Benutzung des Satzes, daß zwei Linien parallel sind, die mit einer dritten gleichsinnig gleiche Winkel bilden, ein Zeichendreieck an dem anderen oder an der Reißschiene entlang gleiten läßt. Lote werden konstuiert, indem man das Zeichendreieck als Modell des rechten Winkels benutzt. Strecken werden durch Probieren halbiert. Handelt es sich um die Reduktion einer größeren Anzahl von Strecken auf die Hälfte, so verfährt man zweckmäßig so, daß man an den gegebenen Maßstab den reduzierten Maßstab unter 60^0 geneigt ansetzt und die Übertragung durch parallele Linien, die mit dem gegebenen Maßstab einen Winkel von 30^0, also mit dem reduzierten Maßstab einen rechten Winkel bilden, bewerkstelligt. Allgemein wird bei der Reduktion eines Maßstabes mit Nutzen der bekannte Satz verwendet, daß parallele Linien aus zwei gegeneinander geneigten Linien proportionale Stücke ausschneiden.

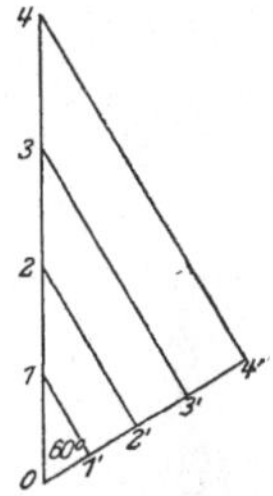

Fig. 4.

Die Entfernung eines Punktes von einer geraden Linie wird ebenfalls nicht dadurch bestimmt, daß man erst das Lot aus dem Punkte auf die Linie fällt und dessen Länge abmißt, sondern durch unmittelbares Probieren, indem man die kürzeste Entfernung des Punktes von einem Punkte der Linie feststellt. Diese Verfahren können als ein **geometrisches Experimentieren** bezeichnet werden, das den empirischen Bestimmungen in Physik und Chemie analog ist.

Gegenüber der Schulgeometrie ist das praktische Verfahren durch eine sehr viel sparsamere Verwendung des Zirkels gekennzeichnet. Selbst wo, wie beim Halbieren eines beliebigen Winkels, der Zirkel nicht ganz zu entbehren ist, kann die möglichste Einschränkung in seinem Gebrauch von Vorteil sein. So kann der Winkel halbiert werden, indem man mit dem Stechzirkel auf den Schenkeln vom Scheitel A aus die beliebigen gleichen Stücke AB und AC abträgt und auf BC aus A das Lot fällt, was mit den Zeichendreiecken geschehen kann, ohne daß die Linie BC selbst gezogen wird, so daß in der Zeichnung nur die Halbierungslinie, aber keine Hilfslinie erscheint. Die Zeichnung wird so mit Hilfslinien möglichst wenig belastet.

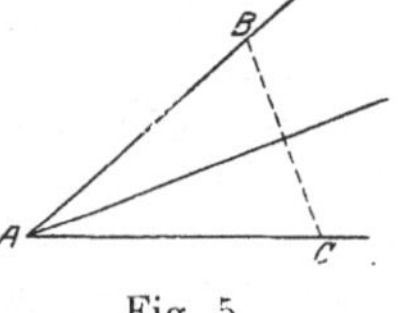

Fig. 5.

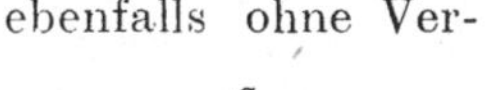

Ein Quadrat läßt sich mit Hilfe des 45^0-Dreiecks ebenfalls ohne Verwendung des Zirkels konstruieren, ebenso ein gleichseitiges Dreieck und ein regelmäßiges Rechteck, Überhaupt läßt sich die regelmäßige Teilung des Kreises in 3, 4, 6, 8, 12 Teile mit Hilfe der Dreiecke sofort ausführen. Indem man dann das 30^0- und das 45^0-Dreieck aneinanderlegt, kann man auch Winkel von 15^0 konstruieren, also den Kreis in 24 Teile teilen. Die Konstruktion eines dem Kreis einbeschriebenen regelmäßigen **Fünf-** und **Zehnecks** erfolgt am einfachsten so: Man geht von zwei zueinander senkrechten Kreisdurchmessern AB, CD aus.

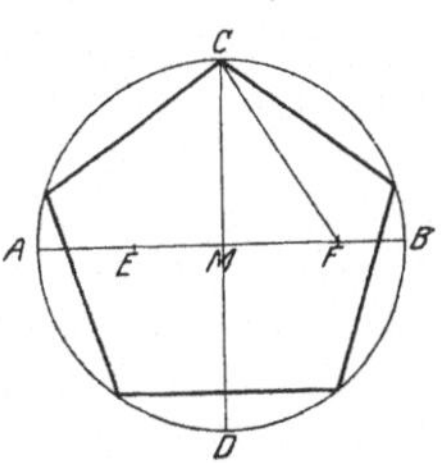

Fig. 6.

halbiert den Radius MA in E und macht auf $AB\,EF = EC$. Dann wird CF die Seite des Fünfecks, MF die Seite des Zehnecks.

Die Konstruktion des regelmäßigen Siebenecks und Neunecks ist exakt geometrisch gar nicht lösbar, wohl aber angenähert in folgender Weise: Man schlägt um einen Punkt A des Kreises den durch den Mittelpunkt M gehenden Kreis, der den gegebenen Kreis in B, C schneidet. Ist dann D der Schnittpunkt von MA und BC, so wird BD der Seite des regelmäßigen Siebenecks angenähert gleich. Um das regelmäßige Neuneck zu finden, verlängert man in der vorigen Figur AM bis zum zweiten Schnittpunkt E mit dem Kreis und zieht den zu dem Durchmesser AE senkrechten Durchmesser FG. Schneidet dann der um E mit EG als Radius beschriebene Kreis den Kreis um A in I, den Durchmesser AE in H, so wird HI der Seite des Neunecks angenähert gleich.

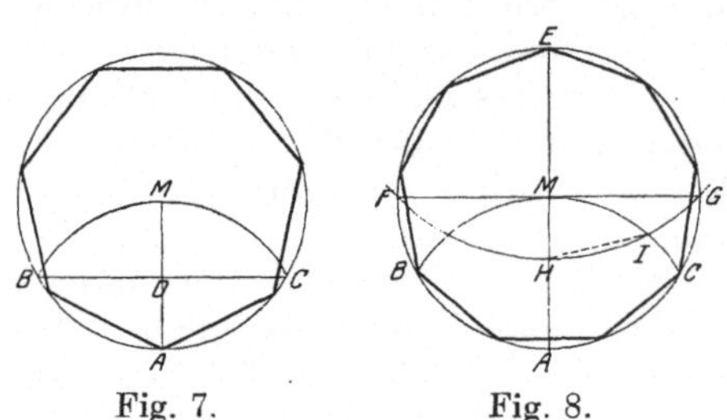

Fig. 7. Fig. 8.

2. Korbbögen.

In der Praxis spielen die Zeichnungen eine besondere Rolle, bei welchen aus einzelnen Kreisbögen, die berührend ineinander übergehen, krummlinige Gebilde zusammengesetzt werden. Solche Gebilde werden als Korbbögen bezeichnet.

Liegen zwei Kreisbögen $A_0 A_1$ und $A_1 A_2$ vor, für welche die Tangente in A_1 gemeinsam ist, so fallen auch die auf der Tangente senkrechten Radien, die nach dem Punkte A_1 hingehen, der Lage nach zusammen. Die Mittelpunkte K_1, K_2 der Kreise, zu denen die Kreisbögen gehören, liegen also mit A_1 in einer geraden Linie, und da $A_0 K_1 = A_1 K_1$, $A_1 K_2 = A_2 K_2$, folgt

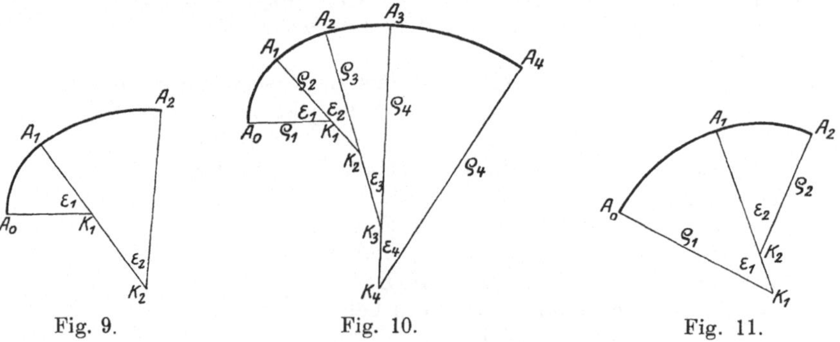

Fig. 9. Fig. 10. Fig. 11.

sofort $A_0 K_1 + K_1 K_2 = A_2 K_2$. Ferner ergibt sich für die Länge des Kreisbogenzuges $A_0 A_1 A_2$, wenn ε_1, ε_2 die zugehörigen Zentriwinkel, im Bogenmaß des Einheitskreises gemessen, ϱ_1, ϱ_2 die Radien sind, der Wert $\varrho_1 \varepsilon_1 + \varrho_2 \varepsilon_2$.

Setzen wir diese Betrachtung fort, indem wir einen Korbbogen aus einer beliebigen Anzahl von Kreisbögen $A_0A_1, A_1A_2, A_2A_3, \ldots A_{n-1}A_n$ zusammensetzen und den von den Mittelpunkten $K_1, K_2, K_3, \ldots K_n$ bestimmten Polygonzug als den Evolutenzug des Korbbogens bezeichnen, so wird die Länge des Evolutenzuges von A_0 bis K_n gleich dem letzten Radius ϱ_n, allgemein die Länge des Evolutenzuges

$$A_0 K_1 + K_1 K_2 + K_2 K_3 + \ldots + K_{\mu-1} K_\mu = \varrho_\mu,$$

und für die Länge des Korbbogens folgt der Wert

$$s_n = \varrho_1 \varepsilon_1 + \varrho_2 \varepsilon_2 + \varrho_3 \varepsilon_2 + \ldots + \varrho_n \varepsilon_n,$$

wenn $\varepsilon_1, \varepsilon_2, \ldots \varepsilon_n$ die Zentriwinkel der zu den einzelnen Kreisbögen gehörenden Sektoren bezeichnen. Diese Betrachtungen sind zunächst so geführt, daß die Radien $\varrho_1, \varrho_2, \varrho_3, \ldots.$ als ständig zunehmend angesehen sind. Dreht man die erste Figur um, indem man von dem größeren Radius ausgeht, so wird $A_0 K_1 - K_1 K_2 = A_2 K_2$. Der Evolutenzug $A_0 K_1 K_2$ kehrt bei K_1 um, indem er sich erst von dem Korbbogen entfernt und dann ihm wieder nähert (Fig. 11). Eine solche Stelle soll als eine Umkehrstelle bezeichnet werden. An ihr gehen die Radien von Zunahme zu Abnahme über oder umgekehrt.

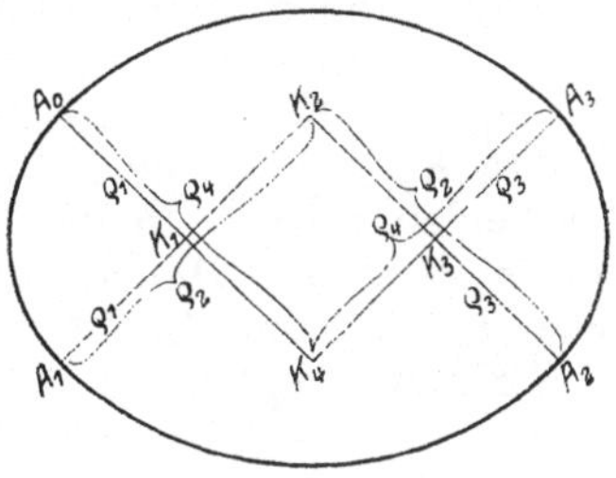
Fig. 12.

Nehmen wir als Beispiel ein Quadrat $K_1 K_2 K_3 K_4$, so können alle vier Ecken Umkehrstellen sein, wenn der Korbbogen in sich zurückläuft, also ein geschlossenes Oval bildet. Der Verlauf ist dann folgender:

Mittelpunkte:	K_1	K_2	K_3	K_4	K_1
Radien:	ϱ_1	ϱ_2	ϱ_3	ϱ_4	ϱ_1
	Zunahme	Abnahme	Zunahme	Abnahme	

Dabei ist $\varrho_1 = \varrho_3$, $\varrho_2 = \varrho_4$, $\varrho_1 < \varrho_2$. Sind die Ecken alle keine Umkehrstellen, so entsteht eine ganz andere Figur, nämlich eine Spirale. Die Kurve läuft dann nicht in sich zurück. Umfaßt man den Umfang des Quadrates

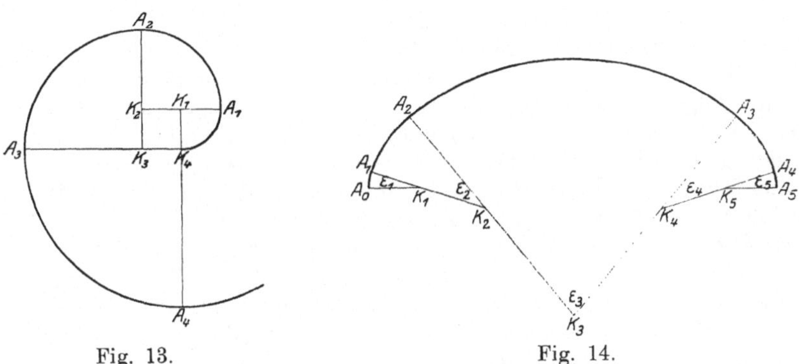
Fig. 13. Fig. 14.

zum zweitenmal, so schließt sich ein neuer Kreisbogenzug an, der in einem dem Umfang des Quadrates gleichen Abstande parallel zu dem ersten Kreisbogenzuge verläuft.

Ist ein Evolutenzug, z. B. $A_0 K_1 K_2 K_3 K_4 K_5 A_5$, mit einer Umkehrstelle (K_3) gegeben, wobei die Endrichtung der Anfangsrichtung entgegengesetzt sei, so entsteht ein eigentlicher Korbbogen (anse de panier), im Beispiel der Figur 14 mit 5 Mittelpunkten.

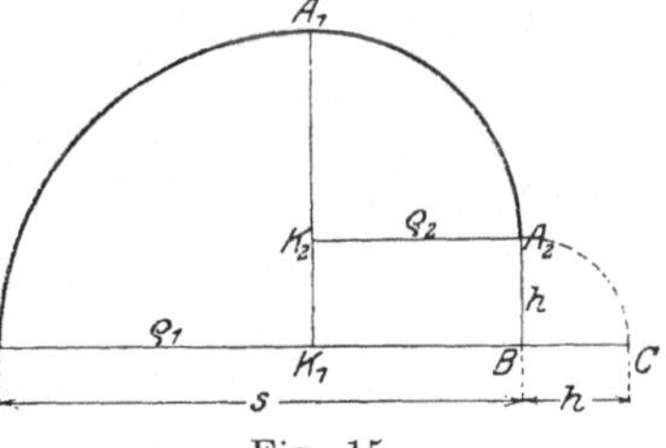
Fig. 15.

Es gibt solche Korbbögen schon mit zwei Mittelpunkten. Dann können aber der erste und der letzte Radius nicht in eine gerade Linie fallen. Ein solcher Korbbogen kann zunächst aus zwei Viertelkreisen $A_0 A_1$, $A_1 A_2$ zusammengesetzt werden. Die Mittelpunkte K_1, K_2 liegen dann senkrecht übereinander in dem Abstande $K_1 K_2 = \varrho_1 - \varrho_2 = h$. Ist B der Fußpunkt des von A_2 auf die Linie $A_0 K_1$ gefällten Lotes, so wird $B A_2 = h$ die Steighöhe, $A_0 B$ die Spannweite s des ansteigenden Bogens, der auch als **Schwanenhals** bezeichnet wird. Da nun $s = \varrho_1 + \varrho_2$, $h = \varrho_1 - \varrho_2$ wird, ist $\varrho_1 = \frac{1}{2}(s + h)$. Legt man also $BC = h$ an $A_0 B = s$ an und halbiert die Gesamtstrecke $A_0 C$, so findet man K_1.

Eine andere Konstruktion für einen Schwanenhals ist folgende (Fig. 16). Man schlägt über $A_0 A_2$ den Halbkreis und schneidet ihn in A_1 mit dem Mittellot von $A_0 B$. Dann enthält das aus A_1 auf $A_0 A_2$ gefällte Lot $A_1 L$ die Mittelpunkte K_1, K_2 (in den Höhen von A_0 und A_2). A_1 ist der Trennungspunkt der beiden Bögen. In der Tat folgt, wenn M, N die Punkte des Mittellotes von $A_0 B$ in den Höhen von A_0 und A_2 sind, aus der Kongruenz der Dreiecke $A_0 L K_1$ und $A_1 M K_1$ $A_0 K_1 = A_1 K_1$, aus der Kongruenz der Dreiecke $A_1 N K_2$ und $A_2 L K_2$ $A_1 K_2 = A_2 K_2$.

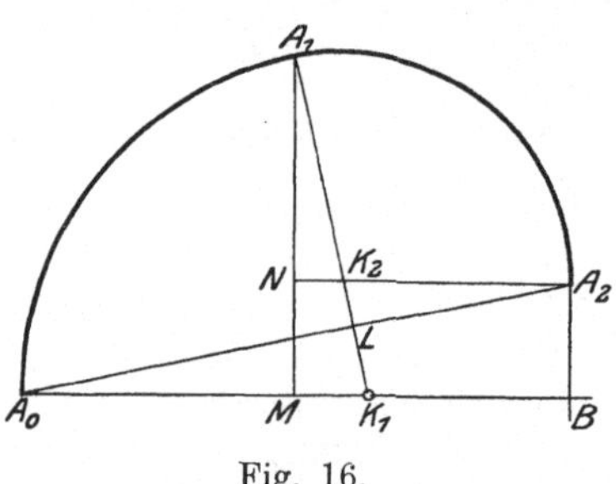

Fig. 16.

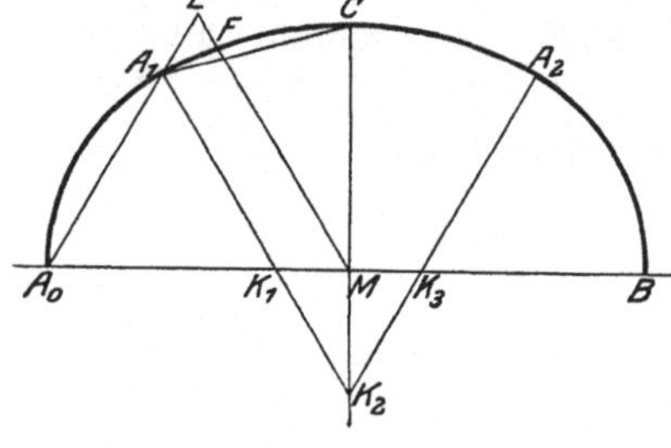

Fig. 17.

Für die Konstruktion eines Korbbogens mit horizontaler Abschlußlinie und drei Mittelpunkten gibt es eine große Anzahl von Konstruktionen, von denen nur folgende hervorgehoben seien: Sehr einfach und leicht zu begründen ist die Konstruktion, bei der für die Zentriwinkel der drei Kreisbögen der gleiche Wert 60^0 genommen wird. Als gegeben sehen wir an die **Spannweite** $A_0 B$ und die **Pfeilhöhe** MC. Es wird dann über $A_0 M = \frac{1}{2} A_0 B$ das gleichseitige Dreieck $A_0 E M$ konstruiert und auf dessen Seite ME abgetragen $MF = MC$. Ist weiter A_1 der Schnittpunkt der Linie CF mit $A_0 E$, so enthält die Parallele durch A_1 zu EM die Mittelpunkte K_1, K_2. K_3 liegt dann auf $A_0 B$ symmetrisch zu K_1 ($A_0 K_1 = BK_3$). A_1 und der symmetrisch entsprechende Punkt A_2 auf der anderen Seite sind die Grenzpunkte der Kreisbögen.

Dieser Konstruktion in der ästhetischen Wirkung vorzuziehen ist eine andere, die zunächst folgendermaßen gekennzeichnet werden kann: Man zeichnet das Rechteck $A_0 B D' D$ mit der Höhe $b = MC$ und konstruiert in dem rechtwinkligen Dreieck $A_0 D C$ den einbeschriebenen Kreis. Dessen Mittelpunkt ist A_1 und das aus A_1 auf $A_0 C$ gefällte Lot enthält die Mittelpunkte K_1, K_2.

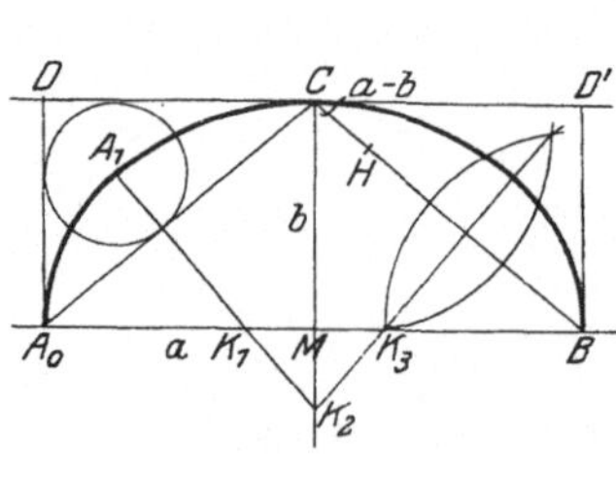

Fig. 18.

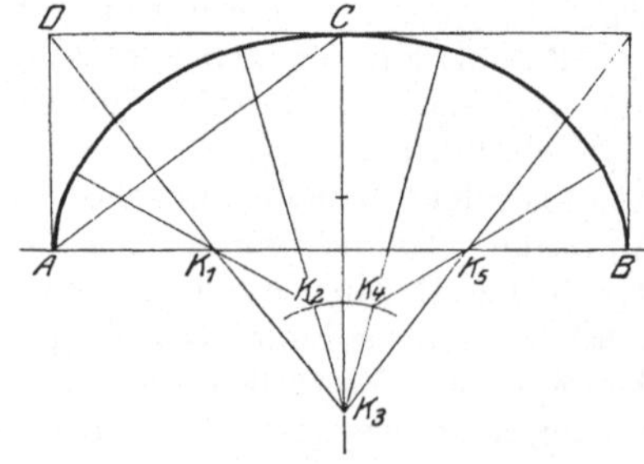

Fig. 19.

Die Konstruktion kann aber einfacher ausgeführt werden, wie in der Figur 18 auf der rechten Seite angegeben ist. Dort ist auf CB abgetragen $CH = a - b$

($A_0 B = 2a$, $MC = b$). Dann enthält das Mittellot von BH die Mittelpunkte K_2, K_3 und den Grenzpunkt A_2.

An diese Konstruktion läßt sich eine Konstruktion des Korbbogens mit 5 Mittelpunkten anschließen. Man läßt dann das Lot von $A_0 C$ oder AC durch den Eckpunkt D hindurchgehen und dieses die Mittelpunkte K_1, K_3 ausschneiden. Den Mittelpunkt K_2 bestimmt man einfach daraus, daß $K_1 K_2 + K_2 K_3 = CK_3 - AK_1$ wird. Er ist hierdurch nicht vollständig bestimmt. Man wähle ihn möglichst so, daß $K_1 K_2 : K_2 K_3 = AK_1 : CK_3$ wird, ohne daß diese Proportion genau erfüllt zu sein braucht. Man teile nur, nachdem man AK_1 von C aus auf CK_3 abgetragen hat, die übriggebliebene Strecke, die $= K_1 K_2 + K_2 K_3$ wird, ungefähr in diesem Verhältnis und beschreibe mit den Teilen um K_1 und K_3 die Kreise, die sich dann in K_2 schneiden (Fig. 19).

3. Grundbeziehungen ebener Figuren.

Die Euklidische Geometrie geht von der Kongruenz ebener Figuren aus. Zwei Figuren heißen kongruent, wenn sie in allen Stücken, Strecken (Längen) und Winkeln, übereinstimmen, also nur in der Lage verschieden sind und deshalb, wie man sagt, zur Deckung gebracht werden können. Als Grundfiguren werden ferner die Vielecke mit der kleinstmöglichen Seitenzahl, also die Dreiecke gewählt und die Bedingungen festgestellt, unter denen zwei Dreiecke kongruent sind. Es ergibt sich, daß, wenn zwei Dreiecke in drei Stücken übereinstimmen, auch die übrigen drei Stücke gleich sind. Ausgeschlossen ist hierbei der Fall, wo die drei gegebenen Stücke die drei Winkel sind, weil diese von vornherein durch die Beziehung verknüpft sind, daß ihre Summe einen festen Wert (180^0) hat, und ferner der Fall, wo die zwei Dreiecke in zwei Seiten und dem der kleineren gegenüberliegenden Winkel übereinstimmen, weil solche zwei Dreiecke nicht kongruent zu sein brauchen. Danach bestimmen sich die vier Kongruenzsätze, die der Euklidischen Geometrie zugrunde liegen. Mit Hilfe dieser Sätze wird dann ein großer Teil der geometrischen Beweise geführt.

Auf die Kongruenzlehre wird auch die Ähnlichkeitslehre zurückgeführt, wobei allerdings die Betrachtung irrationaler Längenverhältnisse eine besondere Schwierigkeit bietet. Als ähnlich werden zwei Figuren bezeichnet, wenn alle entsprechenden Winkel in ihnen gleich sind. Es zeigt sich dann, daß alle entsprechenden Strecken in ihnen verhältnisgleich (proportional) werden. Wieder werden als Grundfiguren die Dreiecke gewählt, und den vier Kongruenzsätzen werden vier entsprechende Ähnlichkeitssätze gegenübergestellt.

Einer dieser Sätze ist dabei eben der, daß die Seiten der Dreiecke verhältnisgleich sind, wenn die Dreiecke in den Winkeln übereinstimmen. Es ist aber von Wichtigkeit, auch aus der Proportionalität der Seiten umgekehrt die Gleichheit der Winkel abzuleiten, und ebenso zu zeigen, daß alle Winkel in beiden Dreiecken übereinstimmen, wenn nur ein Paar gleicher Winkel gefunden wird und entweder die einschließenden Seiten verhältnisgleich sind, oder eine dem Winkel anliegende Seite und die ihm gegenüberliegende Seite, falls diese größer als jene ist, in beiden Dreiecken dasselbe Verhältnis haben. Dies sind die vier Ähnlichkeitssätze. Sie bieten ebenfalls ein wesentliches Hilfsmittel für die geometrische Beweisführung.

Die Lage wird bei den kongruenten Figuren in der Euklidischen Geometrie meist gar nicht berücksichtigt. Es sind aber auch die hierfür geltenden Sätze von großer Bedeutung. Zunächst hebt sich eine Lage heraus, bei der alle Paare entsprechender Strecken beider Figuren parallel sind. In diesem Falle sind auch alle Verbindungsstrecken entsprechender Ecken parallel und gleich lang. Die eine Figur geht aus der anderen durch Parallelverschiebung (Translation) hervor. Die beiden Figuren sind immer gleichsinnig kongruent.

Ist kein Paar entsprechender Strecken solcher zwei Figuren parallel, so schneiden sich die Mittellote der Verbindungsstrecken entsprechender Ecken in einem Punkte O und die Winkel, welche die von diesem Punkte nach je zwei entsprechenden Ecken hinlaufenden Strahlen bilden, sind alle gleich. Dann geht die eine Figur aus der anderen durch Drehung (Rotation) um den Pol O hervor.

Bei ähnlichen Figuren wird dagegen auch in der Euklidischen Geometrie die besondere Lage hervorgehoben, bei der alle Paare entsprechender Strecken parallel sind. Es gehen dann, wenn die Figuren nicht kongruent sind, die Verbindungslinien aller Paare entsprechender Ecken durch einen Punkt S. Die Figuren heißen in ähnlicher Lage befindlich und der Punkt S das Ähnlichkeitszentrum.

Allgemein heißen nun zwei geradlinige Figuren, die Strecke für Strecke und Punkt für Punkt eindeutig aufeinander bezogen sind, derart, daß die Verbindungslinien entsprechender Punkte entweder durch einen und denselben Punkt gehen oder einander parallel sind, perspektivisch, und zwar im ersten Falle zentralperspektivisch oder perspektiv kollinear, im zweiten Falle parallelperspektivisch oder perspektiv affin.

Wir betrachten zuerst den zweiten Fall. Sind g, g' zwei einander entsprechende, nicht parallele gerade Linien der Figur und A, B, C drei Punkte auf der einen, A', B', C' die äußeren drei entsprechenden Punkte auf der anderen, dann wird

$$\frac{AB}{BC} = \frac{A'B'}{B'C'},$$

d. h. die Abstandsverhältnisse der Punkte sind auf beiden Linien dieselben.

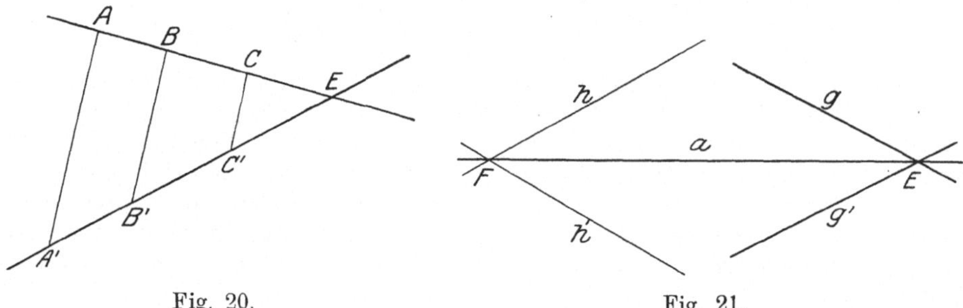

Fig. 20. Fig. 21.

Der Schnittpunkt E beider Linien entspricht sich selbst. Ist nun h, h' ein zweites Paar entsprechender Linien und F ihr Schnittpunkt, so muß die gerade Linie EF sich selbst entsprechen, ja auch alle ihre Punkte müssen sich selbst zugeordnet sein. Diese Linie a heißt die Affinitätsachse. Alle Paare entsprechender Linien schneiden sich auf der Affinitätsachse, wenn sie nicht zu ihr parallel sind.

Die gleichgerichteten geraden Linien, welche entsprechende Punkte verbinden, können der Affinitätsachse parallel sein oder sie schneiden. Im ersten Falle (Fig. 22) seien A, B zwei Punkte, deren Verbindungslinie die Affinitätsachse in E schneidet. Dann liegen auch die entsprechenden Punkte A', B' mit E in einer geraden Linie und man sieht: Die Entfernung AA' entsprechender Punkte wird ihrem Abstande von der Affinitätsachse proportional. Im zweiten Falle seien A, A' und B, B' zwei Paare entsprechender Punkte und A_0, B_0 die Schnittpunkte ihrer Verbindungslinien mit der Affinitätsachse.

Dann wird (Fig. 23), weil AB und $A'B'$ sich in einem Punkte E der Affinitätsachse schneiden oder ihr parallel sind,

$$\frac{AA_0}{A'A_0} = \frac{BB_0}{B'B_0},$$

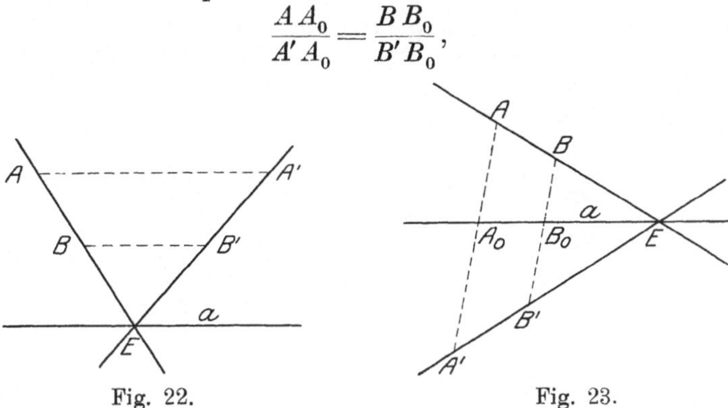

Fig. 22. Fig. 23.

d. h. die Verbindungsstrecke entsprechender Punkte wird von der Affinitätsachse immer in demselben Verhältnis geteilt, und zwar entweder immer innen oder immer außen, so daß die Proportionsgleichung der Größe und dem Sinne nach gilt.

Es seien g, h zwei parallele Linien, welche die Affinitätsachse in E, F schneiden mögen. A, B seien zwei Punkte auf ihnen, die gleich weit von der Affinitätsachse entfernt sind, A', B' die entsprechenden Punkte und A_0, B_0 die Schnittpunkte von AA', BB' mit der Affinitätsachse. Dann folgt aus $AA_0 \# BB_0$ auch $AE \# BF$ und $A'A \# B'B$, also wird auch $A'E \# B'F$: Parallelen Linien entsprechen wieder parallele Linien.

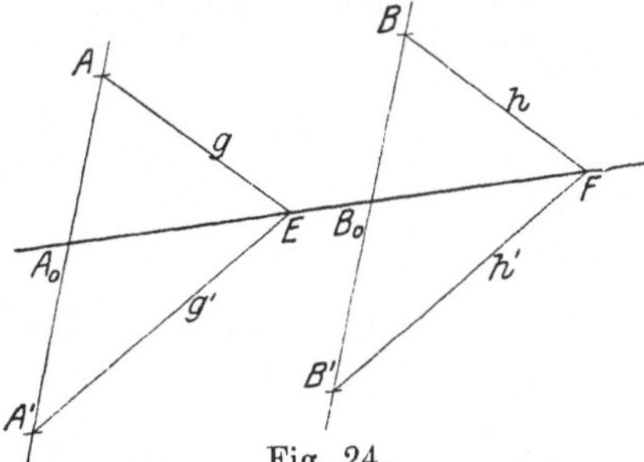

Fig. 24.

Sind AA', BB' parallel zur Affinitätsachse, so wird $AA' = BB'$, wenn A, B gleichweit von dieser Achse entfernt sind, weil die Entfernung entsprechender Punkte ihrem Abstand von der Achse proportional ist. Deshalb werden die Dreiecke $AA'E$ und $BB'F$ wieder kongruent und $A'E$ parallel zu $B'F$, so daß der Satz, daß parallelen Linien parallele Linien entsprechen, auch dann gilt.

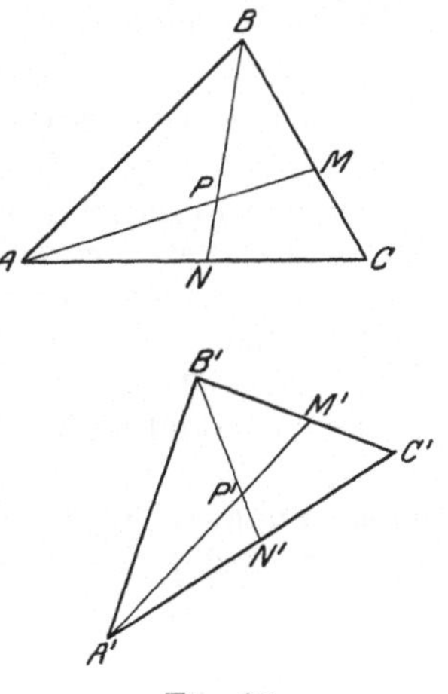

Fig. 25.

Wird von zwei perspektiv affinen Figuren die eine beliebig verschoben, so ist sie zu der anderen nicht mehr perspektiv, aber immer noch affin. Die affine Beziehung kann dadurch festgelegt werden, daß zu den Ecken eines Dreiecks A, B, C die Ecken des entsprechenden Dreiecks A', B', C' beliebig angenommen werden. Soll dann zu einem beliebigen vierten Punkte P der entsprechende P' gefunden werden, so verbinde man P mit A und B, diese Verbindungslinien mögen die gegenüberliegenden Seiten BC und AC in M und N treffen. Weiter teile man die entsprechenden Seiten $B'C'$ und $A'C'$ in M' und N' so, daß der Größe und dem Sinne nach

$$\frac{BM}{MC} = \frac{B'M'}{M'C'}, \qquad \frac{AN}{NC} = \frac{A'N'}{N'C'}$$

wird, Dann wird der Schnittpunkt von $A'M'$ und $B'N'$ der gesuchte Punkt P'.

Wir können auch so verfahren, daß wir durch den Punkt P die Parallelen PQ und PR zu AB und AC ziehen und so das Parallelogramm $ARPQ$ erzeugen. Nehmen wir dann auf $A'B'$ den Punkt Q', auf $A'C'$ den Punkt R' so an, daß der Größe und dem Sinne nach

$$\frac{AQ}{AB}=\frac{A'Q'}{A'B'}, \qquad \frac{AR}{AC}=\frac{A'R'}{A'C'}$$

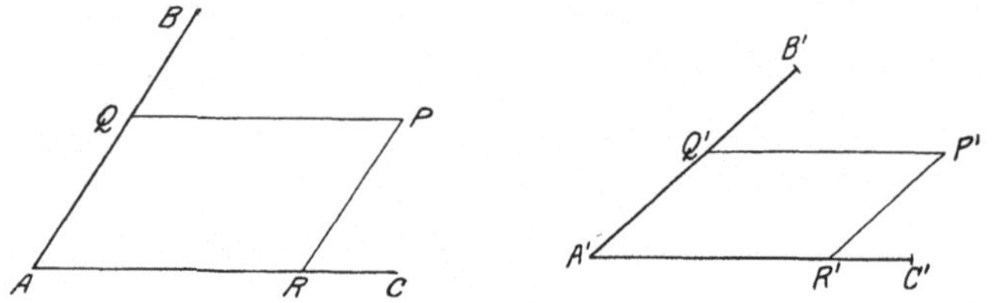

Fig. 26.

wird, so schneiden die Parallelen durch Q' und R' zu $A'C'$ und $A'B'$ sich in dem gesuchten Punkte P'. —

Sind zwei Figuren zentral perspektiv und S das Perspektivitätszentrum, durch das die Verbindungslinien entsprechender Punkte gehen, so gilt folgender grundlegender Satz:

Es seien A, B, C, D vier Punkte einer geraden Linie g, A', B', C', D' die vier entsprechenden Punkte, die wieder auf einer geraden Linie g' liegen. Dann wird der Größe und dem Sinne nach:

$$\frac{AB}{AC}:\frac{DB}{DC}=\frac{A'B'}{A'C'}:\frac{D'B'}{D'C'}.$$

Die Doppelverhältnisse der beiden Punktequadrupel sind einander gleich.

Ist das Doppelverhältnis gleich -1, so heißen die vier Punkte harmonisch. Vier harmonischen Punkten entsprechen also immer wieder vier harmonische Punkte.

Die Schnittpunkte entsprechender gerader Linien liegen wieder auf einer geraden Linie, der Perspektivitätsachse (oder Kollineationsachse) s. Einer geraden Linie, die dieser parallel ist, entspricht wieder eine parallele Linie.

Das Zentrum S und alle Punkte der Perspektivitätsachse s entsprechen sich selbst.

Das Doppelverhältnis von vier Strahlen, die durch einen Punkt O gehen, ist gegeben durch das Doppelverhältnis der Schnittpunkte dieser Strahlen mit irgend einer nicht durch O gehenden geraden Linie. Einem solchen Strahlenquadrupel entspricht immer ein Strahlenquadrupel, welches das gleiche Doppelverhältnis hat. Ist das Doppelverhältnis $=-1$, so heißen die vier Strahlen harmonisch. Vier harmonischen Strahlen entsprechen also immer wieder vier harmonische Strahlen.

Sind A, A' und B, B' zwei Paare entsprechender Punkte, A_0, B_0 die Schnittpunkte von AA' und BB' mit s, so wird der Größe und dem Sinne nach (Fig. 27)

$$\frac{AA_0}{A'A_0}:\frac{AS}{A'S}=\frac{BB_0}{B'B_0}:\frac{BS}{B'S}.$$

Das Doppelverhältnis, welches die beiden einander entsprechenden Punkte mit dem Perspektivitätszentrum und dem Schnittpunkte ihrer Verbindungslinie mit der Perspektivitätsachse bilden, hat einen konstanten Wert k.

Rückt der Punkt A auf einem Strahle u, der durch das Perspektivitätszentrum S geht, in unendliche Entfernung, so liegt der entsprechende Punkt A' auf u derart, daß, wenn A_0 den Schnittpunkt von u mit der Perspektivitätsachse bezeichnet, der Größe und dem Sinne nach

$$\frac{A'S}{A'A_0} = k$$

wird. Alle so gewonnenen Punkte A' liegen auf einer Parallele zu s, welche die erste Fluchtlinie heißt.

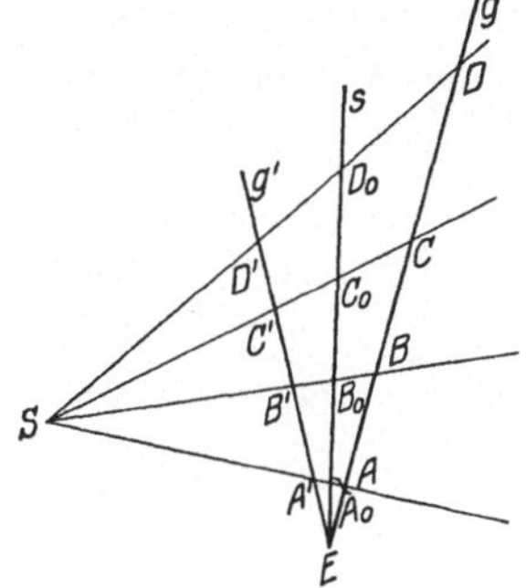

Fig. 27.

Umgekehrt liegen auch alle Punkte A, die unendlich fernen Punkten A' entsprechen, auf einer Parallelen zu s, welche die zweite Fluchtlinie heißt. In diesem Falle wird

$$\frac{AA_0}{AS} = k\,.$$

Die eine Fluchtlinie hat also von dem Perspektivitätszentrum denselben Abstand wie die Perspektivitätsachse von der anderen Fluchtlinie.

Eine andere wichtige Beziehung zwischen ebenen Figuren, bei der ebenfalls zwei einander zugeordneten Punkte A, A' mit einem festen Punkte S immer in gerader Linie liegen, wird so gefunden, daß zwischen den (gleichsinnigen) Abständen SA und SA' die Beziehung aufgestellt wird

$$SA \cdot SA' = a^2\,.$$

Es entsprechen dann alle Punkte sich selbst, welche von S den Abstand a haben, also auf einem Kreis um den Mittelpunkt S mit dem Radius a liegen. Diese Beziehung zwischen den Punkten der Ebene wird als eine Transformation durch reziproke Radienvektoren (kurzer Inversion) bezeichnet.

Den Punkten einer geraden Linie, die nicht durch S geht, entsprechen die Punkte eines Kreises, der durch S hindurchgeht. Hat nämlich die gerade Linie von S den Abstand p und ist φ der Winkel, um den die Verbindungslinie von S mit einem Punkte A der geraden Linie gegen das aus S auf sie gefällte Lot $SG = p$ geneigt ist, so wird

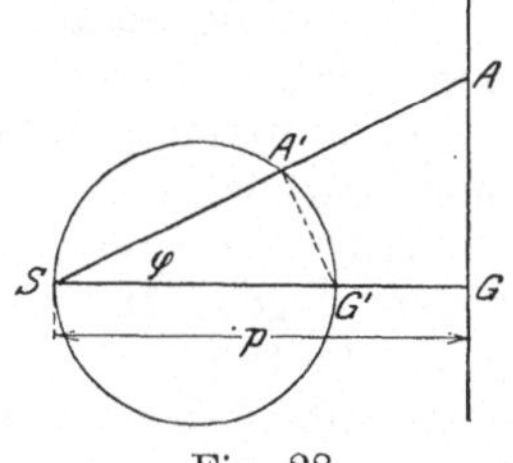

Fig. 28.

$$SA = \frac{p}{\cos\varphi}, \qquad \text{also} \qquad SA' = \frac{a^2}{p} \cdot \cos\varphi\,.$$

Der A entsprechende Punkt A' liegt also auf einem Kreis über der auf SG abgetragenen Strecke $SG' = \frac{a^2}{p}$ als Durchmesser.

Irgendeinem Kreise entspricht wieder ein Kreis. Ist nämlich AB der auf einen Strahl durch S fallende Durchmesser dieses Kreises, und sind A', B' die A, B entsprechenden Punkte, so wird

$$SA \cdot SA' = SB \cdot SB' = a^2\,.$$

also
$$\frac{SA}{SB} = \frac{SB'}{SA'}.$$
S ist mithin der eine Ähnlichkeitspunkt der über AB und $B'A'$ als Durchmesser beschriebenen Kreise, und sind Q', P' und P, Q die Schnittpunkte eines Strahls durch S mit diesen Kreisen, so wird

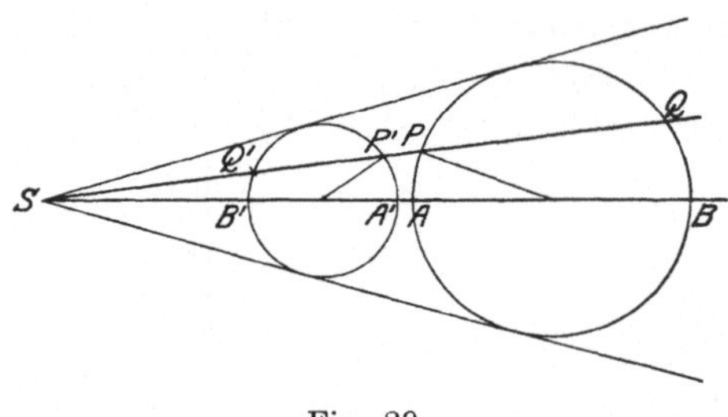

Fig. 29.

$$\frac{SP}{SQ'} = \frac{SA}{SB'}, \quad SP' \cdot SQ' = SA' \cdot SB',$$
also
$$SP \cdot SP' = SA \cdot SA' = a^2.$$

Fällt A mit B', also auch B mit A' zusammen, so fällt der Kreis über AB mit seinem entsprechenden Kreis zusammen. Dann ist aber der Kreis orthogonal zu dem Grundkreis um S mit dem Radius a, weil die aus a an ihn gelegten Tangenten die Länge a haben, also in Punkten des Grundkreises berühren.

Durch irgendeinen anderen Punkt A kann man zwei dieser Orthogonalkreise legen, deren Tangenten in A gegebene Richtungen haben. Die Kreise schneiden sich zum zweitenmal in dem A entsprechenden Punkt A'. Ihre Tangenten in diesem Punkt bilden denselben Winkel wie die Tangenten in A. Die Transformation durch reziproke Radienvektoren ist also winkeltreu oder konform. Man kann auch sagen, sie sei ähnlich in den kleinsten Teilen, weil eine unendlich kleine Figur durch sie in eine ähnliche Figur übergeht.

4. Grundbegriffe der Raumgeometrie.

Die Raumgeometrie wird gewöhnlich so aufgebaut, daß man von den an der Hand der Zeichnung gewonnenen Begriffen der ebenen Geometrie ausgeht und diese Begriffe auf den dreidimensionalen Raum überträgt. Die wesentlich in Betracht kommenden Begriffe sind die Begriffe des Punktes, der geraden Linie, der Entfernung und des Winkels und die dazu gehörenden Begriffe wie der Begriff des Schneidens und der Begriff der Parallelität.

Für die Raumgeometrie kann man nun den Satz voranstellen, daß, wenn zwei gegebene gerade Linien im Raum sich schneiden, zwei gerade Linien, die diese beiden gegebenen geraden Linien schneiden oder die eine schneiden und zu der anderen parallel sind, sich wieder schneiden, wenn sie nicht zu einander parallel sind.

Alle diese geraden Linien gehören einer Ebene an, welche durch die beiden gegebenen geraden Linien oder auch durch zwei diese schneidende Linien bestimmt ist. Eine Ebene ist ebenfalls durch eine gerade Linie und einen außerhalb von dieser gelegenen Punkt oder durch drei Punkte, die nicht in einer geraden Linie liegen, bestimmt.

Zwei Ebenen schneiden sich entweder oder sie sind einander parallel.

Eine gerade Linie schneidet eine Ebene entweder oder sie ist zu ihr parallel. Ist sie zu ihr parallel, so liegt sie in einer und nur einer zu der Ebene parallelen Ebene, und liegt sie in einer solchen Parallelebene, so ist sie der anderen Ebene parallel.

Wenn zwei sich nicht schneidende gerade Linien zueinander parallel sind, so kann man unendlich viele Paare paralleler Ebenen durch sie legen. Sind sie nicht parallel, d. h. windschief, so kann man nur ein Paar paralleler Ebenen durch sie legen.

Parallele Ebenen werden von jeder dritten Ebene, die nicht zu einer von ihnen und damit auch zu der anderen parallel ist, in parallelen geraden Linien geschnitten.

Auch die Schnittlinien der beiden parallelen Ebenen mit zwei anderen parallelen Ehenen sind alle einander parallel.

Schneiden sich zwei gegebene Ebenen, so werden sie von jeder Ebene, die ihrer Schnittlinie, aber keiner der Ebenen selbst parallel ist, in geraden Linien geschnitten, die einander und der Schnittlinie der beiden gegebenen Ebenen parallel sind.

Durch den Schnittpunkt zweier gegebenen geraden Linien geht eine und nur eine gerade Linie, welche mit den beiden gegebenen geraden Linien rechte Winkel bildet. Diese gerade Linie bildet dann einen rechten Winkel mit jeder geraden Linie, welche durch den Schnittpunkt der beiden gegebenen geraden Linien geht und mit ihnen in einer Ebene liegt, und sie heißt ein Lot dieser Ebene.

Alle Lote einer Ebene sind zueinander parallel. Jedes Lot einer Ebene ist auch ein Lot jeder parallelen Ebene. Umgekehrt sind zwei Ebenen parallel, die ein gemeinsames Lot besitzen.

Das Stück paralleler Linien zwischen zwei parallelen Ebenen hat immer dieselbe Länge. Sind die parallelen Linien insbesondere Lote der beiden Ebenen, so heißt die Länge des Stückes, das von ihnen zwischen den beiden parallelen Ebenen liegt, deren Abstand.

Als den kürzesten Abstand zweier windschiefer gerader Linien bezeichnet man den Abstand der beiden durch sie gehenden parallelen Ebenen. Der kürzeste Abstand ist gleichzeitig die Entfernung zweier Punkte auf den geraden Linien, die so liegen, daß ihre Verbindungslinie senkrecht zu beiden geraden Linien ist.

Wenn zwei gerade Linien sich schneiden, bilden sie (mit einem bestimmten Richtungssinn versehen) einen Winkel. Zwei zu ihnen parallele (und gleichsinnige), sich ebenfalls schneidende gerade Linien bilden dann denselben Winkel.

Um den Winkel zwischen zwei sich kreuzenden (ebenfalls mit einem bestimmten Richtungssinn versehenen) geraden Linien zu bestimmen, zieht man durch einen Punkt der einen zu der anderen die (gleichsinnige) Parallele. Der Winkel, den diese dann mit der sie schneidenden der gegebenen geraden Linien einschließt, ist der Winkel, unter dem die beiden windschiefen geraden Linien sich kreuzen. Das Lot einer Ebene kreuzt alle geraden Linien der Ebene rechtwinklig (oder schneidet sie rechtwinklig). Eine gerade Linie ist Lot einer Ebene, wenn sie zwei nicht parallele Linien der Ebene rechtwinklig kreuzt.

Um den Winkel zweier Ebenen zu finden, die sich in einer geraden Linie schneiden, errichtet man in einem Punkte dieser Schnittlinie auf ihr in beiden Ebenen das Lot. Diese Lote bilden dann immer denselben Winkel, wenn man sie jedesmal in eine bestimmte Halbebene (d. h. den auf der einen Seite der Schnittlinie gelegenen Teil der beiden Ebenen) hineinzieht, gleichgültig wo man den gemeinsamen Fußpunkt der Lote auf der Schnittlinie annimmt. Dieser Winkel wird als der Winkel der beiden Halbebenen bezeichnet. Nimmt man statt der einen Halbebene die sie zur vollen Ebene ergänzende Halbebene, so erhält man den Nebenwinkel des ursprünglichen Winkels.

Ist der Winkel der beiden Halbebenen (und damit auch der Nebenwinkel) ein rechter, so heißen die beiden Ebenen aufeinander senkrecht. Durch jeden Punkt der Schnittlinie gehen dann zwei gerade Linien, die in den beiden Ebenen liegen und aufeinander und auf der Schnittlinie senkrecht stehen. Sie stehen dann auch jedesmal auf der anderen Ebene senkrecht, weil sie auf zwei durch ihren Schnittpunkt mit der Ebene gehenden geraden Linien der Ebene, der Schnittlinie und dem anderen Lote der Schnittlinie, senkrecht stehen.

Eine Ebene ist also auf einer anderen senkrecht, wenn sie durch ein Lot dieser Ebene hindurchgeht. Sie enthält dann unendlich viele Lote der anderen Ebene, und diese umgekehrt unendlich viele Lote der ersten Ebene.

Fällt man aus den Punkten einer nicht zu einer Ebene senkrechten geraden Linie die Lote auf diese Ebene, so erfüllen sie eine zu der gegebenen Ebene senkrechte und durch die gegebene gerade Linie hindurchgehende Ebene. Der spitze Winkel, den die Schnittlinie dieser Ebene mit der gegebenen Ebene und die gegebene gerade Linie miteinander bilden, heißt der Neigungswinkel der geraden Linie gegen die Ebene. Er ist das Komplement (Ergänzung zu 90^0) des spitzen Winkels, den die gerade Linie mit einem Lot der Ebene bildet.

Durch jeden Punkt der Schnittlinie zweier Ebenen läßt sich eine und nur eine zu den beiden Ebenen senkrechte Ebene legen. Insbesondere läßt sich durch einen Punkt der Schnittlinie zweier zueinander senkrechter Ebenen eine zu beiden senkrechte dritte Ebene legen. Die Schnittlinie zweier der Ebenen ist dann jedesmal auf der dritten Ebene und auf ihren Schnittlinien mit den ersten beiden Ebenen senkrecht.

Durch jeden Punkt des Raumes lassen sich drei und nur drei zueinander senkrechte gerade Linien (Achsen) ziehen. Die erste dieser Achsen kann dabei beliebig angenommen werden und die zweite irgendwie in einer bestimmten (zu der ersten Achse senkrechten) Ebene. Die Ebenen, welche die drei Achsen paarweise verbinden, sind aufeinander senkrecht.

5. Flächen- und Rauminhalt.

Die Bestimmung des Flächeninhalts ebener Figuren geht von der Figur des Rechtecks aus. Als Einheit wird der Inhalt eines Quadrates von der Seitenlänge 1 (mm, cm, m, dm usw.) zugrunde gelegt. Unter dieser Voraussetzung wird der Flächeninhalt des Rechtecks von den Seitenlängen a, b durch das Produkt $a \cdot b$ gegeben, indem das Flächenmaß der Längeneinheit, in denen die Seiten gemessen sind, entspricht. Der Inhalt des Dreiecks von der Grundlinie a und der Höhe h wird $= \frac{1}{2} a \cdot h$, der Inhalt des Paralleltrapezes mit den parallelen Seiten a, b und der Höhe (Abstand der parallelen Seiten) h wird $= \frac{1}{2}(a + b) \cdot h$.

Die Inhalte ähnlicher Figuren verhalten sich wie die Quadrate entsprechender Längenstücke. Insbesondere verhalten sich die Inhalte zweier Kreise wie die Quadrate ihrer Radien. Der Inhalt des Kreises ist deshalb dem Quadrat des Radius r proportional und wird $= \pi r^2$ gesetzt. Dabei ist $\pi = 3.14159\ldots$ die sog. Ludolfsche Zahl.

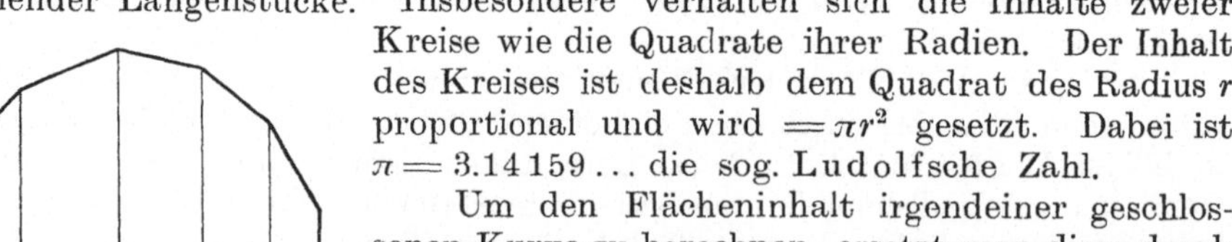

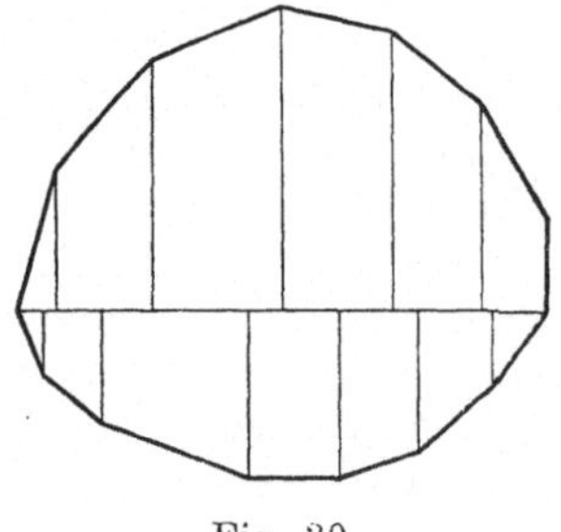

Fig. 30.

Um den Flächeninhalt irgendeiner geschlossenen Kurve zu berechnen, ersetzt man diese durch ein Polygon. Schon Heron hat die Vorschrift gegeben, durch die Kurve eine Achse zu legen und auf diese von einzelnen Punkten der Kurven die Lote zu fällen, um die zwischen den Loten und der Achse liegenden Flächenräume als Trapeze auszuwerten, als ob an ihrem Ende das Kurvenstück durch eine gerade Strecke ersetzt sei.

Nimmt man von vornherein die Fläche, die zwischen der Achse, zwei Loten auf ihr (Ordinaten) und der Kurve liegt, und teilt diese Fläche durch neue Ordinaten in n gleich breite Streifen, so läßt sich, wenn y_0, y_1, y_2, y_3, ... y_n der Reihe nach die auftretenden Ordinaten sind (Fig. 31), für die angegebene Art der Flächenberechnung die sogenannte Trapezformel aufstellen:

(1) $$F = h \cdot \{\tfrac{1}{2}y_0 + y_1 + y_2 + \cdots + y_{n-1} + \tfrac{1}{2}y_n\},$$

wobei F den gesuchten Flächeninhalt bezeichnet.

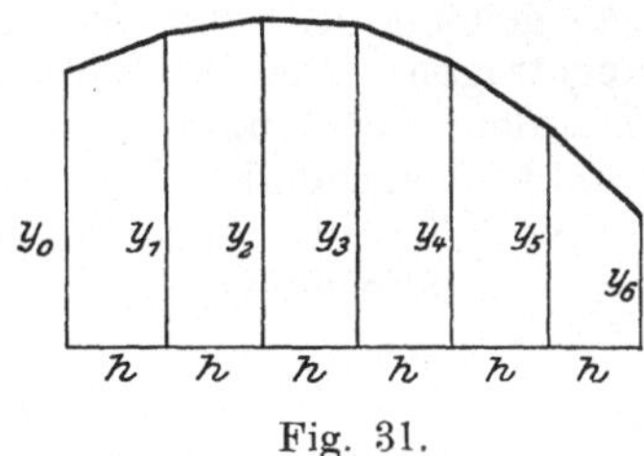

Fig. 31.

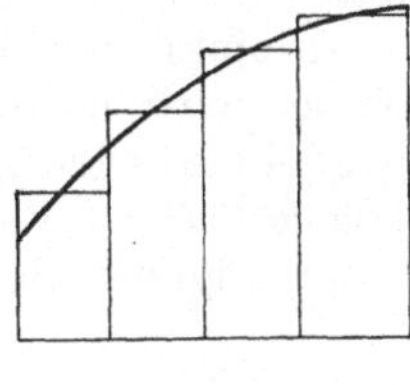

Fig. 32.

Statt dieser Formel kann auch eine andere angewendet werden, von der eine noch bessere Annäherung zu erwarten ist, die Simpsonsche Regel:

(2) $$F = \tfrac{1}{3}h \cdot \{y_0 + 4y_1 + 2y_2 + \cdots + 4y_{n-1} + y_n\}.$$

Dabei muß n eine gerade Zahl sein.

Ein einfaches graphisches Verfahren der Flächenbestimmung besteht in folgendem: Man teilt die ganze Fläche zwischen Anfangs- und Endordinate auf irgend eine passend erscheinende Art durch neue Ordinaten in Streifen und ersetzt nun jeden Streifen durch ein Rechteck, indem man die Höhe dieser Rechtecke derart bestimmt, daß jedesmal das über das Rechteck hinausragende Flächenstück dem Augenmaß nach ebenso groß erscheint wie das Flächenstück, um das das Rechteck die Kurve überragt. Das läßt sich mit recht großer Genauigkeit erreichen, und man erhält deshalb den gesuchten Flächeninhalt, indem man die Inhalte der einzelnen Rechtecke zusammenfügt, mit sehr guter Annäherung (vgl. Fig. 32).

Es gibt auch mechanische Vorrichtungen, um den Flächeninhalt zu bestimmen. Namentlich ist das viel benutzte Amslersche Polarplanimeter zu nennen, bei dem man mit einem Stift nur die zu bestimmende Fläche zu umfahren hat, um an einer Skala den Inhalt ablesen zu können.

Zur Bestimmung des Kreisinhaltes kann man ebenfalls die genannten Methoden anwenden. Nur erscheint es bequemer, dafür ein einfacheres Näherungsverfahren zu finden. Man hat nun zunächst den Zusammenhang, daß, wenn F den Kreisinhalt, u den Kreisumfang, r den Kreisradius bedeutet:

(3) $$F = \tfrac{1}{2}u \cdot r$$

wird. Dadurch wird die Bestimmung des Inhaltes auf die Bestimmung des Umfanges zurückgeführt und der Umfang $u = 2\pi r$, wenn der Inhalt $F = \pi r^2$ gesetzt wird. π kann also als das Verhältnis des Kreisumfanges zum Kreisdurchmesser gedeutet werden.

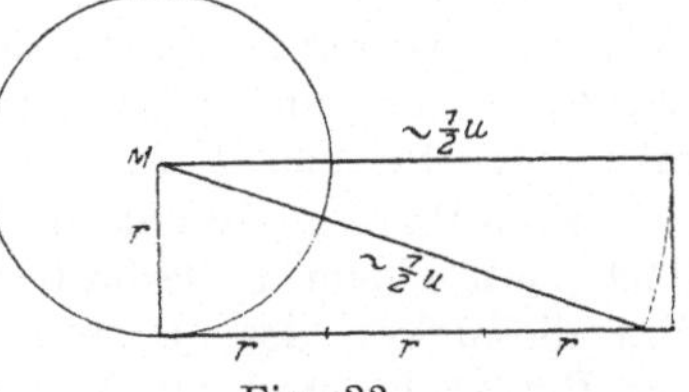

Fig. 33.

Ein sehr altes Näherungsverfahren, um den halben Kreisumfang zu bestimmen, ist folgendes: Man trägt auf einer Tangente des Kreises vom Berührungspunkt aus dreimal den Radius ab und verbindet den Endpunkt der so gewonnenen Strecke mit dem Mittelpunkt. Die Länge dieser Verbindungslinie ist annähernd gleich dem halben Umfang. (Dies kommt darauf hinaus, daß $\sqrt{10}$ als Näherungswert von π benutzt wird.) Danach kann auch sofort ein Rechteck von der Höhe r und der Länge $\frac{1}{2}u$ bestimmt werden, das dem Kreise inhaltsgleich ist.

Das Verfahren hat erst in der Neuzeit durch Kochanski eine wesentliche, kaum zu übertreffende Verbesserung erfahren. Danach wird auf der Tangente des Kreises erst ein Stück AB nach der einen Seite vom Berührungspunkt A durch die Verlängerung des Radius abgeschnitten, der um 30^0 gegen den Radius nach dem Berührungspunkt geneigt ist, und darauf von dem Punkte B aus dreimal der Radius abgetragen. Der Endpunkt C der so gefundenen Strecke wird darauf nicht mit dem Mittelpunkt, sondern mit dem A diametral gegenüberliegenden Kreispunkt D verbunden. Die Länge dieser Verbindungsstrecke CD ist dann mit großer, für alle zeichnerischen Zwecke ausreichender Genauigkeit gleich dem halben Kreisumfang.

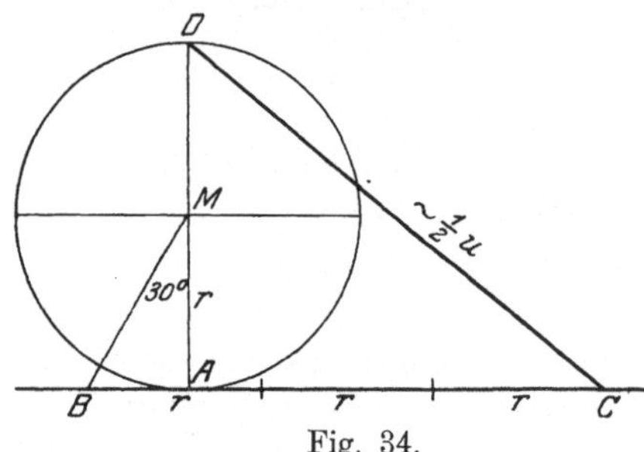

Fig. 34.

Zwischen der Fläche f eines Kreissektors und der Länge s des zugehörigen Bogens besteht dieselbe Beziehung

$$f = \tfrac{1}{2}\,s \cdot r \tag{4}$$

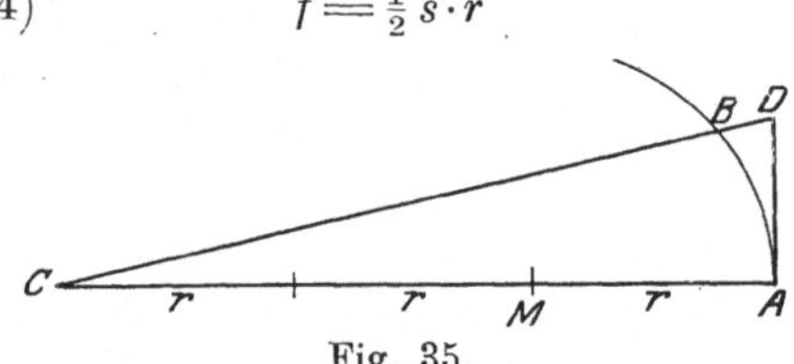

Fig. 35.

wie zwischen Kreisinhalt und Kreisumfang. Man kann also wieder die Bestimmung der Fläche auf die Bestimmung der Bogenlänge zurückführen.

Um die Länge eines nicht zu großen Bogens (etwa $< 45^0$) annähernd zu bestimmen, ist folgende schon aus dem Mittelalter stammende Konstruktion sehr zweckmäßig. Ist AB der Bogen, M der zugehörige Mittelpunkt, so trägt man die Länge des Radius $AM = r$ über M hinaus noch zweimal ab bis C und verbindet C mit B. Ist dann D der Schnittpunkt dieser Verbindungslinie mit der Tangente in A, so ist AD der Bogenlänge AB annähernd gleich. —

Die Bestimmung des Rauminhaltes geht von der Figur eines Quaders aus, dessen sechs Seitenflächen Rechtecke sind. Sind a, b, c die Seitenlängen dieser Rechtecke, d. h. die Kantenlängen des Quaders, so wird der Rauminhalt des Quaders gegeben durch das Produkt $a \cdot b \cdot c$. Die Maßeinheit ist dabei ein Würfel von der Kantenlänge 1 (mm, cm, m, dm usw.), bezeichnet als Kubikmillimeter, Kubikzentimeter, Kubikmeter usw. Ein Kubikdezimeter ist ein Liter, hundert Liter sind ein Hektoliter.

Ein Prisma ist ein ebenflächiger Körper mit parallelen und kongruenten Endflächen, deren Seiten paarweise parallel sind, so daß auch die Seitenkanten des Prismas, welche die entsprechenden Ecken der Endflächen paarweise verbinden, einander parallel sind. Sind F die Inhalte der Endflächen, h ihr senkrechter Abstand (Höhe des Prismas), so wird der Rauminhalt des Prismas $F \cdot h$.

Eine Pyramide entsteht, wenn man die Randpunkte einer ebenen Grundfläche mit einem außerhalb von deren Ebene gelegenen Punkte verbindet. Hat dieser von der genannten Grundebene den senkrechten Abstand h (Höhe der Pyramide) und ist F der Inhalt der Grundfläche, so wird der Rauminhalt der Pyramide $= \frac{1}{3} F \cdot h$.

Ein Prisma wird zum Zylinder, wenn die Endflächen Kreise werden. Sind r deren Radien, so ist der Rauminhalt des Zylinders $= \pi r^2 h$.

Eine Pyramide wird zum Kegel, wenn die Grundfläche ein Kreis wird. Ist r dessen Radius, so ist der Rauminhalt des Kegels $= \frac{1}{3}\pi r^2 h$.

Wird die Spitze einer Pyramide durch eine zur Grundfläche parallele Schnittebene abgetrennt, so bleibt eine abgestumpfte Pyramide (Pyramidenstumpf) übrig. Ist F' der Inhalt der Schnittfläche, h' ihr senkrechter Abstand von der Grundfläche, deren Inhalt wieder F sei, so wird der Rauminhalt des Pyramidenstumpfes $= \frac{1}{3} h' (F + F' + \sqrt{FF'})$.

Ein Prismatoid entsteht, wenn man die Ecken zweier in paralleler Ebene gelegenen Vielecke derart verbindet, daß ein Polyeder (von ebenen Flächen begrenzter Körper) hervorgeht. Sind F, F' die Inhalte der beiden Vielecke, h der Abstand ihrer Ebenen (Höhe des Prismatoids) und M der Flächeninhalt eines zu den Endflächen parallelen ebenen Schnittes durch das Prismatoid, der von beiden Endflächen gleiche Abstände hat (Mittelfigur), so wird der Rauminhalt des Prismatoids $= \frac{1}{6} h (F + F' + 4M)$.

Aus dem Pyramidenstumpf entsteht ein Kegelstumpf, wenn die Endflächen Kreise sind. Heißen r, r' deren Radien, so wird der Rauminhalt des Kegelstumpfes $= \frac{1}{3}\pi h (r^2 + r'^2 + r r')$.

Der Rauminhalt einer Kugel ist $= \frac{4}{3}\pi r^3$, wenn r den Kugelradius bezeichnet, die Oberfläche der Kugel ist $= 4\pi r^2$.

Der Rauminhalt einer Kugelzone (Kugelschicht, durch zwei parallele Ebenen abgeschnittenen Scheibe) ist, wenn h der Abstand der die Kugelzone begrenzenden parallelen Ebenen, ϱ, ϱ' die Radien der Schnittkreise, r der Kugelradius ist, $= \frac{1}{6}\pi h (3\varrho^2 + 3\varrho'^2 + h^2)$, die Oberfläche der Kugelzone ist $= 2\pi r h$.

Der Rauminhalt eines Kugelabschnittes (Kugelkappe, Kalotte, d. h. eines durch eine Ebene von der Kugel abgetrennten Stückes) entsteht aus dem Rauminhalt der Kugelzone, wenn $\varrho' = 0$ gesetzt wird. Es wird aber weiter $\varrho^2 = h(2r - h)$, und deshalb der Rauminhalt des Kugelabschnittes $= \frac{1}{3}\pi h^2 (3r - h)$, die Oberfläche bleibt $= 2\pi r h$.

Für den Rauminhalt und Oberfläche irgendeines Umdrehungskörpers gelten die beiden Guldinschen Regeln:

Der Rauminhalt eines Körpers, der durch Umdrehung einer ebenen Figur um eine diese Figur nicht schneidende, aber in ihrer Ebene liegende Achse entsteht, ist gleich dem Produkt aus dem Flächeninhalt F der Figur und dem Wege, den der Schwerpunkt dieser Figur bei der Umdrehung zurücklegt. Ist also ϱ der Abstand des Schwerpunktes von der Achse, so wird der Rauminhalt $= 2\pi\varrho \cdot F$.

Die Oberfläche des Umdrehungskörpers ist gleich dem Produkt aus der Länge s der Begrenzungslinie der Figur und dem Wege, den der Schwerpunkt der Begrenzungslinie bei der Umdrehung zurücklegt. Ist also σ der Abstand dieses Schwerpunktes von der Achse, so wird die Oberfläche des Umdrehungskörpers $= 2\pi\sigma \cdot s$.

Diese Regeln lassen sich sofort auf den Kreisring, der durch Umdrehung eines Kreises (vom Radius r) um eine ihn nicht schneidende Achse entsteht, anwenden. Ist dann ϱ der Abstand des Kreismittelpunktes von der Achse ($\varrho \geqq r$), so wird der Rauminhalt des Kreisringes $= 2\pi^2 \varrho r^2$ und die Oberfläche $= 4\pi^2 \varrho r$.

In vielen Fällen läßt sich der Rauminhalt mit Hilfe des Cavalierischen Prinzips bestimmen. Dieses lautet:

Wenn zwei Körper sich zwischen dieselben zwei parallelen Ebenen legen lassen und mit jeder zu diesen parallelen Ebene gleiche Schnitte ergeben, so haben sie gleichen Rauminhalt.

(Dasselbe Prinzip gilt auch für die Flächeninhalte ebener Figuren, nur sind dann die parallelen Ebenen durch parallele Linien und die Inhalte der Schnittflächen durch die Längen der Schnittstrecken zu ersetzen.)

Liegt nun ein beliebiger Körper vor, der zwischen zwei parallelen Ebenen enthalten ist, so kann man den Rauminhalt in folgender Weise bestimmen: Man teile den Abstand der beiden parallelen Ebenen in eine gerade Zahl n gleiche Teile und lege in diesen Teilabständen die parallelen Zwischenebenen. Es seien $F_0, F_1, F_2, \ldots F_n$ die Inhalte der so gewonnenen Schnittfiguren. Der Körper ist derart in n Schichten von gleicher Dicke zerlegt. Es liegt nun nahe, zwei benachbarte dieser Schichten zusammen angenähert als ein Prismatoid zu betrachten, von dem dann die Inhalte der Endflächen und der Mittelfigur bekannt sind. Der Rauminhalt eines solchen Prismatoids wird dann $= \frac{1}{3}h(F_{\mu-1} + 4F_\mu + F_{\mu+1})$. Fügt man die Rauminhalte aller dieser Prismatoide zusammen, so gelangt man zu der Formel für den Rauminhalt V des Körpers:

(5) $$V = \frac{1}{3}h(F_0 + 4F_1 + 2F_2 + \ldots + 4F_{n-1} + F_n).$$

Diese Formel stimmt mit der Simpsonschen Regel (2) überein. Man gelangt also zu dem Verfahren, zunächst die Flächeninhalte der parallelen, äquidistanten Schnitte auszuwerten (etwa mit Hilfe des Planimeters) und dann nach der Simpsonschen Regel den Rauminhalt des Körpers zu bestimmen, als ob die Flächeninhalte der Körperquerschnitte die Ordinaten einer ebenen Fläche wären und es sich um die Bestimmung des Inhaltes dieser Fläche handelte.

6. Trigonometrie.

Die Trigonometrie behandelt als Hilfswissenschaft der Feldmeßkunde und Astronomie den Zusammenhang zwischen den einzelnen Stücken (namentlich den Seiten und Winkeln) ebener und sphärischer Dreiecke. In die Trigonometrie wird ohne weiteres einbezogen die Berechnung ebener Vierecke.

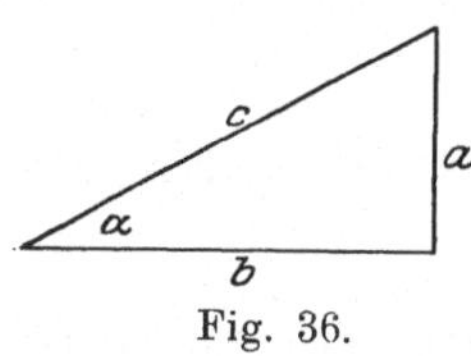

Fig. 36.

Den Ausgangspunkt bilden die ebenen rechtwinkligen Dreiecke. Sind in einem solchen Dreieck a, b die Katheten, c die Hypotenuse und α der der Kathete a gegenüber liegende spitze Winkel, so hängen die Verhältnisse der Seiten a, b, c nur von der Größe des Winkels α ab und können in Tabellen ein für allemal zusammengestellt werden. Man führt, um die Abhängigkeit von dem Winkel α auszudrücken, für die Seitenverhältnisse besondere den Winkel α enthaltende Benennungen ein:

(1) $$\left\{\begin{array}{ll} \frac{a}{c} = \sin\alpha \text{ (Sinus } \alpha\text{)}, & \frac{b}{c} = \cos\alpha \text{ (Kosinus } \alpha\text{)}, \\ \frac{a}{b} = \operatorname{tg}\alpha \text{ (Tangens } \alpha\text{)}, & \frac{b}{a} = \operatorname{ctg}\alpha \text{ (Kotangens } \alpha\text{)}, \\ \frac{c}{b} = \sec\alpha \text{ (Sekans } \alpha\text{)}, & \frac{c}{a} = \csc\alpha \text{ (Kosekans } \alpha\text{)}, \end{array}\right.$$

und bezeichnet diese sechs von α abhängigen Zahlwerte zusammen als die trigonometrischen Funktionen des Winkels α. Zwischen ihnen bestehen die Beziehungen

(2) $$\left\{\begin{array}{l} \sin^2\alpha + \cos^2\alpha = 1, \\ \operatorname{tg}\alpha = \frac{\sin\alpha}{\cos\alpha}, \quad \operatorname{ctg}\alpha = \frac{\cos\alpha}{\sin\alpha} = \frac{1}{\operatorname{tg}\alpha}, \\ \sec\alpha = \frac{1}{\cos\alpha}, \quad \csc\alpha = \frac{1}{\sin\alpha}. \end{array}\right.$$

Die letzten beiden Funktionen werden weniger gebraucht, sondern meist durch cos und sin ersetzt.

Die Funktionen sind zunächst nur für spitze Winkel festgelegt. Man setzt aber ergänzend:

(3) $$\begin{cases} \cos 0^0 = 1, \quad \text{woraus} \quad \sin 0^0 = 0, \\ \sin 90^0 = 1, \quad \text{woraus} \quad \cos 90^0 = 0, \end{cases}$$

mithin $\operatorname{tg} 0^0 = 0$, $\operatorname{ctg} 0^0 = \infty$, $\operatorname{tg} 90^0 = \infty$, $\operatorname{ctg} 90^0 = 0$.
Ferner führt man die Funktionen stumpfer und überstumpfer Winkel ein durch die Beziehungen:

(4) $$\begin{cases} \sin(90^0 + \alpha) = \cos\alpha, & \cos(90^0 + \alpha) = -\sin\alpha, \\ \operatorname{tg}(90^0 + \alpha) = -\operatorname{ctg}\alpha, & \operatorname{ctg}(90^0 + \alpha) = -\operatorname{tg}\alpha, \\ \sin(180^0 + \alpha) = -\sin\alpha, & \cos(180^0 + \alpha) = -\cos\alpha, \\ \operatorname{tg}(180^0 + \alpha) = \operatorname{tg}\alpha, & \operatorname{ctg}(180^0 + \alpha) = \operatorname{ctg}\alpha. \end{cases}$$

Bei negativen Winkeln soll werden

(5) $$\begin{cases} \sin(-\alpha) = -\sin\alpha, & \cos(-\alpha) = \cos\alpha, \\ \operatorname{tg}(-\alpha) = -\operatorname{tg}\alpha, & \operatorname{ctg}(-\alpha) = -\operatorname{ctg}\alpha. \end{cases}$$

Endlich wird

(6) $$\sin\alpha = \cos(90^0 - \alpha), \quad \operatorname{tg}\alpha = \operatorname{ctg}(90^0 - \alpha).$$

Sind α, β beliebige Winkel, so gelten die Grundformeln

(7) $$\begin{cases} \sin(\alpha \pm \beta) = \sin\alpha\cos\beta \pm \cos\alpha\sin\beta, \\ \cos(\alpha \pm \beta) = \cos\alpha\cos\beta \mp \sin\alpha\sin\beta, \\ \operatorname{tg}(\alpha \pm \beta) = \dfrac{\operatorname{tg}\alpha \pm \operatorname{tg}\beta}{1 \mp \operatorname{tg}\alpha\operatorname{tg}\beta}, \\ \operatorname{ctg}(\alpha \pm \beta) = \dfrac{\operatorname{ctg}\alpha\operatorname{ctg}\beta \mp 1}{\operatorname{ctg}\beta \pm \operatorname{ctg}\alpha}. \end{cases}$$

(In den Formeln muß auf beiden Seiten entweder das obere oder das untere Vorzeichen genommen werden.)

Aus diesen Formeln läßt sich ableiten

(8) $$\begin{cases} \sin 2\alpha = 2\sin\alpha\cos\alpha, \quad \cos 2\alpha = \cos^2\alpha - \sin^2\alpha = 1 - 2\sin^2\alpha = 2\cos^2\alpha - 1, \\ \operatorname{tg} 2\alpha = \dfrac{2\operatorname{tg}\alpha}{1 - \operatorname{tg}^2\alpha}, \quad \operatorname{ctg} 2\alpha = \dfrac{\operatorname{ctg}^2\alpha - 1}{2\operatorname{ctg}\alpha}, \end{cases}$$

und daraus

(9) $$\begin{cases} \sin\dfrac{\alpha}{2} = \sqrt{\dfrac{1 - \cos\alpha}{2}}, \quad \cos\dfrac{\alpha}{2} = \sqrt{\dfrac{1 + \cos\alpha}{2}}, \quad \operatorname{tg}\dfrac{\alpha}{2} = \sqrt{\dfrac{1 - \cos\alpha}{1 + \cos\alpha}}, \\ \sin\alpha = \dfrac{2\operatorname{tg}\dfrac{\alpha}{2}}{1 + \operatorname{tg}^2\dfrac{\alpha}{2}}, \quad \cos\alpha = \dfrac{1 - \operatorname{tg}^2\dfrac{\alpha}{2}}{1 + \operatorname{tg}^2\dfrac{\alpha}{2}}. \end{cases}$$

Ferner wird

(10) $$\begin{cases} \sin\alpha + \sin\beta = 2\sin\dfrac{\alpha + \beta}{2}\cos\dfrac{\alpha - \beta}{2}, \\ \sin\alpha - \sin\beta = 2\cos\dfrac{\alpha + \beta}{2}\sin\dfrac{\alpha - \beta}{2}, \\ \cos\alpha + \cos\beta = 2\cos\dfrac{\alpha + \beta}{2}\cos\dfrac{\alpha - \beta}{2}, \\ \cos\beta - \cos\alpha = 2\sin\dfrac{\alpha + \beta}{2}\sin\dfrac{\alpha - \beta}{2}. \end{cases}$$

In einem beliebigen **ebenen Dreieck** nennen wir a, b, c die Seiten, α, β, γ die diesen der Reihe nach gegenüberliegenden Winkel. Dann gilt zunächst der grundlegende Satz: **Die Seiten verhalten sich wie die Sinus der gegenüberliegenden Winkel** (**Sinussatz**):

$$(11) \qquad \frac{a}{\sin\alpha} = \frac{b}{\sin\beta} = \frac{c}{\sin\gamma}.$$

Der gemeinsame Wert dieser Verhältnisse ist der Durchmesser des dem Dreieck umschriebenen Kreises.

Ferner gelten folgende Formeln:

$$(12) \qquad a^2 = b^2 + c^2 - 2bc\cos\alpha,$$

woraus

$$(13) \qquad \cos\alpha = \frac{b^2 + c^2 - a^2}{2bc} \quad \text{(Kosinussatz)};$$

$$(14) \qquad \frac{a-b}{c} = \frac{\sin\frac{\alpha-\beta}{2}}{\sin\frac{\alpha+\beta}{2}}, \quad \frac{a+b}{c} = \frac{\cos\frac{\alpha-\beta}{2}}{\cos\frac{\alpha+\beta}{2}} \quad \text{(Mollweidesche Formeln)},$$

woraus

$$(15) \qquad \frac{a-b}{a+b} = \frac{\operatorname{tg}\frac{\alpha-\beta}{2}}{\operatorname{tg}\frac{\alpha+\beta}{2}};$$

$$(16) \qquad \sin\frac{\alpha}{2} = \sqrt{\frac{(s-b)(s-c)}{bc}}, \quad \cos\frac{\alpha}{2} = \sqrt{\frac{s(s-a)}{bc}}, \quad \operatorname{tg}\frac{\alpha}{2} = \sqrt{\frac{(s-b)(s-c)}{s(s-a)}},$$

$$\text{für } s = \tfrac{1}{2}(a+b+c) \quad \text{(Halbwinkelformeln)}.$$

Natürlich sind die weiteren Formeln, die durch Vertauschung der Seiten und entsprechende Vertauschung der gegenüberliegenden Winkel entstehen, sofort hinzuzufügen. Aus diesen Formeln lassen sich unter Berücksichtigung der Beziehung

$$\alpha + \beta + \gamma = 180^0$$

die Berechnungen von allen Stücken $a, b, c, \alpha, \beta, \gamma$ aus dreien unter ihnen, ausgenommen die drei Winkel, sofort ausführen. Der Dreiecksinhalt $\varDelta$ wird durch zwei Seiten und den eingeschlossenen Winkel nach der Formel

$$(17) \qquad \varDelta = \tfrac{1}{2} bc \sin\alpha$$

und aus den drei Seiten nach der Formel

$$(18) \qquad \varDelta = \sqrt{s(s-a)(s-b)(s-c)} \quad \text{(Heronsche Formel)}$$

gefunden.

Bei den Vierecken bieten sich außer den Aufgaben, die unmittelbar nach den Formeln für Dreiecke zu erledigen sind, zwei für die Praxis wichtige Aufgaben dar:

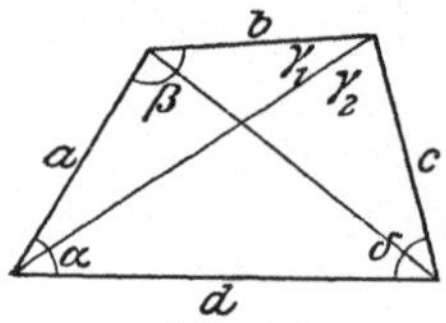

Fig. 37.

1. **Die Pothenotsche Aufgabe:** Ein Viereck zu berechnen aus zwei Seiten a und d, dem eingeschlossenen Winkel α und den Winkeln γ_1, γ_2, in die der gegenüberliegende Winkel γ durch die eine Diagonale zerlegt wird.

Man setzt zunächst

$$(19a) \qquad \frac{a\sin\gamma_2}{d\sin\gamma_1} = \operatorname{ctg}\varphi$$

und findet dann für die letzten beiden Winkel β, δ des Vierecks

$$\operatorname{tg}\frac{\delta-\beta}{2}=\operatorname{tg}\frac{\alpha+\gamma}{2}\operatorname{tg}(\varphi-45^0). \tag{19}$$

Da weiter $\frac{\delta+\beta}{2}=180^0-\frac{\alpha+\gamma}{2}$, lassen sich auch β und δ, d. h. alle Winkel finden und dann auch leicht die fehlenden Seiten.

2. **Die Hansensche Aufgabe:** Ein Viereck zu berechnen aus einer Seite und den Winkeln γ_1, γ_2, δ_1, δ_2, in welche die a nicht anliegenden Winkel γ, δ durch die Diagonalen zerlegt werden.

Man setzt zunächst

$$\frac{\sin\gamma\sin\delta_1\sin(\delta+\gamma_2)}{\sin\delta\sin\gamma_1\sin(\gamma+\delta_2)}=\operatorname{ctg}\varphi \tag{20a}$$

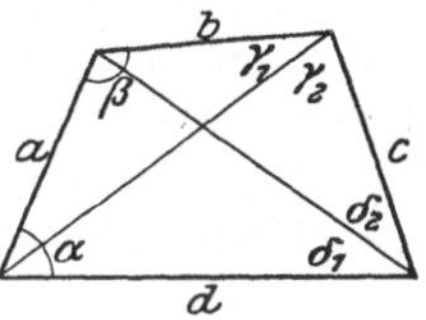

Fig. 38.

und findet dann

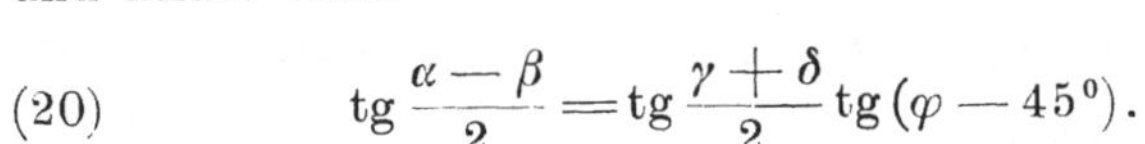

$$\operatorname{tg}\frac{\alpha-\beta}{2}=\operatorname{tg}\frac{\gamma+\delta}{2}\operatorname{tg}(\varphi-45^0). \tag{20}$$

Da weiter $\frac{\alpha+\beta}{2}=180^0-\frac{\gamma+\delta}{2}$, lassen sich auch α und β, d. h. alle Winkel des Vierecks finden, und dann sind die fehlenden Seiten leicht nach dem Sinussatz zu berechnen.

Die Berechnung der sphärischen Dreiecke beginnt ebenfalls mit den rechtwinkligen Dreiecken. Die Seiten jedes sphärischen Dreiecks sind Bögen größter Kreise und die Winkelsumme ist im Gegensatz zu der ebenen Geometrie immer größer als 180^0. Den Überschuß der Winkelsumme über 180^0 nennt man den sphärischen Exzeß ε. Nennt man weiter die Kugeloberfläche O, die Fläche des Dreiecks Δ, so wird

$$\frac{\Delta}{O}=\frac{\varepsilon}{720^0}. \tag{21}$$

Im rechtwinkligen Dreieck sei die dem rechten Winkel gegenüberliegende Seite, in Gradmaß gemessen, c, die anderen Seiten seien a, b und α, β die ihnen gegenüberliegenden Winkel, so gelten die Formeln

$$\cos c=\cos a\cdot\cos b=\operatorname{ctg}\alpha\cdot\operatorname{ctg}\beta, \tag{22}$$

$$\frac{\sin a}{\sin c}=\sin\alpha,\quad \frac{\sin b}{\sin c}=\sin\beta, \tag{23}$$

$$\frac{\operatorname{tg} b}{\operatorname{tg} c}=\cos\alpha,\quad \frac{\operatorname{tg} a}{\operatorname{tg} c}=\cos\beta, \tag{24}$$

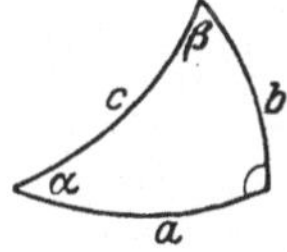

Fig. 39.

$$\frac{\operatorname{tg} a}{\sin b}=\operatorname{tg}\alpha,\quad \frac{\operatorname{tg} b}{\sin a}=\operatorname{tg}\beta, \tag{25}$$

$$\frac{\cos\alpha}{\sin\beta}=\cos a,\quad \frac{\cos\beta}{\sin\alpha}=\cos b. \tag{26}$$

Die Formeln für schiefwinklige Dreiecke stehen in einer gewissen Analogie zu den Formeln der ebenen Trigonometrie, die sich als Grenzfälle aus jenen ergeben, wenn man die Seiten des sphärischen Dreiecks unendlich klein werden läßt.

Zunächst findet man, wenn α, β, γ die den (in Gradmaß ausgedrückten) Seiten a, b, c des sphärischen Dreiecks gegenüberliegenden Winkel bezeichnen, den Sinusssatz:

$$\frac{\sin a}{\sin \alpha} = \frac{\sin b}{\sin \beta} = \frac{\sin c}{\sin \gamma}, \tag{27}$$

ferner den Kosinussatz:

$$\cos a = \cos b \cos c + \sin b \sin c \cos \alpha. \tag{28}$$

Diesem steht aber ein zweiter Kosinussatz zur Seite:

$$\cos \alpha = -\cos \beta \cos \gamma + \sin \beta \sin \gamma \cos a, \tag{29}$$

dem kein entsprechender Satz der ebenen Trigonometrie gegenübergestellt werden kann, weil für einen unendlich kleinen Bogen a $\cos a = 1$ wird und die vorige Formel sich in $\cos \alpha = -\cos(\beta + \gamma)$ als Ausfluß der Beziehung $\alpha = 180^0 - (\beta + \gamma)$ verwandelt.

Weiter ergeben sich, wenn wieder $s = \frac{1}{2}(a + b + c)$ gesetzt wird, die Halbwinkelformeln:

$$\left\{\begin{aligned} \sin\frac{\alpha}{2} &= \sqrt{\frac{\sin(s-b)\cdot\sin(s-c)}{\sin b\cdot\sin c}}, \\ \cos\frac{\alpha}{2} &= \sqrt{\frac{\sin s\cdot\sin(s-a)}{\sin b\cdot\sin c}}, \\ \operatorname{tg}\frac{\alpha}{2} &= \sqrt{\frac{\sin(s-b)\sin(s-c)}{\sin s\cdot\sin(s-a)}}. \end{aligned}\right. \tag{30}$$

Man findet aber auch entsprechende Formeln für die halben Seiten:

$$\left\{\begin{aligned} \cos\frac{a}{2} &= \sqrt{\frac{\sin(\beta-\sigma)\cdot\sin(\gamma-\sigma)}{\sin\beta\cdot\sin\gamma}}, \\ \sin\frac{a}{2} &= \sqrt{\frac{\sin\sigma\cdot\sin(\alpha-\sigma)}{\sin\beta\cdot\sin\gamma}}, \\ \operatorname{tg}\frac{a}{2} &= \sqrt{\frac{\sin(\beta-\sigma)\cdot\sin(\gamma-\sigma)}{\sin\sigma\cdot\sin(\alpha-\sigma)}}. \end{aligned}\right. \tag{31}$$

Dabei ist σ die Hälfte des sphärischen Exzesses, also $\sigma = \frac{1}{2}(\alpha + \beta + \gamma - 180^0)$. Für diesen Wert ergibt sich noch die Gleichung:

$$\operatorname{tg}\frac{\sigma}{2} = \sqrt{\operatorname{tg}\frac{s}{2}\operatorname{tg}\frac{s-a}{2}\operatorname{tg}\frac{s-b}{2}\operatorname{tg}\frac{s-c}{2}}. \tag{32}$$

Die Mollweideschen Formeln für sphärische Dreiecke lauten:

$$\left\{\begin{aligned} &\frac{\sin\frac{\alpha+\beta}{2}}{\cos\frac{\gamma}{2}} = \frac{\cos\frac{a-b}{2}}{\cos\frac{c}{2}}, \qquad \frac{\cos\frac{\alpha+\beta}{2}}{\sin\frac{\gamma}{2}} = \frac{\cos\frac{a+b}{2}}{\cos\frac{c}{2}}, \\ &\frac{\sin\frac{\alpha-\beta}{2}}{\cos\frac{\gamma}{2}} = \frac{\sin\frac{a-b}{2}}{\sin\frac{c}{2}}, \qquad \frac{\cos\frac{\alpha-\beta}{2}}{\sin\frac{\gamma}{2}} = \frac{\sin\frac{a+b}{2}}{\sin\frac{c}{2}}. \end{aligned}\right. \tag{33}$$

Aus ihnen folgen sofort die Neperschen Analogien:

$$(34)\quad \begin{cases} \dfrac{\operatorname{tg}\dfrac{\alpha+\beta}{2}}{\operatorname{ctg}\dfrac{\gamma}{2}} = \dfrac{\cos\dfrac{a-b}{2}}{\cos\dfrac{a+b}{2}}, & \dfrac{\operatorname{tg}\dfrac{\alpha-\beta}{2}}{\operatorname{ctg}\dfrac{\gamma}{2}} = \dfrac{\sin\dfrac{a-b}{2}}{\sin\dfrac{a+b}{2}}, \\ \dfrac{\operatorname{tg}\dfrac{a+b}{2}}{\operatorname{tg}\dfrac{c}{2}} = \dfrac{\cos\dfrac{\alpha-\beta}{2}}{\cos\dfrac{\alpha+\beta}{2}}, & \dfrac{\operatorname{tg}\dfrac{a-b}{2}}{\operatorname{tg}\dfrac{c}{2}} = \dfrac{\sin\dfrac{\alpha-\beta}{2}}{\sin\dfrac{\alpha+\beta}{2}}. \end{cases}$$

Nach diesen Formeln ist die Berechnung von dreien der sechs Stücke eines sphärischen Dreiecks aus den übrigen in allen Fällen sofort zu leisten.

7. Graphisches Rechnen.

In vielen Fällen wird die Zeichnung benutzt, um Rechnungen in bequemer und anschaulicher Weise auszuführen. Die Genauigkeit ist dabei die durch die Zeichnung gegebene. Sie ist im allgemeinen bei genügend großem Maßstabe und sorgfältiger Ausführung der Zeichnung für die praktischen Zwecke des Ingenieurs ausreichend.

Die Addition kann zunächst durch das Aneinanderlegen der die Zahlen darstellenden Strecken auf einer Zahlenachse ersetzt werden. Strecken gleichen Sinnes geben dabei Zahlen von gleichen Vorzeichen, Strecken entgegengesetzten Sinnes Zahlen von entgegengesetzten Vorzeichen. Die Subtraktion ist derart ohne weiteres mit einbezogen.

Um die Multiplikation auszuführen, zieht man im Abstande $OE = 1$ von dem Anfangspunkte O die Senkrechte e zu der Zahlenachse. Außer dem von O aus auf der Zahlenachse abgetragenen einen Faktor $a = OA$ trägt man dann von der Zahlenachse aus den anderen Faktor b als Strecke EB auf e ab. Dann schneidet die gerade Linie OB auf dem Lote der Zahlenachse in A einen Punkt C ab, der von A die Entfernung ab hat (Fig. 40).

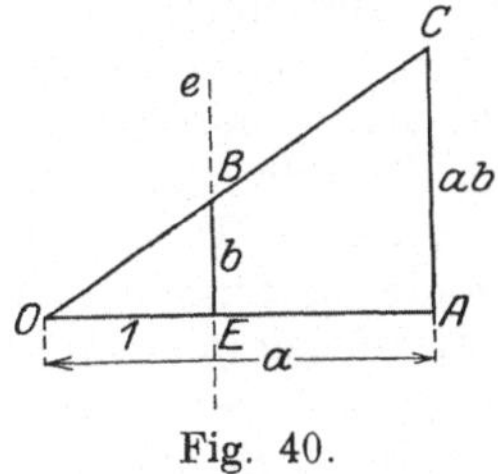

Fig. 40.

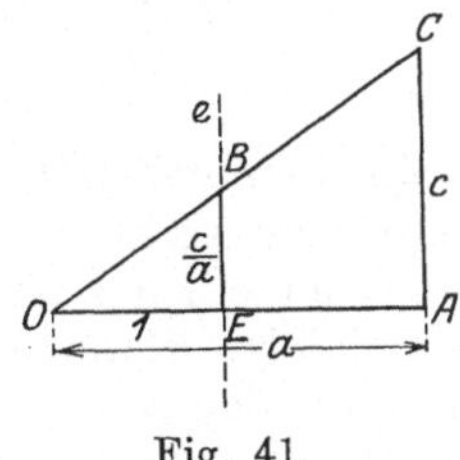

Fig. 41.

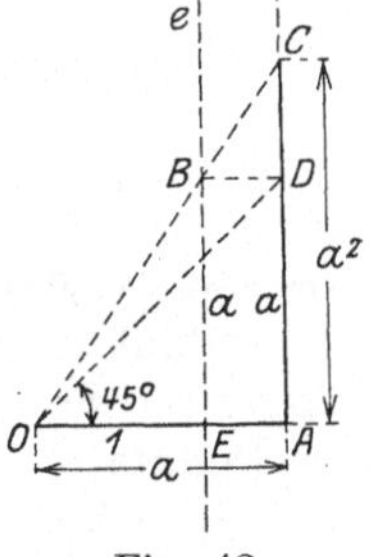

Fig. 42.

Ebenso wird die Division ausgeführt, indem man den Dividenden $OA = a$ auf der Zahlenachse abträgt und senkrecht dazu den Divisor $AC = c$, dann schneidet OC das Lot e in einem Punkte B, für den $EB = \frac{c}{a}$ wird (Fig. 41).

Um das Quadrat einer Zahl a zu konstruieren, hat man auf e die Strecke $EB = OA = a$ abzutragen. Dies erreicht man, indem man durch O eine Linie unter 45^0 geneigt gegen die Zahlenachse zieht. Durch deren Schnittpunkt D mit dem Lote in A zieht man die Parallele zur Zahlenachse und deren Schnittpunkt B mit e verbindet man mit O. Dann trifft diese Verbindungslinie das in A auf der Zahlenachse errichtete Lot in einem Punkte C, für den $AC = a^2$ wird (Fig. 42).

Um die Quadratwurzel aus einer Zahl a zu konstruieren, trägt man auf der Zahlenachse $OA = a$ ab und zeichnet über OA den Halbkreis. Schneidet dieser das Lot e in B, so wird auf der Zahlenachse $OC = OB$ gleich der gesuchten Quadratwurzel $\sqrt{a}$ (Fig. 43).

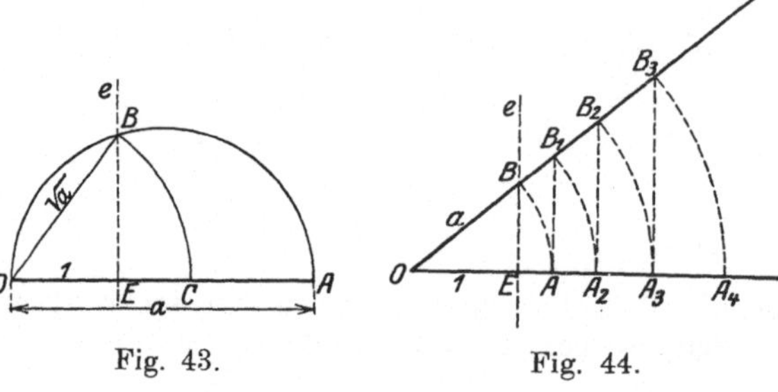

Fig. 43. Fig. 44.

Will man der Reihe nach die verschiedenen Potenzen a^2, a^3, a^4 usw. konstruieren, so kann man folgendermaßen verfahren: Man schlägt um O mit $OA = a$ als Radius einen Kreis, der das Lot e in B treffe, ziehe OB, in B_1 schneide diese Linie das in A errichtete Lot der Zahlenachse. Dann schlage man wieder um O den Kreis mit dem Radius OB_1. Dieser schneidet auf der Zahlenachse die Strecke $OA_2 = a^2$ ab. Zieht man das Lot in A_2 bis an den Punkt B_2 auf der geraden Linie OB, so wird $OA_3 = OB_2 = a^3$. Ist B_3 entsprechend der Schnittpunkt von OB mit dem Lot in A_3, so wird $OA_4 = OB_3 = a^4$ usw (Fig. 44).

Einfacher ist noch folgendes Verfahren: Man geht von zwei zueinander senkrechten Achsen aus und trägt von ihrem Schnittpunkt O aus auf der einen die Strecke $OE = 1$, auf der anderen $OA_1 = a$ ab und errichtet in A_1 das Lot auf EA_1, das die andere Achse in A_2 treffe, in A_2 das Lot auf A_1A_2, das die andere Achse in A_3 treffe, in A_3 das Lot auf A_2A_3, das die andere Achse in A_4 treffe usw. Dann wird $OA_2 = a^2$, $OA_3 = a^3$, $OA_4 = a^4$ usw.

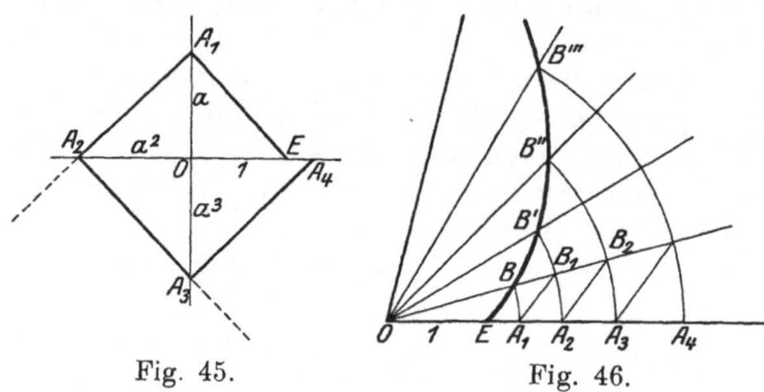

Fig. 45. Fig. 46.

Um aus einer Zahl a die $n$te Wurzel auszuziehen, kann man folgendermaßen verfahren: Man teile den vollen Umfang durch Strahlen, die von einem Punkte O ausgehen, in eine nicht zu kleine Zahl gleicher Teile. In dem ersten Sektor ziehe man vom einen zum anderen Rande die Strecke EB vom Punkte E ($OE = 1$) aus beliebig. Dann mache man auf der geraden Linie OE $OA_1 = OB$, indem man um O den Kreis durch B schlägt, und ziehe durch A_1 die Parallele A_1B_1 zu EB bis an den oberen Rand des Sektors, mit OB_1 schlage man um O den Kreis, der den unteren Rand dieses Sektors in A_2, den anderen Rand des nächsten Sektors in B' treffe. Durch A_2 zieht man wieder A_2B_2 parallel zu EB bis an den oberen Rand des ersten Sektors und schneidet mit dem Kreis um O, der durch B_2 geht, den ersten und den vierten der durch O gezogenen Strahlen in A_3 und B''. Fährt man so fort, so erhält man eine Reihe von Punkten E, B, B', B'', ..., die auf einer jetzt leicht zu zeichnenden Kurve, einer sogenannten logarithmischen Spirale, liegen (Fig. 46). Ist diese erst gezeichnet, und soll $\sqrt[n]{a}$ gefunden werden, so suche man den Punkt P der Kurve, der von O den Abstand a hat und teile den Winkel EOP in n gleiche Teile, dann hat die OE am nächsten liegende Teillinie die Länge $\sqrt[n]{a}$ (Fig. 47).

Die ein für allemal hergestellte Figur der logarithmischen Spirale kann auch benutzt werden, um die Multiplikation zweier Zahlen a, b graphisch auszuführen. Man zieht zu dem Zwecke die Fahrstrahlen OA, OB, die diesen Zahlen gleich sind, und trägt den Winkel EOA an OB der Größe und dem Sinne nach an. Die Länge des so gewonnenen Fahrstrahls OC ist dann $a \cdot b$. Es ist sofort zu sehen, daß auf diese Weise auch die Division ausgeführt werden kann, indem man nur von den Fahrstrahlen OA, OC ausgeht und an OC den Winkel EOA nach der entgegengesetzten' Seite abträgt (Fig. 48).

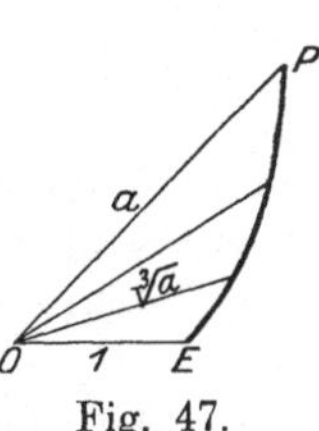

Fig. 47.

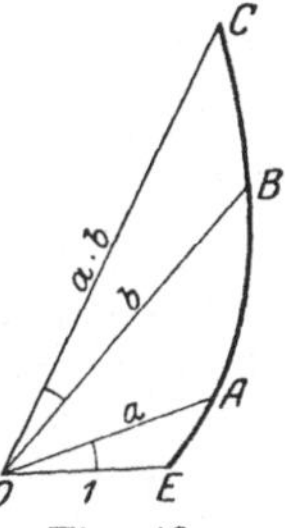

Fig. 48.

Das Quadrat einer Zahl a wird gewonnen, indem man den Fahrstrahl $OA = a$ zieht und den Winkel EOA an OA anlegt, also den Amplitudenwinkel EOA verdoppelt usw.

Wenn es sich darum handelt, einen Ausdruck von der Form

$$a_0 + a_1 x_1 + a_2 x_2 + a_3 x_3 + a_4 x_4, \tag{1}$$

wobei die Zahl der Glieder noch beliebig vermehrt werden kann, zu konstruieren, so trägt man die Werte a_0, a_1, a_2, a_3, a_4 der Größe und dem Sinne nach als Strecken, von einem Punkte O ausgehend, auf einer Achse nacheinander ab, als ob es sich um die Konstruktion der Summe

$$a_0 + a_1 + a_2 + a_3 + a_4$$

handele. Es seien O, C_0, C_1, C_2, C_3, C_4, C_5 die so gefundenen Punkte. Darauf trägt man ebenso auf einer zu der vorigen in O senkrechten Achse die Werte x_1, x_2, x_3, x_4 ab und ziehe durch einen im Abstand 1 von O auf der ersten Achse angenommenen Pol P die Strahlen nach den so gefundenen Punkten 1, 2, 3, 4, außerdem nach einem Punkte 0, für den $O0 = OP = 1$ wird. Nun zieht man die Parallele OA_0 zu $P0$ bis zu dem Lot in C_1, durch A_1 die Parallele $A_1 A_2$ zu P_1 bis zum Lot in A_2 usw., bis man zu einem Punkte A_5 auf dem Lot in C_5 gelangt, dann ist $C_5 A_5$ der Größe und dem Sinne nach der Wert des gesuchten Ausdruckes, gemessen mit PO als Maßeinheit.

Jedesmal ist eine Strecke a_i nach rückwärts abzutragen, wenn a_i negativ ist. Ebenso ein Wert x_n nach abwärts, wenn er negativ ist. Verändert man $P\dot{O}$, so verändert man die Maßeinheit. Dann ändern sich alle Lote in dem umgekehrten Verhältnis.

Liegen zwei Gleichungen vor

$$a_0 + a_1 x_1 + a_2 x_2 = 0, \quad b_0 + b_1 x_1 + b_2 x_2 = 0, \tag{2}$$

aus denen die Werte x_1, x_2 der Unbekannten zu ermitteln sind, so kann man folgendermaßen verfahren: Man trage auf zwei parallelen (horizontalen) Achsen die Werte a_0, a_1, a_2 als die Strecken OA_0, $A_0 A_1$, $A_1 A_2$, und die Werte b_0, b_1, b_2 als die Strecken $O' B_0$, $B_0 B_1$, $B_1 B_2$ der Größe und dem Sinne nach ab und verbinde O mit O', A_0 mit B_0, A_1 mit B_1, A_2 mit B_2. Zieht man dann irgendeine neue horizontale Achse und nennt O'', C_0, C_1, C_2 ihre Schnittpunkte mit OO', $A_0 B_0$, $A_1 B_1$, $A_2 B_2$, so wird, wenn

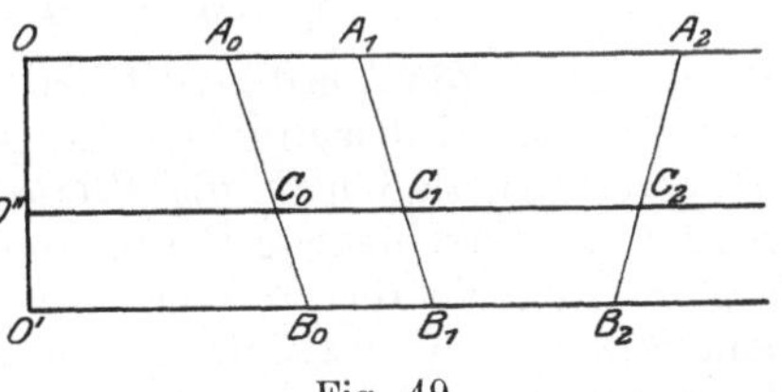

Fig. 49.

$$O'' C_0 = c_0, \quad C_0 C_1 = c_1, \quad C_1 C_2 = c_2$$

gesetzt wird, mit den ersten beiden Gleichungen auch

$$c_0 + c_1 x_1 + c_2 x_2 = 0.$$

Wird also $C_1 C_2 = 0$, d. h. ist die dritte Achse durch den Schnittpunkt von $A_1 B_1$ und $A_2 B_2$ gelegt, so wird $c_2 = 0$, mithin $x_1 = -\frac{c_0}{c_1}$. Entsprechend wird $c_1 = 0$ und $x_2 = -\frac{c_0}{c_2}$, wenn die dritte Achse durch den Schnittpunkt von $A_0 B_0$ und $A_1 B_1$ gelegt ist.

Würden also die drei geraden Linien $A_0 B_0$, $A_1 B_1$, $A_2 B_2$ sich in einem Punkte schneiden, so würde gleichzeitig $c_1 = 0$, $c_2 = 0$ werden, mithin $c_0 = 0$, was ein Widerspruch ist, wenn die Größe c_0 nicht $= 0$, also die zusammenfallenden Punkte C_0, C_1, C_2 nicht nach O'' fallen. Dann sind die beiden gegebenen Gleichungen nicht gleichzeitig zu erfüllen. Schneiden sich aber die vier Linien OO', $A_0 B_0$, $A_1 B_1$, $A_2 B_2$ in einem Punkte, so werden b_0, b_1, b_2, b_3 zu a_0, a_1, a_2, a_3 proportional, die zweite Gleichung drückt also dasselbe aus wie die erste Gleichung, eine der beiden Gleichungen ist überzählig, und x_1, x_2 sind durch sie nicht vollständig bestimmt.

Die angegebene Methode kann sofort auf den Fall ausgedehnt werden, wo drei Gleichungen mit drei Unbekannten x_1, x_2, x_3

$$(3) \qquad \begin{cases} a_0 + a_1 x_1 + a_2 x_2 + a_3 x_3 = 0, \\ b_0 + b_1 x_1 + b_2 x_2 + b_3 x_3 = 0, \\ c_0 + c_1 x_1 + c_2 x_2 + c_3 x_3 = 0 \end{cases}$$

gegeben sind. Man konstruiert dann wie vorhin auf drei horizontalen Achsen die Punkte O, A_0, A_1, A_2, A_3, O', B_0, B_1, B_2, B_3, O'', C_0, C_1, C_2, C_3, deren Abstände der Größe und dem Sinne nach die Werte der Koeffizienten

$$a_0 \ldots, \quad b_0 \ldots, \quad c_0 \ldots$$

liefern. O, O', O'' nimmt man zweckmäßig auf einer vertikalen Geraden an. Zieht man dann die Parallelen zu den Achsen durch die Schnittpunkte von $A_2 B_2$ und $A_3 B_3$ und von $B_2 C_2$ und $B_3 B_3$, so erhält man durch die Schnittpunkte dieser neuen Achsen mit den Verbindungslinien OO', $A_0 B_0$, $A_1 B_1$, $A_2 B_2$ und mit $O'O''$, $B_0 C_0$, $B_1 C_1$, $B_2 C_2$ die Darstellung von zwei Gleichungen

$$a_0' + a_1' x_1 + a_2' x_2 = 0,$$
$$b_0' + b_1' x_1 + b_2' x_2 = 0,$$

die aus den gegebenen Gleichungen durch Elimination von x_3 folgen, und das Problem ist auf das bereits behandelte zurückgeführt.

Handelt es sich nun um die Lösung einer Gleichung

$$(4) \qquad a_0 + a_1 x + a_2 x^2 + a_3 x^3 + a_4 x^4 = 0,$$

wobei wieder die Anzahl der Glieder beliebig vermehrt, also bis zu beliebigen Potenzen der Unbekannten x aufgestiegen werden kann, so kann man derart verfahren, daß man die Werte des auf der linken Seite stehenden Ausdrucks für verschiedene Werte von x ermittelt und sie an den Stellen einer Zahlenachse, die diesen Werten von x entsprechen, als Lote der Größe und dem Sinne nach aufträgt. Es sollen dann die Stellen ermittelt werden, an denen die Länge des Lotes verschwindet. Man kann das erreichen, indem man die Endpunkte der gefundenen Lote durch eine Kurve verbindet und die Schnittpunkte dieser Kurve mit der x-Achse bestimmt.

Es kommt also darauf an, die Werte des Ausdrucks

$$a_0 + a_1 x + a_2 x^2 + a_3 x^3 + a_4 x^4$$

für verschiedene Werte von x zu bestimmen. Man erreicht das, wenn man zunächst wieder $a_0 + a_1 + a_2 + a_3 + a_4$ graphisch bestimmt, indem man auf einer im Nullpunkt O auf der x-Achse senkrechten Achse (Fig. 50) die Strecken

$$O C_1 = a_0, \quad C_1 C_2 = a_1, \quad C_2 C_3 = a_2, \quad C_3 C_4 = a_3, \quad C_4 C_5 = a_4$$

der Größe und dem Sinne nach abträgt. Man errichtet dann an den Stellen x und 1 der x-Achse ebenfalls die Lote und konstruiert nun die Punkte B_1, B_2, B_3, B_4 auf dem Lote im Einheitspunkt und die Punkte P_4, P_3, P_2, P_1, P_0 auf dem Lote im Punkte x folgendermaßen: Man zieht $C_5 B_1$ parallel zur x-Achse; dadurch wird P_4 ausgeschnitten. Durch $B_1 C_4$ wird P_3 ausgeschnitten. $P_3 B_2$ wird parallel zur x-Achse gezogen, $B_2 C_3$ liefert P_2, $P_2 B_3$ ist wieder parallel zur x-Achse, $B_3 C_2$ schneidet dann P_1 aus, endlich wird wieder $P_1 B_4$ parallel zur x-Achse,

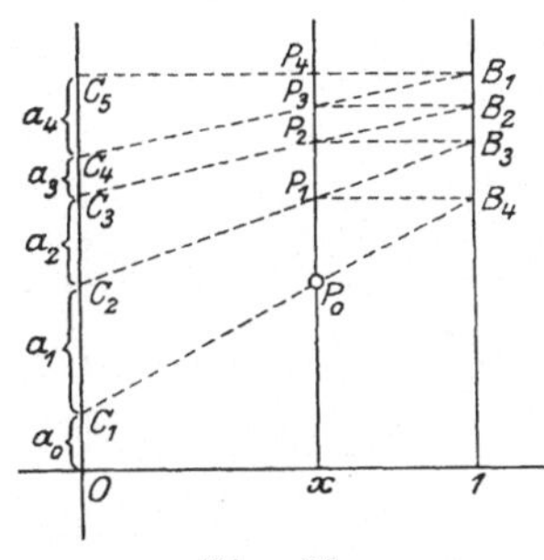

Fig. 50.

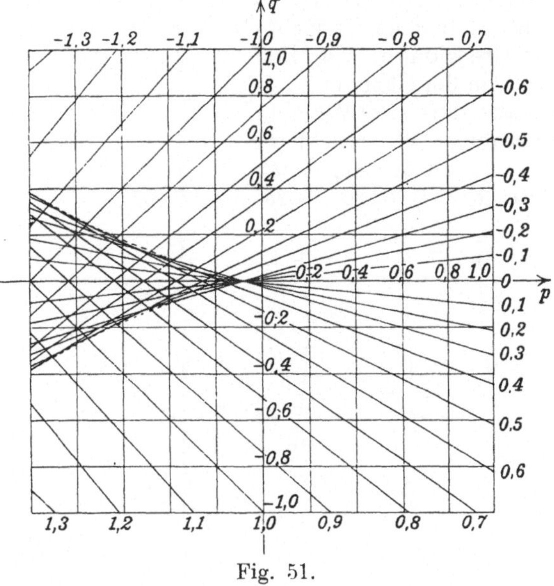

Fig. 51.

und $B_4 C_1$ schneidet den Punkt P_0 aus, dessen Abstand $P_0 x$ von der x-Achse den Wert des gesuchten Ausdruckes liefert.

Wir wollen noch ein graphisches Verfahren angeben, durch das man die Wurzeln der kubischen Gleichung

$$x^3 + p x + q = 0 \tag{5}$$

ermitteln kann (Fig. 51). Man trägt auf zwei zueinander senkrechten Achsen von ihrem Schnittpunkt aus die Werte p und q ab. Dies ist zunächst für die Werte zwischen den Grenzen -1 und $+1$ geschehen. Wenn nun der Wert von x gegeben ist, so verbindet man die Punkte auf den Achsen, für die

$$p = -x^2 \text{ oder } q = -x^3$$

wird, jedesmal durch eine gerade Linie x. Sind dann p und q die Abstände eines Punktes dieser Linie von den Achsen der Größe und dem Sinne nach, so ist für diese Werte von p, q und das zugehörige x die Gleichung erfüllt. Um die Abstände bequem zu bestimmen, sind durch verschiedene Punkte der Achsen jedesmal die Parallelen zu der anderen Achse gezogen, so daß eine quadratische Felderung entsteht. Den erwähnten anderen geraden Linien (x) sind die zugehörigen Werte von x beigeschrieben.

Ist nun die Gleichung (5) derart gegeben, daß p, q bestimmte feste Werte haben, so sucht man in der Figur den Punkt P, der von den Achsen diese Abstände p, q hat, und ermittelt die geraden Linien (x), die durch ihn hindurchgehen. Die zu diesen gehörenden Werte x sind die gesuchten Wurzeln der Gleichung. Die Bestimmung ist leicht möglich, indem man sich zu den bereits gezogenen Geraden (x), die durch den betreffenden Punkt P gehenden Geraden hinzugefügt denkt, und den zugehörigen Wert x danach schätzungsweise bestimmt.

Man sieht, daß in der Tafel die Punkte sich auf zwei Gebiete verteilen. Durch die Punkte des einen Gebietes geht nur eine Gerade (x), die Gleichung hat für die zugehörigen Werte p, q also nur eine Wurzel x. Durch die Punkte des anderen Gebietes gehen drei Gerade (x), für die zugehörigen Werte p, q sind also drei Wurzeln vorhanden. An der Grenze der Gebiete vereinigen sich zwei Gerade (x) in eine Tangente der Grenzkurve, von den Wurzeln der Gleichung fallen also dort zwei Wurzeln zusammen. Die Grenzkurve verläuft auf der negativen Seite der q-Achse symmetrisch bezüglich der p-Achse und hat im Schnittpunkt der Achsen eine Spitze. Hier, für $p=0$, $q=0$, fallen alle drei Wurzeln in den Wert $x=0$ zusammen. Für die Punkte der Grenzkurve besteht zwischen p und q die Beziehung:

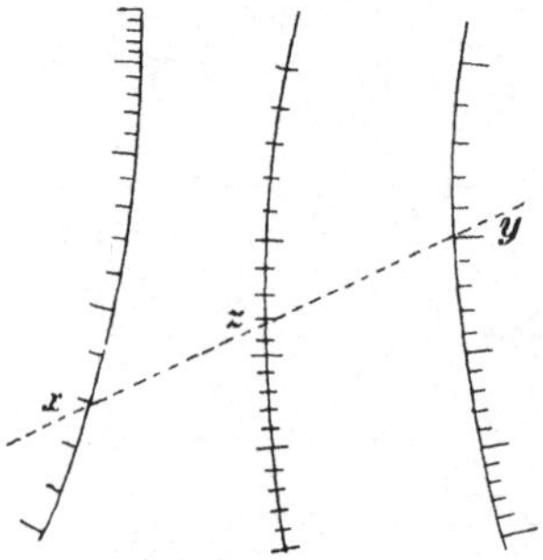

Fig. 52.

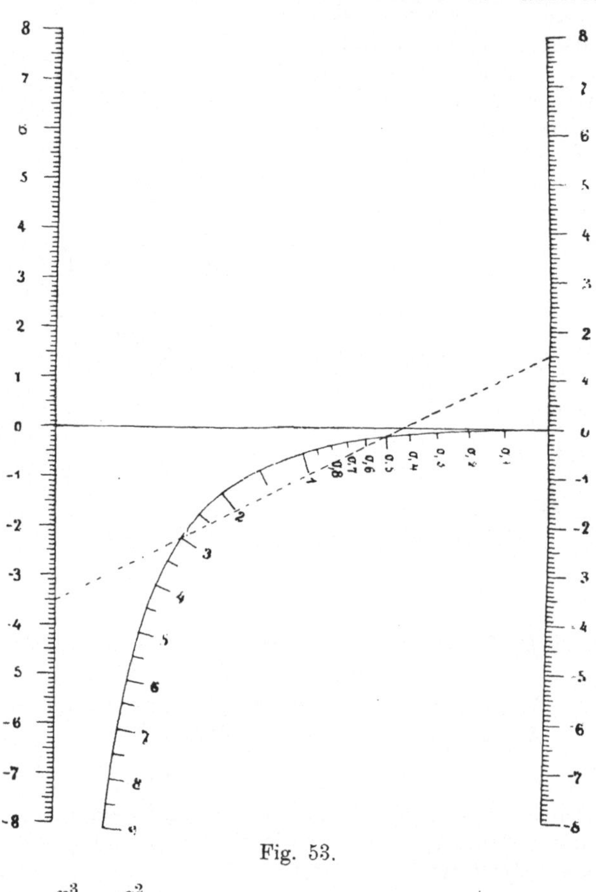

Fig. 53.

(6) $$\frac{p^3}{27}+\frac{q^2}{4}=0.$$

Eine andere Methode, den Zusammenhang zwischen drei Zahlen x, y, z, die durch irgendeine analytische Bezeichnung verknüpft sind, graphisch darzustellen, besteht darin, daß man die verschiedenen Werte dieser Zahlen auf drei im allgemeinen krummlinigen Skalen derart aufträgt, daß drei zusammengehörige Stellen x, y, z in den Skalen auf einer geraden Linie liegen. Um zu zwei Zahlen x, y die zugehörige Zahl z zu finden, braucht man jedesmal nur die betreffenden Stellen der x- und y-Skala durch eine gerade Linie zu verbinden. Diese schneidet dann die z-Skala in der gesuchten Stelle z (Fig. 52).

Um z. B. die quadratische Gleichung

(7) $$z^2+az+b=0$$

aufzulösen, trägt man a und b auf zwei parallelen geradlinigen Skalen auf, die man derart vertikal annehmen kann, daß die Nullstellen in der gleichen Höhe liegen. Es gehen dann die geraden Linien, welche die einer Gleichung

$$u + a v + b = 0 \tag{8}$$

genügenden Stellen der Skalen verbinden, immer durch einen Punkt hindurch. Nennen wir y den Abstand dieses Punktes von der die Nullstellen der Skalen verbindenden Achse und x seinen Abstand von der b-Skala, c den Abstand der beiden Skalen, so wird

$$\frac{b-y}{x} = -\frac{a-y}{c-x}$$

oder

$$-cy + ax + b(c-x) = 0,$$

woraus, durch Vergleich mit (8)

$$x = \frac{cv}{1+v}, \quad y = -\frac{u}{1+v} \tag{9}$$

folgt. Wird also $u = z^2$, $v = z$, so folgt

$$x = \frac{cz}{1+z}, \quad y = -\frac{az^2}{1+z}. \tag{10}$$

Die Punkte, deren Abstände x, y diese Werte haben, erfüllen, wenn man z alle möglichen Werte durchlaufen läßt, eine Hyperbel. Man zeichnet nun die Hyperbel, d. h. trägt die Punkte mit diesen Abständen x, y ein und schreibt ihnen den Parameter z bei, zu dem sie gehören. Man erhält so eine hyperbelförmig gekrümmte Skala für die Punkte z, welche von der b-Skala an der Nullstelle senkrecht ausläuft und sich der a-Skala asymptotisch nähert. Sucht man nun die Wurzeln einer Gleichung $z^2 + az + b = 0$, so hat man nur die betreffenden Stellen der a- und b-Skala zu verbinden und die Werte z an den Stellen der z-Skala abzulesen, in denen diese Verbindungslinie die hyperbelförmig gekrümmte Skala schneidet.

Es ist sofort zu sehen, wie dieses Verfahren auf den Fall, wo die Gleichung von der Form ist

$$z^m + az^n + b = 0,$$

ausgedehnt werden kann, also auch auf den Fall der kubischen Gleichung

$$z^3 + az + b = 0.$$

Dieses Verfahren, graphische Tafeln zu benutzen, wird als Nomographie bezeichnet. Ein sehr einfaches Beispiel für eine solche graphische Tafel ist die Rechentafel von Lalanne (Fig. 55).

Man denke sich ein Quadrat und auf dessen Seiten von einer Ecke 1 aus $\log a$ und $\log b$ abgetragen. An den Endpunkten dieser Strecken werden die Zahlen a, b angeschrieben und durch sie die Parallelen zu den Quadratseiten gezogen. Der Schnittpunkt dieser Parallelen liegt dann, wenn $a \cdot b$ einen bestimmten Wert c hat, also $\log a + \log b = \log c$ ist, immer auf einer gegen die Quadratseiten um 45^0 geneigten geraden Linie, die man zieht und an der man den Parameter c anschreibt.

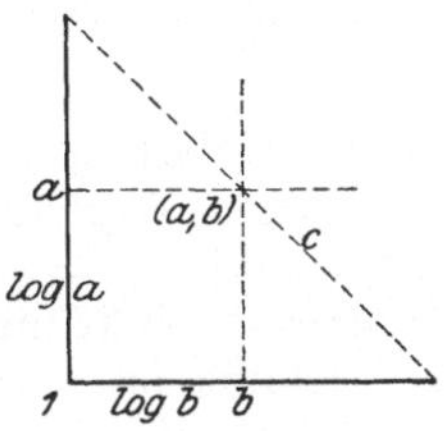

Fig. 54.

Man verzeichnet derart drei Linienscharen, zwei den Quadratseiten und die dritte einer Quadratdiagonale parallel. Drei dieser Linien, die durch einen Punkt gehen, gehören dann immer zu Parametern a, b, c, von denen der dritte das Produkt der beiden ersten ist. Längs der zweiten Diagonale des Quadrates, für die $a = b$ wird, findet man insbesondere die Werte der

Quadratzahlen a^2. Die zugehörige Diagonallinie der Rechentafel kann deshalb Quadratlinie heißen.

Auf einer geraden Linie liegen aber auch z. B. die Punkte (a, b), für welche die Beziehung gilt

$$a^2 = b,$$

weil dann

$$2 \log a = \log b,$$

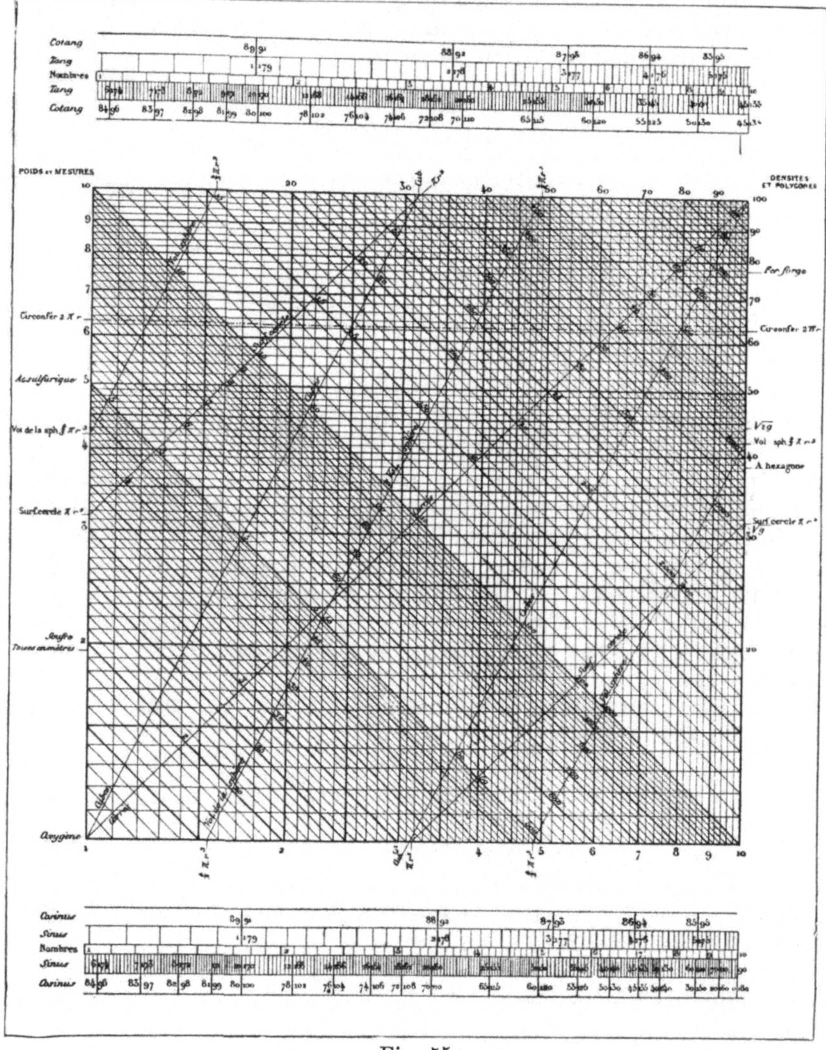

Fig. 55.

also das Verhältnis der Abstände von den Quadratseiten $\log b : \log a$ den konstanten Wert $2:1$ hat. Die zugehörigen Werte von c längs dieser Geraden sind $a \cdot b = a^3$. Man kann also die dritten Potenzen längs der Geraden an den Produktlinien sofort ablesen.

Häufig ist es von Nutzen, einen Ausdruck von der Form

$$\mathfrak{M} = a \cos^2 \varphi + 2\, b \cos \varphi \sin \varphi + c \sin^2 \varphi$$

für die verschiedenen Werte des Winkels φ graphisch darzustellen. Um dies zu erreichen, formen wir den Ausdruck um in

$$\mathfrak{M} = \tfrac{1}{2}(a + c) + \tfrac{1}{2}(a - c) \cos 2\varphi + b \sin 2\varphi.$$

Dieser Ausdruck kann, wenn

$$r = \sqrt{\tfrac{1}{4}(a-c)^2 + b^2}$$

und

$$\tfrac{1}{2}(a-c) = r\cos 2\varphi_0, \quad b = r\sin 2\varphi_0$$

gesetzt wird, geschrieben werden

$$\mathfrak{M} = \tfrac{1}{2}(a+c) + r\cdot\cos 2(\varphi - \varphi_0).$$

Danach ergibt sich folgende Konstruktion: Man trägt a und c der Größe und dem Sinne nach auf einer Achse als OA und OC ab. Ist dann M der Mittelpunkt von AC, so wird

$$OM = \tfrac{1}{2}(a+c), \quad MC = \tfrac{1}{2}(a-c).$$

Nun errichtet man in A auf der gezeichneten Achse ein Lot AB, das man gleich b macht. Es wird dann $MB = r$, Winkel $BMA = 2\varphi_0$. Man schlage weiter um M mit r als Radius den Kreis und trage an BM den Winkel $MBY = \varphi$ an. Y liege auf dem Kreis und YX sei das aus Y auf die zugrunde gelegte Achse gefällte Lot. Dann wird OX der Wert des gesuchten Ausdruckes. Sind U, V die Schnittpunkte des Kreises mit der Achse, so sind OU und OV die größten und kleinsten vorkommenden Werte des Ausdruckes $\mathfrak{M}$, und die zugehörigen Werte von φ sind um 90^0 verschieden. Es wird

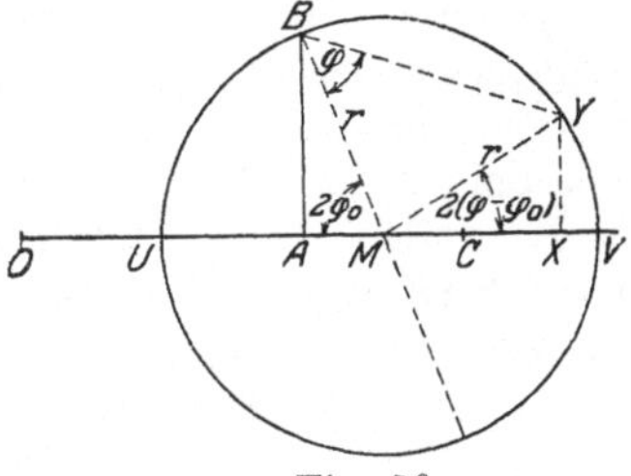

Fig. 56.

$$OV = \tfrac{1}{2}(a+c) + \sqrt{\tfrac{1}{4}(a-c)^2 + b^2}, \quad OU = \tfrac{1}{2}(a+c) - \sqrt{\tfrac{1}{4}(a-c)^2 + b^2}.$$

Es sind nun offenbar drei Fälle zu unterscheiden:

1. O liegt außerhalb des Kreises. Dann ist $OM^2 > r^2$, also

$$\tfrac{1}{4}(a+c)^2 > \tfrac{1}{4}(a-c)^2 + b^2 \quad \text{oder} \quad ac - b^2 > 0.$$

In diesem Falle ergeben sich für alle Werte von φ reelle und von 0 verschiedene Werte für $\mathfrak{M}$. (Elliptischer Fall.)

2. O liegt auf dem Kreis. Dann wird $ac - b^2 = 0$. Wenn $\varphi = \varphi_0 + 90^0$ oder φ_0, also $\operatorname{tg} 2\varphi = \operatorname{tg} 2\varphi_0 = \dfrac{2b}{a-c}$, wird $\mathfrak{M} = 0$ oder erreicht den größten Wert $\mathfrak{M} = 2r = a + c$. $\mathfrak{M}$ wird also für eine Richtung φ gleich 0 und für die dazu senkrechte Richtung das Maximum. (Parabolischer Fall.)

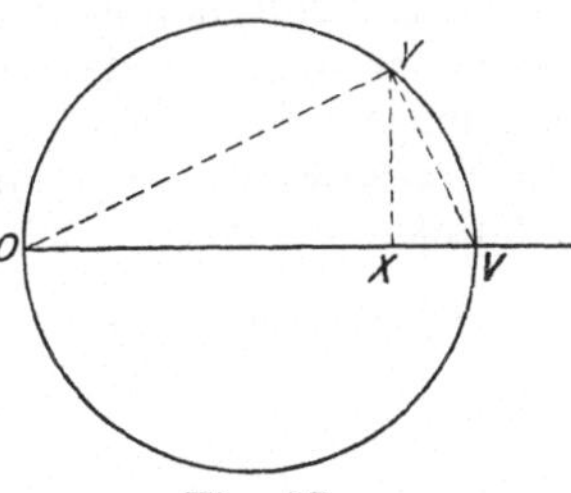

Fig. 57.

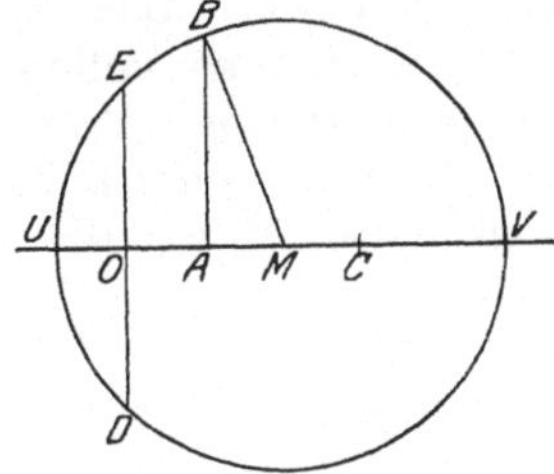

Fig. 58.

3. O liegt innerhalb des Kreises. Dann wird $ac - b^2 < 0$. Für zwei Werte φ_1, φ_2 von φ wird $\mathfrak{M} = 0$, nämlich wenn $\cos 2(\varphi - \varphi_0) = -\dfrac{a+c}{2r}$. Es wird dann $\varphi_1 - \varphi_0 = -(\varphi_2 - \varphi_0)$, also $\tfrac{1}{2}(\varphi_1 + \varphi_2) = \varphi_0$, so daß die zugehörigen Richtungen mit den die Maximum- und Minimumwerte liefernden Richtungen φ_0 und $\varphi_0 + 90^0$ gleiche Winkel bilden. Die Richtungen sind gegeben durch die aus B nach den Schnittpunkten D, E des Lotes in O mit dem Kreis hingehenden Strahlen. (Hyperbolischer Fall.)

Drittes Kapitel.

Ebene Geometrie.

1. Analytische Geometrie der Ebene.

Während die Elementargeometrie die Eigenschaften und Beziehungen der geometrischen Figuren unmittelbar an diesen selbst entwickelt, geht die analytische Geometrie darauf aus, die geometrischen Probleme in analytische zu verwandeln und dann rechnerisch zu erledigen. Dies wird erreicht, indem bei ebenen Problemen jedem Punkte der Ebene ein Paar von Zahlen, die Koordinaten des Punktes, zugeordnet wird. Als rechtwinklige kartesische Koordinaten des Punktes bezeichnet man seine senkrechten Abstände von zwei zu einander rechtwinkligen Koordinatenachsen, nach der einen Seite positiv, nach der anderen negativ gerechnet. Sind $PQ = y$ und $PR = x$ diese Abstände, so kann PR auch ersetzt werden durch QO, d. h. den Abstand, den der Fußpunkt Q des Lotes PQ vom Schnittpunkt der Achsen, dem Koordinatenursprung O, hat. Dieser Abstand heißt die Abszisse, die zugehörige Achse die Abszissenachse (x) und das Lot PQ die Ordinate, die Achse der es parallel ist, die Ordinatenachse (y). Die Achsen sind mit einem bestimmten Richtungssinn versehen, nach dem hin die zugehörigen Koordinatenwerte zunehmen. Man bezeichnet diesen Sinn als den positiven Sinn der Achse, weil er von O aus nach den positiven Koordinatenwerten hinführt.

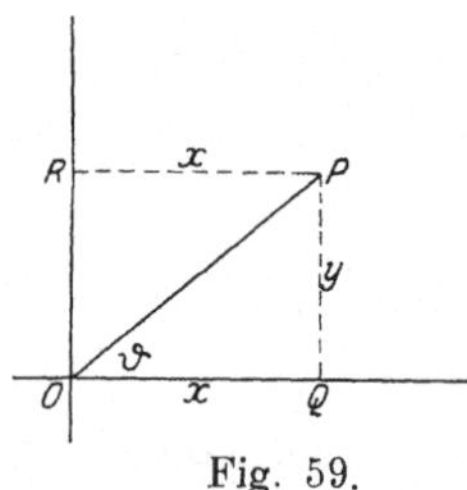

Fig. 59.

Setzt man den zunächst immer positiv genommenen Abstand $OP = r$ (Radiusvektor oder Fahrstrahl) und nennt ϑ (Amplitude) den Winkel QOP, über einen vollen Umkreis in dem von der positiven Seite der x-Achse zur positiven y-Achse weisenden Sinne positiv gerechnet, so heißen r, ϑ die Polarkoordinaten des Punktes P. Sie sind mit den kartesischen Koordinaten durch die Beziehungen verknüpft:

$$x = r\cos\vartheta, \quad y = r\sin\vartheta,$$

(1)
$$r = +\sqrt{x^2 + y^2}, \quad \cos\vartheta = +\frac{x}{\sqrt{x^2+y^2}}, \quad \sin\vartheta = +\frac{y}{\sqrt{x^2+y^2}}.$$

Die Entfernung l zweier Punkte P_1, P_2 mit den Koordinaten x_1, y_1 und x_2, y_2 wird in kartesischen Koordinaten

(2)
$$l = +\sqrt{(x_2 - x_1)^2 + (y_2 - y_1)^2}.$$

Der Punkt P auf der Geraden P_1P_2, dessen Abstände von P_1, P_2 sich verhalten wie μ_1 zu μ_2, wobei man diese Abstände nach derselben

Seite mit gleichem, nach verschiedenen Seiten mit entgegengesetztem Vorzeichen ansetzt, hat die Koordinaten

(3) $$x = \frac{\mu_1 x_1 - \mu_2 x_2}{\mu_1 - \mu_2}, \quad y = \frac{\mu_1 y_1 - \mu_2 y_2}{\mu_1 - \mu_2}.$$

Insbesondere hat der Mittelpunkt der Strecke $P_1 P_2$, für den $\mu_1 = -\mu_2$, die Koordinaten

(4) $$x = \frac{x_1 + x_2}{2}, \quad y = \frac{y_1 + y_2}{2}.$$

Aus den Gleichungen (3) für x, y folgt

(5) $$\frac{x - x_1}{x_2 - x_1} = \frac{y - y_1}{y_2 - y_1}$$

als Darstellung der geraden Linie $P_1 P_2$, d. h. als die Gleichung, der die Koordinaten x, y eines beliebigen Punktes dieser geraden Linie genügen. Die Gleichung (5) kann umgeformt werden in

(6) $$(y_2 - y_1)x - (x_2 - x_1)y - (x_1 y_2 - x_2 y_1) = 0$$

(Dreipunktegleichung).

Führt man in (6) die Komponenten

$$X = x_2 - x_1, \quad Y = y_2 - y_1$$

der Strecke $P_1 P_2$ ein, die dann als eine mit der Richtung der Bewegung von P_1 nach P_2 genommene Strecke aufzufassen ist, so kann man die Gleichung (6) auch schreiben

$$Yx - Xy - (Yx_1 - Xy_1) = 0.$$

Ist nun φ der Winkel, den die in dem angegebenen Sinne genommene Richtung der Strecke $P_1 P_2$ mit der positiven Richtung der x-Achse einschließt, ϑ_1 der gemäß (1) bestimmte Winkel, den der Fahrstrahl OP_1 mit der positiven Richtung der x-Achse einschließt, so wird

$$X = l \cos \varphi, \quad Y = l \sin \varphi, \quad x_1 = r_1 \cos \vartheta_1, \quad y_1 = r_1 \sin \vartheta_1,$$

indem wir noch mit l die Länge $P_1 P_2$, mit r_1 die Länge OP_1 bezeichnen. Es folgt dann

$$\begin{aligned} Yx_1 - Xy_1 &= l r_1 (\sin \varphi \cos \vartheta_1 - \cos \varphi \sin \vartheta_1) \\ &= l r_1 \sin (\varphi - \vartheta_1) = l r_1 \sin \delta. \end{aligned}$$

Hierbei bezeichnet δ den Winkel zwischen den Richtungen OP_1 und $P_1 P_2$, positiv gerechnet, wenn der Drehsinn, der auf dem kürzesten Wege von der Richtung OP_1 zur Richtung $P_1 P_2$ führt, positiv ist, d. h. mit dem Drehsinn übereinstimmt, der ebenso von der positiven Richtung der x-Achse zur positiven Richtung der y-Achse führt, und negativ im entgegengesetzten Falle.

Der festgelegte Drehsinn stimmt aber mit dem Umlaufsinn $OP_1 P_2 O$ des Dreiecks $OP_1 P_2$ überein. Je nachdem also dieser Drehsinn positiv oder negativ ist, ist es der vorstehende Ausdruck auch. Dem absoluten Betrag nach wird der Ausdruck gleich dem doppelten Inhalt des Dreiecks. Der so bestimmte Ausdruck soll das Moment Z der Strecke $P_1 P_2$ für dem Punkt O heißen. Die Gleichung

$$Yx - Xy = Yx_1 - Xy_1 = Z$$

sagt dann aus, daß das Moment Z der Strecke sich nicht ändert, wenn man sie ohne Änderung ihrer Länge und ihres Sinnes in ihrer geraden Linie verschiebt, derart, daß der Anfangspunkt der Strecke in einen beliebigen Punkt (x, y) dieser geraden Linie fällt.

Insbesondere können wir für den Anfangspunkt die Koordinaten nehmen

$$x_0 = p \cos \alpha, \quad y_0 = p \sin \alpha,$$

wenn p die Länge des aus O auf die gerade Linie gefällten Lotes OP_0 und α dessen Amplitude bezeichnet, so daß der neue Anfangspunkt der Strecke der Fußpunkt P_0 dieses Lotes wird. Es muß dann

$$\alpha = \varphi - \varepsilon \frac{\pi}{2} \quad (\varepsilon = \pm 1)$$

sein. Danach wird, da jetzt $r_1 = p$, $\delta = \varepsilon \frac{\pi}{2}$

$$\varepsilon \cdot l \cdot p = Z.$$

Es wird dabei $l \cdot p$ immer positiv sein. Der Sinn der jetzt zu dem Arm OP_0 senkrechten Strecke l bezeichnet demnach, wenn $\varepsilon > 0$, also auch $Z > 0$ ist, einen positiven Drehsinn um den Punkt O, und im anderen Falle, wo Z negativ ist, einen negativen Drehsinn. Das Moment erscheint so mit einem Drehsinn um den Aufpunkt O behaftet, und sein Vorzeichen wird nach diesem Drehsinn bestimmt.

Entsprechend wie für den Punkt O kann das Moment der Strecke P_1P_2 auch für jeden Punkt P der Ebene bestimmt werden. Es sind dann die Komponenten x_1, y_1 der Strecke OP_1 in dem Ausdrucke des Momentes

$$Z = Yx_1 - Xy_1$$

nur zu ersetzen durch die Komponenten $x_1 - x$, $y_1 - y$ der Strecke PP_1. Das Moment wird dann

$$\Delta = Y(x_1 - x) - X(y_1 - y)$$

oder

$$\Delta = Z - Yx + Xy.$$

Setzen wir hierin die Werte

$$X = x_2 - x_1, \quad Y = y_2 - y_1, \quad Z = x_1y_2 - x_2y_1$$

ein, so erhalten wir

$$\Delta = x_1y_2 - x_2y_1 - (y_2 - y_1)x + (x_2 - x_1)y$$

oder auch

$$\Delta = x_1y_2 - y_1x_2 + x_2y - y_2x + xy_1 - yx_1.$$

Man kann diesen Ausdruck in Determinantenform schreiben

$$\Delta = \begin{vmatrix} 1 & x & y \\ 1 & x_1 & y_1 \\ 1 & x_2 & y_2 \end{vmatrix}.$$

Seine geometrische Bedeutung ist die, daß er den doppelten Flächeninhalt des Dreiecks PP_1P_2 angibt, mit dem positiven oder negativen Vorzeichen, je nachdem die Umkreisung PP_1P_2P einen positiven oder negativen Drehsinn ergibt.

Verschwindet Δ, so gelangen wir wieder zu der Gleichung (6) zurück. Diese Gleichung hat die Form

$$ax + by + c = 0, \tag{7}$$

ist also vom ersten Grade (linear) in x, y. Umgekehrt stellt jede solche lineare Gleichung auch eine gerade Linie dar. Vergleicht man (7) nämlich mit der Gleichung

$$-Yx + Xy + Z = 0,$$

so hat man nur

$$a = -\varrho Y, \quad b = \varrho X, \quad c = \varrho Z$$

zu setzen, wo ϱ einen Proportionalitätsfaktor bezeichnet, um völlige Übereinstimmung zu erzielen.

Gibt man der geraden Linie einen bestimmten Richtungssinn, so kann man den Winkel φ, den sie mit der positiven Richtung der x-Achse bildet, eindeutig bestimmen. Es wird dann nach den vorstehenden Werten von a, b, c

$$a = -\varrho l \sin\varphi, \quad b = \varrho l \cos\varphi, \quad c = +\varepsilon\varrho l \cdot p.$$

Daraus folgt

$$\operatorname{tg}\varphi = -\frac{a}{b}, \quad p^2 = \frac{c^2}{a^2 + b^2}$$

und die Liniengleichung

(8a) $$\sin\varphi \cdot x - \cos\varphi \cdot y = \varepsilon p.$$

Das doppelte Vorzeichen auf der rechten Seite verschwindet, vorausgesetzt, daß die gerade Linie nicht durch den Anfangspunkt O geht, wenn wir statt des Winkels φ der geraden Linie selbst den Winkel α ihrer Normalen einführen. Es wird $\cos\alpha = \varepsilon \sin\varphi$, $\sin\alpha = -\varepsilon\cos\varphi$. In jedem Falle ist also die Gleichung der geraden Linie (erste Normalform)

(8) $$\cos\alpha \cdot x + \sin\alpha \cdot y = p.$$

Dabei ist die Normale mit dem Richtungssinne genommen, der von O nach dem Fußpunkt P_0 des aus O auf die gerade Linie gefällten Lotes hinweist und p ist die immer positiv genommene Länge des Lotes.

Bezeichnet man die mit dem entsprechenden Vorzeichen (d. h. positiv auf der positiven, negativ auf der negativen Seite der Koordinatenachse) genommenen Achsenabschnitte mit m, n, wobei wieder vorausgesetzt sei, daß die Gerade nicht durch den Anfangspunkt O geht, so wird

$$m = \frac{p}{\cos\alpha}, \quad n = \frac{p}{\sin\alpha},$$

also die Gleichung der geraden Linie (zweite Normalform)

(9) $$\frac{x}{m} + \frac{y}{n} = 1.$$

Auf andere Weise kann man den Doppelsinn aus der Gleichung (8a) entfernen, indem man die Koordinaten x_1, y_1 eines beliebigen Punktes der geraden Linie annimmt. Dann wird auch

$$\sin\varphi\, x_1 - \cos\varphi\, y_1 = \varepsilon p,$$

durch Subtraktion der beiden Gleichungen folgt also

$$\sin\varphi\,(x - x_1) - \cos\varphi\,(y - y_1) = 0$$

oder

(10) $$y = y_1 + \operatorname{tg}\varphi\,(x - x_1).$$

Der Winkel zweier gerader Linien ist nur dann bestimmt, wenn man den geraden Linien einen bestimmten Richtungssinn gibt. Haben die geraden Linien also die Gleichungen

$$ax + by + c = 0, \quad a'x + b'y + c' = 0,$$

so muß in den Ausdrücken für den Winkel φ und den entsprechenden Winkel φ' bei der anderen Geraden:

$$\cos\varphi = \frac{b}{\sqrt{a^2 + b^2}}, \quad \sin\varphi = \frac{-a}{\sqrt{a^2 + b^2}},$$

$$\cos\varphi' = \frac{b'}{\sqrt{a'^2 + b'^2}}, \quad \sin\varphi' = \frac{-a'}{\sqrt{a'^2 + b'^2}}$$

über das Vorzeichen der Wurzel jedesmal in bestimmter Weise verfügt werden.

Dann wird der von der ersten nach der zweiten führende Drehungswinkel $\omega = \varphi' - \varphi$ der Größe und dem Sinne nach bestimmt durch die zwei Gleichungen:

$$\cos\omega = \frac{aa' + bb'}{\sqrt{a^2+b^2}\sqrt{a'^2+b'^2}}, \quad \sin\omega = \frac{ab' - ba'}{\sqrt{a^2+b^2}\sqrt{a'^2+b'^2}}. \tag{11}$$

Die beiden geraden Linien sind also senkrecht aufeinander, wenn

$$aa' + bb' = 0. \tag{12}$$

Sie sind zueinander parallel, wenn

$$ab' - ba' = 0 \quad \text{oder} \quad \frac{a}{b} = \frac{a'}{b'}. \tag{13}$$

Der Abstand der beiden Parallelen wird dann gegeben durch den absoluten Wert des Ausdruckes

$$\left(\frac{c'}{a'} - \frac{c}{a}\right)\frac{a}{\sqrt{a^2+b^2}}.$$

Dreht man das Koordinatensystem um den Drehwinkel ω, positiv im positiven, negativ im negativen Drehsinn genommen, so werden die neuen Polarkoordinaten r und $\vartheta - \omega$. Die neuen rechtwinkligen kartesischen Koordinaten müssen aber sein

$$x' = r\cos(\vartheta - \omega), \quad y' = r\sin(\vartheta - \omega),$$

woraus

$$\begin{cases} x' = x\cos\omega + y\sin\omega, \\ y' = -x\sin\omega + y\cos\omega \end{cases} \tag{14}$$

folgt, und umgekehrt wird

$$\begin{cases} x = x'\cos\omega - y'\sin\omega, \\ y = x'\sin\omega + y'\cos\omega. \end{cases} \tag{15}$$

Wird das Koordinatensystem parallel verschoben, und zwar in der Richtung der x-Achse um a, in der Richtung der y-Achse um b, so werden die neuen Koordinaten

$$x_1 = x - a, \quad y_1 = y - b,$$

umgekehrt also

$$x = a + x_1, \quad y = b + y_1.$$

Demnach ist die allgemeinste, aus Verschiebung und Drehung notwendigerweise zusammengesetzte Transformation der Koordinaten in ein anderes, ebenfalls rechtwinkliges System gegeben durch

$$\begin{cases} x = a + x'\cos\omega - y'\sin\omega, \\ y = b + x'\sin\omega + y'\cos\omega. \end{cases} \tag{16}$$

Alle Punkte x, y, die von einem Punkte x_0, y_0 den Abstand r haben, liegen auf einem Kreise mit dem Radius r und genügen der Kreisgleichung

$$(x - x_0)^2 + (y - y_0)^2 = r^2 \tag{17}$$

oder

$$x^2 + y^2 - 2x_0x - 2y_0y + s = 0, \tag{18}$$

wenn $s = x_0^2 + y_0^2 - r^2$.

Alle Punkte x, y, für welche die Abstände von zwei festen Punkten mit den Koordinaten $+a, 0$ und $-a, 0$ ein gegebenes Verhältnis λ haben, müssen einen geometrischen Ort erfüllen, für welchen sich die Gleichung ergibt

$$(x - a)^2 + y^2 = \lambda^2[(x + a)^2 + y^2]$$

oder anders geordnet

$$x^2 + y^2 - 2\frac{1+\lambda^2}{1-\lambda^2}ax + a^2 = 0. \tag{19}$$

Dieses ist wieder die Gleichung eines Kreises (Kreis des Apollonius).

Alle Punkte $P(x, y)$, für welche der Abstand PF von einem festen Punkte F (mit den Koordinaten $f, 0$) zu dem Abstand PR von einer festen Geraden (der y-Achse) ein gegebenes Verhältnis λ hat, erfüllen einen geometrischen Ort, für welchen sich die Gleichung ergibt

$$(x-f)^2 + y^2 = \lambda^2 x^2$$

oder

$$(1-\lambda^2)x^2 + y^2 - 2fx + f^2 = 0. \tag{20}$$

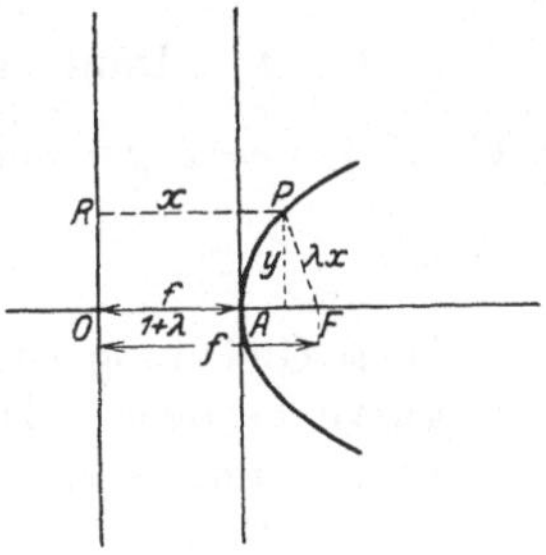

Diese Gleichung ist wie die Kreisgleichung vom zweiten Grade in x, y. Die durch eine Gleichung 2. Grades dargestellten Kurven werden allgemein als Kurven zweiter Ordnung bezeichnet. Es läßt sich nun zeigen, daß jede reelle, nicht zerfallende (d. h. nicht aus zwei geraden Linien bestehende) Kurve 2. Ordnung, wenn sie nicht ein Kreis ist, auf eine Gleichung von der Form (20) zurückgeführt werden kann. Die so dargestellten Kurven werden auch als Kegelschnitte bezeichnet, weil sie sich als ebene Schnitte eines geraden (oder schiefen) Kreiskegels gewinnen lassen.

Fig. 60.

Setzt man in der Gleichung (20)

$$x = x' + \frac{f}{1+\lambda},$$

d. h. verschiebt man, indem man die x-Achse ungeändert läßt, von dem Koordinatensystem die y-Achse um die Strecke $\frac{f}{1+\lambda}$, so wird die Gleichung, wenn man noch $\lambda f = p$ setzt:

$$y^2 = 2px' - (1-\lambda^2)x'^2. \tag{21}$$

Diese Gleichung heißt die Scheitelgleichung der Kegelschnitte, der neue Koordinatenursprung A ist ein Scheitel der Kurve.

Es sind nun drei Fälle zu unterscheiden.

1. $\lambda = 1$: Die Punkte der Kurven haben von dem festen Punkt, dem Brennpunkt, und der festen Geraden, der Leitlinie, gleiche Abstände. Die Kurve heißt Parabel und ihre Scheitelgleichung lautet, wenn wir an der Abszisse den Akzent fortlassen,

$$y^2 = 2px. \tag{22}$$

Die y-Achse ist die Scheiteltangente, die x-Achse die Achse der Parabel. p heißt der Parameter. Brennpunkt und Leitlinie sind vom Scheitel nach entgegengesetzten Seiten um $\frac{1}{2}p$ entfernt.

2. $\lambda < 1$. Dann kann $1 - \lambda^2 = \frac{b^2}{a^2}$, $p = \frac{b^2}{a}$ gesetzt werden und die Kurvengleichung wird

$$\frac{y^2}{b^2} = 2\frac{x'}{a} - \frac{x'^2}{a^2}$$

oder, wenn man jetzt $x' - a = x$ setzt,

$$\frac{x^2}{a^2} + \frac{y^2}{b^2} = 1. \tag{23}$$

Diese Gleichung ist auf zwei Symmetrieachsen oder kurz **Achsen** der Kurve bezogen. Die Kurve heißt **Ellipse**.

Man erhält sie, wenn man in der Gleichung des Kreises mit dem Radius a

$$x^2 + y^2 = a^2$$

y durch $\frac{b}{a} y$ ersetzt, also die auf einen Durchmesser bezogenen Kreisordinaten alle in demselben Verhältnis verkürzt.

3. $\lambda > 1$. Dann kann $\lambda^2 - 1 = \frac{b^2}{a^2}$, $p = \frac{b^2}{a}$ gesetzt werden, und wenn noch $x' + a = x$ gemacht wird, ergibt sich die Kurvengleichung

$$\frac{x^2}{a^2} - \frac{y^2}{b^2} = 1. \tag{24}$$

Diese Gleichung ist wiederum auf zwei Symmetrieachsen oder kurz **Achsen** der Kurve bezogen. Die Kurve heißt **Hyperbel**.

Ellipse und Hyperbel haben **zwei Brennpunkte** und zwei dazugehörige Leitlinien. Dies ist aus den Symmetrieverhältnissen der Kurve sofort zu sehen. Bei der **Ellipse** liegen die Brennpunkte auf der x-Achse (der **großen Achse** oder **Hauptachse**) auf beiden Seiten vom **Mittelpunkt** (Schnittpunkt der Achsen) um die Strecke

$$e = \sqrt{a^2 - b^2} \tag{25}$$

entfernt, bei der **Hyperbel** ebenfalls auf der x-Achse (der **Hauptachse** oder **reellen Achse**), vom Mittelpunkt um

$$e = \sqrt{a^2 + b^2} \tag{26}$$

entfernt. e heißt **lineare Exzentrizität**, das Verhältnis $e:a$ **numerische Exzentrizität**. Die Abstände der zur y-Achse (**Nebenachse**) parallelen Leitlinien vom Mittelpunkt sind $a^2:e$. Das Verhältnis λ ist gleich $\frac{e}{a}$.

Nennt man F, F_1 die Brennpunkte, so werden die Abstände PR und PR_1 eines Kurvenpunktes von den Leitlinien

$$PR = \frac{a}{e} PF, \qquad PR_1 = \frac{a}{e} PF_1.$$

Bei der Ellipse wird aber $PR + PR_1 = RR_1 = \frac{2a^2}{e}$. Es folgt also

$$PF + PF_1 = 2a.$$

Die Summe der Abstände aller Ellipsenpunkte von den Brennpunkten ist konstant gleich der Länge der Hauptachse $2a$.

Bei der Hyperbel wird $PR - PR_1 = \pm RR_1 = \pm \frac{2a^2}{e}$. Es folgt also

$$PF - PF_1 = \pm 2a.$$

Die Differenz der Abstände aller Hyperbelpunkte von den Brennpunkten ist konstant gleich der Länge der Hauptachse $2a$.

Die Tangente der Ellipse (23) in dem Punkte x_0, y_0 hat die Gleichung

$$\frac{x_0 x}{a^2} + \frac{y_0 y}{b^2} = 1, \tag{27}$$

die Tangente der Hyperbel (24) die Gleichung

$$\frac{x_0 x}{a^2} - \frac{y_0 y}{b^2} = 1, \tag{28}$$

die Tangente der Parabel (22) die Gleichung

$$y_0 y = p(x_0 + x). \tag{29}$$

Anderseits zeigt sich, daß die Ellipsentangente den Nebenwinkel der Brennstrahlen, die Hyperbeltangente den Winkel der Brennstrahlen selbst halbiert. Die Parabeltangente halbiert den Winkel zwischen dem Brennstrahl und dem Lot auf der Leitlinie.

Fällt man aus den Brennpunkten der Ellipse oder Hyperbel die Lote auf die Tangenten, so liegen deren Fußpunkte auf dem Kreis über der Hauptachse. Fällt man aus dem Brennpunkte der Parabel die Lote auf die Tangenten, so liegen die Fußpunkte auf der Scheiteltangente.

Die Gegenpunkte eines Brennpunktes bez. der Tangenten einer Ellipse oder Hyperbel (die durch Spiegelung des Brennpunktes an der Tangente entstehen) liegen jedesmal auf dem Kreis, den man mit der Hauptachse als Radius um den anderen Brennpunkt beschreibt, und gleichzeitig auf der Verbindungslinie dieses Brennpunktes mit dem Berührungspunkt der Tangente. Die Gegenpunkte des Brennpunktes einer Parabel bez. der Tangenten liegen auf der Leitlinie, und ihre Verbindungslinie mit dem Berührungspunkt der Tangente wird zu der Leitlinie senkrecht.

Die Ellipse ist ein ganz im Endlichen verlaufendes Oval, die Parabel erstreckt sich ins Unendliche, indem vom Scheitel ausgehend die Parabelpunkte sich nach beiden Seiten immer weiter von der Achse entfernen. Die Hyperbel besteht aus zwei sich ins Unendliche erstreckenden Zügen, deren Äste sich paarweise immer mehr einer von zwei bestimmten geraden Linien, den Asymptoten, nähern. Ist die Hyperbel durch die Gleichung (24) gegeben, so lauten die Gleichungen der Asymptoten

$$\frac{x}{a} + \frac{y}{b} = 0, \qquad \frac{x}{a} - \frac{y}{b} = 0. \tag{30}$$

Die Asymptoten bilden also mit den Achsen gleiche Winkel, und zwar ist die Neigung α gegen die Hauptachse durch die Gleichung gegeben

$$\operatorname{tg} \alpha = \pm \frac{b}{a}. \tag{31}$$

Man muß also in den Endpunkten der Hauptachse auf dieser nach beiden Seiten Lote von der Länge b errichten. Deren Endpunkte liegen dann auf den Asymptoten und gleichzeitig auf einem Kreis mit dem Radius e um den Mittelpunkt. Dieser Kreis schneidet mithin aus der Verlängerung der Hauptachse die Brennpunkte aus.

Die Stücke, die auf irgendeiner Sekante der Hyperbel zwischen der Kurve und den benachbarten Asymptoten liegen, sind gleichlang. Insbesondere wird das Stück einer Hyperbeltangente zwischen den Asymptoten durch den Berührungspunkt der Tangente halbiert. Gleichzeitig hat das durch die Tangente und die Asymptoten begrenzte Dreieck immer denselben Inhalt $(a \cdot b)$. Daraus folgt weiter auch, daß, wenn man durch einen Hyperbelpunkt Parallele zu den Asymptoten zieht, diese mit den Asymptoten zusammen ein Parallelogramm von dem konstanten Flächeninhalt $\frac{1}{2} a \cdot b$ bilden.

Sind die Asymptoten aufeinander senkrecht, so heißt die Hyperbel gleichseitig. Die zuletzt genannten Parallelogramme werden dann Rechtecke, deren Seiten als die auf die Asymptoten bezogenen Koordinaten x, y aufgefaßt werden können. Die Gleichung der gleichseitigen Hyperbel, auf die Asymptoten bezogen, wird also, da hier $a = b$ ist,

$$x \cdot y = \tfrac{1}{2} a^2. \tag{32}$$

Parallele Sehnen eines Kegelschnittes werden alle durch einen Durchmesser des Kegelschnittes halbiert. Unter dem Durchmesser versteht man bei Ellipse und Hyperbel eine Linie durch den Mittelpunkt, bei der Parabel eine Parallele zur Achse. Bei Ellipse und Hyperbel ist auch unter den parallelen Sehnen wieder ein Durchmesser enthalten, der zu dem die Sehnen halbierenden Durchmesser konjugiert heißt. Die Tangenten in den beiden Endpunkten eines von zwei konjugierten Durchmessern einer Ellipse sind jedesmal dem anderen Durchmesser parallel. Diese beiden Tangenten bilden ein Parallelogramm, dessen Inhalt konstant ($=4\,ab$) ist. Nennt man also $2\,p$, $2\,q$ die Längen der beiden konjugierten Durchmesser, φ den Winkel zwischen ihnen, so wird

$$p \cdot q \cdot \sin\varphi = a \cdot b\,. \tag{33}$$

Ferner ergibt sich

$$p^2 + q^2 = a^2 + b^2\,. \tag{34}$$

Wird die Ellipse in der früher angegebenen Weise erzeugt, indem die auf einen Durchmesser bezogenen Ordinaten eines Kreises alle in demselben Verhältnis verkleinert werden, so gehen zwei konjugierte Durchmesser der Ellipse immer aus zwei zueinander senkrechten Durchmessern des Kreises hervor.

Bei der Hyperbel trifft von zwei konjugierten Durchmessern immer nur der eine die Kurve in zwei reellen Punkten. Man kann aber zu der Hyperbel

$$\frac{x^2}{a^2} - \frac{y^2}{b^2} = 1$$

die konjugierte Hyperbel

$$\frac{x^2}{a^2} - \frac{y^2}{b^2} = -1\,,$$

welche dieselben Asymptoten besitzt, hinzufügen. Dann stimmen die konjugierten Durchmesser für beide Hyperbeln der Lage nach überein. Nennen wir ϑ, ϑ' die spitzen Winkel, die sie mit der x-Achse bilden, so wird

$$\operatorname{tg}\vartheta \cdot \operatorname{tg}\vartheta' = \frac{b^2}{a^2}\,. \tag{35}$$

In jeder Asymptote fallen zwei konjugierte Durchmesser zusammen. Mit den Asymptoten zusammen bilden irgend zwei konjugierte Durchmesser vier harmonische Strahlen. Nennen wir $2\,p$, $2\,q$ die von den Hyperbeln auf den konjugierten Durchmessern abgeschnittenen Stücke, φ den Winkel zwischen ihnen, so wird wieder

$$p \cdot q \cdot \sin\varphi = a \cdot b\,, \tag{36}$$

ferner

$$p^2 - q^2 = a^2 - b^2\,. \tag{37}$$

Irgend zwei Tangenten eines Kegelschnittes schneiden sich auf dem die Verbindungssehne ihrer Berührungspunkte halbierenden Durchmesser. Bei der Parabel wird außerdem die Verbindungsstrecke der Sehnenmitte und des Tangentenschnittpunktes durch die Kurve halbiert.

Ferner haben die auf zwei festen Tangenten durch irgend zwei andere Tangenten der Parabel abgeschnittenen Stücke immer dasselbe Verhältnis. Sind also auf zwei geraden Linien zwei Reihen äquidistanter Punkte (ähnliche Punktreihen) gegeben und verbindet man diese Punkte der Reihe nach, von irgendeinem auf jeder der beiden Geraden anfangead, so umhüllen diese Verbindungslinien eine Parabel, welche auch die zwei gegebenen geraden Linien zu Tangenten hat. —

Wenn man die bei Ellipse und Hyperbel geltende Eigenschaft, daß die Summe oder Differenz der Abstände aller Kurvenpunkte von zwei Brennpunkten denselben Wert haben soll, ersetzt durch die andere Eigenschaft, daß das Produkt dieser Abstände konstant sein soll, so erhält man die sog. Cassinischen Kurven.

Nennt man x, y die Koordinaten eines Punktes der Kurve und nimmt die Brennpunkte F, F_1 in den Abständen $+a$ und $-a$ vom Anfangspunkt O auf der x-Achse an, so wird die Gleichung der Kurve

$$\sqrt{(x-a)^2+y^2}\cdot\sqrt{(x+a)^2+y^2}=c^2,$$

wenn c^2 der Wert des konstanten Produktes ist. Rational gemacht nimmt die Kurvengleichung die Form an

$$(38) \qquad (x^2+y^2)^2-2a^2(x^2-y^2)+a^4-c^4=0.$$

Sie ist also von der vierten Ordnung und symmetrisch bezüglich der x- und y-Achse. Sie schneidet die x-Achse zunächst in zwei Punkten A, B, die immer reell sind, und die Abszisse $\pm\sqrt{a^2+c^2}$ haben. Ist $a^2>c^2$, so schneidet sie die x-Achse noch in zwei weiteren Punkten mit den Abszissen $\pm\sqrt{a^2-c^2}$. Diese Punkte vereinigen sich im Anfangspunkt O zu einem Doppelpunkt, wenn $a^2=c^2$ ist. Ist $a^2<c^2$, so werden die Punkte imaginär. Dann sind aber zwei reelle Schnittpunkte C, D mit der y-Achse vorhanden, für die $y=\pm\sqrt{c^2-a^2}$. Die Kurve besteht also aus zwei kongruenten Ovalen, wenn $a^2>c^2$, sie erhält die Form einer Acht, wenn $a^2=c^2$, und wenn $a^2<c^2$, besteht sie nur aus einem Zuge.

Machen wir in der Kurvengleichung (38)

$$y=\pm\frac{c^2}{2a}, \quad \text{so wird} \quad x=\pm\frac{\sqrt{4a^4-c^4}}{2a}.$$

Diese beiden durch diese Werte von y gegebenen Parallelen zur x-Achse sind also Doppeltangenten der Kurve. Die Berührungspunkte werden aber imaginär, wenn $c>a\sqrt{2}$. Dann ist natürlich $c>a$, die Kurve also einzügig. Im Grenzfalle $c=a\sqrt{2}$ fallen die Berührungspunkte auf der y-Achse zusammen, die Kurve hat zwei Undulationstangenten. Die einzügigen Kurven, für die $a<c<a\sqrt{2}$, sind an der y-Achse nach der x-Achse zu eingebuchtet. Wird $c\geqq a\sqrt{2}$, so erhalten wir einfache Ovale.

Für die Tangenten der Cassinischen Kurven gilt folgender Satz von Steiner: Errichtet man auf den von einem Kurvenpunkt P ausgehenden Brennstrahlen PF, PF_1 in F, F_1 die Lote, so grenzen diese auf der Tangente ein Stück ab, das durch den Berührungspunkt P halbiert wird.

Die Cassinische Kurve mit Doppelpunkt, die für $a^2=c^2$ entsteht und somit die Gleichung hat:

$$(39) \qquad (x^2+y^2)^2=2a^2(x^2-y^2),$$

heißt Lemniskate. Man kann sie erhalten, indem man aus dem Punkte O auf alle Tangenten der gleichseitigen Hyperbel

$$x^2-y^2=2a^2$$

die Lote fällt. Die Fußpunkte P dieser Lote erfüllen dann die Lemniskate. Die Asymptoten der Hyperbel werden die Doppelpunktstangenten der Lemniskate. Diese sind also um 45^0 gegen die Achsen geneigt.

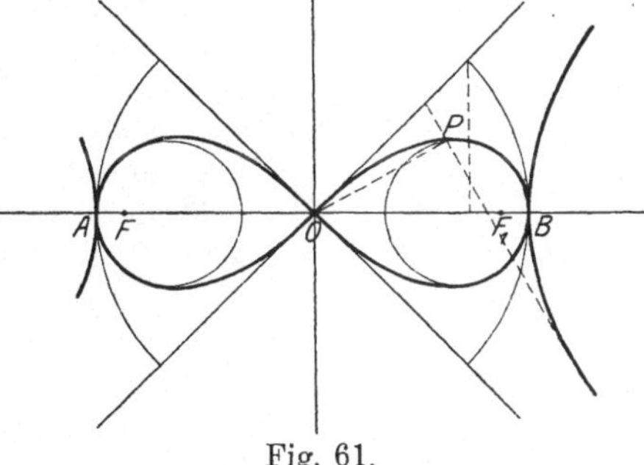

Fig. 61.

Schließlich sei noch eine einfache Kurve 4. Ordnung besprochen, die als Kappakurve bezeichnet wird und in Polarkoordinaten die Gleichung

$$r = a \cdot \operatorname{ctg} \vartheta$$

hat. Führen wir durch die Gleichungen

$$r^2 = x^2 + y^2, \qquad \operatorname{ctg} \vartheta = \frac{x}{y}$$

kartesische Koordinaten ein, so wird die Kurvengleichung

$$y^2(x^2 + y^2) = a^2 x^2,$$

woraus sofort zu sehen ist, daß die Kurve von der vierten Ordnung ist. a heißt der Parameter der Kurve. Schlägt man mit a als Radius um den Anfangspunkt einen Kreis, so ist die Kurve nach der Polargleichung leicht zu konstruieren. Man zieht einen Radius des Kreises und durch seinen Endpunkt die Parallele zur x-Achse, diese schneidet den zu dem Radius senkrechten Strahl durch den Kreismittelpunkt O in einem Punkt P der Kurve. Fällt der Kreisradius in die y-Achse, so fällt der Kurvenpunkt in unendliche Entfernung. Die Kurve nähert sich den in den Abständen a zu der x-Achse auf beiden Seiten gezogenen Parallelen nach links und rechts asymptotisch. Im Mittelpunkt O berührt die Kurve sich selbst und die y-Achse. Dort schmiegen sich ihr zwei Kreise an, deren Radien $\frac{1}{2}a$ sind und deren Mittelpunkte auf der x-Achse liegen.

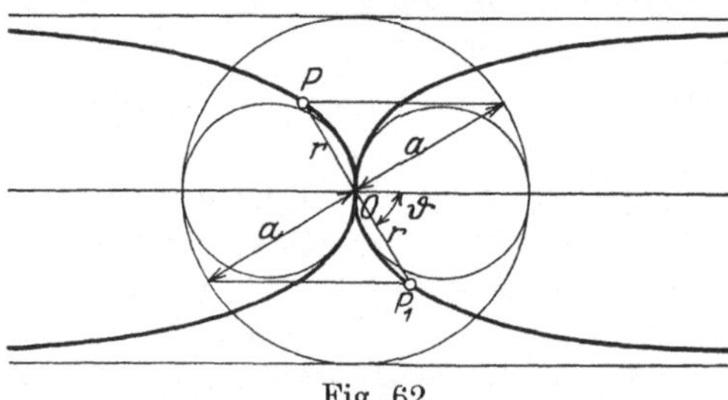

Fig. 62.

Die Kurve wird auch gewonnen, indem man aus O an alle Kreise vom Radius a, deren Mittelpunkte auf der x-Achse liegen, die Tangenten zieht. Deren Berührungspunkte erfüllen dann die Kurve.

2. Zeichnerische Behandlung ebener Kurven.

Bei der zeichnerischen Behandlung der ebenen Kurven ist zunächst von besonderer praktischer Bedeutung die Aufgabe, eine Ellipse möglichst glatt und einfach zu zeichnen. Aus der Eigenschaft der Ellipse, daß sie durch proportionale Verkleinerung der auf einen Durchmesser bezogenen Ordinaten eines Kreises hervorgeht, ergibt sich folgende schon im Mittelalter bekannte Konstruktion: Man schlägt um denselben Mittelpunkt M zwei Kreise mit den Halbachsen a, b der Ellipse als Radien. Zieht man dann von M aus einen beliebigen Strahl und nennt P_1 dessen Schnittpunkt mit dem kleineren Kreis, P_2 den Schnittpunkt mit dem größeren Kreis, so schneidet die Parallele durch P_1 zur großen Achse die Parallele durch P_2 zur kleinen Achse in einem Ellipsenpunkt P.

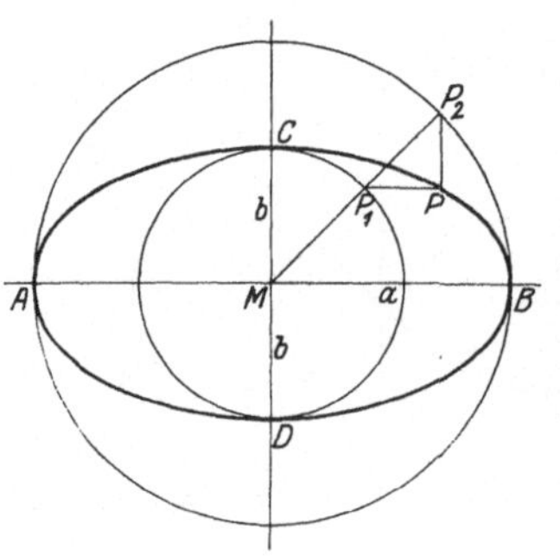

Fig. 63.

Die Konstruktion zeigt, daß die Ellipse auch durch proportionale Vergrößerung (im Verhältnis $a:b$) der auf die kleine Ellipsenachse bezogenen Ordinaten des Kreises über dieser Achse hervorgeht. Daraus ist weiter zu sehen, daß jeder schräge Schnitt eines geraden Kreiszylinders eine Ellipse ist.

Um die Ellipse in der Nähe der Scheitelpunkte (Endpunkte der großen Achse A, B und Endpunkte der kleinen Achse C, D) durch Kreise zu ersetzen, verfährt man folgendermaßen: Man zieht durch A, B die Parallelen zur kleinen Achse, durch C, D die Parallelen zur großen Achse (d. h. die Scheiteltangenten). Von den Ecken dieses der Ellipse umschriebenen Rechtecks fällt man die Lote auf seine Diagonalen. Diese schneiden die Achsen der Ellipse in den Mittelpunkten K_1, K_2, K_3, K_4 der gesuchten Kreise. Die in A, B berührenden Scheitelkreise liegen in ihrem weiteren Verlauf ganz innerhalb, die in C, D berührenden Scheitelkreise ganz außerhalb der Ellipse (Fig. 64).

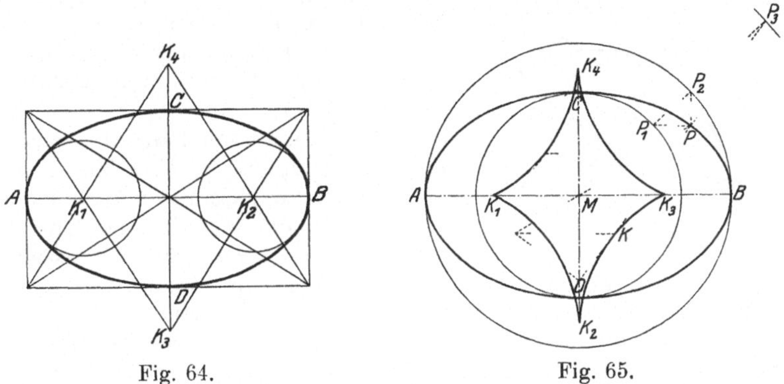

Fig. 64. Fig. 65.

Um den Kreis zu finden, welcher sich in irgendeinem Punkte P der Ellipse möglichst nahe anschmiegt, fügt man zu den Kreisen um M mit a und b als Radien den konzentrischen Kreis mit dem Radius $a+b$ hinzu und nennt P_3 den Schnittpunkt des den Ellipsenpunkt P liefernden Strahls MP_2 mit diesem dritten Kreise. Dann wird die Verbindungslinie P_3P eine Normale der Ellipse, d. h. sie steht zu der Ellipsentangente im Punkte P senkrecht. Auf dieser Normalen liegt der Mittelpunkt K des gesuchten Schmiegungskreises. Um ihn zu finden, verbindet man P mit M und errichtet auf der Normalen in ihrem Schnittpunkt mit der Verlängerung der kleinen Achse das Lot. Durch den Schnittpunkt dieser beiden Linien zieht man die Parallele zur großen Achse. Diese schneidet den gesuchten Punkt K aus (Fig. 65).

Im Gegensatz zu den Scheitelkreisen durchdringt der Schmiegungskreis in einem beliebigen Ellipsenpunkte P die Kurve an dieser Stelle. Die sämtlichen Normalen der Ellipse umhüllen die Evolute dieser Kurve und der auf der Normalen liegende Krümmungsmittelpunkt K bildet jedesmal den Berührungspunkt der Normalen mit der Evolute. Diese hat mit der Ellipse dieselben zwei Symmetrieachsen gemein und auf diesen in den Mittelpunkten der Scheitelkreise vier Rückkehrpunkte oder Spitzen.

Soll eine Ellipse aus zwei konjugierten Durchmessern oder Halbmessern konstruiert werden, ein Fall, der häufig vorkommt, so ist es zweckmäßig, zunächst die Achsen der Größe und Lage nach zu bestimmen. Hierzu dient die folgende, von Frézier herrührende Konstruktion: Seien MP und MQ die konjugierten Halbmesser, so wird der eine, MQ, um M durch 90^0 gedreht in die Lage MQ'. Um den Mittelpunkt O der Strecke PQ' wird dann der Kreis beschrieben, der durch M hindurchgeht. U, V seien die Schnittpunkte dieses Kreises mit der geraden Linie PQ'. Dann gehen die gesuchten Achsen durch diese Punkte U, V hindurch und die Längen der Halbachsen sind $UQ' = VP = a$ und $VQ' = UP = b$ (Fig. 66).

Da die Strecke UV zwischen den Achsen die konstante Länge $a+b$ hat, zeigt sich: Gleitet eine Strecke UV von konstanter Länge mit den Endpunkten auf zwei zueinander senkrechten Achsen, so beschreibt ein Punkt P dieser Strecke, der von den Endpunkten der Strecke die Abstände $VP = a$ und $UP = b$ hat, eine Ellipse, und zwar haben die Halbachsen der Ellipse die Längen a und b und fallen in die Achsen, auf denen die Endpunkte der Strecke glitten.

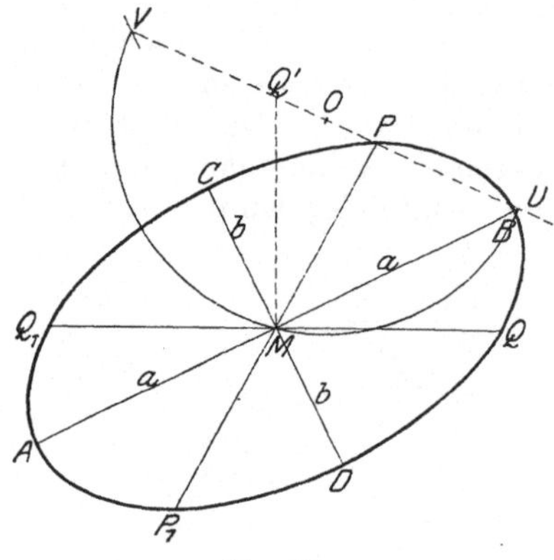

Fig. 66.

Auch ein Punkt P auf der Verlängerung der Strecke UV beschreibt eine Ellipse und die Längen der Halbachsen sind wieder $VP = a$, $UP = b$, so daß die Strecke UV selbst in diesem Falle die Länge $a - b$ hat. Hierauf beruht der sogenannte Ellipsenzirkel, ein Instrument, mit dem man nach entsprechender Einstellung die Ellipse sofort zeichnen kann.

Statt im ersten Falle die Strecke UV mit den Endpunkten U, V auf den Achsen gleiten zu lassen, kann man auch den Frézierschen Kreis, der UV zu einem Durchmesser hat, in einem Kreis um M, dessen Radius $= UV = a + b$ ist, rollen lassen. Jeder Punkt im Innern des Kreises beschreibt dann eine Ellipse mit den Halbachsen a, b, wenn a, b den größten und kleinsten Abstand des Punktes von der Peripherie des Kreises bedeuten. Ein Punkt auf der Peripherie des rollenden Kreises beschreibt einen Durchmesser des festen Kreises, in dem der bewegliche Kreis rollt. Man erhält so eine einfache Ellipsen- und gleichzeitig eine Geradführung.

Eine besondere Behandlung verdient noch der Fall, wo die beiden konjugierten Durchmesser gleich lang sind. Dann sind die Achsen der Lage nach sofort gegeben, denn sie halbieren die Winkel zwischen den beiden konjugierten Durchmessern. Ist $2p$ deren Länge, so folgt jetzt aus den Gleichungen (33) und (34) des vorigen Abschnittes:

$$(1) \qquad 2p^2 = a^2 + b^2, \qquad p^2 \sin \varphi = a \cdot b.$$

Daraus sind die Längen a, b der Halbachsen leicht zu konstruieren. Man konstruiere zuerst $\sqrt{2} \cdot p = \sqrt{a^2 + b^2}$, indem man an den einen Halbmesser ein gleichschenklig-rechtwinkliges Dreieck von der Kathetenlänge p anlegt und dessen Hypotenuse abmißt. Man trage diese dann in der Richtung des einen Halbmessers vom Mittelpunkt aus ab, so schneiden die aus dem Endpunkt dieser Strecke auf die Achsenrichtungen gefällten Lote die Achsenlängen ab.

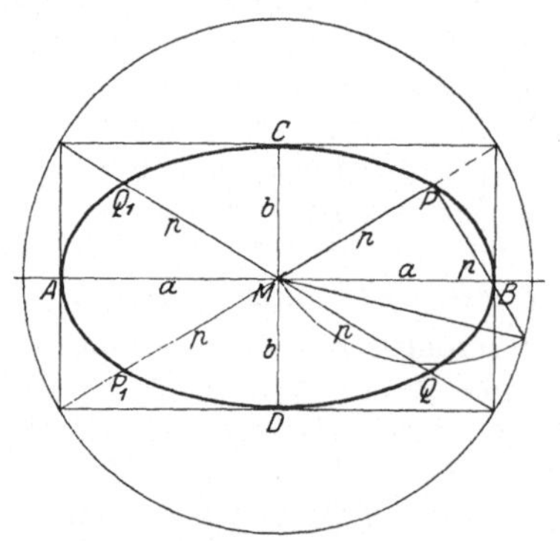

Fig. 67.

Man kann eine Ellipse auch direkt aus den konjugierten Durchmessern konstruieren. Die vorzüglichste Konstruktion ist folgende: P_1P_2, Q_1Q_2 seien die konjugierten Durchmesser. Zieht man dann durch die Endpunkte jedes von diesen die Parallelen zu dem anderen, so entsteht ein der Ellipse umschriebenes Parallelogramm $R_1R_2R_3R_4$, das die Kurve in den Mittelpunkten der Seiten berührt. Man zieht nun P_2Q_1 und nennt S einen beliebigen Punkt auf dieser Linie. Die Parallele durch S zu Q_1Q_2 schneide R_1R_2 in U, die Linie R_2S schneide R_1R_4 in V. Dann ist UV eine Tangente der Ellipse und der Berührungspunkt T dieser Tangente liegt auf dem Strahl P_1S (Fig. 68).

Bei der Konstruktion der Hyperbel geht man am besten von den Asymptoten aus. Ist die Hyperbel durch die Scheitel A, B und die Brennpunkte F, F_1 gegeben, so findet man die Asymptoten, indem man über F, F_1 als Durchmesser den Kreis beschreibt, dieser schneidet die (zu der Achse AB)

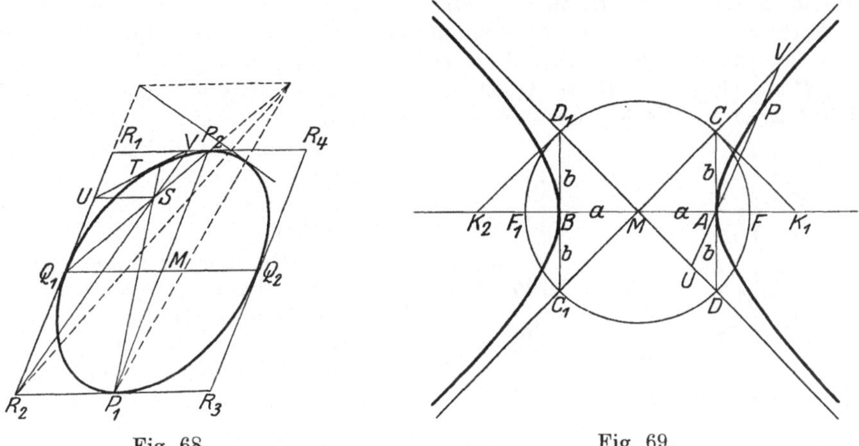

Fig. 68. Fig. 69.

senkrechten Scheiteltangenten in Punkten C, C_1, D, D_1 der Asymptoten. Es ergibt sich dann folgende einfache Punktkonstruktion für die Hyberbel: Man zieht durch den Scheitel A einen beliebigen Strahl, der die Asymptoten in U, V schneidet. Macht man dann $PV = UA$, so ist P ein Punkt der Hyperbel. Eine Tangentenkonstruktion für die Hyperbel besteht darin, daß man durch die Schnittpunkte C, D der Asymptoten mit der einen Scheiteltangente irgendwie parallele Linien zieht. Sind Q, R deren zweite Schnittpunkte mit den Asymptoten, so ist QR eine Hyperbeltangente und deren Berührungspunkt P liegt in der Mitte zwischen Q und R (Fig. 70).

Ferner läßt sich für die Konstruktion der Hyperbel folgende Eigenschaft benützen: Ist das Stück CD der Scheiteltangente zwischen den Asymptoten $= 2b$, $MA = 2a$, so werden aus dem Stück ST, das von irgendeinem Lot der Achse AB zwischen den Asymptoten liegt, die Hyperbelpunkte P, P_1 ausgeschnitten durch einen Kreis, dessen Mittelpunkt auf der Achse AB im Abstande b von dem Lote ST liegt und dessen Radius $r = \frac{1}{2} ST$ ist.

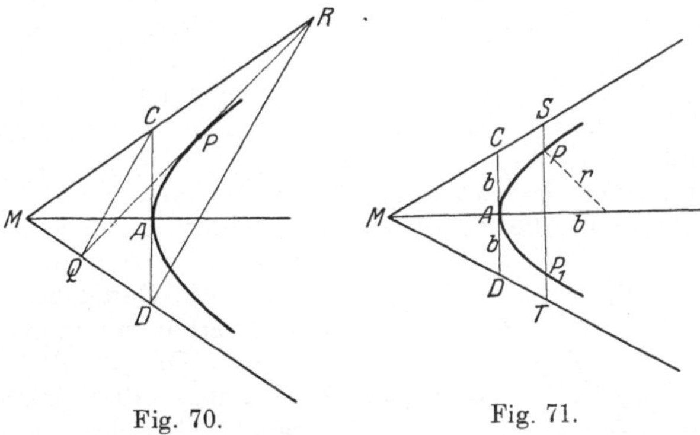

Fig. 70. Fig. 71.

Die Scheitelkreise der Hyperbel, d. h. die Schmiegungskreise für die Scheitel A, B, werden gefunden, indem man auf den Asymptoten in ihren Schnittpunkten mit den Scheiteltangenten die Lote errichtet. Diese Lote schneiden die Mittelpunkte K_1, K_2 der gesuchten Kreise aus der Achse AB aus (Fig. 69).

Von besonderem Interesse ist noch die Konstruktion der gleichseitigen Hyperbel, bei der die Asymptoten aufeinander senkrecht stehen. Ist

$a = MA$ die Länge der Halbachse, so lege man das Quadrat mit der Diagonale a zwischen die Asymptoten, indem man zwei Parallele m, n durch den Scheitel A zu den Asymptoten zieht. Um dann auf irgendeiner Parallelen zu n, d. h. zu der einen Asymptote, den Hyperbelpunkt zu finden, verbinde man den Punkt R, in dem diese Parallele die Linie m schneidet, mit dem Mittelpunkt M. Durch den Schnittpunkt S dieser Verbindungslinie mit n ziehe man die Parallele zu m, diese schneidet dann den gesuchten Hyperbelpunkt P aus (Fig. 72). Diese Konstruktion ist ohne weiteres auch auf den Fall zu übertragen, wo die Asymptoten und die durch den Scheitel A zu ihnen gezogenen Parallelen m, n nicht aufeinander senkrecht sind, also auf den Fall der allgemeinen Hyperbel.

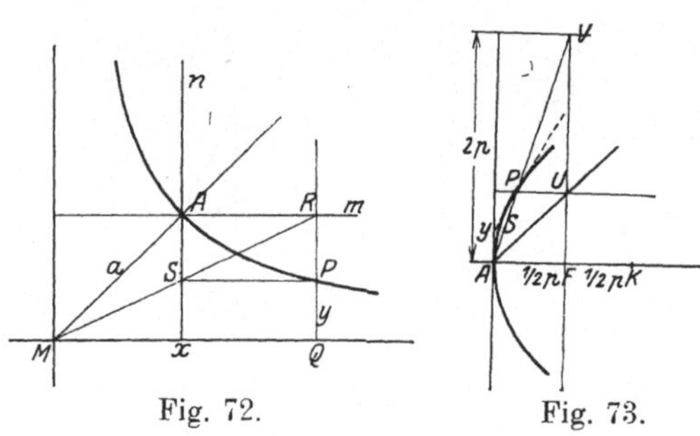

Fig. 72. Fig. 73.

Die Konstruktion der Parabel kann sich unmittelbar an die Scheitelgleichung $y^2 = 2\,px$ anschließen. Sie verläuft dann in folgender Weise: Man geht von der Scheiteltangente und der Achse der Parabel aus. Der Brennpunkt F liegt im Abstande $\frac{1}{2}p$ von dem Scheitel A. Der Punkt K auf der Achse, der von dem Scheitel A den Abstand p hat, ist der Mittelpunkt des Kreises, der sich in dem Scheitel der Parabel möglichst eng anschmiegt und durch den die Parabel in der Nähe des Scheitels ersetzt werden kann. Um weiter den Parabelpunkt zu finden, der die Ordinate y hat, zieht man im Abstande y eine Parallele zur Achse, diese schneide die Halbierungslinie des Winkels zwischen Achse und Scheiteltangente im Punkte U. Ferner zieht man die Parallele im Abstande $2\,p$ zur Achse, diese werde von der durch U gehenden Parallelen zur Scheiteltangente in V getroffen, dann ist der Schnittpunkt P von AV mit der Parallelen zur Achse im Abstande y ein Parabelpunkt, und die Tangente der Parabel in P schneidet die Scheiteltangente in einem Punkt S, der die Ordinate $\frac{1}{2}y$ hat.

Soll die Parabel aus zwei Tangenten t_1, t_2 und ihren Berührungspunkten P_1, P_2 konstruiert werden, so halbiert man zuerst die Strecke P_1P_2 in M und verbindet M mit dem Schnittpunkt S der Tangenten. Diese Verbindungslinie MS ist dann der Achse der Parabel parallel. Zieht man durch P_1 und P_2 die Parallelen zu MS und durch S die Senkrechte dazu, so trifft diese die genannten Parallelen in zwei Punkten R_1, R_2, die Geraden, die R_1, R_2 mit P_1P_2 über Kreuz verbinden, schneiden sich im Scheitel A der Parabel. Die Parallele zu MS durch A ist die Parabelachse, die Senkrechte dazu in A die Scheiteltangente. Errichtet man auf den Parabeltangenten t_1, t_2 in ihren Schnittpunkten L_1, L_2 mit der Scheiteltangente die Lote, so schneiden diese beide die Achse in dem Brennpunkt F.

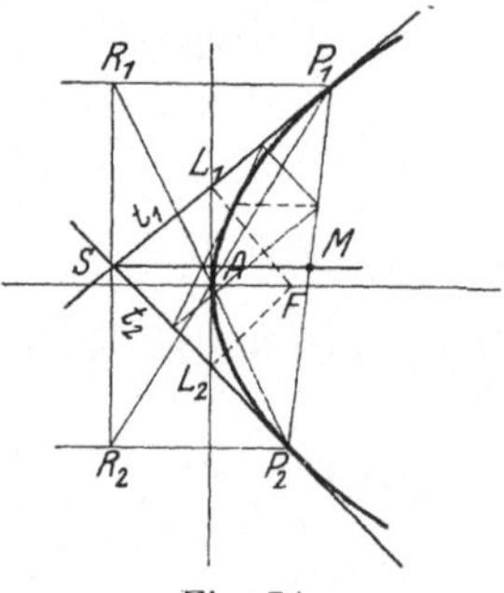

Fig. 74.

Man findet unmittelbar eine Tangente der Parabel, wenn man durch einen beliebigen Punkt U von P_1P_2 die Parallelen zu t_1, t_2 zieht und die Punkte, wo diese Parallelen jedesmal die andere der beiden Parabeltangenten t_1, t_2 treffen, verbindet. Der Berührungspunkt der konstruierten Tangente liegt auf der durch den Punkt U zu MS gezogenen Parallelen. Insbesondere ist der Mittelpunkt von MS ein Parabelpunkt und die Tangente in ihm geht durch die Mitten von $P_1 S$ und $P_2 S$ hindurch.

Neben den Kegelschnitten sind von besonderer Wichtigkeit die Rollkurven. Als erste dieser Kurven nennen wir die Kreisevolvente, die entsteht, wenn eine gerade Linie auf einem Kreis abrollt, etwa indem man sich diese Linie als eine Zahnstange denkt und den Kreis als Zahnrad und die Zahnstange in die Zähne des Rades eingreifend um dieses herumschwenken läßt. Man findet diese Kurve, indem man auf der Tangente in jedem Kreispunkte O eine Strecke OP abträgt, die gleich dem von einem bestimmten Anfangspunkt A gerechneten Kreisbogen OA ist, und zwar muß auch der Richtungssinn von O nach P mit dem Drehsinn von O nach A übereinstimmen. Die Kurve besteht aus zwei symmetrischen, von A senkrecht zum Kreis ausgehenden Teilen, die sich spiralenförmig um den Kreis herumwinden. Die Linie OP ist die Normale der Kurve im Punkte P, und O der Krümmungs mittelpunkt. Der Kreis ist also die Evolute der Kurve. Errichtet man auf OP in P das Lot PQ und macht dieses gleich dem Radius $OM = a$ des Kreises, so beschreibt Q, wenn P die Kreisevolvente durchläuft, eine ebenfalls spiralenförmige Kurve, welche eine archimedische Spirale genannt wird. Es ist der Fahrstrahl $MQ = r$ dieser Kurve gleich OP, also gleich dem Kreisbogen OA. Wenn man den (im Bogenmaß auf dem Einheitskreis gemessenen) Winkel, den der Fahrstrahl MQ mit einer zu MA senkrechten Achse bildet, mit ϑ bezeichnet, so wird $OA = a\vartheta$, also

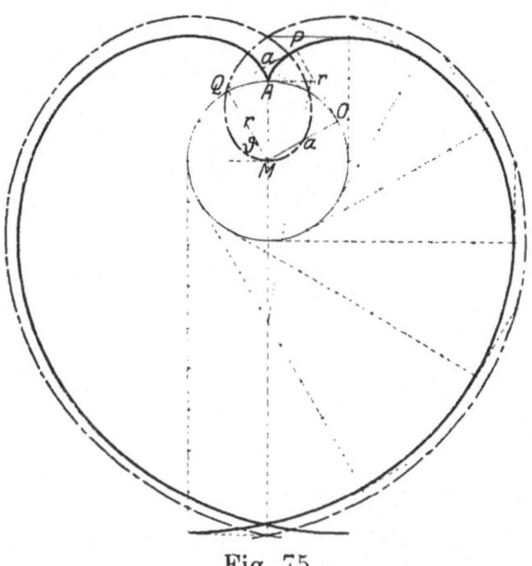

Fig 75.

$$r = a\vartheta \tag{2}$$

die Polargleichung der archimedischen Spirale. Man erkennt daraus die Grundeigenschaft der Kurve, daß der Fahrstrahl um gleiche Strecken zunimmt, wenn die zugehörige Amplitude sich um gleiche Stücke vermehrt. Die Kurve bildet am Punkte M eine Schleife, deren Knotenpunkt auf der Verlängerung von MA im Abstande $\frac{1}{2}\pi a$ von M liegt. Der Schmiegungskreis in M hat den Radius $\frac{1}{2}a$.

Rollt ein Kreis auf einer geraden Linie g, so beschreibt ein Punkt auf seinem Umfang eine Zykloide. Wird der Kreis in irgendeiner Lage gezeichnet, bei der er die gerade Linie g in O berührt, so muß der Bogenabstand des die Kurve beschreibenden Punktes P von O gleich dem geradlinigen Abstand des Punktes O von einer bestimmten Anfangslage A auf der Geraden g sein. Die Normale der Kurve im Punkte P geht durch O hindurch, die Tangente also durch den O diametral gegenüberliegenden Kreispunkt Q. Der Krümmungsmittelpunkt K liegt auf der Normalen PO so, daß $PO = OK$ wird. Daraus folgt sofort, daß die von den Normalen umhüllte Evolute eine der Bahnkurve selbst kongruente Zykloide wird, die gegen jene um den Durchmesser $2a$ des rollenden Kreises nach unten und um die halbe Periode πa nach der Seite verschoben ist. In dem Scheitel, d. h. dem höchsten Punkt der Bahn ist daher der Krümmungsradius $= 4a$. Dieser Scheitelkreis schmiegt sich der Kurve besonders eng an. Im Punkte A und in dem um die Periode $2\pi a$ davon entfernten Punkte der Geraden g hat die Bahnkurve eine Spitze. Das Stück zwischen den beiden Spitzen entspricht einer vollen Umdrehung des Kreises und wiederholt sich bei dessen weiterer Drehung andauernd aufs neue.

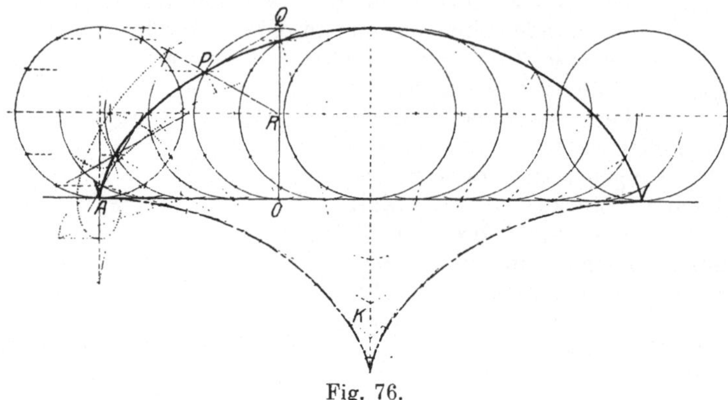

Fig. 76.

Man kann auch die Kurven betrachten, welche durch einen Punkt auf dem Radius RP des rollenden Kreises oder durch einen Punkt auf seiner Verlängerung beschrieben werden. Im ersten Falle erhält man eine sogenannte gestreckte Zykloide, im zweiten Falle eine verschlungene Zykloide. Die von einem Punkte des Kreisumfanges oder Radkranzes beschriebene Kurve wird zur Unterscheidung eine gespitzte Zykloide genannt. Die Konstruktion der allgemeinen Zykloiden oder, wie sie auch genannt werden, Trochoiden, ist ohne weiteres ersichtlich. Die Zykloiden haben alle ihre tiefsten und höchsten Punkte in denselben Vertikalen. In diesem Scheitel wird die Krümmung ein Maximum oder Minimum. Die verschlungenen Zykloiden bilden Schleifen, die gestreckten Zykloiden sind wellenförmige Kurven und in der Tat eine Zeitlang als die Form von Wasserwellen angesehen worden, wobei sie nur umgekehrt betrachtet werden müssen, indem die Stellen stärkster Krümmung die Wellenköpfe bilden sollen, doch hat sich gezeigt, daß sich keine mögliche Wellenbewegung ergibt, bei denen das Profil der Wasseroberfläche diese Form hat. Um die Scheitelkreise der Zykloiden allgemein zu konstruieren, hat man folgendes Verfahren (Fig. 77): Ist C der Scheitelpunk R die zugehörige Lage für den Mittelpunkt des rollenden Kreises, O dessen Berührungspunkt mit der Bahn, so trägt man auf der Bahn die Strecke $OO' = OR$ im Sinne der Bewegung von R, auf der Parallelen durch C zu der Bahn die Strecke $CC' = CO$ im Sinne der Drehung von RC ab, dann schneidet die Linie $C'O'$ die Linie CO in dem Mittelpunkt K des gesuchten Scheitelkreises.

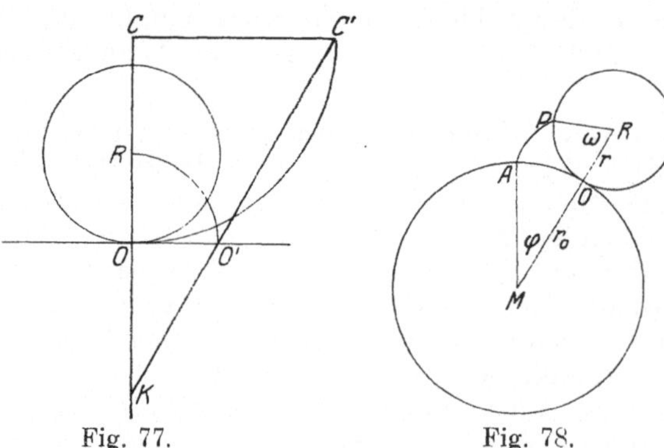

Fig. 77. Fig. 78.

Rollt ein Kreis auf einem anderen Kreise, so beschreibt ein mit ihm fest verbundener Punkt eine gestreckte, gespitzte oder verschlungene Epizykloide, je nachdem der Punkt im Innern, auf dem Umfang oder außerhalb des rollenden Kreises liegt. Das Rollen bedeutet, daß, wenn ein Punkt des rollenden Kreises aus der Anfangslage A, bei der er den Berührungspunkt des rollenden Kreises mit dem festen Kreise bildet, bei der Stellung des rollenden Kreises, wo der Berührungspunkt beider Kreise O ist, in die Lage P gerückt ist, der Bogen OA des festen Kreises gleich dem Bogen OP des rollenden Kreises wird. Ist also M der Mittelpunkt, r_0 der Radius des festen Kreises, R der Mittelpunkt und r der Radius des rollenden Kreises, ferner φ der Winkel AMO, ω der Winkel PRO, so wird (Fig. 78)

$$(3) \qquad r_0 \cdot \varphi = r \cdot \omega .$$

Die Normale der Epizykloide geht immer durch den momentanen Berührungspunkt O. Auf ihr wird der zugehörige Krümmungsmittelpunkt K durch folgende Konstruktion gefunden (Fig. 79): Ist S der Kurvenpunkt, so zieht man SO und errichtet darauf in O das Lot, das die Linie SR in T schneide. Dann trifft TM die Normale SO in dem gesuchten Punkt K. Die Konstruktion versagt, wenn der Punkt S auf der Linie MR liegt und ist dann durch folgende Konstruktion zu ersetzen: Man zieht (Fig. 80) in O die gemeinsame Tangente beider Kreise, und die Radien RR', MM' in beiden Kreisen senkrecht zu RM so, daß $R'M'$ durch O geht.

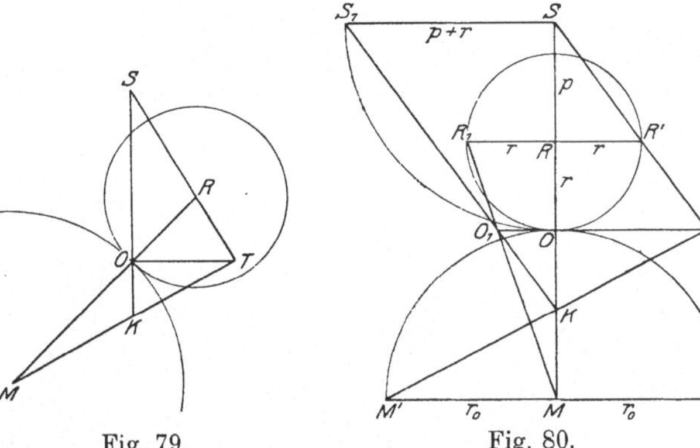

Fig. 79. Fig. 80.

Ist dann O' der Schnittpunkt von SR' mit der Tangente in O, so schneidet $O'M'$ die Normale SO in dem gesuchten Krümmungsmittelpunkt K. Zu dem gleichen Ergebnis führt folgende andere Konstruktion: Man trage auf dem Lot von MS in S ab $SS_1 = SO$, ziehe den Radius RR_1 des rollenden Kreises senkrecht zu MR nach der gleichen Seite, nenne O_1 den Schnittpunkt von MR_1 mit der gemeinsamen Tangente beider Kreise in O und verbinde S_1 und O_1. Diese gerade Linie schneidet dann wieder aus MS den Krümmungsmittelpunkt K aus.

Die sämtlichen Normalen der Epizykloide umhüllen wieder die Evolute der Kurve. Der Berührungspunkt ist jedesmal der zugehörige Krümmungsmittelpunkt und die Bogenlänge zwischen zwei Punkten der Evolute ist gleich dem Unterschied der zugehörigen Krümmungsradien.

Die Evolute einer gespitzten Epizykloide ist eine dieser ähnliche Kurve, die im Verhältnis $r_0 : (r_0 + 2r)$ verkleinert und durch den Winkel $\frac{r}{r_0} \cdot 180^0$ um den Mittelpunkt M gegen die ursprüngliche Kurve gedreht ist. Jede solche Epizykloide kann auch als Perizykloide gewonnen werden, d. h. als die Bahn eines Punktes auf einem Kreis, der um einen von ihm umschlossenen Kreis rollt, und der Radius des rollenden Kreises wird dabei $= r_0 + r$, während der feste Kreis derselbe bleibt.

Rollt ein Kreis vom Radius r in einem anderen vom Radius $r_0 \geqq 2r$, so beschreibt ein mit ihm fest verbundener Punkt eine gestreckte, gespitzte oder verschlungene Hypozykloide, je nachdem er innerhalb, auf dem Umfang oder außerhalb des rollenden Kreises liegt. Für die gespitzte Hypozykloide wird die Evolute wieder eine ähnliche Kurve, die im Verhältnis

$r_0:(r_0 - 2r)$ gegen die ursprüngliche Kurve vergrößert ist. Die Hypozykloide kann auch auf doppelte Art erzeugt werden, nämlich ein zweites Mal durch einen Kreis vom Radius $r_0 - r$, der in demselben festen Kreise rollt.

Es ist bereits bemerkt worden, daß im Falle $r_0 = 2r$ die gespitzte Hypozykloide in einen Durchmesser des festen Kreises ausartet, während die von den Punkten innerhalb und außerhalb des Kreises beschriebenen Kurven Ellipsen werden. Ein anderer bemerkenswerter Fall ist der, wo $r_0 = 4r$ wird. Die gespitzte Hypozykloide hat dann vier Spitzen, die in den Endpunkten zweier zueinander senkrechter Durchmesser des festen Kreises liegen. Diese beiden Durchmesser hat die Kurve zu Symmetrieachsen, und sie zeigt die Figur eines (vierspitzigen) Sternes, weshalb sie als Astroide bezeichnet wird (Fig. 81). Die Tangente der Astroide in einem Punkte P der Kurve geht durch den Punkt Q, der dem augenblicklichen Berührungspunkt O auf dem rollenden Kreis diametral gegenüberliegt. Der Winkel PQO wird hier gleich 2φ, wenn φ wieder den Winkel AMO bezeichnet, wobei A die voraufgehende Spitze der Astroide und M der Mittelpunkt des festen Kreises ist. Also wird, wenn die Tangente die Achse MA der Astroide in U und

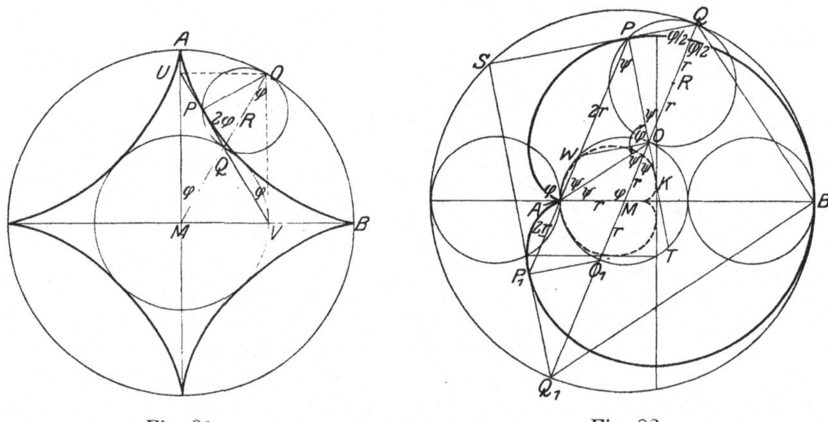

Fig. 81. Fig. 82.

die dazu senkrechte Achse MB in V schneidet, in dem Dreieck MQU der Winkel bei U wieder $= \varphi$, das Dreieck ist also gleichschenklig und $QM = QU$. Ebenso wird auch das Dreieck MQV gleichschenklig. Es ist aber ebenfalls $QO = QM$. Die Tangente UV ist also die eine Diagonale eines Rechteckes $MUOV$, von dem die andere Diagonale der Radius MO des festen Kreises ist. Man findet deshalb die Tangente, indem man durch den Punkt O die Parallelen zu den Achsen zieht. Diese schneiden die Achsen in zwei Punkten U, V der Tangente, und das Stück UV der Tangente zwischen den Achsen hat die konstante Länge a gleich dem Radius r_0 des festen Kreises. Der Berührungspunkt P der Tangente wird gefunden, indem man aus O auf sie das Lot fällt. Die auf die Achsen MA (x-Achse) und MB (y-Achse) bezogenen Koordinaten des Punktes P werden nach dieser Konstruktion

$$x = a\cos^3\varphi, \quad y = a\sin^3\varphi \tag{4}$$

und deshalb die Gleichung der Kurve

$$x^{\frac{2}{3}} + y^{\frac{2}{3}} = a^{\frac{2}{3}}. \tag{5}$$

Das merkwürdigste Beispiel einer gespitzten Epizykloide ist die Kardioide oder Herzkurve (Fig. 82), die entsteht, wenn der Radius r des rollenden Kreises ebenso groß ist wie der Radius des festen Kreises. Die Kurve hat dann nur eine Spitze A. Die Tangente in einem Punkte P der Kurve geht durch den dem augenblicklichen Berührungspunkt O diametral gegenüberliegenden Punkt Q des rollenden Kreises und schneidet den umschließenden Kreis vom Radius $3r$ zum zweitenmal in einem Punkt S, für den der Bogen QS gleich dem Bogen QB wird, wenn B der Punkt des umschließenden Kreises ist, für den der Radius MB dem Radius MA des festen Kreises entgegengesetzt gerichtet ist. Die Sehnen QB und QS bilden mithin gleiche Winkel mit dem Radius MQ des umschließenden Kreises. Ein vom Punkt B ausgehender Lichtstrahl wird also an dem festen Kreis so gespiegelt, daß er die Kardioide berührt, und diese wird die katakaustische Kurve der von einem Punkte des spiegelnden Kreises ausgehenden Strahlen. Ziehen wir PA, so ist dies parallel zu MO. Wenn ferner W den zweiten Schnittpunkt von PA mit dem festen Kreis bezeichnet, so wird die Länge $PW = 2r$, also dieselbe für alle Punkte der Kurve. Vermehren wir den Winkel $AMO = \varphi$ um 180^0, so erhalten wir wieder einen Kurvenpunkt P_1, der auf die gerade Linie PW fällt, und es wird auch $P_1W = 2r$, also die Strecke $PP_1 = 4r$ und W ihr Mittelpunkt. Daraus folgt, daß alle Sehnen der Kardioide, die durch ihre Spitze gehen, die konstante Länge $4r$ haben und in dem zweiten Schnittpunkte mit dem festen Kreise halbiert werden. Danach sind, wenn der Strahl durch den Punkt A beliebig gezogen wird, die auf diesem Strahl liegenden Punkte $P. P_1$ der Kardioide sofort zu konstruieren. Die Tangenten in diesen Punkten gehen durch die Endpunkte Q, Q_1 des zu PP_1 parallelen Durchmessers des umschließenden Kreises und schneiden sich auf diesem Kreise in S, sind also zueinander senkrecht. Das Dreieck QSQ_1 ist dem Dreieck QBQ_1 kongruent. Nennen wir ψ den Winkel MAO, so wird auch der Winkel AOM, der Winkel OAP und der Winkel OPA gleich ψ. Es ist also

$$AO = 2r\cos\psi, \quad AP = 2\,AO\cos\psi = 4r\cos^2\psi,$$

und da $\psi = 90^0 - \frac{\varphi}{2}$, auch

$$AP = Ar\sin^2\tfrac{1}{2}\varphi = 2r(1 - \cos\varphi).$$

So ergibt sich die Polargleichung der Kardioide.

An die Rollkurven läßt sich die sogenannte Sinuslinie anschließen, die in der analytischen Darstellung durch eine Gleichung von der Form

$$(6) \qquad y = a \cdot \sin\left(2\pi\frac{x}{h}\right)$$

gegeben wird und daher ihren Namen führt. h ist die Periode der Kurve, a ihre Amplitude. Aus dieser Gleichung ergibt sich folgendes Verfahren zur zeichnerischen Konstruktion der Kurve: Man teile die Periode in eine gewisse Anzahl, etwa 12, gleiche Teile und zeichne einen Kreis vom Radius a, den man in dieselbe Anzahl gleicher Teile teilt. Dann sind die Ordinaten der Kurve in den Teilpunkten gleichzeitig die (auf einen Durchmesser bezogenen) Ordinaten der entsprechenden Teilpunkte auf dem Kreis. Vielfach führt man noch einen Kreis ein, dessen Umfang gleich der Periode der Sinuslinie ist, so daß die Teilpunkte auf der x-Achse unmittelbar aus der Rektifikation dieses Kreises hervorgehen. Dessen Radius hat den Wert $r = \frac{h}{2\pi}$.

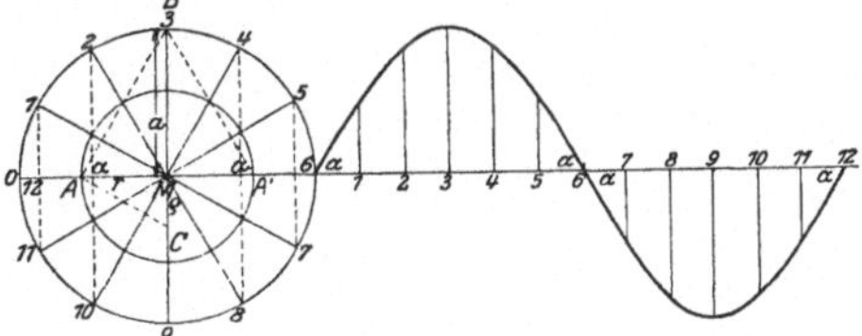

Fig. 83.

Die Sinuslinie hat in allen Punkten, wo sie die x-Achse schneidet, Wendepunkte. Der Neigungswinkel $\pm\alpha$ der Wendetangenten gegen die x-Achse bestimmt sich daraus, daß

$$\operatorname{tg}\alpha = \frac{a}{r} \tag{7}$$

wird. Zur sicheren Zeichnung der Kurve benutzt man noch die Krümmungskreise für die höchsten und tiefsten Punkte (Scheitel) der Kurve. Es ergibt sich für sie der Wert des Krümmungsradius

$$\varrho = \frac{r^2}{a}. \tag{8}$$

Wenn man also von den Endpunkten A, A' des in die Richtung der x-Achse fallenden Durchmessers in dem Kreise mit dem Radius r Linien zieht nach dem Endpunkte B eines zur x-Achse senkrechten Radius $MB = a$ des anderen Kreises, so sind diese den gesuchten Wendetangenten parallel und das Lot in A auf AB schneidet auf der Verlängerung von BM ein Stück $MC = \varrho$ ab.

Viertes Kapitel.

Raumgeometrie.

1. Analytische Geometrie des Raumes.

Im Raume werden als **Koordinaten** eines Punktes dessen senkrechte Abstände x, y, z von drei zueinander rechtwinkligen Ebenen, nach der einen Seite positiv, nach der anderen Seite negativ gerechnet, eingeführt. Die drei Ebenen heißen **Koordinatenebenen**, ihre Schnittlinien **Koordinatenachsen**, ihr Schnittpunkt der **Koordinatenursprung**.

Verschiebt man die Koordinatenebenen parallel zu sich selbst um die Strecken a. b, c, so daß der neue Koordinatenursprung im alten Koordinatensystem die Koordinaten a, b, c hat, so werden die Koordinaten x', y', z' eines Punktes im neuen System durch die Gleichungen bestimmt

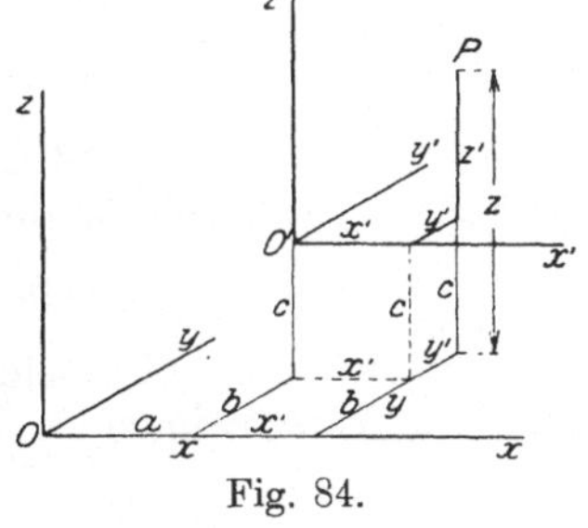

Fig. 84.

(1) $x = x' + a, \quad y = y' + b, \quad z = z' + c.$

Dreht man mit Beibehaltung des Ursprungs das Koordinatenkreuz zuerst um die z-Achse durch den Winkel ψ (in dem von der positiven x-Achse nach der positiven y-Achse hinweisenden Sinne), darauf das erhaltene Kreuz um die neue x-Achse durch den Winkel ϑ, endlich das so gewonnene Kreuz um die neue z-Achse durch den Winkel φ, so finden wir die neuen Koordinaten x', y', z' aus den Gleichungen

$$(2)\qquad \left\{\begin{aligned} x &= a_1 x' + a_2 y' + a_3 z', \\ y &= b_1 x' + b_2 y' + b_3 z', \\ z &= c_1 x' + c_2 y' + c_3 z', \end{aligned}\right.$$

wobei

$$(3)\qquad \left\{\begin{aligned} a_1 &= + \cos\varphi \cos\psi - \sin\varphi \sin\psi \cos\vartheta, \\ a_2 &= - \sin\varphi \cos\psi - \cos\varphi \sin\psi \cos\vartheta, \\ a_3 &= + \sin\psi \sin\vartheta; \\ b_1 &= + \cos\varphi \sin\psi + \sin\varphi \cos\psi \cos\vartheta, \\ b_2 &= - \sin\varphi \sin\psi + \cos\varphi \cos\psi \cos\vartheta, \\ b_3 &= - \cos\psi \sin\vartheta; \\ c_1 &= \sin\varphi \sin\vartheta, \\ c_2 &= \cos\varphi \sin\vartheta, \\ c_3 &= \cos\vartheta. \end{aligned}\right.$$

Daraus ergeben sich sofort die Beziehungen

$$
(4)\qquad \begin{cases} a_1^2+b_1^2+c_1^2=1, & a_2a_3+b_2b_3+c_2c_3=0,\\ a_2^2+b_2^2+c_2^2=1, & a_3a_1+b_3b_1+c_3c_1=0,\\ a_3^2+b_3^2+c_3^2=1, & a_1a_2+b_1b_2+c_1c_2=0.\end{cases}
$$

Die Entfernung des Punktes mit den Koordinaten x, y, z vom Koordinatenursprung ist

$$r=\sqrt{x^2+y^2+z^2},$$

die Entfernung der Punkte (x_1, y_1, z_1) und (x_2, y_2, z_2) voneinander

$$l=\sqrt{(x_1-x_2)^2+(y_1-y_2)^2+(z_1-z_2)^2}.$$

Nennt man α, β, γ die Winkel, welche ein vom Koordinatenanfangspunkt ausgehender Strahl mit den Koordinatenachsen einschließt, so werden die Koordinaten des auf dem Strahl in der Entfernung 1 vom Ursprung gelegenen Punktes

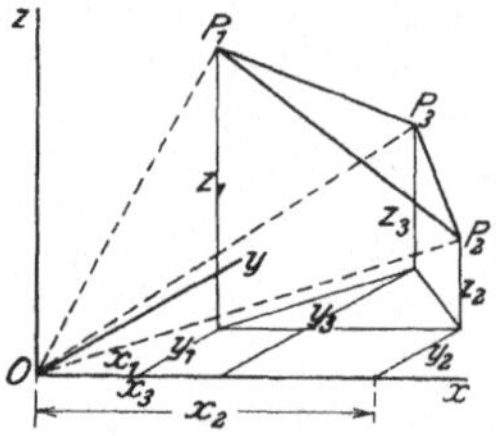

$$(5)\qquad x=\cos\alpha,\quad y=\cos\beta,\quad z=\cos\gamma$$

und es besteht die Beziehung

$$(6)\qquad \cos^2\alpha+\cos^2\beta+\cos^2\gamma=1.$$

Fig. 86.

Diese drei Kosinus heißen die Richtungskosinus, die Winkel selbst die Richtungswinkel des Strahls.

Sind α', β', γ' die Richtungswinkel eines zweiten Strahls, so wird der Winkel φ zwischen den beiden Strahlen gegeben durch die Gleichung

$$(7)\qquad \cos\varphi=\cos\alpha\cos\alpha'+\cos\beta\cos\beta'+\cos\gamma\cos\gamma'.$$

Insbesondere sind die beiden Strahlen aufeinander senkrecht, wenn dieser Ausdruck verschwindet.

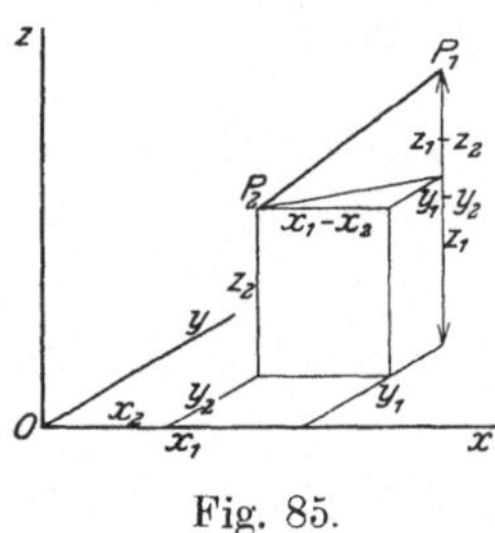

Fig. 85.

In den Gleichungen (2) sind (a_1, b_1, c_1), (a_2, b_2, c_2), (a_3, b_3, c_3) die Richtungskosinus der gedrehten Koordinatenachsen in dem ursprünglichen System. Die Gl. (4) geben außer den Beziehungen zwischen den Richtungskosinus der einzelnen Achsen die Bedingungen dafür, daß die Achsen paarweise aufeinander senkrecht stehen.

Die Projektionen des von dem Koordinatenursprung und den Punkten (x_1, y_1, z_1), (x_2, y_2, z_2) gebildeten Dreiecks auf die Koordinatenebenen haben die Flächeninhalte

$$\tfrac{1}{2}\,|y_1z_2-y_2z_1|,\quad \tfrac{1}{2}\,|z_1x_2-z_2x_1|,\quad \tfrac{1}{2}\,|x_1y_2-x_2y_1|$$

und das Dreieck selbst hat den Flächeninhalt

$$\tfrac{1}{2}\sqrt{(y_1z_2-y_2z_1)^2+(z_1x_2-z_2y_1)^2+(x_1y_2-x_2y_1)^2}.$$

Der Rauminhalt des von dem Koordinatenursprung mit den drei Punkten (x_1, y_1, z_1), (x_2, y_2, z_2), (x_3, y_3, z_3) gebildeten Tatraeders wird gleich dem absoluten Werte des Ausdrucks

$$\frac{1}{6}\begin{vmatrix} x_1 & y_1 & z_1\\ x_2 & y_2 & z_2\\ x_3 & y_3 & z_3\end{vmatrix}$$

oder

$$\tfrac{1}{6}(x_1y_2z_3+x_2y_3z_1+x_3y_1z_2-x_1y_3z_2-x_2y_1z_3-x_3y_2z_1).$$

Eine beliebige lineare Gleichung zwischen x, y, z:

(8) $$ax + by + cz = d$$

stellt eine Ebene dar. Die Ebene geht durch den Koordinatenursprung, wenn $d = 0$ ist.

Nennt man, wenn $d \neq 0$, p die Länge des aus dem Ursprung auf die Ebene gefällten Lotes und α, β, γ seine Richtungswinkel, so wird

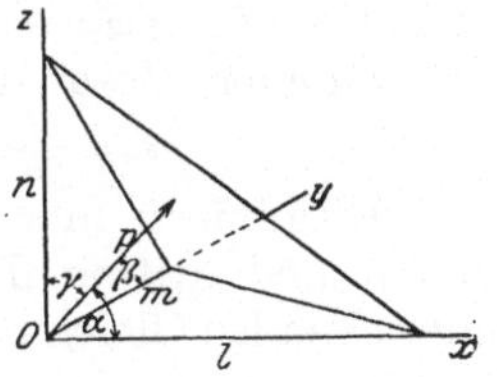

$$l \cos\alpha = m \cos\beta = n \cos\gamma = p$$

und deshalb die Ebenengleichung:

(9) $$x \cos\alpha + y \cos\beta + z \cos\gamma = p$$

Fig. 87.

(**erste Normalform der Ebenengleichung**).

Die Größen

$$\frac{d}{a} = \frac{p}{\cos\alpha} = l, \quad \frac{d}{b} = \frac{p}{\cos\beta} = m, \quad \frac{d}{c} = \frac{p}{\cos\gamma} = n$$

werden die **Achsenabschnitte** der Ebene. Bei ihrer Einführung wird die Gleichung einer nicht durch den Ursprung gehenden Ebene

(10) $$\frac{x}{l} + \frac{y}{m} + \frac{z}{n} = 1$$

(**zweite Normalform der Ebenengleichung**).

Für die durch die Gleichung (8) gegebene Ebene wird die Länge p des Lotes aus dem Ursprung gleich dem absoluten Betrage von

$$\frac{d}{\sqrt{a^2 + b^2 + c^2}}.$$

Der Winkel φ zwischen den Ebenen

$$ax + by + cz = d, \quad a'x + b'y + c'z = d'$$

wird gegeben durch die Gleichung

(11) $$\cos\varphi = \pm \frac{aa' + bb' + cc'}{\sqrt{a^2 + b^2 + c^2} \cdot \sqrt{a'^2 + b'^2 + c'^2}}.$$

Dem doppelten Vorzeichen entsprechen die beiden entstehenden Nebenwinkel. Die Ebenen sind aufeinander senkrecht, wenn

(12) $$aa' + bb' + cc' = 0,$$

sie sind parallel, wenn

$$a : b : c = a' : b' : c'.$$

Ist diese Beziehung nicht erfüllt, so schneiden sich die Ebenen in einer **geraden Linie**, die durch die beiden Ebenengleichungen dargestellt werden kann. Eliminiert man aus diesen Gleichungen erst z und dann y, so kann man die entstehenden Gleichungen, wenn die gerade Linie nicht zur yz-Ebene parallel ist, auf die Form bringen

(13) $$y = \varkappa x + \lambda, \quad z = \mu x + \nu$$

(**Normalgleichungen der geraden Linie**).

Sind (x_1, y_1, z_1), (x_2, y_2, z_2) zwei Punkte P_1, P_2 der geraden Linie, so folgt für die Koordinaten x, y, z des veränderlichen Punktes

(14) $$\frac{x - x_1}{x_2 - x_1} = \frac{y - y_1}{y_2 - y_1} = \frac{z - z_1}{z_2 - z_1}.$$

Nennen wir unter der Voraussetzung, daß die Entfernung $P_1 P_2 = 1$ ist, den gemeinsamen Wert dieser Brüche t, so folgt

$$(15) \qquad x = x_1 + t \cos \alpha, \quad y = y_1 + t \cos \beta, \quad z = z_1 + t \cos \gamma,$$

wenn α, β, γ die Richtungswinkel eines durch den Ursprung parallel zu dem Strahl $P_1 P_2$ gezogenen Strahles bedeuten. In der Tat wird dann unter der angegebenen Voraussetzung ($P_1 P_2 = 1$):

$$\cos \alpha = x_2 - x_1, \quad \cos \beta = y_2 - y_1, \quad \cos \gamma = z_2 - z_1.$$

Eliminiert man zuerst aus der ersten und zweiten und dann aus der ersten und dritten der Gleichungen (15) den Parameter t und vergleicht die entstehenden Gleichungen mit den Gleichungen (13), so ergibt sich die Beziehung

$$(16) \qquad 1 : \varkappa : \mu = \cos \alpha : \cos \beta : \cos \gamma.$$

Ferner sind in den Gleichungen (13) λ, ν die Koordinaten des Schnittpunktes der Geraden mit der yz-Ebene.

Der Abstand eines beliebigen Punktes $P_0(x_0, y_0, z_0)$ von der Geraden (13) wird

$$(17) \quad p = \sqrt{\frac{(\varkappa \nu - \lambda \mu + \mu y_0 - \varkappa z_0)^2 + (\lambda + \varkappa x_0 - y_0)^2 + (\nu + \mu x_0 - z_0)^2}{1 + \varkappa^2 + \mu^2}}.$$

Der kürzeste Abstand q der Geraden

$$y = \varkappa x + \lambda, \quad z = \mu x + \nu \quad \text{und} \quad y = \varkappa' x + \lambda', \quad z' = \mu' x + \nu'$$

wird, wenn sie windschief sind, durch den absoluten Wert des Ausdruckes gegeben

$$(18) \qquad \frac{(\varkappa - \varkappa')(\nu - \nu') - (\lambda - \lambda')(\mu - \mu')}{\sqrt{(\varkappa \mu' - \varkappa' \mu)^2 + (\mu - \mu')^2 + (\varkappa - \varkappa')^2}}.$$

Es schneiden sich die Geraden, wenn

$$(\varkappa - \varkappa')(\nu - \nu') - (\lambda - \lambda')(\mu - \mu') = 0.$$

Sie sind parallel, wenn

$$\varkappa = \varkappa', \quad \mu = \mu',$$

und ihr Abstand wird dann

$$(19) \qquad \sqrt{\frac{(\varkappa[\nu - \nu'] - \mu[\lambda - \lambda'])^2 + (\lambda - \lambda')^2 + (\nu - \nu')^2}{1 + \varkappa^2 + \mu^2}}.$$

Wir gehen nun zu Flächen über, die als Flächen zweiter Ordnung bezeichnet werden, weil sie durch eine Gleichung zweiten Grades in x, y, z dargestellt werden und betrachten zunächst die einzelnen besonderen Formen dieser Gleichung entsprechenden Flächen.

1. Die Kugel mit dem Mittelpunkt (x_0, y_0, z_0) und dem Radius r hat die Gleichung

$$(x - x_0)^2 + (y - y_0)^2 + (z - z_0)^2 = r^2$$

oder ausgerechnet

$$(20) \qquad x^2 + y^2 + z^2 - 2 x_0 x - 2 y_0 y - 2 z_0 z + s = 0,$$

wenn

$$s = x_0^2 + y_0^2 + z_0^2 - r^2.$$

Insbesondere wird die Gleichung einer Kugel, deren Mittelpunkt der Koordinatenursprung ist,

$$x^2 + y^2 + z^2 = r^2,$$

und deren Tangentialebene im Punkte (x, y, z) hat in laufenden Koordinaten ξ, η, ζ die Gleichung

$$x \xi + y \eta + z \zeta = r^2.$$

Diese Gleichung zeigt sofort, daß die Tangentialebene auf dem Radius nach dem Berührungspunkt senkrecht steht.

2. Ein **Ellipsoid** wird durch eine Gleichung von der Form gegeben:

$$\frac{x^2}{a^2}+\frac{y^2}{b^2}+\frac{z^2}{c^2}=1, \tag{21}$$

wobei $a>b>c$ angenommen sei. Die Koordinatenachsen heißen die **Achsen** des Ellipsoids, a, b, c die Längen der **Halbachsen**.

Die Schnitte dieser Fläche mit allen Ebenen, die sie schneiden, sind Ellipsen. Nur als Schnitte mit den Ebenen

$$c\sqrt{a^2-b^2}\cdot x \pm a\sqrt{b^2-c^2}\cdot z = d, \tag{22}$$

wo d innerhalb gewisser Grenzen beliebig bleibt, ergeben sich Kreise. Das Ellipsoid enthält deshalb zwei Scharen von Kreisen. Für $d=\pm ac\sqrt{a^2-c^2}$ reduziert sich der Radius des Kreises auf 0. Diese Ebenen berühren das Ellipsoid in den sogenannten **Nabelpunkten**, deren Koordinaten sind:

$$x=\pm a\sqrt{\frac{a^2-b^2}{a^2-c^2}},\quad y=0,\quad z=\pm c\sqrt{\frac{b^2-c^2}{a^2-c^2}}. \tag{23}$$

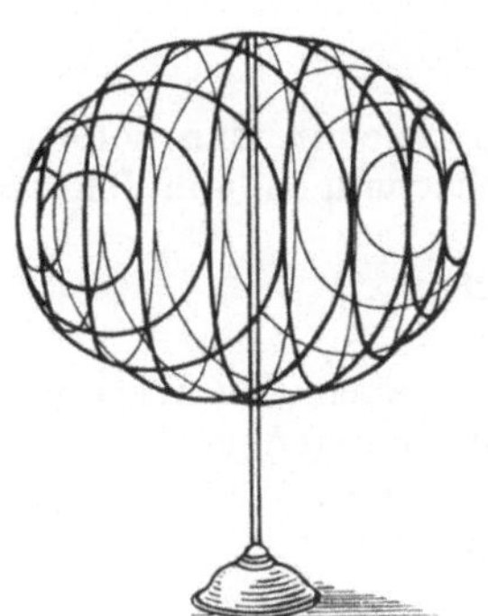

Fig. 88.

In diesen Punkten wird das Ellipsoid von der Hyperbel

$$\frac{x^2}{a^2-b^2}-\frac{z^2}{b^2-c^2}=1,\quad y=0, \tag{24}$$

die in der xz-Ebene liegt, getroffen. Diese Hyperbel geht durch die Brennpunkte der Ellipse

$$\frac{x^2}{a^2-c^2}+\frac{y^2}{b^2-c^2}=1,\quad z=0, \tag{25}$$

die in der xy-Ebene liegt, und diese umgekehrt durch die Brennpunkte der Hyperbel. Die beiden Kegelschnitte heißen die **Fokalkurven** des Ellipsoids, weil sie für dieses eine in gewisser Weise den Brennpunkten der Ellipse analoge Rolle spielen.

Für alle Ellipsoide von der Gleichungsform

$$\frac{x^2}{a^2-\lambda}+\frac{y^2}{b^2-\lambda}+\frac{z^2}{c^2-\lambda}=1 \quad (\lambda<c^2) \tag{26}$$

sind die Fokalkurven dieselben. Die Ellipsoide heißen deshalb **konfokal**.

3. Wird $b^2>\lambda>c^2$, so ist die durch die vorstehende Gleichung dargestellte Fläche kein Ellipsoid mehr, sondern die Gleichung wird von der Form

$$\frac{x^2}{a^2}+\frac{y^2}{b^2}-\frac{z^2}{c^2}=1, \tag{27}$$

wenn $a^2-\lambda$, $b^2-\lambda$, $\lambda-c^2$, die alle >0 sind, durch a^2. b^2, c^2 ersetzt werden. Solche Flächen heißen **einschalige Hyperboloide**. Ihre Form ist daraus zu erkennen, daß, wenn y durch $\frac{b}{a}y$ ersetzt wird, eine Rotationsfläche

$$\frac{x^2+y^2}{a^2}-\frac{z^2}{c^2}=1$$

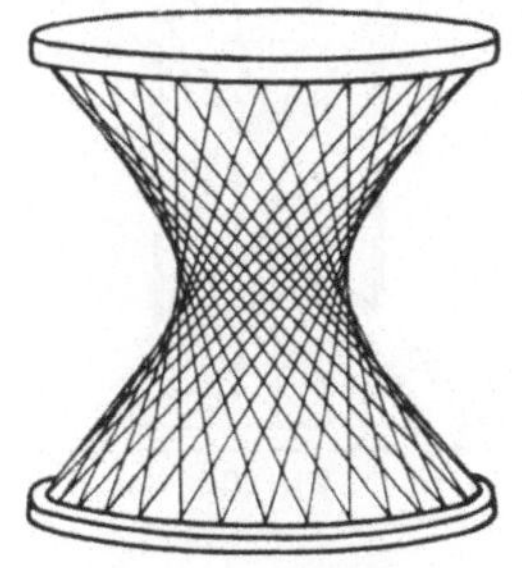

Fig. 89.

entsteht, die durch Rotation der Hyperbel

$$\frac{x^2}{a^2}-\frac{z^2}{c^2}=1$$

in der xz-Ebene um die z-Achse erzeugt wird. Aus einer solchen Rotationsfläche geht das allgemeine einschalige Hyperboloid durch Verkürzung der y-Koordinaten im Verhältnis $b:a$ hervor.

Bringt man die Flächengleichung (27) auf die Form

$$\left(\frac{x}{a}+\frac{z}{c}\right)\left(\frac{x}{a}-\frac{z}{c}\right)=\left(1+\frac{y}{b}\right)\left(1-\frac{y}{b}\right),$$

so erkennt man sofort, daß die Fläche alle geraden Linien enthält, die durch Gleichungen von folgender Form dargestellt werden:

$$(28)\qquad \frac{x}{a}+\frac{z}{c}=u\left(1+\frac{y}{b}\right),\quad u\left(\frac{x}{a}-\frac{z}{c}\right)=1-\frac{y}{b},$$

was auch der Wert von u sei, ferner aber auch alle geraden Linien, deren Gleichungen von der Form sind:

$$(29)\qquad \frac{x}{a}+\frac{z}{c}=v\left(1-\frac{y}{b}\right),\quad v\left(\frac{x}{a}-\frac{z}{c}\right)=1+\frac{y}{b},$$

was auch der Wert von v sei. Die Fläche enthält also zwei Regelscharen, d. h. zwei Scharen von geraden Linien oder Regelstrahlen. Zwei Regelstrahlen derselben Schar sind windschief, zwei Regelstrahlen verschiedener Scharen liegen in einer Ebene.

Wird das Hyperboloid ein Rotationshyperboloid, so gehen die Regelstrahlen derselben Schar aus einem unter ihnen durch Rotation um die z-Achse hervor. Die Fläche wird also auf doppelte Weise durch Rotation einer geraden Linie um eine zu ihr windschiefe Achse erzeugt.

Drückt man aus den Gleichungen (28) und (29) x, y, z durch u, v aus, so ergibt sich

$$(30)\qquad x=a\frac{uv+1}{u+v},\quad y=-b\frac{u-v}{u+v},\quad z=c\frac{uv-1}{u+v}.$$

4. Wird in der Gleichung (26) $a^2>\lambda>b^2$, so kann sie, indem man die positiven Werte $a^2-\lambda$, $\lambda-b^2$, $\lambda-c^2$ durch a^2, b^2, c^2 ersetzt, auf die Form gebracht werden:

$$(31)\qquad \frac{x^2}{a^2}-\frac{y^2}{b^2}-\frac{z^2}{c^2}=1.$$

Eine solche Fläche heißt ein zweischaliges Hyperboloid. Ihre Form ist daraus zu erkennen, daß, wenn z durch $\frac{c}{b}z$ ersetzt wird, eine Rotationsfläche

$$\frac{x^2}{a^2}-\frac{y^2+z^2}{b^2}=1$$

entsteht, welche durch Rotation der Hyperbel

$$\frac{x^2}{a^2}-\frac{z^2}{c^2}=1$$

in der xz-Ebene um die x-Achse, d. h. um die Hauptachse der Hyperbel erzeugt wird. Aus einer solchen zweischaligen Rotationsfläche geht das allgemein zweischalige Hyperboloid durch Verkürzung der z-Koordinaten im Verhältnis $c:b$ hervor.

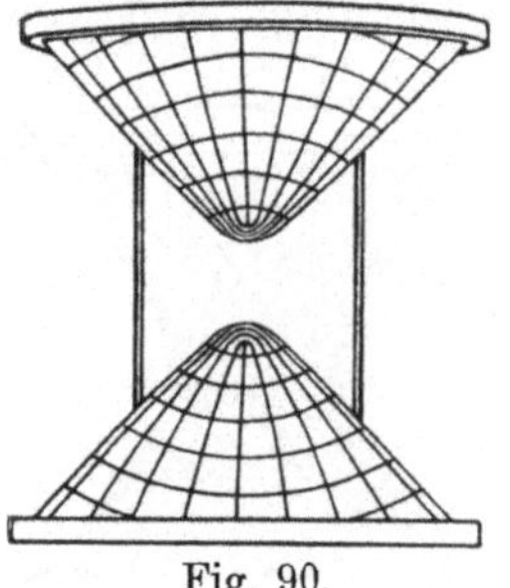

Fig. 90.

Sieht man in der Gleichung (26) x, y, z als gegeben und λ als zu bestimmen an, so findet man eine Gleichung 3. Grades für λ:

$$(a^2-\lambda)(b^2-\lambda)(c^2-\lambda)-x^2(b^2-\lambda)(c^2-\lambda)-y^2(c^2-\lambda)(a^2-\lambda)\\ -z^2(a^2-\lambda)(b^2-\lambda)=0.$$

Diese Gleichung hat drei reelle Wurzeln $\lambda_1, \lambda_2, \lambda_3$, und zwar liegen diese in folgenden Grenzen:

$$a^2 > \lambda_1 > b^2 > \lambda_2 > c^2 > \lambda_3 .$$

Es folgt also, daß durch jeden Punkt (x, y, z) des Raumes drei der konfokalen Flächen hindurchgehen, und von diesen eine ein zweischaliges, eine ein einschaliges Hyperboloid und die dritte ein Ellipsoid ist (Fig. 91).

Ferner zeigt sich, daß die Tangentialebene der drei Flächen in einem ihrer Schnittpunkte aufeinander senkrecht stehen. Die Flächen bilden deshalb ein orthogonales Flächensystem, indem sie sich überall, wo sie sich treffen, rechtwinklig durchschneiden.

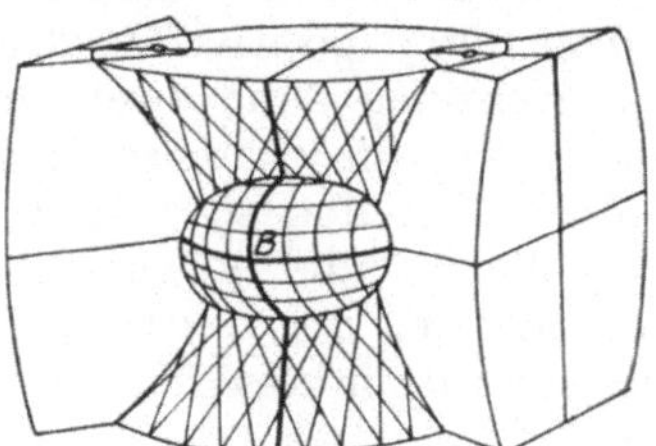

Fig. 91.

5. Die Fläche, die durch die Gleichung

$$\frac{x^2}{a^2} + \frac{y^2}{b^2} = 2z \tag{32}$$

dargestellt wird, heißt ein elliptisches Paraboloid. Sie wird aus dem Rotationsparaboloid

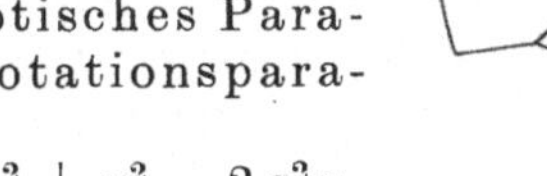

$$x^2 + y^2 = 2a^2 z,$$

das durch Rotation der Parabel $x^2 = 2a^2 z$ in der xz-Ebene um die y-Achse entsteht, gewonnen, indem man die y-Koordinaten im Verhältnis $b:a$ verkleinert.

6. Die Fläche, die durch die Gleichung

$$\frac{x^2}{a^2} - \frac{y^2}{b^2} = 2z \tag{33}$$

gegeben ist, heißt ein hyperbolisches Paraboloid. Sie wird von der xy-Ebene in zwei geraden Linien durch den Koordinatenursprung:

$$\frac{x}{y} = +\frac{a}{b} \quad \text{und} \quad \frac{x}{y} = -\frac{a}{b}$$

geschnitten, von der xz-Ebene und der yz-Ebene in Parabeln, deren Scheitel der Ursprung ist und von denen die eine auf der positiven, die andere auf der negativen Seite der xy-Ebene verläuft.

Fig. 92.

Die Fläche enthält zwei Regelscharen

1) $\frac{x}{a} + \frac{y}{b} = 2u, \quad u\left(\frac{x}{a} - \frac{y}{b}\right) = z,$

2) $\frac{x}{a} + \frac{y}{b} = vz, \quad v\left(\frac{x}{a} - \frac{y}{b}\right) = 2.$

Sind auf zwei windschiefen geraden Linien zwei Reihen äquidistanter Punkte gegeben, die beidemal von dem ersten der Punkte ausgehend numeriert seien, so bilden die Verbindungslinien gleiche Nummern tragender Punkte Regelstrahlen der einen Regelschar eines hyperbolischen Paraboloids, zu dessen anderer Regelschar die beiden gegebenen geraden Linien selbst gehören. Die weiteren Strahlen dieser zweiten Regelschar findet man, indem man die Strahlen der ersten Regelschar mit den zu den beiden gegebenen geraden Linien parallelen Ebenen schneidet.

2. Zeichnerische Lösung raumgeometrischer Probleme.

Die gebräuchlichste Methode, um raumgeometrische Probleme zeichnerisch zu lösen, knüpft unmittelbar an das Verfahren der analytischen Geometrie an. Denken wir uns einen Raumpunkt auf drei zueinander senkrechte Koordinatenebenen bezogen, indem von ihm die Lote auf die drei Koordinatenebenen gefällt werden, so stellt die analytische Geometrie die mit bestimmten Vorzeichen genommenen Längen dieser Lote in die Rechnung ein. Die darstellende Geometrie dagegen betrachtet die Fußpunkte dieser Lote, die Projektionen des Raumpunktes, und verzeichnet sie in den drei Ebenen, indem deren positive Quadranten in eine Ebene auseinandergeklappt werden. Es erscheinen dann zwei der Achsen, etwa die x- und die z-Achse einfach, die dritte, die y-Achse, dagegen doppelt, als Verlängerung der x- und der z-Achse. In den so auftretenden drei Quadranten zeigt der eine, der Grundriß, die x- und y-Koordinate als Koordinaten des Projektionspunktes P', der andere, der Aufriß, die x- und z-Koordinate als Koordinaten des Projektionspunktes P'', der dritte, der Seitenriß, die y- und z-Koordinate als Koordinaten des Projektionspunktes P'''. P' und P'' liegen auf einem Lot der x-Achse, P', P''' auf einer Parallelen dieser Achse oder Senkrechten der z-Achse. P', P''' dagegen sind so verknüpft, daß die Fußpunkte der aus P' und P''' auf die y-Achse in den beiden Lagen gefällten Lote gleich weit

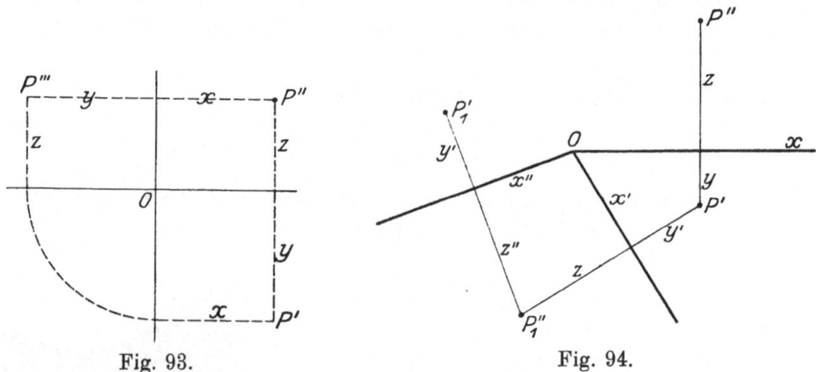

Fig. 93. Fig. 94.

von dem Schnittpunkt O der Achsen entfernt sind (Fig. 93). Aufriß und Grundriß genügen zur Kennzeichnung der drei Koordinaten, also zur Festlegung der Lage des Punktes im Raume.

Die x-Achse, in der Grundriß und Aufriß aneinandergrenzen, heißt trennende Achse. Läßt man die Grundrißebene fest, so können der Aufrißebene noch unendlich viele verschiedene neue Lagen gegeben werden. Sie kann zunächst parallel verschoben werden, dann ändert sich nichts, als daß die ganze Aufrißzeichnung auf dem Zeichenblatt hinauf- oder herunterrückt. Die Aufrißebene kann aber ferner über der Grundrißebene (um eine zur Grundrißebene senkrechte Achse) gedreht werden. Dann erscheint auch die trennende Achse gedreht. Die Grundrißprojektion P' eines Raumpunktes bleibt unverändert, die neue Aufrißprojektion P_1'' ist dadurch bestimmt, daß P' und P_1'' wieder auf einem Lot der neuen trennenden Achse x' liegen müssen und der Abstand des Punktes P_1'' von x' derselbe ist wie der Abstand z des ursprünglichen Aufrißpunktes P'' von der alten trennenden Achse x. In der Figur 94 ist die Drehung einfach um die z-Achse ausgeführt worden. Es kann nun eine abermalige Drehung ausgeführt werden, bei welcher der neugewonnene Aufriß erhalten bleibt, dagegen ein neuer Grundriß entsteht. Eine solche Drehung muß um eine zu der Aufrißebene senkrechte Achse erfolgen, also wenn der Koordinatenanfangspunkt O wieder an seiner Stelle bleiben soll, um die neue y-Achse, y'. Dann ist der neue Grundrißpunkt P_1' dadurch bestimmt, daß er mit P_1'' auf einem Lot der neuen trennenden Achse, x'', liegt und sein Abstand von x'' gleich dem Abstande y'

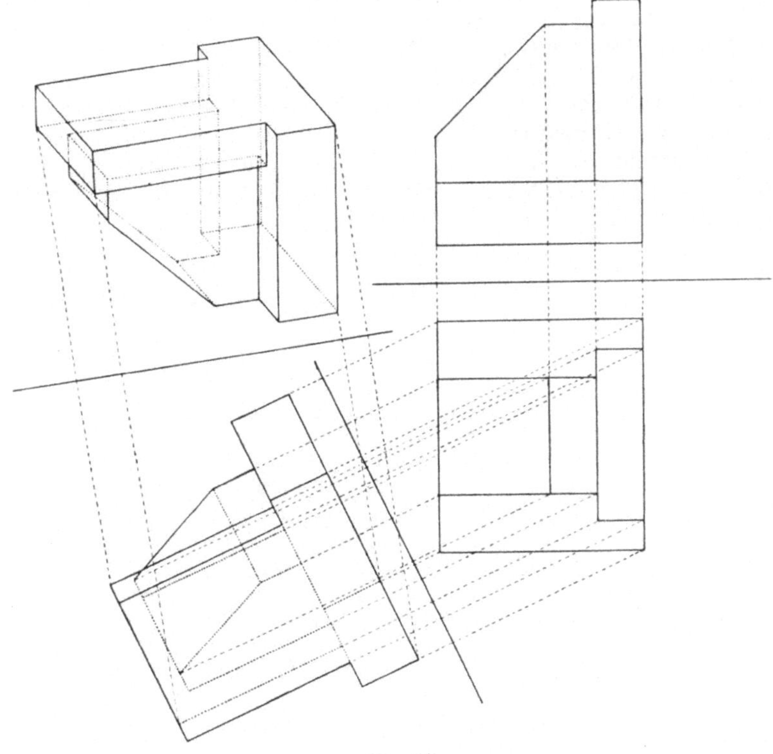

Fig. 95.

des Punktes P' von x' wird. Der Grundgedanke dieses Verfahrens ist derselbe, der auch zu der Aufstellung der analytischen Formeln für die Koordinatentransformation führte. Es gelingt auf diese Weise häufig, einen Körper, dessen Form aus der ursprünglichen Grund- und Aufrißdarstellung noch nicht leicht zu erkennen ist, anschaulicher darzustellen, wie das das obenstehende Beispiel eines Kragsteins (Fig. 95) deutlich erkennen läßt.

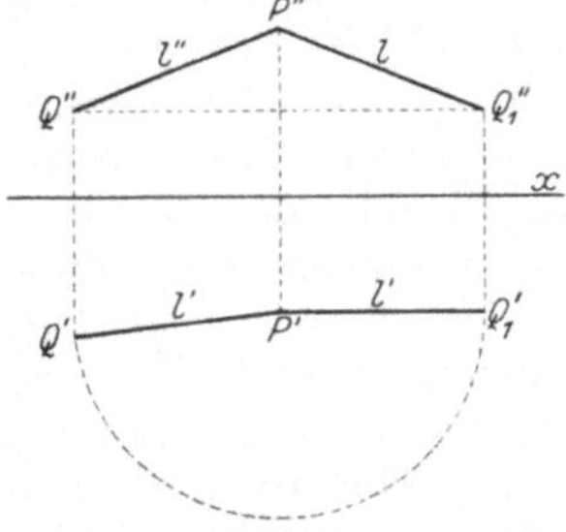

Fig. 96.

Ist nun eine Strecke PQ in Grund- und Aufriß gegeben, so stellt sie sich im Grund- oder Aufriß unverkürzt dar, wenn sie zu der betreffenden Projektionsebene parallel ist, in allen anderen Fällen verkürzt. Um dann die wahre Länge der Strecke zu finden, dreht man sie zuerst um die z-Koordinate, bis sie der Aufrißebene parallel wird. Dabei bleibe der eine Endpunkt P, mit seinen Projektionen P' und P'', an seiner Stelle. Die Projektion Q' bewegt sich um P' auf einem Kreisbogen in eine Lage Q_1', bei der $P'Q_1'$ der x-Achse parallel ist. Q'' rückt parallel zur x-Achse in die Lage Q_1'' auf dem durch Q_1' gehenden Lot der trennenden Achse x, dann wird $P''Q_1''$ die gesuchte wahre Länge l.

Um die wahre Größe eines Winkels zu finden, dessen Schenkel die

Grundrißebene in zwei Punkten A, B schneiden und dessen Ebene nicht zur Grundrißebene senkrecht ist, beachtet man, daß die von dem Scheitel C ausgehende Höhe des Dreiecks ABC auch im Grundriß die Höhe $C'D$ des Projektionsdreiecks ABC' wird (Fig. 97).

Man betrachtet dann das in eine Vertikalebene fallende rechtwinklige Dreieck $CC'D$. In diesem wird die vertikale Kathete CC' gleich der Erhebung z der Aufrißprojektion C'' über die trennende Achse x. Man kann deshalb das Dreieck, in die Grundrißebene umgeklappt, d. h. an die Kathete DC' angelegt, sofort zeichnen, und in ihm liefert die Hypotenuse DC_2 die wahre Länge h der Höhe CD. Zeichnet man diese im Grundriß als DC_1 im Punkte D senkrecht zu AB, so wird ABC_1 die Umklappung des Dreiecks ABC in die Grundrißebene, und der Winkel AC_1B der Größe nach gleich dem gesuchten Winkel ACB (Fig. 97).

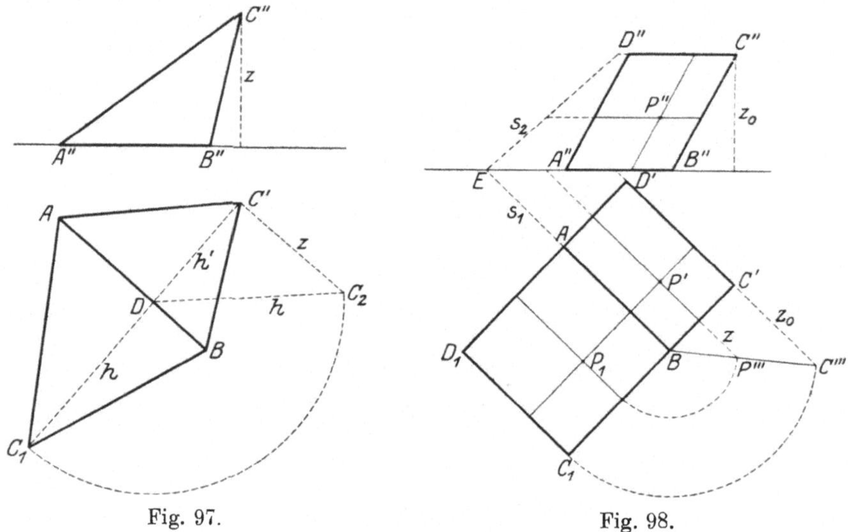

Fig. 97. Fig. 98.

Gleichzeitig liefert der Winkel C_2DC' den Neigungswinkel der Dreiecksfläche gegen die Grundrißebene. Man kann die Konstruktion auch auf eine beliebige ebene Fläche übertragen. Z. B. kann man von der Figur eines Rechteckes ausgehen, von dem die Grundseite in die Grundrißebene fällt. Sei $ABCD$ ein solches Rechteck, das im Grundriß als ein Rechteck $ABC'D'$ erscheint, im Aufriß dagegen im allgemeinen als ein Parallelogramm $A''B''C''D''$, wobei A'', B'' auf die trennende Achse fallen. Wir haben dann die Erhebung z_0 von C'' über die trennende Achse als $C'C'''$ senkrecht zu BC', also parallel zu der Grundlinie AB, abzutragen. Dann wird BC''' gleich der Seite BC des Rechtecks und danach ist die Umklappung ABC_1D_1 des Rechtecks in die Grundrißebene sofort zu zeichnen (Fig. 98).

Ist nun in dem Innern des Rechtecks ein Punkt P gelegen, der in der Umklappung als P_1 gegeben sei, so kann man diesen im Grundriß und Aufriß konstruieren, indem man durch P_1 die Parallelen zu dem Rechteckseiten zieht. Die zu BC_1 gezogene Parallele kann dann sofort in den Grundriß hinein fortgeführt werden und ist dort als die Grundrißprojektion aufzufassen. Die Aufrißprojektion der Parallelen durch P_1 findet man, indem man ihren Schnittpunkt mit der Grundseite AB auf die trennende Achse hinauflotet und durch den so gefundenen Punkt die Parallele zu $B''C''$ zieht. Die Parallele zu AB findet man im Grundriß, indem man ihren wahren Abstand von der Grundseite, so wie er in der Umklappung erscheint, als BP''' auf

BC''' abträgt und durch P''' die Parallele zu AB zieht. Die Aufrißprojektion der Parallelen wird parallel zur trennenden Achse und hat von ihr denselben Abstand wie P''' von BC'. Die Schnittpunkte P', P'' der beiden Parallelen im Grundriß und Aufriß sind dann die gesuchten beiden Projektionen.

Man sieht, daß man so irgendeine in der Umklappung des Rechtecks gegebene beliebige Figur sofort in die Grundriß- und Aufrißprojektion übertragen kann. Die Parallele zu AB heißt eine Horizontale oder Höhenlinie oder auch eine Spurparallele, indem man die Grundseite AB als die Grundrißspur s_1 der Rechtecksfläche bezeichnet. Die Parallele zu BC, die in Wirklichkeit zu den Horizontalen der Fläche senkrecht ist, heißt eine Fallinie, weil ein auf der Fläche herabfallender Körper eine solche Linie beschreibt.

Wenn man die Horizontalen im Grundriß bis an die trennende Achse verlängert, so sind die Endpunkte als die Schnittpunkte der Linien mit der Aufrißebene zu deuten. Lotet man sie jedesmal auf die Aufrißprojektion der Horizontalen hinauf, so liegen die so gefundenen Punkte auf einer geraden Linie, nämlich auf der Schnittlinie der Ebene des Rechtecks mit der Aufrißebene. Diese Schnittlinie heißt die Aufrißspur s_2 der Ebene. Sie schneidet die Grundrißspur in dem Punkt E der trennenden Achse, durch den auch die Grundrißspur AB hindurchgeht.

Durch die beiden Spuren kann die Ebene festgelegt werden. In der Praxis freilich kommt der Aufrißspur nur eine geringere Bedeutung zu, da die Stellung der Grundrißebene als horizontale Ebene im allgemeinen festliegt, dagegen die Aufrißebene als vertikale Ebene noch verschieden gestellt sein kann, und deshalb die Aufrißspur und die zu ihr parallelen Linien nicht in derselben Weise von vornherein ausgezeichnet sind wie die Horizontalen einer ebenen Fläche.

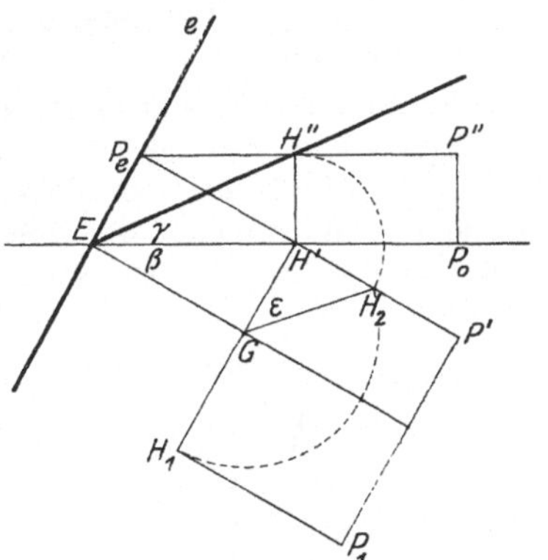

Fig. 99.

Die Festlegung durch die beiden Spuren erscheint unmittelbar gegeben, wenn man von der analytischen Bestimmung der Ebene durch die Gleichung

$$x = a + by + cz \tag{1}$$

ausgeht. Es wird dann a die Abszisse des Punktes E auf der x-Achse, in dem beide Spuren sich schneiden. Die Grundrißspur in der xy-Ebene hat die Gleichung

$$x = a + by, \tag{2}$$

die Aufrißspur in der xz-Ebene hat die Gleichung

$$x = a + cz. \tag{3}$$

Nennt man β, γ die Winkel, welche Grundriß- und Aufrißspur mit der x-Achse bilden, so wird

$$\operatorname{tg} \beta = \frac{1}{b}, \quad \operatorname{tg} \gamma = \frac{1}{c}. \tag{4}$$

Die Projektionen der Horizontalen, die sich für $z = z_0$ ergibt, haben die Gleichungen

$$x = (a + cz_0) + by, \quad z = z_0. \tag{5}$$

Diese Gleichungen bedeuten, daß die Grundrißprojektion der Grundrißspur und die Aufrißprojektion der trennenden Achse (x-Achse) parallel ist. Der Schnittpunkt H' der Grundrißprojektion mit der x-Achse hat die Abszisse

$x_0 = a + cz_0$, diese ist also gleich der Abszisse des Punktes der Aufrißspur H'', der die Ordinate $z = z_0$ hat. Für den Neigungswinkel ε der Ebene gegen die Grundrißebene folgt der Wert

$$\text{(6)} \qquad \operatorname{tg} \varepsilon = \frac{\operatorname{tg} \gamma}{\sin \beta} = \frac{\sqrt{1 + b^2}}{c} = \frac{z_0}{p},$$

wenn $p = \dfrac{c z_0}{\sqrt{1 + b^2}}$ den senkrechten Abstand $H'G$ des Punktes H' von der Grundrißspur bezeichnet. Dieser Formel entspricht die folgende einfache Konstruktion: Man fälle von H' das Lot $H'G$ auf die Grundrißspur und trage parallel zu dieser $H'H_2 = H'H''$ ab, dann wird $H'GH_2$ der gesuchte Neigungswinkel.

Setzen wir in den Gleichungen für die Projektionen der Horizontalen

$$y = z,$$

so erhalten wir den Schnittpunkt P_e der beiden Projektionslinien und finden damit für dessen Koordinaten

$$\text{(7)} \qquad x_e = a + (b + c) z_0, \quad y_e = z_e = z_0.$$

Daraus ist sofort zu sehen, daß, wenn wir z_0 verändern, dieser Schnittpunkt sich auf einer geraden Linie e durch E bewegt.

Ferner zeigt sich, daß die Projektionen P', P'' eines Punktes auf der Horizontalen mit dem Punkte P_e ein Dreieck mit festliegenden Richtungen der Seiten bilden. Die Punkte P', P'' entsprechen einander also in einer (perspektivischen) Affinität, von der e die Achse ist.

Die Umklappung P_1 des Punktes P in die Grundrißebene erhält man, wenn man auf der Verlängerung des aus dem Punkte auf die Grundrißspur gefällten Lotes von der Spur aus die Länge GH_2 abträgt. Auch P' und P_1 stehen in einer affinen Beziehung, von welcher die Grundrißspur s_1 die Achse ist und welche die besondere Eigenschaft hat, daß die Verbindungslinien entsprechender Punkte immer zur Achse senkrecht sind.

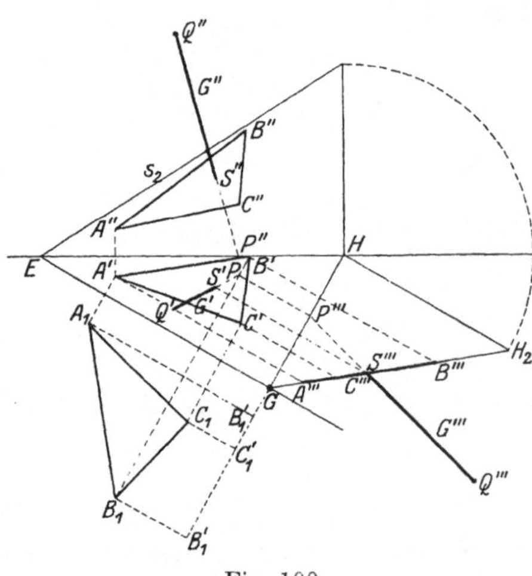

Fig. 100.

Verschiebt man die Figur des Dreiecks $GH'H_2$ parallel zur Grundrißspur, so kann in der neuen Lage die Linie GH_2 als die Projektion der Ebene auf eine neue Aufrißebene, die zu der Ebene senkrecht steht und in der sie sich deshalb als eine gerade Linie projiziert ansehen. Man bezeichnet die hier entstehende Figur als das Profil der Ebene.

Wie dieses Profil zu benützen ist, mag folgendes Konstruktionsbeispiel zeigen (Fig. 100): Es sei in der Ebene ein Dreieck ABC gegeben, zunächst in der Umklappung, in der die wahre Gestalt $A_1B_1C_1$ sichtbar wird. Man fällt dann auf die Verlängerung von HG die Lote A_1A_1', B_1B_1', C_1C_1', von denen A_1', B_1', C_1' die Fußpunkt seien. Trägt man dann $GA''' = GA_1'$, $GB''' = GB_1'$, $GC''' = GC_1'$ auf der Profillinie der Ebene ab, so liegen die Grundrißprojektionen A', B', C' auf den Spurparallelen durch A''', B''', C''' und gleichzeitig auf den aus A_1, B_1, C_1 auf die Spur gefällten Loten und sind danach sofort zu finden. Zur Kontrolle dient, daß die Linien A_1B_1 und $A'B'$, B_1C_1 und $B'C'$, C_1A_1 und $C'A'$ sich jedesmal auf der Spur schneiden müssen. Die Aufrißprojektionen A'', B'', C'' der Dreiecksecken liegen mit A', B', C' jedesmal auf einem Lot der trennenden Achse, und ihre Abstände von dieser sind gleich den Abständen der Punkte A''', B''', C''' von GH. A'', B'', C'' können auch als die zugehörigen zweiten Projektionen zu A', B', C' mit Hilfe der Horizontalen (Spurparallelen), die durch sie hindurchgehen, gefunden werden.

Ist noch der Schnittpunkt einer in Grund- und Aufriß gegebenen geraden Linie g mit der Fläche des Dreiecks zu finden, so überträgt man diese Linie zunächst in das Profil. Dies geschieht, indem man von irgend zwei Punkten P, Q der Linie ausgeht. Die Projektionen P''', Q''' dieser Punkte in dem Profil haben dieselben Abstände von GH wie die Aufrißprojektionen P'', Q'' von der trennenden Achse und sie liegen mit den Grundrißprojektionen P', Q' jedesmal auf einer Parallelen zur Grundrißspur. Überträgt man dann den im Profil sofort zu erkennenden Schnittpunkt S''' der Geraden mit der Dreiecksfläche auf die angegebene Weise in die Grundrißprojektion S' und die Aufrißprojektion S'', so ist die Aufgabe gelöst.

Man kann statt dieses Verfahrens auch das folgende einschlagen: Man denke sich durch die Gerade g eine zur Grundrißebene senkrechte (vertikale) Ebene gelegt. Die Schnittpunkte U, V dieser Ebene mit zwei Seiten des Dreiecks sind in den Grundrißprojektionen U', V' sofort zu erkennen, und man findet die zugehörigen Aufrißprojektionen U'', V'' durch einfaches Hinaufloten von U', V' auf die entsprechenden Projektionen der Seiten im Aufriß. Dann aber schneidet die Verbindungslinie $U''V''$ aus der Aufrißprojektion g'' der Geraden unmittelbar die Aufrißprojektion S'' des gesuchten Schnittpunktes aus.

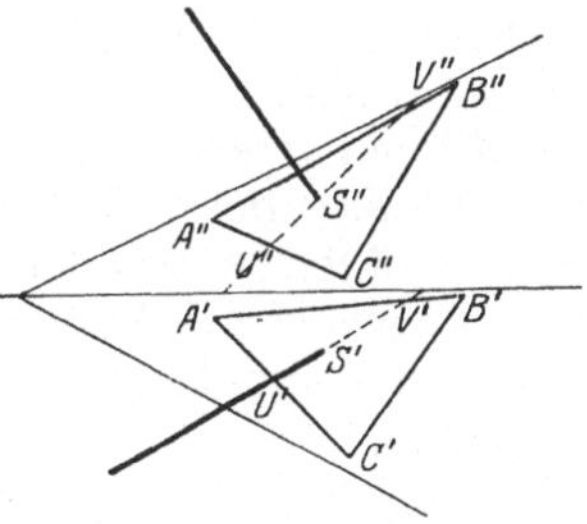

Fig. 101.

Ist g zu der Dreiecksfläche senkrecht, so sind die Projektionen g', g'' zu den entsprechenden Spuren der Ebene des Dreiecks senkrecht und die Projektion g''' im Profil ist zu der Profillinie der Ebene senkrecht. Dadurch vereinfacht sich die Konstruktion erheblich.

Zunächst war angenommen, daß die Ebene die trennende Achse in einem Punkte E schneidet und zu keiner der Grundebenen senkrecht ist. Ist die Ebene parallel zur trennenden Achse, ohne einer der Grundebenen parallel zu sein, so sind die Spurlinien der trennenden Achse ebenfalls parallel, und das Profil der Ebene erscheint im Seitenriß.

Ist die Ebene senkrecht zu einer der Grundebenen, so liefert diese unmittelbar das Profil der Ebene, während die zweite Spurlinie zu der trennenden Achse senkrecht ist. Ist die Ebene zu beiden Grundebenen, also zur trennenden Achse senkrecht, so kann sie als Seitenrißebene gewählt und als solche behandelt werden. Sie projiziert sich dann in Grund- und Aufriß in eine bloße Linie.

Die Schnittlinie zweier durch ihre Spuren s_1, s_2 und s_1', s_2' gegebenen Ebenen wird gefunden, indem man von den Schnittpunkten S_1, S_2 zusammengehöriger Spuren ausgeht. Ist dann S_1'' der Fußpunkt des aus S_1 und S_2' der Fußpunkt des aus S_2 auf die trennende Achse gefällten Lotes, so werden S_1S_2' und $S_1''S_2$ die Projektionen der gesuchten Schnittlinie (Fig. 102).

Um auch noch den Winkel beider Ebenen zu bestimmen, hat man eine zur Schnittlinie senkrechte Ebene mit den beiden gegebenen Ebenen zum Schnitt zu bringen. Zu dem Zwecke führt man eine neue Aufrißebene mit der Grundlinie x_1 ein, die zu der Schnittlinie der gegebenen Ebenen parallel ist, und stellt die Schnittlinie auch in diesem neuen Aufriß dar, etwa indem man aus S_1 auf x_1 das Lot $S_1\ S_1'''$ fällt und auf dem aus S_2' auf x_1 gefällten Lote von x_1 aus die Strecke S_2S_2' bis S_2''' abträgt. Dann wird $S_1'''S_2'''$ die neue Aufrißprojektion l''' der Schnittlinie. Der neue Aufriß ist nun eine Profilebene für jede zur Schnittlinie senkrechte Ebene, und eine solche wird im Profil durch ein in einem beliebigen Punkte P''' von l''' errichtetes Lot dargestellt. Ist Q''' der Schnittpunkt dieses Lotes mit x_1, so lege man $Q'''P'''$ auf x_1 als $Q'''P_1'''$ um, sodann schneide man das Lot von x_1 in P_1''' mit der Grundrißprojektion S_1S_2' oder l' der Schnittlinie in P_1 und das in Q''' auf x_1 errichtete Lot mit den Spuren s_1, s_1' der beiden gegebenen Ebenen in Q_1, Q_2, so wird $Q_1P_1Q_2$ der gesuchte Winkel der beiden Ebenen.

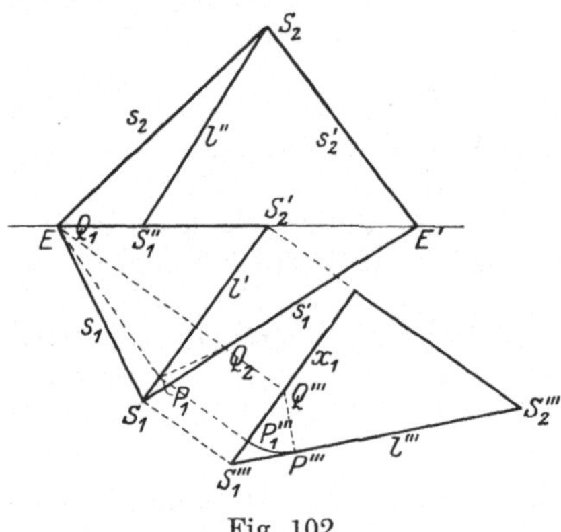

Fig. 102.

Um die Schnittlinie zweier Ebenen zu finden, kann man auch beliebige Horizontalschnitte durch beide Ebenen legen. Die Grundrißprojektionen der Schnittlinien (Horizontalen) beider Ebenen schneiden sich dann jedesmal in einem Punkte der gesuchten Schnittlinie. Dieses Verfahren läßt sich auch in allen Fällen anwenden, wo nicht die Ebenen selbst, sondern nur zwei ihnen angehörende Figuren (Dreiecke, Vierecke usw.) gegeben sind. Man braucht nur die Punkte, wo die zur trennenden Achse gezogene Parallele im Aufriß die Ränder der beiden ebenen Figuren trifft, in den Grundriß herunterzuloten, um Punkte des Randes im Grundriß zu finden, durch welche die Schnittlinien beider Ebenen mit der betreffenden horizontalen (zum Grundriß parallelen) Ebene hindurchgehen. So erhält man diese Schnittlinien selbst und damit auch ihren Schnittpunkt, d. h. einen Punkt der gesuchten Schnittlinie der beiden ebenen Figuren.

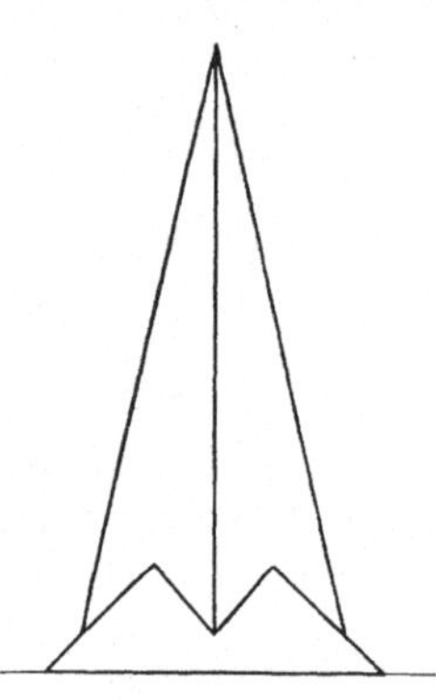

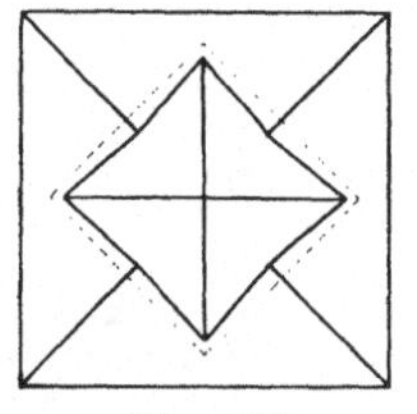

Fig. 103.

Man kann aber auch wieder so verfahren, daß man zunächst eine neue Aufrißebene senkrecht zu einer der beiden ebenen Flächen wählt, in der sich dann diese Fläche als eine einfache gerade Strecke darstellt, so daß der Schnitt beider Flächen in diesem neuen Aufriß, wenn auch die zweite Fläche in ihn übertragen wird, sofort zu erkennen ist und daraus wieder in den Grundriß und Aufriß übertragen werden kann.

Wie die Durchdringung zweier ebenflächiger Körper praktisch konstruiert wird, kann an dem einfachen Beispiel zweier vierseitiger Pyramiden mit quadratischer Grundfläche gezeigt werden, deren vertikale Achsen zusammenfallen und bei denen die Mittellinien der einen Grundfläche mit den Diagonalen der andern zusammenfallen. Man legt dann vertikale Ebenen durch die Achse, die jedesmal die Seitenkanten der einen Pyramide enthalten, und findet so unmittelbar die Schnittpunkte von den Seitenkanten der Pyramide mit den Seitenflächen der anderen Pyramide. Sie liegen jedesmal auf den Mittellinien dieser Seitenflächen. Außerdem liegen sie bei den Seitenkanten der einen oder anderen Pyramide jedesmal in der gleichen Höhe. Ist der Aufriß zwei Seitenkanten der einen und zwei Grundkanten der anderen Pyramide parallel, so gelingt danach die Konstruktion der Durchdringung besonders einfach (Fig. 103).

Sehr häufig sind die ebenen Flächen, die zum Schnitt gebracht werden sollen, gegen die Grundrißebene gleich geneigt. Schneiden sich dann ihre Grundrißspuren, so wird der von diesen gebildete Winkel durch die Grundrißprojektion der Schnittlinie halbiert. Sind die Grundrißspuren parallel, so ist die Grundrißprojektion der Schnittlinie die Mittellinie der beiden parallelen Grundrißspuren. Danach ist zum Beispiel ein Dach, dessen einzelne Flächen gleich geneigt sind, bei gegebenem Rande sofort zu konstruieren (Fig. 104).

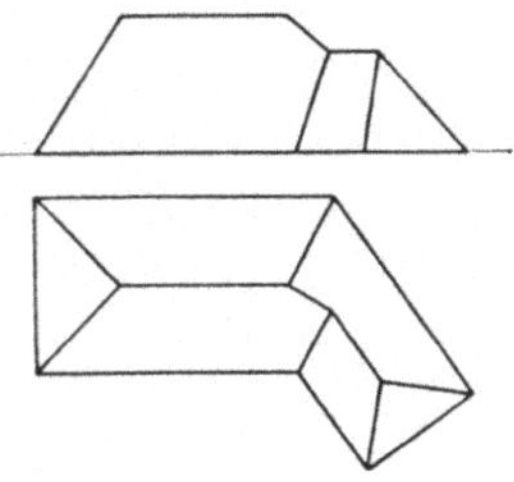

Fig. 104.

Nehmen wir als weiteres Beispiel einen Damm, in dessen Planum ein Weg einmündet, wobei alle Böschungsflächen gleich geneigt sind, so muß die Grundrißspur der Seitenböschung des Weges im Auftrag durch den einen untersten Eckpunkt des Weges so gezogen werden, daß die Halbierungslinie des Winkels, den sie mit der Grundrißspur der Dammböschung bildet, im Grundriß durch den Punkt B hindurchgeht, wo der Wegrand die Dammböschung trifft. Deshalb muß die Grundrißspur der Wegböschung von diesem Punkte B ebenso weit entfernt sein wie die Grundrißspur der Dammböschung. Man braucht also bloß mit diesem Abstand einen Kreis um B zu schlagen, so wird die Grundrißspur der Wegböschung eine Tangente an diesen Kreis. Den Punkt C, in dem sie die Grundrißspur der Dammböschung trifft, hat man dann mit B zu verbinden.

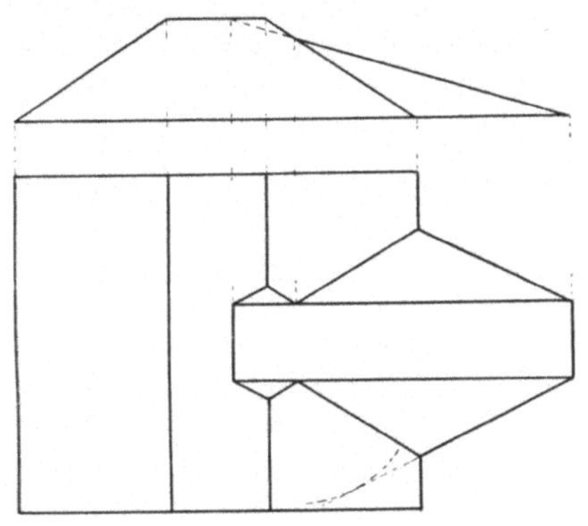

Fig. 105.

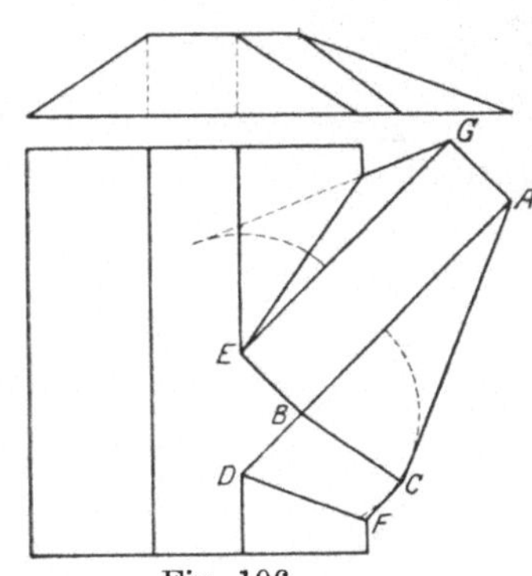

Fig. 106.

Auf der anderen Seite des Weges ergibt sich die symmetrisch entsprechende Figur, und auch die für den Abtrag sich ergebenden Linien sind sofort zu zeichnen, wenn man bedenkt, daß den einzelnen Linien des Auftrags beziehlich parallel werden (vgl. Fig. 105).

Ist ein Weg schräg an einen Damm herangeführt, dessen Planum entsprechend in einer Nase DBE ausgebuchtet ist, so kann man die Seitenböschung des Weges wie vorhin konstruieren, indem man jetzt um E und B die Kreise mit dem Fuß f der Dammböschung im Grundriß schlägt und daran aus den Ecken A, G des Weges die Tangenten zieht. Es kann nun aber sein, daß die Wegböschung nicht unmittelbar die Grundrißspur der Seitenböschung des Dammrandes selbst, sondern die Grundrißspur der Seitenböschung der Ausbuchtung DB trifft. Diese Grundrißspur (CF) verläuft zu

DB parallel im Abstand f. Hat man die Grundrißspuren gezeichnet, so sind in C und F die Winkelhalbierenden zu zeichnen, diese laufen aber nach den Punkten B und D hin. Die Schnittlinie der Wegböschung und der Dammböschung tritt bei dem in der Figur 106 behandelten Fall nicht in die Erscheinung. Die Projektionen der Schnittlinien aller drei Böschungsebenen laufen im übrigen natürlich durch denselben Punkt hindurch, der die Spitze des von ihnen gebildeten Dreikants bedeutet. —

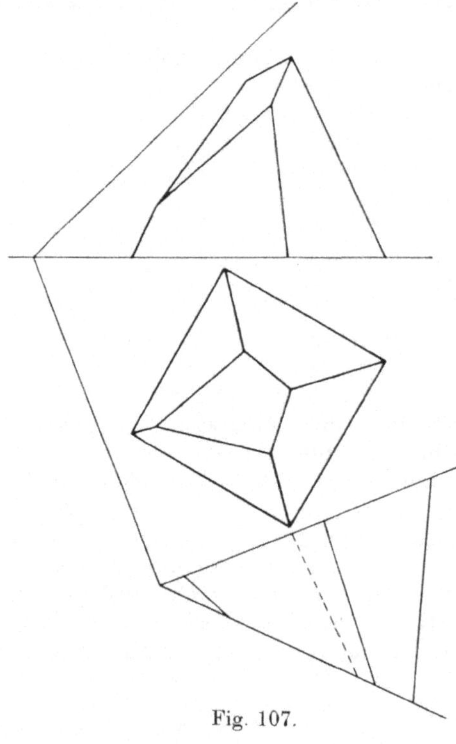

Fig. 107.

Um durch ein beliebiges Vielflach, etwa eine vierseitige Pyramide, einen ebenen Schnitt zu legen, von dem die Grundrißspur und der Neigungswinkel gegen die Grundrißebene gegeben sind, konstruiert man immer zweckmäßig einen neuen Aufriß, dessen Ebene auf der Grundrißspur der Schnittebene senkrecht ist, in dem sich also das Profil der Schnittebene darstellt. Man kann dann die in diesem Aufriß sofort zu erkennenden Schnittpunkte der Seitenkanten der Pyramide mit der Schnittebene unmittelbar in den Grundriß und den ursprünglichen Aufriß übertragen (Fig. 107).

Eine gute Kontrolle ist dadurch gegeben, daß die Grundkanten und die Schnittlinien in den Seitenflächen der Pyramide sich auf der Grundrißspur der Schnittebene treffen.

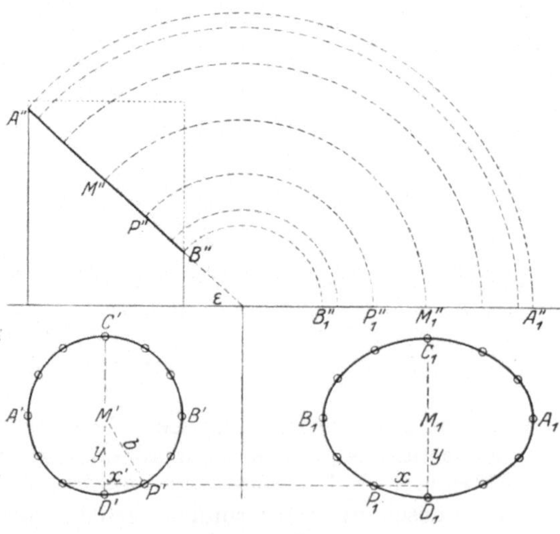

Fig. 108.

Von besonderer Bedeutung sind die **ebenen Schnitte** der geraden **Kreiszylinder** und **Kreiskegel**. Der schräge Schnitt durch einen geraden Kreiszylinder ist immer eine **Ellipse**. Man kann dies sofort erkennen, wenn man die Schnittebene senkrecht zur Aufrißebene wählt. Der Schnitt erscheint dann im Aufriß als eine gerade Strecke $A''B''$, im Grundriß, zu dem die Zylinderachse senkrecht sei, als ein Kreis. Die Endpunkte A'', B'' des Schnittes im Aufriß erscheinen im Grundriß als die Endpunkte A', B' des zu der trennenden Achse parallelen Durchmessers. Ist $C'D'$ der zu diesem senkrechte Kreisdurchmesser, so fallen die zugehörigen Aufrißpunkte C'', D'' mit dem Mittelpunkt M'' der

Strecke $A''B''$ zusammen. Der Radius des Grundkreises sei b, dann wird die Länge der Strecke $A''B''$

$$2a = \frac{2b}{\cos\varepsilon}, \tag{8}$$

wenn ε den Neigungswinkel der Schnittebene gegen die Grundrißebene bedeutet.

Ist nun P ein beliebiger Punkt der Schnittebene, x' der Abstand der Grundrißprojektion P' vom Durchmesser $C'D'$, y der Abstand vom Durchmesser $A'B'$, dann wird, weil P' auf dem Kreis mit dem Radius b liegt,

$$x'^2 + y^2 = b^2.$$

Ferner wird, wenn P'' die Aufrißprojektion von P ist,

$$M''P'' = x = \frac{a}{b}x'.$$

Daraus folgt

$$\frac{x^2}{a^2} + \frac{y^2}{b^2} = 1. \tag{9}$$

x, y sind aber die in der Umklappung erscheinenden auf die Achsen A_1B_1, C_1D_1 bezogenen Koordinaten der wirklichen Schnittkurve und diese ist daher eine Ellipse.

Werden dem Zylinder zwei Kugeln einbeschrieben, die gleichzeitig die Schnittebene in zwei Punkten F, F_1 berühren, so läßt sich die Brennpunktseigenschaft der Ellipse sofort geometrisch ableiten. Man ziehe zu dem Zweck durch einen Punkt P der Schnittkurve die Mantellinie des Zylinders, welche die Berührungskreise der Kugeln mit dem Zylinder in U, V trifft, und verbinde P mit F und F_1. Dann wird

$$PF = PU, \quad PF_1 = PV,$$

weil dies jedesmal zwei von P an die Kugeln gehende Tangenten sind. Daraus folgt

$$PF + PF_1 = UV = AB, \tag{10}$$

denn UV ist gleich der im Aufriß unmittelbar erscheinenden Entfernung der Kugelmittelpunkte M, M_1 und diese wird, wie leicht zu erkennen ist, gleich AB.

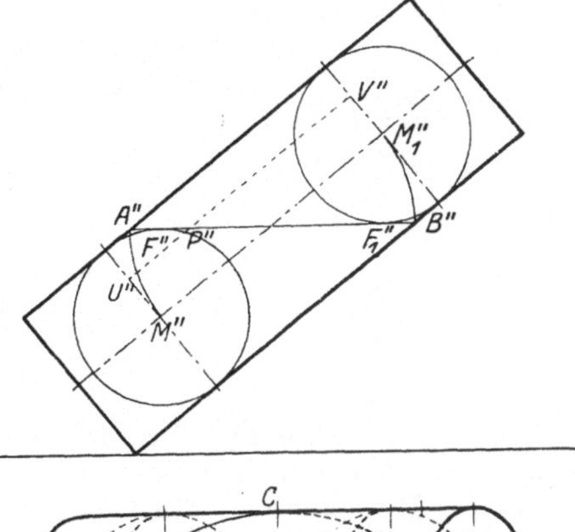

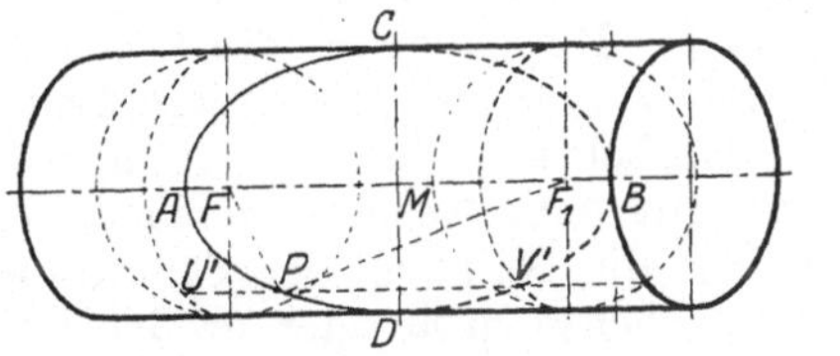

Fig. 109.

Wir zeigen nun, daß jeder ebene Schnitt eines geraden **Kreiskegels**, der nicht durch dessen Spitze geht und nicht zur Kegelachse senkrecht ist, eine eigentliche Kurve zweiter Ordnung (Ellipse, Parabel oder Hyperbel) liefert. Zu diesem Zweck legen wir (Fig. 110) wieder die Schnittebene senkrecht zur Aufrißebene und beschreiben dem Kegel eine Kugel (Dandelinsche Kugel) ein, welche die Schnittebene in einem Punkte F berührt, die Ebene des Berührungskreises treffe die Schnittebene in einer Geraden g. Es sei nun PQ der Abstand eines beliebigen Punktes P der Schnittkurve von dieser Geraden g, ferner sei durch P die Mantellinie des Kegels gezogen, welche die Kugel in U berühre. Die wahre Länge PU machen wir im Aufriß sichtbar, wenn wir durch die Projektionspunkte P'', U'' die als Parallele zur trennenden Achse erscheinenden Kreise des Kegels legen. Dann wird $PU = P_0 U_0$, wenn P_0, U_0 die Punkte der Kreise auf einer der beiden begrenzenden Mantellinien sind. Nun wird aber wieder

$$PF = PU,$$

weil beides Kugeltangenten aus P sind. Sodann wird

$$\frac{PU}{PQ} = \frac{P_0 U_0}{P'' Q''} = \frac{\sin\varepsilon}{\sin\alpha},$$

wenn ε der Neigungswinkel der Schnittebene und α der Neigungswinkel der Mantellinien des Kegels gegen die Grundrißebene ist. Wir finden also

$$\text{(11)} \qquad \frac{PF}{PQ} = \frac{\sin\varepsilon}{\sin\alpha} = \lambda.$$

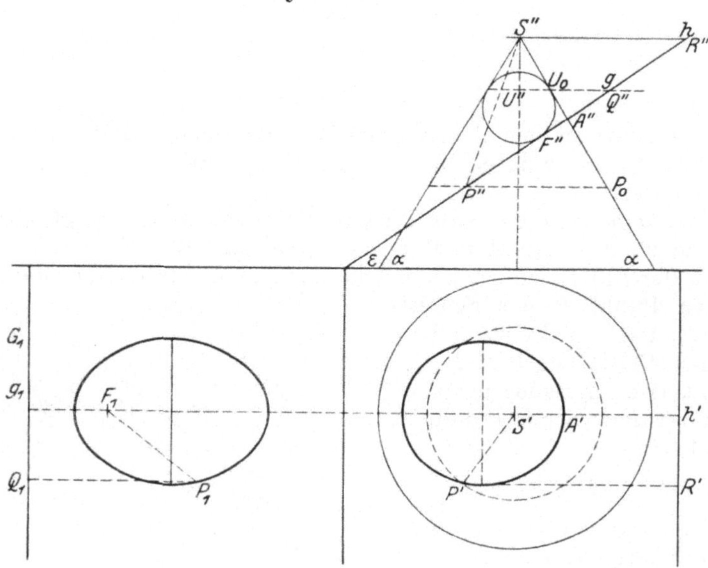

Fig. 110.

Für die Punkte der Schnittkurve wird demnach das Verhältnis des Abstandes von einem festen Punkte zu dem Abstande von einer festen Geraden konstant. Dies aber ist die Grundeigenschaft der Kurven zweiter Ordnung.

Für $\lambda < 1$, also $\varepsilon < \alpha$ erhalten wir eine Ellipse, für $\lambda = 1$, also $\varepsilon = \alpha$ eine Parabel und für $\lambda > 1$, also $\varepsilon > \alpha$ eine Hyperbel. Der Schnitt der Ebene mit dem Kegel wird sonach eine Ellipse, Parabel oder Hyperbel, je nachdem die Neigung der Schnittebene gegen die Ebene des Grundkreises kleiner, ebenso groß oder größer ist wie die Neigung der Mantellinien, oder mit anderen Worten, je nachdem eine zur Schnittebene parallele Ebene durch die Kegelspitze den Kegel nur in der Spitze trifft, ihn in einer Mantellinie berührt oder ihn in zwei Mantellinien schneidet. In diesem letzten Falle sind die beiden so gefundenen Mantellinien zu den Asymptoten der Hyperbel parallel.

Wir wollen noch zeigen, daß die Grundrißprojektion der Schnittkurve eine dieser gleichartige Kurve zweiter Ordnung wird, von der die Projektion der Kegelspitze ein Brennpunkt ist. Wir legen zu dem Zweck durch die Kegelspitze die Parallelebene zur Grundrißebene, welche die Schnittebene in einer Geraden h treffe, die im Grundriß als h' sichtbar wird. $P' R'$ sei der Abstand des Grundrißpunktes P' von h'. S', S'' seien die Projektionen der Kegelspitze. Dann wird $P'S'$ gleich dem Halbmesser des Kegelkreises, der durch P geht, also $= \frac{m}{\operatorname{tg}\alpha}$, wenn m der Abstand der Ebene dieses Kreises von der Kegelspitze ist. Ferner wird $P'R' = \frac{m}{\operatorname{tg}\varepsilon}$, mithin

$$\frac{P'S'}{P'R'} = \frac{\operatorname{tg}\varepsilon}{\operatorname{tg}\alpha}. \tag{12}$$

Wir finden also auch hier die Grundeigenschaft der Kurven zweiter Ordnung und der Bruch auf der rechten Seite der Gleichung (12) ist <1, $=1$, >1, je nachdem die rechte Seite von (11) es ist.

Von besonderem Interesse ist der Fall, wo $\alpha = 90^0$ ist, der Schnitt also parallel zur Kegelachse. Dann entsteht als Schnittkurve natürlich eine Hyperbel. Wir zeichnen sie am bequemsten, wenn wir die Kegelachse senkrecht zur Grundrißebene und die Schnittebene parallel zur Aufrißebene annehmen; b sei ihr Abstand von der Kegelachse. Der Kegelmantel sei über die Spitze S hinaus fortgesetzt, so daß ein Doppelkegel entsteht.

Der Schnitt wird im Grundriß eine zur trennenden Achse parallele gerade Linie l. P', P'' seien die Projektionen eines Punktes P der Schnittkurve. Ist dann r der Radius des durch P gehenden Kegelkreises, so folgt aus dem Grundriß sofort, wenn y den Abstand $P'A'$ bezeichnet, wobei A' der Fußpunkt des aus S' auf l gefällten Lotes ist:

$$r^2 - y^2 = b^2.$$

Ferner wird

$$r = \frac{a}{b}x, \tag{13}$$

wenn x der vertikale Abstand des Punktes P von der Horizontalebene durch die Kegelspitze ist und a der vertikale Abstand des in A' sich projizierenden Punktes A der Schnittkurve, der sich im Aufriß als ein Scheitel A'' der Hyperbel darstellt. Aus den beiden Gleichungen folgt sofort

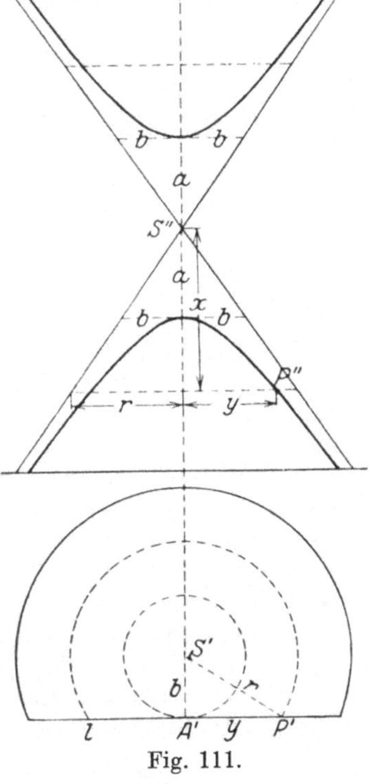

Fig. 111.

$$\frac{x^2}{a^2} - \frac{y^2}{b^2} = 1, \tag{14}$$

die Gleichung der Hyperbel. Diese erscheint, wie sofort zu sehen ist, im Aufriß in ihrer wahren Gestalt, und die begrenzenden Mantellinien des Kegels sind ihre Asymptoten.

Die in diesem Falle zum Ziele führende Konstruktion, die darin besteht, daß durch den Kegel Horizontalschnitte (parallel zur Grundrißebene) gelegt werden, läßt sich sofort auf jede Rotationsfläche anwenden, deren Achse vertikal (zur Grundrißebene senkrecht) ist. Ein wichtiges Beispiel für eine solche Fläche ist der Kreisring, bei dem die Meridianfigur, durch deren Umdrehung die Rotationsfläche entsteht, ein die Rotationsachse nicht schneidender Kreis (vom Radius r) ist. Die Vertikalschnitte der Fläche werden dann sogenannte spirische Linien, zu denen auch die Cassinischen Kurven gehören. Wir greifen den besonderen Fall heraus, wo die entstehende Kurve eine Lemniskate wird. Wir wählen dann den Mittelpunktsabstand q des Meridiankreises von der Rotationsachse gleich $2r$ und legen den zu dieser Achse parallelen Schnitt so, daß er den Kehlkreis, der im Grundriß die innere Begrenzung des Kreisringes bildet, berührt. Der Schnitt sei ferner wieder der Aufrißebene parallel, dann erscheint im Aufriß die wahre Gestalt der Kurve. Der Berührungspunkt D der Schnittebene mit dem Kehlkreis ist auch ein Berührungspunkt dieser Ebene mit der Fläche und liefert einen Doppelpunkt der Schnittpunktkurve. Die Punkte A, B, in denen die Ebene den größten auf dem Kreisring enthaltenen und im Grundriß als äußerer Umriß erscheinenden Kreis trifft, werden die beiden Scheitelpunkte der Lemniskate. Die Strecken AD und BD werden gleich $\sqrt{8} \cdot r$, und der Radius der in A und B der Kurve sich anschmiegenden Scheitelkreise wird gleich $\frac{1}{3} AD$. Die Schnittkurve berührt die beiden den Kreisring in einem Kreise berührenden singulären Tangentialebenen doppelt und die Doppeltangenten der Kurve erscheinen in dem Aufriß unmittelbar als die horizontalen Linien, in die sich die beiden singulären Tangentialebenen projizieren. Die Berührungspunkte werden in der Aufrißprojektion ausgeschnitten durch die inneren gemeinsamen Tangenten der dem Aufriß parallelen Meridiankreise, und diese Tangenten sind um 30^0 geneigt gegen die trennende Achse und gegen die dieser parallele Symmetrieachse der Lemniskate. Die Berührungspunkte sind gleichzeitig auf dem durch die Mittelpunkte der genannten Meridiankreise gehenden Kreis um D, dessen Radius $= 2r$ ist, enthalten.

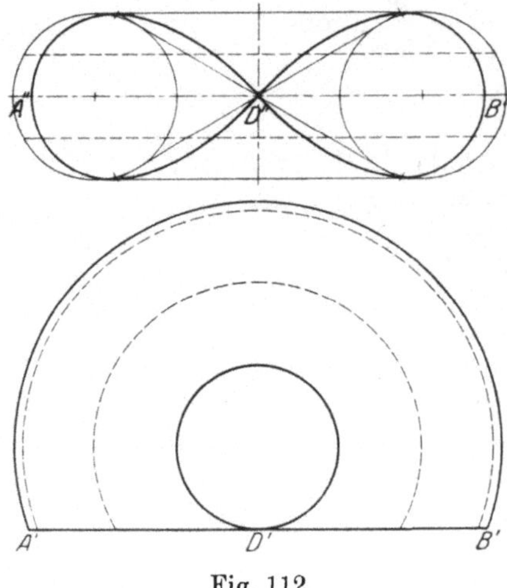

Fig. 112.

Der Nachweis, daß in diesem Falle eine Lemniskate entsteht, ist leicht analytisch zu führen. Allgemein wird der Kreisring in einem Koordinatensystem, dessen Anfangspunkt der Mittelpunkt der Fläche und dessen y-Achse die Rotationsachse ist, durch folgende Gleichung dargestellt:

$$(x^2 + y^2 + z^2 + q^2 - r^2)^2 = 4q^2(x^2 + z^2). \tag{15}$$

In dem betrachteten besonderen Falle ist $q = 2r$, und für die Schnittkurve wird außerdem $z = r$. Es ergibt sich also

$$(x^2 + y^2 + 4r^2)^2 = 16r^2(x^2 + r^2)$$

oder

$$(x^2 + y^2)^2 = 8r^2(x^2 - y^2) \tag{16}$$

und dies ist die Gleichung einer Lemniskate.

Sind x und y sehr klein, so können die auf der linken Seite stehenden höheren Potenzen gegen die zweiten Potenzen auf der rechten Seite vernachlässigt werden. Es wird also

$$x^2 - y^2 = 0 \quad \text{oder} \quad y = \pm x.$$

Dies bedeutet, daß die Doppelpunktstangenten gegen die Achsen der Lemniskate um 45^0 geneigt sind.

Die zeichnerische Behandlung von gekrümmten Flächen wollen wir an dem Beispiel der geradlinigen Flächen oder Kegelflächen erläutern. Zu diesen Flächen gehören auch die Kegel und Zylinder. Die Darstellung der geraden Kreiskegel und Kreiszylinder, deren Achse zur Grundrißebene senkrecht steht, ist so einfach, daß sie keiner Erwähnung bedarf. Es soll nur kurz die Zeichnung eines geraden Kreiskegels, dessen Achse der Aufrißebene parallel, aber gegen die Grundrißebene irgendwie geneigt ist, angegeben werden.

Im Aufriß stellt der Kegel sich dann als ein gleichschenkliges Dreieck dar, indem der Grundkreis als eine gerade Strecke erscheint. Im Grundriß erscheint die Achse parallel zur trennenden Achse, der Grundkreis als Ellipse. Sollen nun verschiedene Mantellinien des Kegels gezeichnet werden, so empfiehlt es sich, den Grundkreis um den der Aufrißebene parallelen Durchmesser d, der im Aufriß als Projektion des Kreises erscheint, so herumzuklappen, daß der Kreis der Aufrißebene parallel wird. Er erscheint dann im Aufriß als Kreis und die Abstände der Kreispunkte von dem Durchmesser d bedeuten im Grundriß die Abstände der entsprechenden Ellipsenpunkte von der (mit der Projektion der Kegelachse zusammenfallenden) kleinen Achse der Ellipse. Danach sind diese Punkte, weil sie lotrecht unter den entsprechenden Punkten des Durchmessers d liegen, leicht zu zeichnen, und mit ihnen die einzelnen Mantellinien des Kegels.

Wir wollen nun noch von den geradlinigen Flächen zweiter Ordnung das einschalige Rotationshyperboloid und das hyperbolische Paraboloid kurz besprechen.

Das einschalige Rotationshyperboloid wird von einer geraden Linie erzeugt, die sich um eine zu ihr windschiefe Achse dreht.

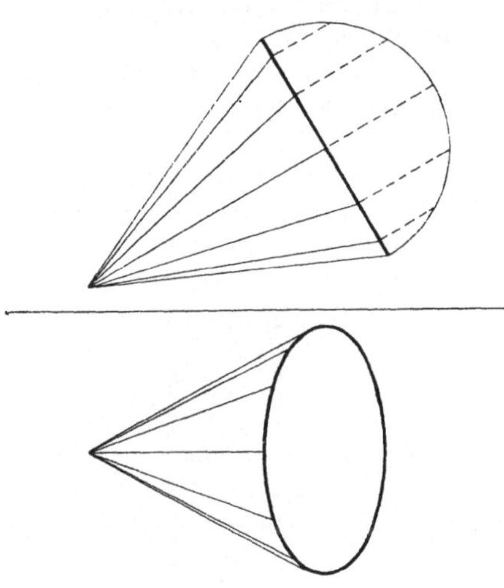

Fig. 113.

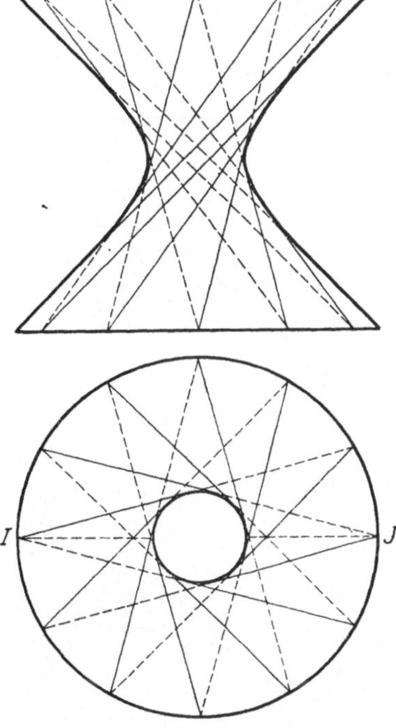

Fig. 114.

Man kann daher, um das Rotationshyperboloid darzustellen, von zwei gleichgroßen Kreisen ausgehen, deren Mittelpunkte vertikal übereinander liegen und jeden Punkt des einen Kreises mit dem gegen ihn um einen bestimmten Winkel ω gedrehten Punkt des anderen Kreises verbinden. Wir würden also erst die vertikal übereinander liegenden Punkte beider Kreise bezeichnen und dann den oberen Kreis um die vertikale Verbindungslinie der Kreismittelpunkte durch den Winkel ω drehen, worauf die Punkte, die vor der Drehung übereinander lagen, durch gerade Linien verbunden werden.

Im Aufriß wird der Umriß der Fläche eine Hyperbel, deren Nebenachse als die Drehachse der Fläche erscheint. Der Punkt, wo die einzelnen Regelstrahlen den Rand berühren, ist der Punkt, wo sie auf die unsichtbare Hälfte übertreten. Er wird also gefunden, indem man den Schnittpunkt der Grundrißprojektion des Regelstrahls mit dem zu der trennenden Achse parallelen Durchmesser IJ des Randkreises in den Aufriß hinauflotet. Die Hauptachse der Hyperbel ist die Aufrißprojektion des Kehlkreises, dessen Radien die kürzesten Abstände der Regelstrahlen von der Drehachse bilden und der im Grundriß von den Grundrißprojektionen der Regelstrahlen berührt wird. Die Regelstrahlen, die im Grundriß der trennenden Achse parallel erscheinen, in Wirklichkeit also der Aufrißebene parallel sind, liefern die Asymptoten der Hyperbel.

Die Hyperbel ist die Meridianfigur der Regelfläche. Indem man diese Hyperbel um ihre Nebenachse rotieren läßt. erzeugt man die Fläche.

Die Regelfläche enthält noch eine zweite Regelschar, was man sofort sieht, indem man sie an einer Meridianebene spiegelt. Dann geht sie in sich über, jeder Regelstrahl also wieder in einen Regelstrahl der Fläche, der aber nicht zu der zuerst betrachteten Regelschar gehört. Die Regelstrahlen der zweiten Schar schneiden alle Regelstrahlen der ersten Schar (oder sind ihnen parallel). Ihre Aufriß- und ihre Grundrißprojektionen fallen mit denen der ersten Schar zusammen, nur sind die sichtbaren und die unsichtbaren Teile vertauscht.

Es seien l', l'' die Projektionen eines Regelstrahls l der Fläche, P ein beliebiger Punkt auf ihm. Im Grundriß berührt l' den Kehlkreis, dessen Radius a sei, in einem Punkte T' und erscheint als die Sehne $U'V'$ des Randkreises. Im Aufriß erscheinen diese Punkte als U'', V'' in den richtigen Höhen 0 und h. Der zu der Sehne $U'V'$ gehörige Zentriwinkel $U'M'V'$ sei ω, φ sei der Winkel, um den $M'T'$ gegen die trennende Achse geneigt ist.

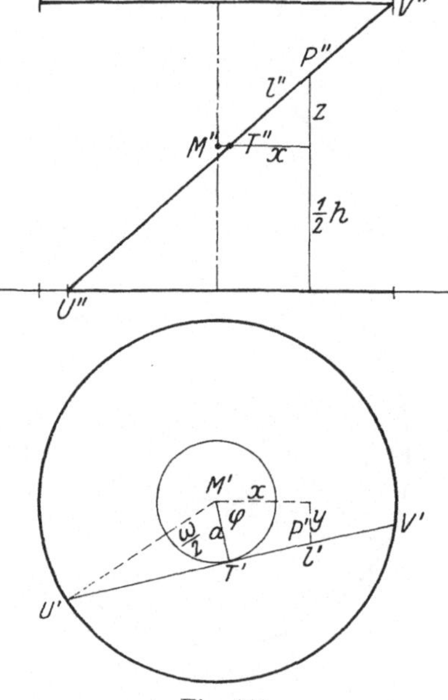

Fig. 115.

Nennen wir nun x, y, z die Koordinaten von P bezogen auf drei durch den Flächenmittelpunkt M gehende, paarweise zu den Grundebenen parallele Achsen, so wird

$$x\cos\varphi + y\sin\varphi = a,$$

$$x\sin\varphi - y\cos\varphi = \frac{a\operatorname{tg}\frac{1}{2}\omega}{\frac{1}{2}h}\cdot z. \tag{17}$$

Eliminiert man aus diesen Gleichungen φ, indem man sie quadriert und addiert, so entsteht die Gleichung der Fläche

$$x^2 + y^2 = a^2 + \frac{a^2\operatorname{tg}^2\frac{1}{2}\omega}{\frac{1}{4}h^2}z^2$$

oder

$$\frac{x^2+y^2}{a^2} - \frac{z^2}{c^2} = 1, \tag{18}$$

wenn man noch $c = \frac{\frac{1}{2}h}{\operatorname{tg}\frac{1}{2}\omega}$ setzt. $\frac{c}{a}$ ist der Tangens des Neigungswinkels der Regelstrahlen gegen die Grundrißebene. Für $y = 0$ erhält man die Meridiankurve im Aufriß

$$\frac{x^2}{a^2} - \frac{z^2}{c^2} = 1, \tag{19}$$

für $z=0$ den Kehlkreis

(20) $$x^2+y^2=a^2.$$

Den Fall des hyperbolischen Paraboloides wollen wir so behandeln, daß wir zwei zu der Grundrißebene gleich geneigte Leitlinien annehmen und die in gleicher Höhe liegenden Punkte durch gerade Linien verbinden. Wir können dann die Leitlinien auch im Grundriß und Aufriß gleich geneigt gegen die trennende Achse zeichnen. Wir ziehen im Aufriß die Parallelen zur trennenden Achse, loten die Schnittpunkte mit den Leitlinien auf die Grundrißprojektionen herunter und ziehen die Verbindungslinien auch im Grundriß. Die Regelstrahlen sind dann die Höhenlinien der Fläche. Sind die Höhenstufen bei den Höhenlinien gleich genommen, so folgen auch die verbundenen Punkte auf den Grundrißprojektionen der Leitlinien in gleichen Abständen aufeinander. Es ist daraus sofort zu sehen, daß die Grundrißprojektionen der Regelstrahlen eine Parabel umhüllen, deren Achse symmetrisch zu den Projektionen der beiden Leitlinien liegt. Der Scheitel wird gefunden, wenn man den Schnittpunkt der Aufrißprojektionen der Leitlinien auf die Parabelachse herunterlotet.

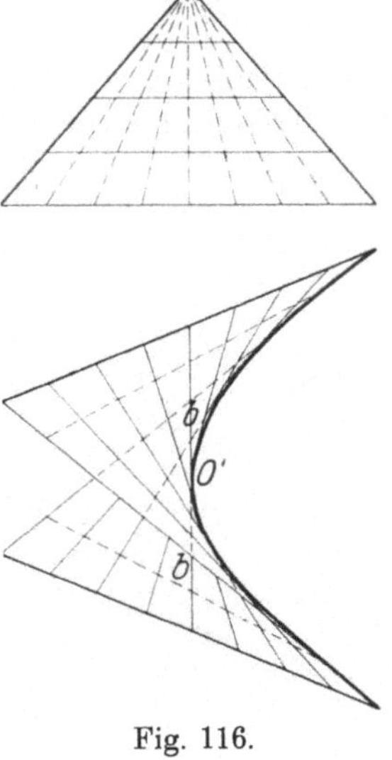

Fig. 116.

Die Parabel berührt nicht bloß die Grundrißprojektionen der Regelstrahlen, sondern auch die Leitlinien. Teilt man die Abschnitte der Regelstrahlen zwischen den Leitlinien in gleichviel gleiche Teile, so werden die Verbindungslinien entsprechender Teilpunkte wieder Tangenten der Parabel. Im Aufriß gehen diese Linien alle durch den Schnittpunkt der Leitlinienprojektionen. Sie bedeuten die zweite Regelschar der Fläche.

Um die Fläche auch analytisch abzuleiten, führen wir wieder ein Koordinatensystem x, y, z ein, dessen Achsen paarweise zu den Grundebenen parallel sind und dessen Anfangspunkt O im Aufriß sich als der Schnittpunkt O'' der beiden Leitlinien darstellt, in Wirklichkeit aber von den mit O'' im Aufriß zusammenfassenden Punkten der beiden Leitlinien gleich weit, sagen wir um die Strecke b, entfernt ist. Dann haben die Leitlinien die Gleichungen

$$z_1=\mu x_1,\quad y_1=b+\nu x_1 \quad\text{und}\quad z_2=-\mu x_2,\quad y_2=-b-\nu x_2.$$

Es werden nun die Punkte verbunden, für die

$$z_1=z_2=z$$

wird. Für die Grundrißprojektion der Verbindungslinie ergibt sich dann die Gleichung

$$(y_1-y_2)\,x-(x_1-x_2)\,y+(x_1 y_2-y_1 x_2)=0$$

oder

(21) $$b\,x-\frac{1}{\mu}\,y\,z+\frac{\nu}{\mu^2}\,z^2=0\,.$$

Führt man einen Winkel ϑ ein durch die Gleichung

(22) $$\operatorname{tg} 2\,\vartheta=\frac{\mu}{\nu}$$

und setzt

(23) $$Y = \cos\vartheta\, y + \sin\vartheta\, z\,, \qquad Z = -\sin\vartheta\, y + \cos\vartheta\, z\,,$$

so wird

(24) $$Z^2 - \mathrm{tg}^2\vartheta\, Y^2 = (1 - \mathrm{tg}^2\vartheta)\left(z^2 - \frac{\mu}{\nu}\, y\, z\right),$$

und damit geht, wenn wir noch $X = x$ setzen, die Flächengleichung über in die Form

$$Z^2 - \mathrm{tg}^2\vartheta\, Y^2 = c \cdot X\,,$$

wo c eine neue Konstante bedeutet, und dies ist die Gleichung eines hyperbolischen Paraboloids.

Neben den besprochenen Regelflächen müssen noch die Schraubenregelflächen Erwähnung finden. Fällt man von den Punkten einer Schraubenlinie die Lote auf die Schraubenachse, so erfüllen diese Lote eine Wendelfläche. Die Darstellung dieser Fläche in Grund- und Aufriß ist sofort gegeben (Fig. 117). Die Schraubenlinie stellt sich, wenn die Achse zum Grundriß senkrecht angenommen wird, im Aufriß als eine Sinuskurve dar, deren Ordinaten die Regelstrahlen der Wendelfläche bezeichnen. Im Grundriß stellen diese sich noch einfacher als die Radien eines Kreises dar.

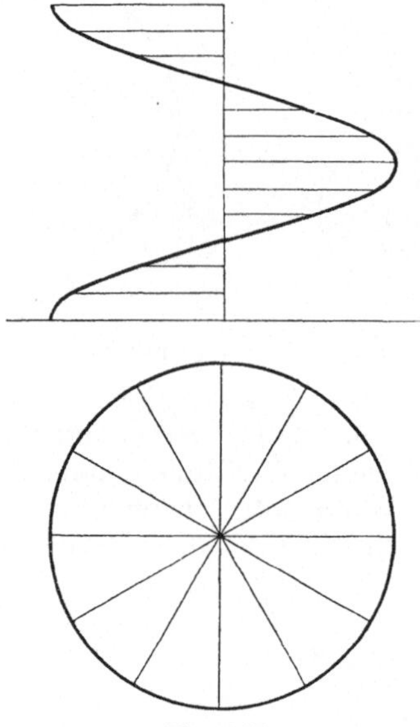

Fig. 117.

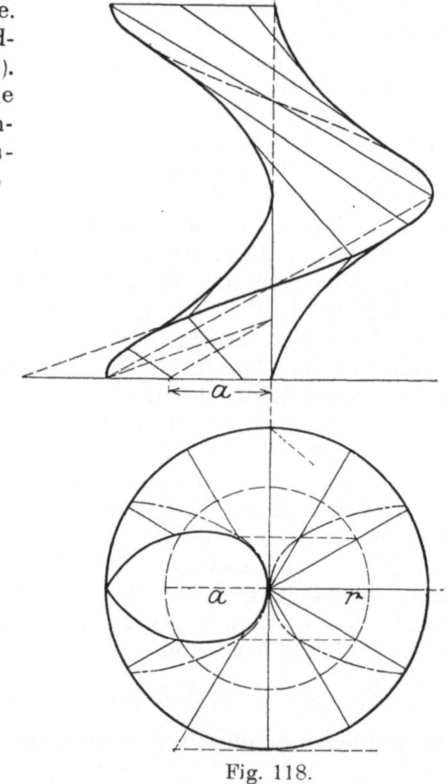

Fig. 118.

Trifft die gerade Linie, die bei der Schraubenbewegung die Regelfläche durchläuft, die Schraubenachse nicht senkrecht, sondern unter einem beliebigen Winkel, so ergibt sich eine andere, die schiefe Schraubenfläche. Wir zeichnen zunächst die Regelstrahlen, die der Aufrißebene parallel und abwechselnd nach links und rechts geneigt sind. Der Schnittpunkt zweier so aufeinanderfolgender Lagen durchläuft nun bei der Schraubenbewegung eine Schraubenlinie, die eine Doppellinie der Fläche bildet. Wir zeichnen nur den Teil der Fläche, der zwischen der Achse und dieser Doppellinie liegt. Die übrigen Lagen des Regelstrahls sind dann sofort darzustellen. Im Grundriß erscheinen sie wieder als Radien eines Kreises, dessen Länge r gleich dem Abstand der Punkte der Doppelkurve von der Achse wird. Der Umriß der Fläche im Aufriß stellt sich im Grundriß als eine Kappakurve dar und ist danach leicht zu zeichnen. Der Schnitt der Fläche mit einer zur Grundrißebene parallelen Ebene wird eine Archimedische Spirale, deren erster Doppelpunkt den Abstand r von dem Zentrum hat, deren erzeugender Kreis mithin den Radius $a = \frac{r}{\frac{1}{2}\pi}$ und deren Scheitelkreis also den Radius $\frac{1}{2}a = \frac{r}{\pi}$ hat. Der Parameter der Kappakurve wird ebenfalls $= a$.

Fünftes Kapitel.

Besondere Probleme der Raumgeometrie.

1. Raumkurven.

Eine Kurve im Raum wird als eine **Raumkurve** bezeichnet. Die Kurve kann in einer Ebene enthalten sein, dann läßt sich ihre Behandlung auf ein Problem der ebenen Geometrie zurückführen. Dagegen sprechen wir von einer **eigentlichen Raumkurve** oder **Kurve doppelter Krümmung** in dem Falle, wo jede Ebene nur einzelne Punkte der Kurve enthält.

Die Koordinaten x, y, z der Punkte einer Raumkurve können als Funktionen eines Parameters t angesetzt werden in der Form:

$$x = \varphi(t), \qquad y = \chi(t), \qquad z = \psi(t). \tag{1}$$

Z. B. stellen die Gleichungen

$$x = a\cos t, \qquad y = a\sin t, \qquad z = \frac{h}{2\pi}t \tag{2}$$

eine Raumkurve dar, welche als **Schraubenlinie** bezeichnet wird.

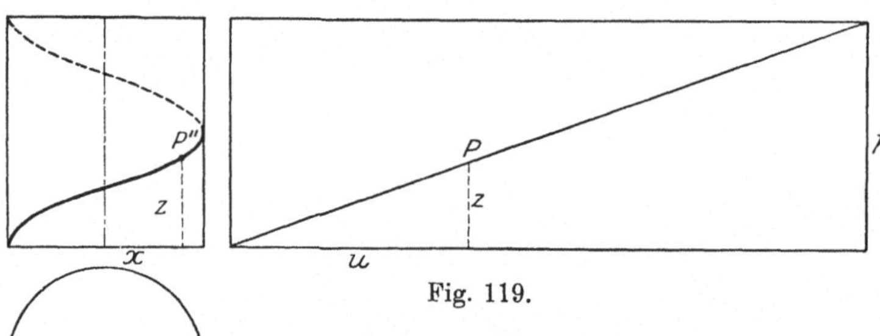

Fig. 119.

Eliminieren wir auf irgendeine Weise aus den Gleichungen (1) den Parameter t, so erhalten wir die Gleichung

$$f(x, y, z) = 0$$

einer Fläche, welche die Raumkurve enthält. Eliminieren wir insbesondere aus je zweien der Gleichungen (1) den Parameter t, so finden wir die Gleichungen von drei Zylindern, deren Mantellinien je einer Koordinatenachse parallel sind und welche die Raumkurven enthalten. Die Grundlinien dieser Zylinder in den einzelnen Koordinatenebenen können wir als die Projektionen der Raumkurve auf die Koordinatenebenen ansehen. Sie erscheinen als die Grundriß-, Aufriß- und Seitenrißdarstellung der Raumkurve.

Z. B. erhalten wir so aus den Gleichungen (2)

$$x^2 + y^2 = a^2, \qquad x = a\cos\frac{2\pi}{h}z = a\sin\frac{2\pi}{h}\left(\frac{h}{4} + z\right), \qquad y = a\sin\frac{2\pi}{h}z. \tag{3}$$

Die erste dieser Gleichungen zeigt, daß die Kurve auf einem geraden Kreiszylinder mit dem Radius a enthalten ist und daß ihre Grundrißprojektion ein Kreis ist. Die zweite und dritte Gleichung zeigen, daß die Aufriß- und die Seitenrißprojektion eine Sinuslinie wird, und zwar ergeben sich kongruente Sinuslinien mit der Periode h (der Ganghöhe der Schraubenlinie), von denen die eine gegen die andere um eine Viertelperiode verschoben ist.

Wickelt man den Mantel des Zylinders, auf dem die Schraubenlinie liegt, in eine Ebene ab, so werden die Koordinaten eines Punktes auf dem Mantel $u = at$ und z, und zwischen diesen Koordinaten besteht die Beziehung

$$(4)\qquad z = \frac{h_0}{a} u,$$

wenn noch $h_0 = \frac{h}{2\pi}$ gesetzt wird. Die Schraubenlinie erscheint in der Abwicklung also als eine gerade Linie. Für den Neigungswinkel α dieser Linie ergibt sich

$$(5)\qquad \operatorname{tg}\alpha = \frac{h_0}{a}$$

und dieses ist auch der konstante Steigungswinkel der Schraubenlinie selbst.

Drehen wir das Koordinatensystem um die x-Achse durch den Winkel φ, indem wir die neuen Koordinaten einführen

$$x' = x, \quad y' = -\cos\varphi \cdot y + \sin\varphi \cdot z, \quad z' = \sin\varphi \cdot y + \cos\varphi \cdot z,$$

so wird die Darstellung der Schraubenlinie

$$(6)\quad x' = a\cos t, \quad y' = -a\cos\varphi \sin t + h_0 \sin\varphi \cdot t, \quad z' = a\sin\varphi \sin t + h_0 \cos\varphi \cdot t.$$

Die ersten beiden dieser Gleichungen geben die Darstellung der Kurve, in welche sich die Schraubenlinie auf die neue xy-Ebene projiziert. Vergleichen wir diese Gleichungen mit den Gleichungen

$$x_1 = r\cos t, \quad y_1 = -r\sin t + r_0 t$$

einer Zykloide, d. h. des Weges eines Punktes, der mit einem auf einer geradlinigen Bahn rollenden Rade fest verbunden ist, wobei die y-Achse der Weg des Mittelpunktes, r_0 der Halbmesser des Rades und r der Abstand des die Kurve beschreibenden Punktes vom Mittelpunkt des Rades ist, so ergibt sich für $r = a$ die Beziehung

$$x' = x_1, \quad y' = y_1 \cos\varphi,$$

wenn $h_0 \operatorname{tg}\varphi = r_0$ genommen wird. Die Projektion der Schraubenlinie auf eine Ebene, welche gegen die Schraubenachse um den Winkel φ geneigt ist, geht also aus der Radkurve (Zykloide) durch Verkürzung der Dimensionen in der Richtung der Bahn im Verhältnis $\cos\varphi : 1$ hervor. Die Kurve ist eine verschlungene Zykloide, wenn $r > r_0$, also $\frac{r}{h_0} > \operatorname{tg}\varphi$, eine gespitzte Zykloide, wenn $\frac{r}{h_0} = \operatorname{tg}\varphi$, d. h. $\varphi = \frac{\pi}{2} - \alpha$, und eine gestreckte Zykloide, wenn $\frac{r}{h_0} < \operatorname{tg}\varphi$. So erklärt sich der gewöhnliche Anblick einer Schraubenlinie, etwa einer Feder, welche die Gestalt einer Schraubenlinie hat.

Wenn sich durch Elimination von t aus den Gleichungen (1) zwei algebraische Gleichungen

$$(7)\qquad f(x, y, z) = 0, \quad f_1(x, y, z) = 0,$$

also die Gleichungen zweier algebraischer Flächen, auf denen die Raumkurve liegt, finden lassen, so heißt die Raumkurve **algebraisch**.

Die Raumkurve braucht aber nicht den vollständigen Schnitt der beiden Flächen zu bilden. Z. B. ergeben sich durch Elimination von t aus den Gleichungen

$$(8)\qquad x = a\frac{t^2}{1+t^2}, \quad y = a\frac{t}{1+t^2}, \quad z = at$$

die Gleichungen

(9) $$x^2 + y^2 - ax = 0, \qquad x^2 + y^2 - yz = 0.$$

Die erste dieser Gleichungen ist die eines geraden Kreiszylinders, der die z-Achse enthält, die zweite Gleichung die eines schiefen Kreiskegels, der ebenfalls die z-Achse enthält und von den zu dieser Achse senkrechten Ebenen in Kreisen geschnitten wird. Die z-Achse bildet aber nicht einen Teil der durch (8) dargestellten Raumkurve. Von der Durchdringung der beiden Flächen ist also eine gerade Linie abzusondern, welche die Raumkurve bildet.

Die Schnittpunkte dieser Raumkurve mit einer Ebene

$$Ax + By + Cz = D$$

ergeben sich aus der Gleichung dritten Grades

$$At^2 + Bt + Ct(1 + t^2) = \frac{D}{a}(1 + t^2).$$

Die Raumkurve heißt deshalb eine Raumkurve dritter Ordnung oder kubische Raumkurve.

Allgemein heißt Ordnung einer algebraischen Raumkurve die Anzahl der Wurzeln einer algebraischen Gleichung, die den sämtlichen Schnittpunkten der Kurve mit einer Ebene entsprechen. Eine Raumkurve $n$ter Ordnung hat also mit einer Ebene nie mehr als n reelle Punkte gemein.

Die Raumkurven dritter Ordnung sind von geringer praktischer Bedeutung. Viel wichtiger sind die Kurven vierter Ordnung, welche die vollständige Durchdringung zweier Flächen zweiter Ordnung bilden.

Sind nun die Gleichungen (7) von der zweiten Ordnung, so gehört ihre Durchdringungskurve auch jeder Fläche zweiter Ordnung an, deren Gleichung von der Form ist:

(10) $$f(x, y, z) + \lambda f_1(x, y, z) = 0,$$

wenn λ einen willkürlichen Parameter bezeichnet. Alle diese Flächen bilden einen Flächenbüschel und die Raumkurve ist dessen Grundkurve.

In dem Flächenbüschel können auch Kegel und Zylinder enthalten sein. Für deren Bestimmung ergibt sich im allgemeinen eine Gleichung vierten Grades für λ, so daß nie mehr als vier Kegel in dem Flächenbüschel enthalten sind, wenn dessen Grundkurve nicht in bestimmter Weise zerfällt.

Als einfachstes Beispiel betrachten wir die Raumkurve, welche sich als Durchdringung der geraden Kreiszylinder

(11) $$x^2 + y^2 = R^2, \qquad y^2 + z^2 = r^2, \qquad (R > r)$$

ergibt, deren Achsen (die z- und die x-Achse) sich rechtwinklig schneiden. Die angeschriebenen Gleichungen stellen auch die Projektionen der Raumkurve auf die xy- und yz-Ebene (Grundriß und Seitenriß) dar. Diese Projektionen sind Kreise oder Kreisbogen, und zwar ist hier die eine ein Vollkreis, die andere besteht aus zwei kongruenten Kreisbogen.

Eliminiert man aus den Gleichungen (11), indem man sie subtrahiert, die Koordinate y, so ergibt sich

(12) $$x^2 - z^2 = a^2,$$

wenn $a^2 = R^2 - r^2$ gesetzt wird. Dies ist die Gleichung für die Aufrißprojektion der Durchdringungskurve. Sie stellt eine gleichseitige Hyperbel dar, deren Achsen in die x- und z-Achse des zugrunde gelegten Koordinatensystems fallen. Gleichzeitig stellt die Gleichung einen hyperbolischen Zylinder dar, auf dem die Durchdringungskurve liegt.

Multipliziert man endlich die erste Gleichung (11) mit r^2, die zweite mit R^2 und subtrahiert die beiden so gewonnenen Gleichungen, so findet man

$$r^2 x^2 - a^2 y^2 - R^2 z^2 = 0. \tag{13}$$

Dies ist die Gleichung eines (schiefen) Kreiskegels, der die Durchdringungskurve enthält, dessen Spitze im Koordinatenanfangspunkt liegt und dessen Symmetrieachsen mit den Koordinatenachsen zusammenfallen.

Es gehen also durch die Raumkurve drei Zylinder, zwei gerade Kreiszylinder und ein gleichseitig hyperbolischer Zylinder, und ferner ein Kegel hindurch.

Wenn man die Durchdringung darstellerisch behandelt, so empfiehlt es sich, Grundriß, Aufriß und Seitenriß zu benutzen. Die Grundebenen müssen nicht wie bei der analytischen Behandlung durch die Achsen der Zylinder gelegt werden, sondern sind so parallel zu verschieben, daß die Zylinder, soweit sie in Betracht kommen, in dem benutzten Quadranten des Koordinatensystems erscheinen. Die Zylinderachsen sind beide parallel zu der Aufrißebene. Die Durchdringung ist dann im Grund- und Seitenriß sofort gegeben und in diesen Projektionen kreisförmig. Von der im Aufriß erscheinenden gleichseitigen Hyperbel fallen die Achsen mit den Zylinderachsen scheinbar zusammen, und wenn, wie angenommen wird, der Halbmesser R des zum Grundriß senkrechten Zylinders der größere ist, erhält man die Scheitelpunkte der Hyperbel, indem man die Schnittpunkte A, B der vordersten Mantellinie des horizontalen Zylinders mit dem vertikalen Zylinder aus dem Grundriß in den Aufriß hinauflotet. Die Asymptoten der Hyperbel sind, da sie durch den Mittelpunkt der Hyperbel (den Schnittpunkt der Achsen) gehen und gegen beide Achsen um 45^0 geneigt sind, sofort zu zeichnen und daraus die ganze Hyperbel leicht direkt zu konstruieren.

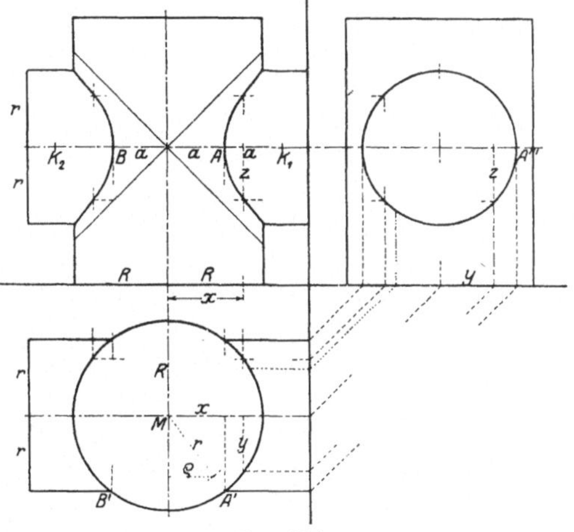

Fig. 120.

Um einzelne Punkte der Hyperbel zu finden, kann man auch folgendermaßen verfahren: Man teile den Grundkreis des vertikalen Zylinders etwa in zwölf gleiche Teile, zeichne zu den Teilpunkten die zugehörigen Mantellinien im Seitenriß und Aufriß und übertrage die Punkte, in denen die Mantellinien den horizontalen Zylinder schneiden, durch Parallelen zur trennenden Achse aus dem Seitenriß, in dem sie sofort zu erkennen sind, in den Aufriß. Ebenso kann man auch den im Seitenriß erscheinenden Grundkreis des horizontalen Zylinders in zwölf gleiche Teile teilen und die zu den Teilpunkten gehörenden Mantellinien im Grundriß und Aufriß zeichnen. Dann sind deren Schnittpunkte mit dem vertikalen Zylinder aus dem Grundriß, in dem sie unmittelbar erscheinen, sofort in den Aufriß zu übertragen.

Diese Konstruktion gibt auch die Möglichkeit, die Durchdringungskurve in den Abwicklungen der beiden Zylinder zu zeichnen. In der Abwicklung des größeren Zylinders erscheint sie durch zwei kongruente Ovale, in der Abwicklung des kleineren Zylinders durch zwei symmetrische Wellenlinien dargestellt. Die Ovale umschließen, wie sofort zu sehen ist, Kreise vom

Radius r, die sich der Kurve jedesmal im höchsten und tiefsten Punkte anschmiegen. Um auch in den anderen Scheitelpunkten der Ovale, deren einer dem Punkte A entspricht, den Schmiegungskreis zu finden, betrachte man die Ordinate in einem von dem Punkte A' des Grundrisses auf dem Grundkreis des vertikalen Zylinders um den sehr kleinen Bogen η entfernten

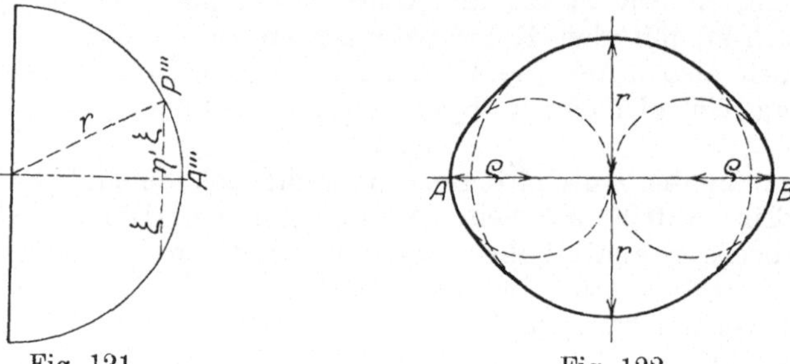

Fig. 121. Fig. 122.

Punkte P'. Die Vertikale in diesem Punkte ist dann im Seitenriß von dem Punkte A''' um das Stück $\eta \cos \alpha$ entfernt, wenn α den Winkel bezeichnet, den der durch A' gehende Radius mit der trennen- den Achse (oder der Achse des horizontalen Zylinders) bildet. Ferner sei mit $2\,\xi$ die von der Vertikalen aus dem horizontalen Zylinder (oder im Seitenriß aus seinem Grundkreis) herausgeschnittene Sehne bezeichnet. Nun gilt in der Seitenrißfigur die Beziehung

$$r = \frac{\xi^2}{2\,\eta'} = \frac{\xi^2}{2\,\eta} \cdot \frac{1}{\cos \alpha}\,.$$

Ist aber ϱ der Radius des gesuchten Schmiegungskreises, von dem man annehmen kann, daß er die A benachbarten Punkte der Durchdringungskurve in der Abwicklung enthält, so wird ebenso

$$\varrho = \frac{\xi^2}{2\,\eta}\,,$$

also ergibt sich

$$\varrho = r \cos \alpha\,, \tag{14}$$

und man findet ϱ, indem man r auf dem nach A' hinlaufenden Radius $M'A'$ abträgt und auf die Achse des horizontalen Zylinders im Grundriß projiziert.

Einfacher noch ist die Bestimmung der Scheitelkreise für die Durchdringungskurve in der Abwicklung des horizontalen Zylinders. In den Ausbuchtungen umschließen die Wellenlinien, als die sich die Durchdringung darstellt, jedesmal einen Kreis vom Radius R, der sonach den gemeinsamen Scheitelkreis für zwei einander gegenüberliegende Scheitel der Durchdringungskurve liefert. In den Einbuchtungen dieser Kurve, in denen sie sich der Mittellinie am meisten nähert, werden dagegen die Radien der Scheitelkreise $= a$. Diese Ergebnisse sind auch aus der Gleichung der Kurve ab zuleiten. Diese lautet, wenn wir $y = r \sin \frac{u}{r}$, $z = r \cos \frac{u}{r}$ setzen, so daß u die in der Abwicklung zu benutzende Abszisse, x die zugehörige Ordinate wird:

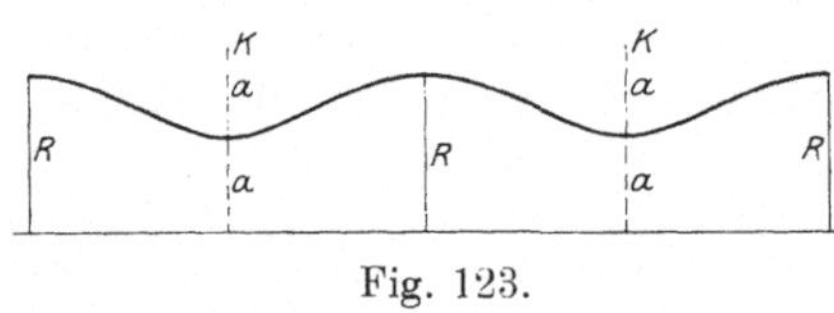

Fig. 123.

$$x^2 = R^2 - r^2 \sin^2 \frac{u}{r}\,. \tag{15}$$

Aus dieser Gleichung lassen sich weiter die Wendepunkte der Wellenlinie bestimmen, die zwischen den Stellen stärkster Ausbuchtung und stärkster Einbuchtung liegen. Es ergibt sich für diese Wendepunkte

$$\sin\frac{u}{r} = \pm\sqrt{\frac{R(R-a)}{r}}, \tag{16}$$

also

$$x = \pm\sqrt{Ra}. \tag{17}$$

Sie sind danach auch konstruktiv zu finden.

Handelt es sich um die Durchdringung zweier gerader Kreiszylinder. deren Achsen sich rechtwinklig kreuzen, also nicht schneiden, so legt man die Aufrißebene wieder zweckmäßig parallel zu den beiden Zylinderachsen, die Grundriß- und Seitenrißebene also senkrecht zu der Achse je eines der beiden Zylinder. Man kann dann das frühere Verfahren wieder anwenden, indem man die im Grundriß und Seitenriß ohne weiteres ersichtliche Durchdringung einfach in den Aufriß überträgt. Dort erscheint aber jetzt nicht mehr eine Hyperbel, sondern eine Kurve vierter Ordnung.

Es sind drei Fälle zu unterscheiden. Nennen wir wieder R den Halbmesser des vertikalen (zur Grundrißebene senkrechten) Zylinders, r den Halbmesser des horizontalen Zylinders und nehmen $R > r$ an, bezeichnen wir ferner mit p den kürzesten Abstand beider Zylinderachsen, so sind diese drei Fälle folgende:

1. $R - r > p$. Dann durchdringen sich beide Zylinder noch in einer zweizügigen Kurve, und zwar sind diese Züge symmetrisch kongruent.

2. $R - r = p$. Dann berühren sich beide Zylinder. Die beiden Züge schließen sich zu einem zusammen, indem sie sich im Berührungspunkt zu einem Knotenpunkt vereinigen.

3. $R - r < p$. Dann ist die Kurve einzügig, ohne Knotenpunkt.

Wenn wir diesen letzten Fall zunächst näher betrachten, so ist es wichtig, die Punkte zu finden, wo die Kurve im Aufriß die begrenzenden Mantellinien beider Zylinder berührt. Man findet diese Punkte, indem man die Punkte des Seitenrisses oder Grundrisses aufsucht, die der Durchdringungskurve, also jedesmal dem in dem Riß erscheinenden Kreise angehören und gleichzeitig scheinbar auf die Achse des anderen, als Rechteck erscheinenden Zylinders fallen. Dagegen liefern die Punkte der Durchdringung, die in diesen Rissen auf eine begrenzende Mantellinie des einen Zylinders fallen, die Scheitelpunkte der Aufrißprojektion und der Raumkurve selbst.

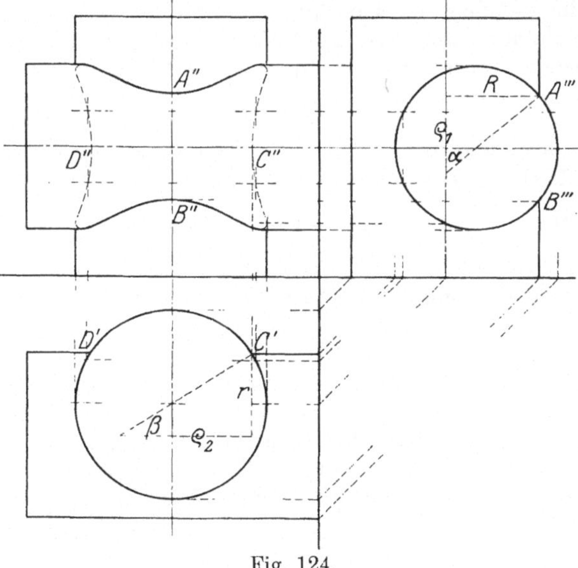

Fig. 124.

Es ist noch angebracht, in diesen Punkten die Schmiegungskreise (Scheitelkreise) zu konstruieren. Benutzt man ein analoges Verfahren wie vorher, so ergibt sich z. B. für die Punkte A und B, in denen die vorderste Mantellinie des vertikalen Zylinders den horizontalen Zylinder durchstößt, der Wert des Krümmungsradius

$$\varrho_1 = \frac{R}{\operatorname{tg} \alpha}, \tag{18}$$

wenn α der Winkel ist, den der in dem Seitenriß durch den Punkt A''' gezogene Radius des dort erscheinenden Kreises mit der Achse des vertikalen (als Rechteck erscheinenden) Zylinders bildet. Man findet ϱ_1 also, indem man auf dieser Achse im Seitenriß das Stück zwischen der Verlängerung des genannten Kreisradius und der Horizontalen durch A''' abmißt.

Genau ebenso findet man für die Krümmungsradien ϱ_2 an den anderen beiden Scheitelpunkten C'', D'', die im Aufriß scheinbar auf die Achse des horizontalen Zylinders fallen, den Wert

$$\varrho_2 = \frac{r}{\operatorname{tg} \beta}, \tag{19}$$

wenn β den Winkel bezeichnet, den die durch C', D' gezogenen Radien des im Grundriß erscheinenden Grundkreises des vertikalen Zylinders mit der Projektion der Achse des horizontalen Zylinders bilden, und danach ist auch die zeichnerische Konstruktion sofort wieder zu ersehen. Wir wollen noch bemerken, daß, wenn die hinterste Mantellinie des horizontalen Zylinders die Achse des vertikalen Zylinders trifft, der genannte Kreisradius zu der Achsenprojektion des horizontalen Zylinders parallel, also $\beta = 0$ wird. Die Konstruktion versagt mithin, ϱ_2 wird unendlich. Das bedeutet, daß die Kurve dann im Aufriß die begrenzenden Mantellinien des vertikalen Zylinders besonders eng (vierpunktig), scheinbar auf der Achse des horizontalen Zylinders berührt.

Wenn wir nun die Durchdringung analytisch verfolgen, so legen wir die z-Achse des Koordinatensystems zweckmäßig in die Achse des vertikalen Zylinders und die zy-Ebene durch die Achse des horizontalen Zylinders. Dann werden die Gleichungen der beiden Zylinder:

$$x^2 + y^2 = R^2, \qquad y^2 + z^2 - 2\,py = r^2 - p^2, \tag{20}$$

also finden wir durch Elimination von y für die Durchdringungskurve die Gleichung der Aufrißprojektion:

$$(R^2 - r^2 + p^2 - x^2 + z^2)^2 = 4\,p^2\,(R^2 - x^2). \tag{21}$$

Wird $R - r = p$, berühren sich also die beiden Zylinder, so nimmt diese Gleichung die Form an

$$(x^2 - z^2)^2 = 4\,(R - r)\,(r x^2 - R z^2). \tag{22}$$

Die Kurve hat in der Tat einen Knotenpunkt im Koordinatenanfangspunkt O, weil das konstante und die linearen Glieder in der Gleichung fehlen. Betrachtet man nun die unmittelbare Umgebung des Knotenpunktes O, so kann man die höheren Potenzen der Koordinaten x, z, also die linke Seite der vorstehenden Gleichung, vernachlässigen und erhält einfach

$$r x^2 - R z^2 = 0$$

oder

$$\frac{z}{x} = \pm \sqrt{\frac{r}{R}}. \tag{23}$$

Dies also ist der Tangens des Winkels γ, um den die Doppelpunktstangenten gegen die horizontale Koordinatenachse geneigt sind. Man schreibt für die zeichnerische Konstruktion zweckmäßig

$$\operatorname{tg} \gamma = \frac{r}{\sqrt{rR}}. \tag{24}$$

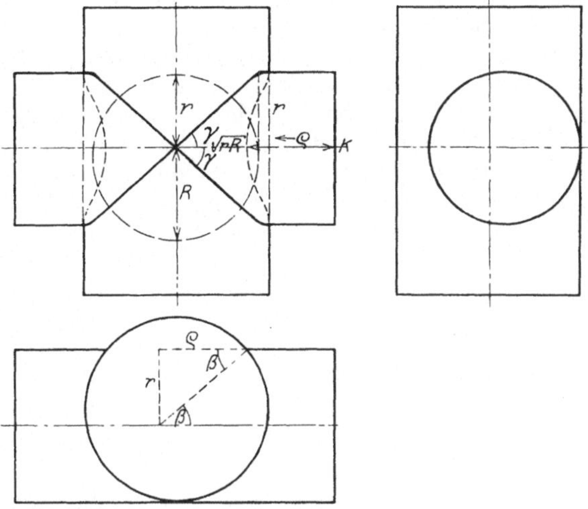

Fig. 125.

Die Konstruktion ist dann ohne weiteres auszuführen.

Schneiden oder kreuzen sich die Zylinderachsen nicht senkrecht, sondern schräg, so bleibt die Durchdringung artlich die gleiche, nur muß das zeichnerische Konstruktionsverfahren etwas abgeändert werden. Der Seitenriß verliert nämlich seine konstruktive Bedeutung. Man kann aber, wenn man die Aufrißebene (oder Grundrißebene) wieder parallel zu den beiden Zylinderachsen annimmt, immer noch Schnitte parallel zur Aufrißebene verwenden. Diese Schnittebenen schneiden nämlich aus beiden Zylindern Mantellinien aus. Man benutzt hierbei zweckmäßig Umlegungen der Grundkreise beider Zylinder in eine zur Aufrißebene parallele Ebene π. Zu jedem Punkte der Umlegung gehört dann eine Mantellinie des betreffenden Zylinders, die man findet, indem man durch den Punkt die Parallele zur Zylinderachse in der Projektion zieht. Sind die Mantellinien von der Ebene π gleichweit entfernt, so liegen die zugehörigen Punkte der Grundkreise von den Linien p_1, p_2, um die sie bei der Umklappung gedreht wurden, gleich weit entfernt, d. h. sie liegen auf zwei Parallelen zu p_1, p_2, die sich auf der Halbierungslinie des Winkels zwischen den bis zu ihrem Schnittpunkt verlängerten Linien p_1, p_2 schneiden.

Diese Konstruktion ist in der Figur für den Fall durchgeführt, wo die Achsen der beiden Zylinder sich schneiden. Es sind dann die Umklappungen der begrenzenden Kreise halb gezeichnet und in der angegebenen Weise diese umgeklappten Halbkreise durch Parallele zu ihren begrenzenden Durchmessern p_1, p_2, die von diesen gleich weit entfernt sind, geschnitten. Durch die Schnittpunkte zieht man die Parallelen zu den Zylinderachsen, diese treffen sich dann in den Punkten der gesuchten Durchdringungskurve. Diese wird in der Projektion wieder eine gleichseitige Hyperbel, und zwar halbieren die Asymptoten die Winkel zwischen den Achsen. Für die reelle Halbachse a der Hyberbel wird

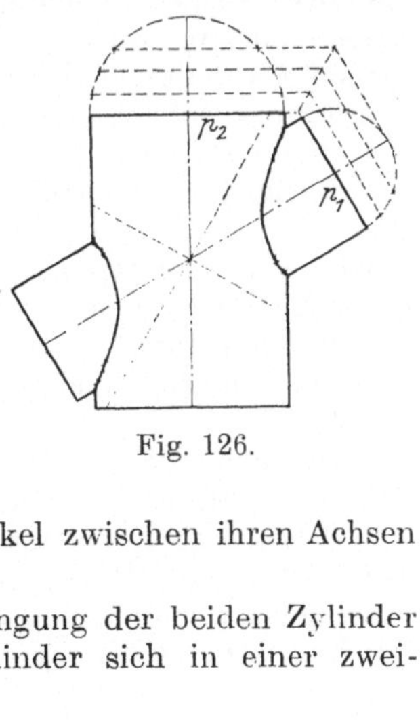

Fig. 126.

$$a^2 = \frac{R^2 - r^2}{\sin \varphi}, \tag{25}$$

wenn R, r die Halbmesser der Zylinder, φ den Winkel zwischen ihren Achsen bezeichnet.

Es sei noch bemerkt, daß durch die Durchdringung der beiden Zylinder nur dann zwei reelle Kegel gehen, wenn die Zylinder sich in einer zweizügigen Kurve schneiden, und zwar liegen die Kegelspitzen auf der Linie d des kürzesten Abstandes oder dem gemeinsamen Lot der beiden Zylinderachsen. Beschreibt man in einer Ebene durch diese Linie d die Kreise, von denen beide Zylinder Durchmesser ausschneiden, so sind die Kegelspitzen die (diametral einander gegenüberliegenden) Schnittpunkte der Linie d mit einem Kreis, der die beiden genannten Kreise rechtwinklig schneidet.

Berühren sich die beiden Zylinder, so ist der Berührungspunkt die Spitze des einzigen Kegels, der durch die Durchdringungskurve hindurchgeht.

Soll nun die Durchdringungskurve zweier gerader Kreiskegel konstruiert werden, deren Achsen sich schneiden, so wird die Aufrißebene wieder parallel zu den Achsen beider Kegel angenommen. Man muß dann aber ein anderes Verfahren anwenden, um die Durchdringung zu finden. Dieses Verfahren beruht auf folgender Überlegung: Beschreibt man um den Schnittpunkt der Achsen beider Kegel als Mittelpunkt Kugeln, so schneiden diese Kugeln beide Kegel in Kreisen, und diese Kreise projizieren sich im Aufriß als gerade Strecken. Diese Strecken sind sofort zu zeichnen. Sie sind nämlich die zu den Kegelachsen senkrechten Sehnen, welche die Umrisse beider Kegel aus dem Umriß der Kugel, der ein größter Kreis dieser Kugel ist, ausschneiden. Diese Sehnen schneiden sich also allemal in Punkten der Projektion der gesuchten Durchdringung. Dieses Kugelschnittverfahren führt derart unmittelbar zum Ziele.

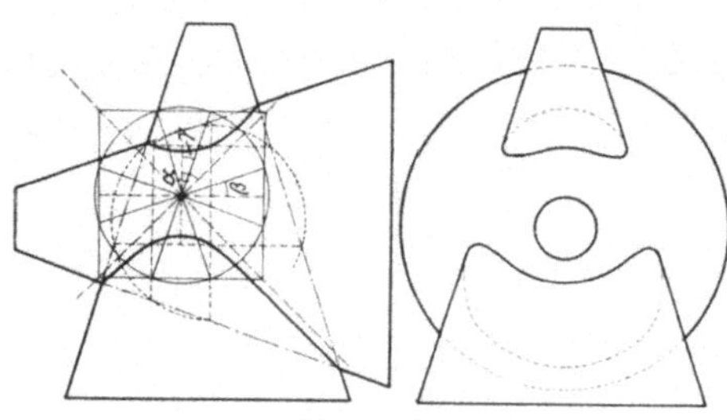

Fig. 127.

Die Durchdringungskurve stellt sich in der Projektion wieder als eine Hyperbel dar, welche durch die vier Schnittpunkte der begrenzenden Mantellinien beider Kegel hindurchgeht. Sind die Achsen der beiden Kegel zueinander senkrecht, so findet man auch sofort die Achsen der Hyperbel. Die genannten Sehnen des Umrißkreises einer der genannten Kugeln bilden nämlich jedesmal ein Rechteck, von dem die Achsen der Hyperbel die Mittellinien sind. Man findet auch die Länge der Hauptachse unmittelbar, wenn man den Umrißkreis der Kugel so wählt, daß er die begrenzenden Mantellinien eines der beiden Kegel berührt. Die Berührungspunkte liegen dann jedesmal auf einer Hyperbelachse. In einem Falle enthält die Achse die zwei reellen Scheitel der Hyperbel, und diese werden von den Sehnen ausgeschnitten, welche die Schnittpunkte des Umrißkreises mit den begrenzenden Mantellinien des anderen Kegels verbinden. Man muß also hier den Umrißkreis wählen, der den Umriß des einen Kegels berührt und den Umriß des anderen Kegels noch schneidet.

Berührt ein Umrißkreis die Umrisse beider Kegel, so schneiden sich die Berührungssehnen in dem Punkte, durch den auch die geraden Linien gehen, welche die Schnittpunkte der Umrisse beider Kegel über Kreuz verbinden. Diese Linien stellen in diesem Falle die Durchdringung der beiden Kegel dar, die jetzt aus zwei ebenen Kegelschnitten besteht. Diese schneiden sich in zwei Punkten, und in diesen beiden Punkten berühren sich die beiden Kegel.

In dem Falle, wo eine solche doppelte Berührung der beiden Kegel nicht eintritt, ist es noch zweckmäßig, die Asymptoten der als Projektion der Schnittkurve auftretenden Hyperbel zu konstruieren. Man hat hierfür den Radius der Hilfskugel ins Unbegrenzte wachsen zu lassen. Man muß dabei gleichzeitig, um den Umrißkreis der Kugel noch zeichnen zu können, den Maßstab ins Unbegrenzte verkleinern. Dann sieht es in der Zeichnung so aus, als ob die Spitzen der beiden Kegel zusammenfielen und der Umrißkreis der Hilfskugel um diesen Punkt geschlagen wäre. Man gelangt derart zu folgendem Verfahren: Man zieht durch den vorher bestimmten Mittelpunkt der Hyperbel die Parallelen zu den begrenzenden Mantellinien der beiden Kegel und schlägt um den Mittelpunkt gleichzeitig einen Kreis mit beliebigem Radius. Dieser schneidet die vier durch den Mittelpunkt gehenden geraden Linien in acht Punkten, die man paarweise durch vier zu je einer Kegelachse senkrechte Sehnen verbinden kann. Die Diagonalen des von diesen Sehnen gebildeten Parallelogramms oder Rechtecks sind dann den gesuchten Asymptoten parallel.

Man erkennt hieraus noch, daß im Falle die Kegelachsen zueinander senkrecht sind, der Winkel α, um den die Asymptoten der Hyperbel gegen deren eine Achse geneigt ist, sich aus der Gleichung bestimmt

$$\operatorname{tg} \alpha = \frac{\cos \beta}{\cos \gamma},$$

wenn β, γ die Achsenwinkel der beiden Kegel bezeichnen.

Ist die Durchdringung im Aufriß gefunden, so kann man sie sofort in den Grundriß übertragen, indem man die Aufrißpunkte auf die Grundrißprojektionen der durch die Punkte gehenden Kreise des Kegels, dessen Achse zu der Grundrißebene senkrecht ist, herunterlotet.

Durch die Durchdringungskurve der beiden Kegel geht außer diesen selbst und dem hyperbolischen Zylinder, der zu der Aufrißebene senkrecht ist, noch ein Kegel hindurch, dessen Spitze der Punkt ist, in dem sich die zwei weiteren Verbindungslinien der vier Schnittpunkte beider Kegelumrisse im Aufriß schneiden.

Es ist sofort zu sehen, wie das Kugelschnittverfahren auf den Fall anzuwenden ist, wo es sich nicht um die Durchdringung zweier Kegel, sondern um die Durchdringung eines Kegels mit einem Zylinder handelt. Es ändert sich dann nichts, als daß bei dem Zylinder der Achsenwinkel verschwindet.

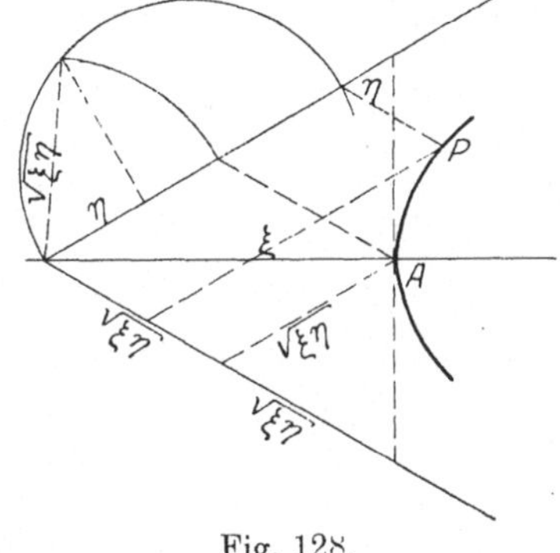

Fig. 128.

In dem Fall, wo die Kegelachsen sich schräg schneiden, können die Achsen der entstehenden Hyperbel erst aus den vorher konstruierten Asymptoten als die Halbierungslinien der von diesen gebildeten Winkel gefunden werden, und auch die Scheitelpunkte sind erst nachträglich zub estimmen. Man kann dabei benutzen, daß wenn die Asymptoten und ein Hyperbelpunkt P gefunden sind und man mit ξ, η die Seitenlängen des Parallelogramms bezeichnet, das mit den Asymptoten die zu diesen durch P gezogenen Parallelen bestimmen,

$$e = 2\sqrt{\xi\eta}$$

das von der Scheiteltangente auf den Asymptoten abgeschnittene Stück wird.

Es seien nunmehr die Durchdringungen einer **Kugel** mit einem geraden Kreiskegel oder Kreiszylinder betrachtet. Geht die Achse dieses Körpers durch den Kugelmittelpunkt, so ergeben sich Kreisschnitte. Dieser Fall kann also als erledigt gelten. Geht die Achse nicht durch den Kugelmittelpunkt, so kann die Aufrißebene parallel zu der Verbindungsebene der Achse mit dem Kugelmittelpunkt und die Grundrißebene senkrecht zu der Achse angenommen werden.

Behandeln wir in dieser Weise zunächst die Durchdringung der Kugel mit einem Zylinder, so ist diese Durchdringung im Grundriß sofort zu erkennen. Man findet die zugehörigen Aufrißpunkte, indem man die einzelnen, auf den zur Grundrißebene parallelen Kreisen gelegenen Punkte der Durchdringung in die richtige Höhe hinauflotet. Sicherer noch zeichnet man die Durchdringung im Aufriß, wenn man auf den geometrischen Charakter der dort erscheinenden Kurven eingeht. Dazu kann die analytische Darstellung des Problems dienen. Nennt man den Halbmesser der Kugel R, den Halbmesser des Zylinders r und den Abstand des Kugelmittelpunktes von der Zylinderachse a, und legt man die x-Achse eines Koordinatensystems in das aus dem Kugelmittelpunkt auf die Zylinderachse gefällte Lot, die z-Achse parallel zur Zylinderachse durch den Kugelmittelpunkt, so werden die Gleichungen der beiden Körper

(26) $$x^2 + y^2 + z^2 = R^2, \qquad x^2 + y^2 - 2ax = r^2 - a^2$$

und daraus folgt durch Elimination von y für die Aufrißprojektion der Durchdringung

(27) $$z^2 = R^2 - r^2 + a^2 - 2ax,$$

oder wenn man

$$\frac{R^2 - r^2 + a^2}{2a} - x = x'$$

setzt,

(27a) $$z^2 = 2ax'.$$

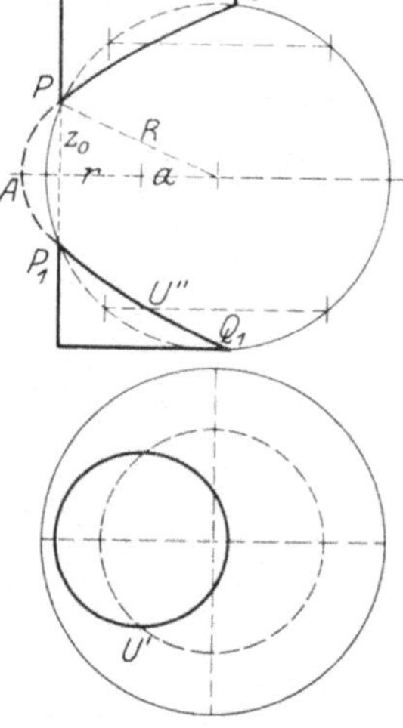

Fig. 129.

Es ergibt sich also eine Parabel mit dem Parameter a. Die Achse der Parabel verläuft der trennenden Achse parallel durch den Kugelmittelpunkt, und der Scheitel der Parabel hat von dem Kugelmittelpunkt den Abstand

$$\frac{R^2 - r^2 + a^2}{2a},$$

also von der einen Randlinie des Zylinders den Abstand

$$\frac{R^2 - r^2 + a^2}{2a} - r - a = \frac{R^2 - (r+a)^2}{2a} = \frac{z_0^2}{2a},$$

wenn z_0 die in diese Randlinie fallende Ordinate der Parabel, die in P bis an den Randkreis der Kugel reicht, bezeichnet. Wenn man also $2a$ von der Randlinie aus nach der richtigen Seite auf der Parabelachse abträgt und den Endpunkt dieser Strecke mit P verbindet, so geht das Lot auf dieser Verbindungslinie in P durch den Scheitel A der Parabel.

Besonders ausgezeichnet wird der Fall, wo der Zylinder die Kugel berührt, also $R = r + a$ ist. Dann wird der Berührungspunkt der Scheitel A der Parabel. Die Durchdringungskurve heißt ein Vivianisches Fenster. Wir wollen noch die Seitenrißprojektion dieser Kurve bestimmen. Durch Elimination von x aus den Kurvengleichungen folgt in diesem Falle

(28) $$z^4 = 4a(rz^2 - ay^2).$$

In der Nähe des Doppelpunktes, der in den Berührungspunkt A fällt, werden y und z sehr klein. Bei Vernachlässigung der Glieder höherer Ordnung folgt also für die Gleichungen der Doppelpunkttangenten

(29) $$\frac{z}{y} = \pm\sqrt{\frac{a}{r}} = \pm\frac{\sqrt{ar}}{r},$$

wonach diese selbst leicht zu konstruieren sind. Für die im Seitenriß den Zylinder begrenzenden Mantellinien ($y = r$) ergeben sich die Ordinatenwerte

(30) $$z_r = \pm \sqrt{2\,a\,r}\,.$$

Diese Randlinien sind Doppeltangenten der Kurve. Die Ordinaten der Scheitelpunkte ($y = 0$) werden $z_0 = 2\sqrt{a\,r} = \sqrt{2}\cdot z_r$. Halbiert man diese Ordinaten, so schneiden in der Höhe der Halbierungspunkte die Doppelpunktstangenten die Randlinien.

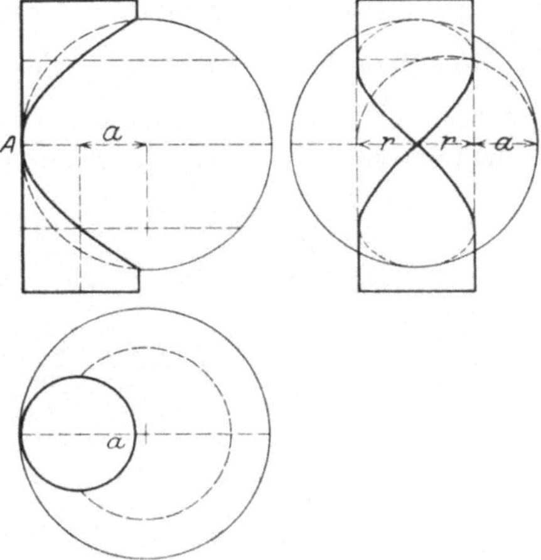

Fig. 130.

Wenn es sich nun um die Durchdringung von Kugel und Kegel handelt, so werden auf das bereits benutzte Koordinatensystem bezogen (indem man nur die Zylinderachse durch die Kegelachse ersetzt) die Gleichungen der beiden Körper

(31) $$x^2 + y^2 + z^2 = R^2\,, \qquad (x - b)^2 + y^2 = \operatorname{tg}^2\alpha\,(z - c)^2\,.$$

Dabei ist c die Erhebung der Kegelspitze über den Kugelmittelpunkt, b der Abstand der Kegelachse vom Kugelmittelpunkt, α der Achsenwinkel des Kegels. Eliminieren wir y aus diesen Gleichungen, so erhalten wir

$$R^2 - c^2\operatorname{tg}^2\alpha + b^2 - 2\,b\,x = \frac{1}{\cos^2\alpha}\,z^2 - 2\,c\operatorname{tg}^2\alpha\,z$$

oder

$$2\,b\cos^2\alpha\cdot\left(\frac{R^2 - c^2\sin^2\alpha + b^2}{2\,b} - x\right) = (z - c\sin^2\alpha)^2\,.$$

Dies ist wieder die Gleichung einer Parabel, deren Achse zu der trennenden Achse parallel ist. Liegt die Kegelspitze in der Höhe des Kugelmittelpunktes, so wird $c = 0$ und die Gleichung einfacher

(32) $$2\,b\cos^2\alpha\left(\frac{R^2 + b^2}{2\,b} - x\right) = z^2\,.$$

Vergleichen wir dies mit der früheren Gleichung

(27b) $$2\,a\left(\frac{R^2 - r^2 + a^2}{2\,a} - x\right) = z^2\,,$$

so stimmen beide überein, wenn wir

(33) $$a = b\cos^2\alpha\,, \qquad r^2 = (R^2 - b^2\cos^2\alpha)\sin^2\alpha$$

setzen. Es geht also durch die Schnittkurve des Kegels mit der Kugel auch ein gerader Kreiszylinder, dessen Achse der Kegelachse parallel ist und den Abstand a von dem Kugelmittelpunkt hat, während der Halbmesser des Zylinders den angegebenen Wert r hat.

Endlich geht durch die Durchdringungskurve noch ein zweiter gerader Kreiskegel hindurch, dessen Gleichung aus den Gleichungen der Kugel und des ersten geraden Kreiskegels

(34) $$x^2 + y^2 + z^2 = R^2\,, \qquad (x - b)^2 + y^2 = \operatorname{tg}^2\alpha\cdot z^2$$

hervorgeht, indem man die erste mit $R^2 - b^2$, die zweite mit R^2 multipliziert und beide voneinander abzieht. Es ergibt sich dann:

(35) $$b^2\left[\left(x - \frac{R^2}{b}\right)^2 + y^2\right] = \left(\frac{R^2}{\cos^2\alpha} - b^2\right)z^2\,.$$

Dies ist die Gleichung eines geraden Kreiskegels, dessen Spitze im Abstande $\frac{R^2}{b}$ von dem Kugelmittelpunkt auf der x-Achse liegt und dessen Achse der z-Achse parallel ist. Man erhält die neue Kegelspitze, wenn man den (im Aufriß erscheinenden) Schnitt durch den Kugelmittelpunkt und die Achse des ersten Kegels legt. Die in diese Schnittebene fallenden Mantellinien des Kegels schneiden den Schnittkreis der Ebene mit der Kugel in vier Punkten, die auf andere Weise verbunden zwei durch die neue Kegelspitze gehende Linien liefern. Außerdem gehen durch diese Kegelspitze die Tangenten an den Kreis in seinen Schnittpunkten mit der Achse des ersten Kegels.

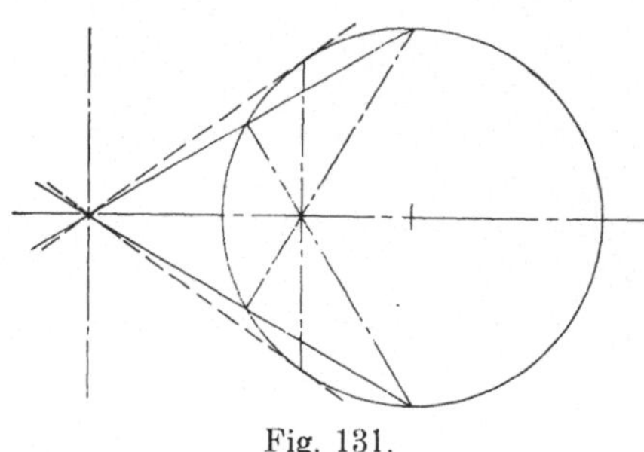

Fig. 131.

Für $b = R$ fallen die Spitzen der beiden Kegel in einem Punkte der Kugel zusammen. Damit fallen auch die beiden Kegel selbst zusammen. Wir erhalten dann wieder das Vivianische Fenster, das also auch durch einen geraden Kreiskegel, dessen Spitze auf der Kugel liegt, ausgeschnitten wird.

2. Axonometrie.

Das Grund- und Aufrißverfahren hat den Vorzug, daß die entscheidenden Abmessungen des darzustellenden Gegenstandes, die bei allen praktischen Konstruktionen fast immer in drei zueinander senkrechte Hauptrichtungen fallen, wenn man diese Hauptrichtungen als Richtungen der Achsen wählt, aus der Zeichnung unmittelbar zu entnehmen sind. Dagegen hat dieses Verfahren den Nachteil, daß im einzelnen Bild immer für eine dieser drei Richtungen die Abmessungen völlig verschwinden. Deshalb wird die Darstellung vielfach unanschaulich. Es ist schwer, sich eine klare Vorstellung von dem dargestellten Gegenstand unmittelbar aus dem Bild heraus zu machen.

In dieser Hinsicht verdient eine Darstellung den Vorzug, bei der alle drei Hauptabmessungen wirklich erscheinen. Für die Zwecke des Ingenieurs ist hierbei eine Abbildungsart zu bevorzugen, bei der die drei Hauptrichtungen immer noch auch im Bilde bestimmte feste Richtungen haben und die in sie fallenden Abmessungen für jede der Richtungen alle in demselben Verhältnis verändert erscheinen. Dies hat zur Folge, daß bei der Abbildung allgemein parallele Linien, wenn sie sich nicht durch Punkte darstellen, wieder als parallele Linien erscheinen, und umgekehrt ist unter dieser Voraussetzung auch immer die Veränderung des Maßstabes für alle Strecken derselben Richtung die gleiche.

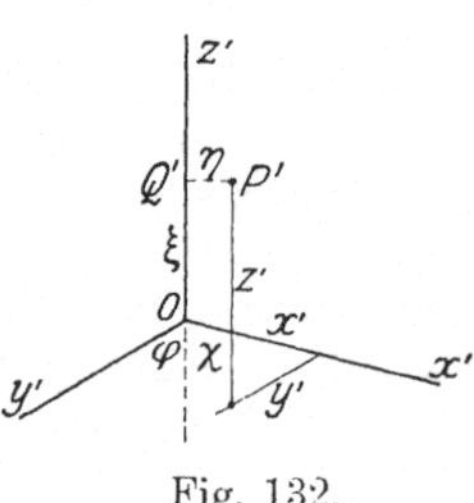

Fig. 132.

Um zu einer solchen Darstellung zu gelangen, kann man zunächst die drei Hauptrichtungen im Bilde beliebig annehmen und die zugrunde gelegten Achsen durch einen Punkt O in diesen Richtungen ziehen. Um dann einen Punkt mit gegebenen Koordinaten x, y, z im Bilde zu zeichnen, trägt man in dem beliebig festgelegten Maßstab zunächst die Koordinate x als Strecke x' auf dem Bilde der x-Achse ab, zieht durch den Endpunkt dieser Strecke die Parallele zum Bilde der y-Achse und trägt auf ihr die zweite Koordinate y gleichfalls in einem bestimmten Maßstabe als Strecke y' ab, durch den Endpunkt dieser Strecke zieht man endlich die Parallele zum Bilde der z-Achse und trägt auf ihr in der gleichen Weise die letzte Koordinate z als Strecke z' ab. Der Endpunkt dieser Strecke ist dann der gesuchte Bildpunkt P'.

Es ist sofort klar, daß bei dieser Darstellungsweise unendlich viele Punkte des Raumes im Bilde auf dieselbe Stelle fallen werden. Alle diese Punkte des Raumes erfüllen jedesmal eine gerade Linie. Berechnet man nämlich die Länge η des aus dem Punkte P' auf die z-Achse gefällten Lotes $P'Q'$, so ergibt sich, wenn φ, χ im Bilde die Neigungen der y- und x-Achse gegen die z-Achse bezeichnen (wobei wir von den beiden entstehenden Nebenwinkeln immer den spitzen Winkel wählen):

$$\eta = x' \sin\chi - y' \sin\varphi .$$

Ferner ergibt sich für die Strecke $OQ' = \xi$, die von dem Fußpunkt des Lotes $P'Q'$ auf der z-Achse im Bilde abgetrennt wird:

$$\xi = z' - x' \cos\chi - y' \cos\varphi .$$

Führen wir noch in diese Gleichungen ein

$$x' = \lambda x, \qquad y' = \mu y, \qquad z' = \nu z, \tag{1}$$

indem x, y, z die wahren Koordinaten des dargestellten Punktes im Raume, λ, μ, ν die Maßstabänderungen bezeichnen, so erhalten wir

$$\xi = \nu z - \cos\chi\cdot\lambda x - \cos\varphi\cdot\mu y; \qquad \eta = \sin\chi\cdot\lambda x - \sin\varphi\cdot\mu y. \tag{2}$$

Sind nun x_1, y_1, z_1 die Koordinaten eines Raumpunktes, der denselben Bildpunkt (ξ, η) liefert, so wird

$$\nu(z - z_1) = \cos\chi\cdot\lambda(x - x_1) + \cos\varphi\cdot\mu(y - y_1),$$
$$\sin\chi\cdot\lambda(x - x_1) = \sin\varphi\cdot\mu(y - y_1)$$

und daraus

$$\frac{x - x_1}{\alpha} = \frac{y - y_1}{\beta} = \frac{z - z_1}{\gamma}, \tag{3}$$

wenn wir

$$\alpha : \beta : \gamma = \frac{\sin\varphi}{\lambda} : \frac{\sin\chi}{\mu} : \frac{\sin\psi}{\nu} \tag{4}$$

machen und $\psi = \pi - \varphi - \chi$ setzen.

Die Doppelgleichung (2) bedeutet aber, daß durch denselben Punkt des Bildes allemal alle Punkte einer geraden Linie im Raume dargestellt werden und daß alle die geraden Linien, die wir so erhalten, zueinander parallel sind. Diese geraden Linien heißen Projektionslinien, und weil sie parallel sind, wird die besprochene Abbildung eine parallelperspektivische Darstellung genannt.

Eine solche Projektion kann nun gewonnen werden, indem die Projektionslinien mit einer Projektionsebene geschnitten und jeder Projektionslinie ihr Schnittpunkt als Bildpunkt in der Projektionsebene zugewiesen wird. Das Verfahren heißt eine Parallelprojektion. Es ist nun die Frage, ob umgekehrt jede parallelperspektivische Darstellung als Parallelprojektion erhalten werden kann. Auf diese Frage gibt der Pohlkesche Satz Antwort, der lautet: Jede parallelperspektivische Darstellung kann entweder unmittelbar als Parallelprojektion gewonnen werden oder ist die ähnliche Veränderung einer solchen.

Dieser Satz läuft offenbar auf folgendes hinaus: Trägt man auf den drei Koordinatenachsen im Bilde die Strecken λ, μ, ν ab, so müssen sich durch die Endpunkte L, M, N dieser Strecken parallele Linien in den Raum hinein so ziehen lassen, daß auf ihnen drei Punkte L_0, M_0, N_0, die gleichweit von dem Ausgangspunkt O der Achsen entfernt sind, von drei aufeinander senkrechten durch O gehenden Achsen abgeschnitten werden.

Um diese Bedingung analytisch zu formulieren, seien jetzt mit ξ_1, η_1; ξ_2, η_2; ξ_3, η_3 die Koordinaten der Endpunkte L, M, N auf den Achsen in irgendeinem rechtwinkligen Koordinatensystem der Bildebene bezeichnet, von dem O der Anfangspunkt ist.

Führen wir nun zu diesen beiden Achsen eine dazu rechtwinklige Achse, die in den Raum hineingeht, ein und nennen x_1, y_1, z_1; x_2, y_2, z_2; x_3, y_3, z_3 die Koordinaten der drei Punkte L_0, M_0, N_0, die auf den durch L, M, N gezogenen Parallelen liegen, so müssen die Beziehungen gelten

$$(5)\qquad \begin{cases} \xi_1 = x_1 + a z_1, & \xi_2 = x_2 + a z_2, & \xi_3 = x_3 + a z_3, \\ \eta_1 = y_1 + b z_1, & \eta_2 = y_2 + b z_2, & \eta_3 = y_3 + b z_3, \end{cases}$$

indem a, b konstante Werte bezeichnen, welche die Richtung der gezogenen Parallelen festlegen.

Die zu erfüllenden Bedingungen sind nun

$$(6)\qquad \begin{cases} x_1^2 + y_1^2 + z_1^2 = x_2^2 + y_2^2 + z_2^2 = x_3^2 + y_3^2 + z_3^2 = k^2, \\ x_1 x_2 + y_1 y_2 + z_1 z_2 = 0, \\ x_1 x_3 + y_1 y_3 + z_1 z_3 = 0, \\ x_2 x_3 + y_2 y_3 + z_2 z_3 = 0. \end{cases}$$

Aus diesen Bedingungen folgen aber auch die anderen ihnen gleichwertigen:

$$(7)\qquad \begin{cases} x_1^2 + x_2^2 + x_3^2 = y_1^2 + y_2^2 + y_3^2 = z_1^2 + z_2^2 + z_3^2 = k^2, \\ y_1 z_1 + y_2 z_2 + y_3 z_3 = 0, \\ z_1 x_1 + z_2 x_2 + z_3 x_3 = 0, \\ x_1 y_1 + x_2 y_2 + x_3 y_3 = 0. \end{cases}$$

Mit Rücksicht auf diese Bedingungen folgt aus (5)

$$(8)\qquad \begin{cases} \xi_1 x_1 + \xi_2 x_2 + \xi_3 x_3 = k^2, \\ \eta_1 x_1 + \eta_2 x_2 + \eta_3 x_3 = 0, \end{cases}$$

und diese Gleichungen reichen zusammen mit

$$x_1^2 + x_2^2 + x_3^2 = k^2$$

hin zur Bestimmung von x_1, x_2, x_3. Um zu zeigen, daß die Lösungen des Gleichungssystems immer reell werden, deuten wir vorübergehend x_1, x_2, x_3 als rechtwinklige Koordinaten eines Punktes im Raum. Die dritte Gleichung stellt dann eine Kugel mit dem Radius k dar, die erste und zweite Gleichung eine Ebene. Der Abstand der ersten Ebene vom Koordinatenursprung wird

$$\frac{k^2}{\sqrt{\xi_1^2 + \xi_2^2 + \xi_3^2}} = \frac{k}{\sqrt{1 + a^2}},$$

ist also $< k$, d. h. die Ebene schneidet die Kugel in einem reellen Kreis, dessen sphärischer Radius ϱ dadurch bestimmt ist, daß

$$\cos \varrho = \frac{1}{\sqrt{1 + a^2}},$$

also

$$\sin \varrho = \frac{a}{\sqrt{1 + a^2}}$$

wird. Die zweite Ebene geht durch den Mittelpunkt der Kugel und für den Winkel ϑ, den sie mit dem Lot der ersten Ebene bildet, ergibt sich

$$\sin \vartheta = \frac{\xi_1 \eta_1 + \xi_2 \eta_2 + \xi_3 \eta_3}{\sqrt{\xi_1^2 + \xi_2^2 + \xi_3^2} \cdot \sqrt{\eta_1^2 + \eta_2^2 + \eta_3^2}} = \frac{a \cdot b}{\sqrt{1 + a^2} \cdot \sqrt{1 + b^2}},$$

also

$$\sin\vartheta = \sin\varrho \cdot \frac{b}{\sqrt{1+b^2}}, \quad \text{d. h.} \quad \sin\vartheta < \sin\varrho .$$

Dies bedeutet aber, daß der Hauptkreis, in dem die zweite Ebene die Kugel schneidet, den Nebenkreis, den die erste Ebene ausschneidet, in reellen Punkten trifft, und da die Koordinaten dieser Punkte eine Lösung x_1, x_2, x_3 liefern, ist eine solche immer in reeller Form vorhanden. Ist sie gefunden, so folgt aus den Gleichungen (5) sofort, daß in der Tat alle Bedingungen (7) und damit auch die Bedingungen (6) erfüllt sind, d. h. der Pohlkesche Satz ist bewiesen.

Für die Richtung der Projektionslinien ergibt sich der Neigungswinkel δ gegen die Bildebene aus der Gleichung

$$(9) \qquad \frac{1}{\operatorname{tg}\delta} = \sqrt{a^2+b^2},$$

und, wenn $k=1$, für diesen Ausdruck aus den Gleichungen (5) mit Rücksicht auf (8)

$$(10) \qquad \frac{1}{\operatorname{tg}\delta} = \sqrt[4]{[(\xi_1^2+\xi_2^2+\xi_3^2)-(\eta_1^2+\eta_2^2+\eta_3^2)]^2+4(\xi_1\eta_1+\xi_2\eta_2+\xi_3\eta_3)^2}.$$

Wir wollen nun wieder das Koordinatensystem ξ, η so festlegen, daß die ξ-Achse mit der z-Achse im Bilde zusammenfällt, dann ist

$\xi_1 = -\lambda\cos\chi, \quad \eta_1 = \lambda\sin\chi, \quad \xi_2 = -\mu\cos\varphi, \quad \eta_2 = -\mu\sin\varphi, \quad \xi_3 = \nu, \quad \eta_3 = 0$

und der vorige Ausdruck nimmt die Form an

$$(11) \qquad \frac{1}{\operatorname{tg}\delta} = \sqrt[4]{\lambda^4+\mu^4+\nu^4+2\mu^2\nu^2\cos 2\varphi+2\nu^2\lambda^2\cos 2\chi+2\lambda^2\mu^2\cos 2\psi},$$

wenn wieder $\psi = 180^0 - \varphi - \chi$ gesetzt wird.

Besonders einfach ist die Darstellung, wo $\mu = \nu = 1$, $\varphi = 90^0$, also von den Hauptabmessungen zwei zu in ihrem natürlichen Maßstab und senkrecht zueinander auch im Bilde aufgezeichnet werden und die dritte Achse unter irgendeiner Neigung gegen die beiden ersten angenommen wird. Dann ergibt sich aus (11)

$$\frac{1}{\operatorname{tg}\delta} = \lambda .$$

Diese Darstellungsart heißt Kavalierperspektive.

Solange $\delta < 90^0$, spricht man von einer schrägen Parallelprojektion. Ist $\delta = 90^0$, nennt man die Projektion senkrecht oder orthogonal und spricht von orthogonaler Axonometrie. In diesem Falle muß in (10) der Ausdruck unter der Wurzel verschwinden, also einzeln

$$\xi_1^2+\xi_2^2+\xi_3^2-\eta_1^2-\eta_2^2-\eta_3^2=0, \quad \xi_1\eta_1+\xi_2\eta_2+\xi_3\eta_3=0$$

sein. Diese beiden Bedingungen sind aber, da ja das Koordinatensystem beliebig blieb, also die Bedingung in jedem Koordinatensystem erfüllt sein muß, in Wirklichkeit gleichbedeutend. Dreht man nämlich das Koordinatensystem um 45^0, so werden die neuen Koordinaten

$$\xi_i' = \frac{\xi_i+\eta_i}{\sqrt{2}}, \quad \eta_i' = \frac{\xi_i-\eta_i}{\sqrt{2}} \quad (i=1, 2, 3)$$

und damit geht die erste Gleichung über in

$$\xi_1'\eta_1'+\xi_2'\eta_2'+\xi_3'\eta_3'=0,$$

d. h. sie nimmt die Form der zweiten Bedingungsgleichung an. Nennen wir nun $\omega_1, \omega_2, \omega_3$ die Winkel, welche die Strecken $OL=\lambda$, $OM=\mu$, $ON=\nu$ mit der beliebig wählbaren Richtung der ξ-Achse einschließen, so wird

$$\xi_1 = \lambda\cos\omega_1, \quad \eta_1 = \lambda\sin\omega_1 \quad \text{usw.}$$

und die Gleichung lautet

$$\lambda^2 \sin 2\omega_1 + \mu^2 \sin 2\omega_2 + \nu^2 \sin 2\omega_3 = 0 .$$

Wählt man für die ξ-Achse wieder die Projektion der z-Achse, so wird $\omega_1 = \chi$, $\omega_2 = -\varphi$, $\omega_3 = 0$, also

$$\lambda^2 \sin 2\chi - \mu^2 \sin 2\varphi = 0 .$$

Entsprechend findet man noch zwei Gleichungen und insgesamt die Proportion

$$\lambda : \mu : \nu = \sqrt{\sin 2\varphi} : \sqrt{\sin 2\chi} : \sqrt{\sin 2\psi} . \tag{12}$$

Es sind also die drei Richtungen der Achsen im Bilde immer noch beliebig wählbar, dadurch sind aber die Maßstabänderungen λ, μ, ν bis auf einen gemeinsamen Faktor eindeutig bestimmt.

Wir haben nun drei Fälle zu unterscheiden:

1. Wenn $\varphi = \chi = \psi = 60^0$, spricht man von einer isometrischen Projektion. Es wird dann auch $\lambda = \mu = \nu$ und es ist möglich, alle drei Werte $= 1$ anzunehmen, also die Hauptabmessungen in dem Maßstab der Grund- und Aufrißprojektion abzutragen.

2. Wird $\varphi = \chi$, aber $\psi = 180^0 - 2\varphi$ von φ und χ verschieden, so nennt man die Projektion eine dimetrische. Es wird dann

$$\lambda : \mu : \nu = \sqrt{\sin 2\varphi} : \sqrt{\sin 2\varphi} : \sqrt{-2 \sin 2\varphi \cos 2\varphi} ,$$

oder

$$\lambda : \mu : \nu = 1 : 1 : \sqrt{-2 \cos 2\varphi} .$$

Besonders hervorzuheben ist hierbei als zweckmäßig und einfach zu konstruieren die Projektion, bei der $\varphi = \chi = 75^0$ ist, dann wird $-\cos 2\varphi = \cos 30^0 = \frac{1}{2}\sqrt{3}$, also

$$\lambda : \mu : \nu = 1 : 1 : \sqrt[4]{3} .$$

Es kommt aber nur auf eine ungefähre Bestimmung der Werte an, da eine kleine Veränderung des Maßstabes wohl eine geringe Abweichung von der senkrechten Projektion bedeutet, diese aber nicht störend bemerkt wird. Wir können deshalb angenähert setzen $\sqrt[4]{3} = \frac{4}{3}$, also annehmen

$$\lambda : \mu : \nu = 1 : 1 : \tfrac{4}{3} \tag{13}$$

und erhalten damit eine bequem zu zeichnende Darstellung.

3. Wenn φ, χ, ψ alle verschieden sind, so heißt die Projektion trimetrisch. Wir zeichnen den Fall besonders aus, wo

$$\varphi = 60^0, \quad \chi = 75^0, \quad \psi = 45^0$$

ist, dann wird

$$\lambda : \mu : \nu = \sqrt{\sin 60^0} : \sqrt{\sin 30^0} : \sqrt{\sin 90^0}$$

oder

$$\lambda : \mu : \nu = \sqrt[4]{\tfrac{3}{4}} : \sqrt{\tfrac{1}{2}} : 1 .$$

Da es auch hier nur auf eine ungefähre Bestimmung ankommt, können wir für $\sqrt[4]{\frac{3}{4}}$ den Wert 1 setzen und annehmen

$$\lambda : \mu : \nu = 1 : \sqrt{\tfrac{1}{2}} : 1 . \tag{14}$$

Wir erhalten so wieder eine besonders einfach zu konstruierende Darstellung.

Wie die drei verschiedenen orthogonal axonometrischen Projektionsarten sich bewähren, kann an dem einfachen Beispiel der Zeichnung eines Würfels erläutert werden (Fig. 133). Die isometrische Projektion ist sehr einfach, hat aber den Nachteil, daß sie eine starke Aufsicht liefert, und die häufig störende Besonderheit, daß, wenn der dargestellte Körper Symmetrieeigenschaften besitzt, unter Umständen eine Reihe von Linien zusammenfallen. Dieser Übelstand zeigt sich auch bei der dimetrischen Projektion, die aber nicht mehr eine gleich starke Aufsicht liefert. Alle Übelstände verschwinden bei der trimetrischen Projektion, die deshalb immerhin die anschaulichste und natürlichste Darstellung liefert. Wie die verschiedenen Projektionen für die Darstellung bautechnischer Einzelheiten Verwendung finden können, ist in den nebenstehenden Figuren an drei Beispielen erläutert. Fig. 134 zeigt zunächst den Kämpferstein eines scheitrechten Bogens in isometrischer Projektion. Aus dieser Projektion tritt die Form des Steins viel deutlicher hervor wie aus der Grund- und Aufrißdarstellung, in der der Stein zunächst gegeben ist. Fig. 135 zeigt eine Balkenverbindung in dimetrischer Projektion und Fig. 136 die Sohlbank eines Fensters in trimetri-

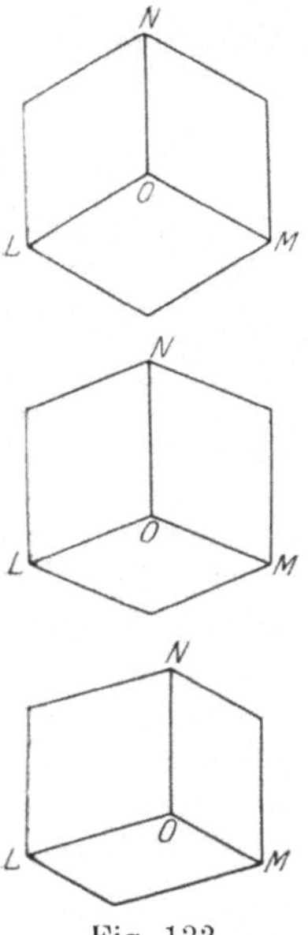

Fig. 133.

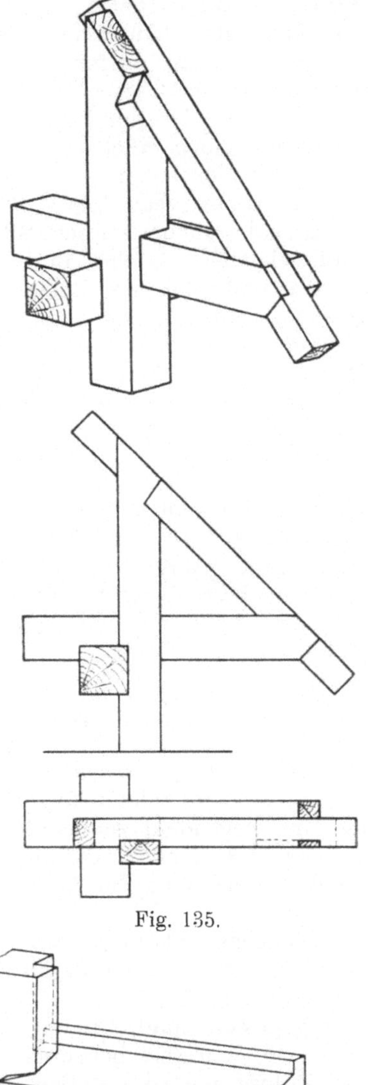

Fig. 135.

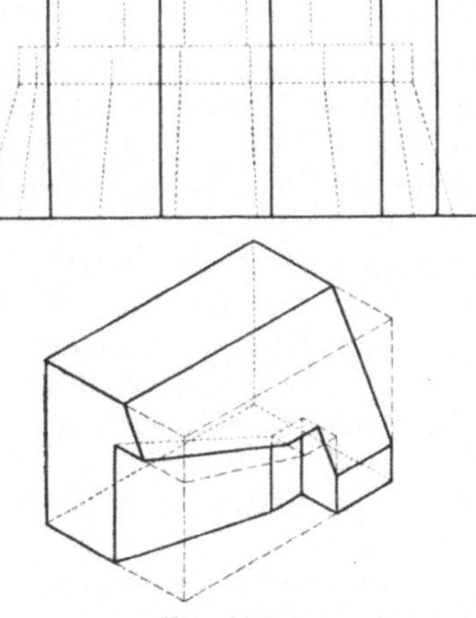

Fig. 134.

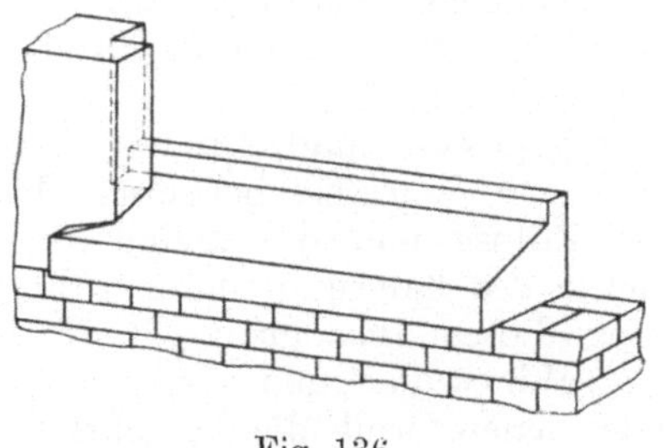

Fig. 136.

scher Projektion. Die unmittelbare Anschaulichkeit der Raumform in der axonometrischen Darstellung springt auch hier in die Augen.

Allgemein ist zu beachten, daß die Darstellung streng genommen nur für einen in unendlich großer Entfernung befindlichen Betrachter natürlich erscheint, weil, damit der Anblick der Abbildung mit dem des wirklichen Körpers übereinstimmt, die Projektionslinien mit den Sehstrahlen zusammenfallen, d. h. nach dem Auge des Beschauers hinlaufen müssen. Nur wenn der Beschauer sehr weit entfernt ist, können also die Projektionslinien parallel angenommen werden. Deshalb paßt die Parallelperspektive nur für Darstellungen von verhältnismäßig geringer Ausdehnung, bei denen Länge und Breite des Bildes gering gegen die Entfernung des Bildes vom Auge sind. Man kann etwa annehmen, daß sie höchstens ein Fünftel von dieser Entfernung betragen dürfen. Ist das Bild zu groß, so wirkt die Darstellung unnatürlich, und dies gibt sich in einer merkwürdigen optischen Täuschung zu erkennen. Die im Bilde gezeichneten parallelen Linien erscheinen dann gar nicht mehr parallel, sondern machen den Eindruck, als ob sie nach hinten zu auseinander liefen.

Es ist bis jetzt nicht darauf Rücksicht genommen worden, daß das orthogonal axonometrische Bild durch eine wirkliche Projektion gewonnen wird, vielmehr ist eine ähnliche Veränderung, d. h. eine Änderung des gesamten Maßstabes der Zeichnung noch immer als möglich und erlaubt angesehen worden. Man kann nun aber fragen, unter welcher Bedingung das axonometrische Bild die wirkliche senkrechte Projektion des Raumbildes ist. Dann sind nicht bloß die Verhältnisse von λ, μ, ν, sondern diese selbst bestimmt. Nennt man α, β, γ die Neigungswinkel der Koordinatenachsen im Raum gegen die Normale der Projektionsebene, so wird

$$\lambda = \sin\alpha, \quad \mu = \sin\beta, \quad \nu = \sin\gamma.$$

Es sind also λ, μ, ν immer < 1 (der Fall, wo eine der drei Achsen zur Bildebene parallel ist, scheidet aus, weil dann die drei Achsenrichtungen im Bilde nicht mehr divergieren, sondern zwei Achsenrichtungen zusammenfallen).

Nun besteht zwischen den drei Kosinus die Beziehung

$$\cos^2\alpha + \cos^2\beta + \cos^2\gamma = 1,$$

also wird

$$\sin^2\alpha + \sin^2\beta + \sin^2\gamma = 2$$

und zwischen λ, μ, ν besteht die Relation

(15) $$\lambda^2 + \mu^2 + \nu^2 = 2.$$

Es sei zum Schluß noch das Beispiel der Darstellung einer Kugel mit drei auf ihr liegenden, zueinander senkrechten größten Kreisen in dimetrischer Projektion behandelt, das eine besonders einfache Lösung gestattet und für die Kennzeichnung der axonometrischen Abbildung von Kreisen bedeutungsvoll ist.

Zunächst ist klar, daß von der Projektion der Kugel der Umriß ein Kreis ist, dessen Radius gleich dem Kugelradius ist, und daß die Projektionen der größten Kreise auf der Kugel, die gegen die Projektionsebene schräg gestellt sind, Ellipsen werden, die den Umrißkreis in den Endpunkten eines Durchmessers berühren. Dieser Durchmesser ist dann die große Achse der Ellipse und die kleine Achse der Ellipse fällt mit der Projektion der Achse des Kreises (d. h. des auf der Kreisebene im Kreismittelpunkte errichteten Lotes) zusammen.

Wir wollen nun von den als gegeben angesehenen Achsenprojektionen, von denen, weil die Projektion dimetrisch sein soll, zwei, x', y', mit der dritten, z', gleiche Winkel bilden, und dem Radius k der Kugel ausgehen. Wir schlagen dann um den Schnittpunkt O der projizierten Achsen den Kreis mit dem Radius k und ziehen sofort die zu den Achsenprojektionen senkrechten Durchmesser A_1B_1, A_2B_2, A_3B_3 dieses Kreises. Zeichnen wir dann das Rechteck, von dem A_3B_3 eine Mittellinie ist und die Diagonalen mit x', y' zusammenfallen, so sind die beiden Mittellinien dieses Rechtecks A_3B_3 und C_3D_3 die Achsen einer hiernach sofort zu konstruierenden Ellipse, welche den Schnitt der Kugel mit der xy-Ebene darstellt, und die auf x', y' abgeschnittenen gleich langen Durchmesser LL_1 und MM_1 sind die Projektionen der in die x- und y-Achse fallenden Kugeldurchmesser. Die Projektion NN_1 des in die z-Achse fallenden Kugeldurchmessers hat die Länge $2A_3T$, wenn A_3T die aus dem Punkte A_3 an den Kreis über C_3D_3 gezogene Tangente ist. Zieht man an diesen Kreis aus L die Tangente LU, so wird deren doppelte Länge gleich den kleinen Achsen C_1D_1, C_2D_2 der Ellipsen, von denen A_1B_1, A_2B_2 die großen Achsen sind und welche die Projektionen der Schnitte der Kugel mit der xz- und yz-Ebene darstellen. Dies ist leicht zu beweisen. Setzen wir nämlich

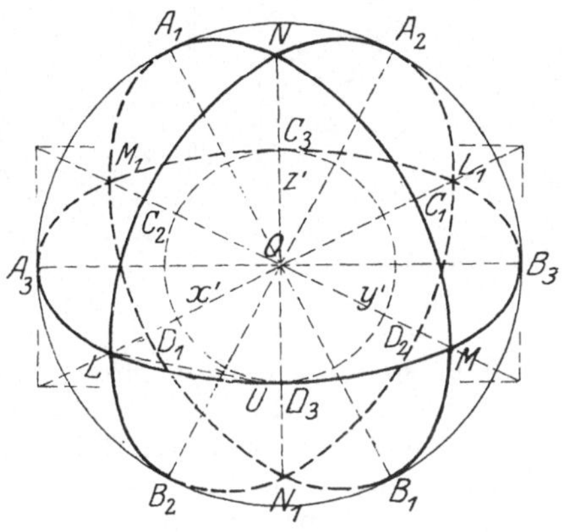

$$LL_1 = MM_1 = 2l, \quad NN_1 = 2n,$$

so wird, weil hier $\lambda = \mu = \frac{l}{k}$, $\nu = \frac{n}{k}$ ist,

$$2l^2 + n^2 = 2k^2.$$

Fig. 137.

Anderseits muß nach dem für konjugierte Durchmesser einer Ellipse geltenden Satz $2l^2 = OA_3^2 + OC_3^2$ sein, es wird also

$$OC_3^2 = 2l^2 - k^2 = k^2 - n^2,$$

und dies zeigt, daß $ON = n$ die Länge der aus A_3 an den Kreis um O vom Radius OC_3 gezogenen Tangente ist. Für die nächste Ellipse wird analog $l^2 + n^2 = OA_1^2 + OC_1^2$, also $OC_1^2 = l^2 + n^2 - k^2 = OL^2 - OC_3^2$, also OC_1 gleich der an den Kreis über C_3D_3 aus L gezogenen Tangente.

3. Darstellung des Geländes.

Eine Fläche kann man sich analytisch dargestellt denken, indem man die dritte Koordinate z ihrer Punkte als Funktion der beiden anderen Koordinaten x, y ansieht und schreibt

$$z = f(x, y).$$

Handelt es sich nun um einen Teil der Erdoberfläche (Geländefläche oder topographische Fläche), so wählt man unter der Voraussetzung, daß die Richtung der Schwerkraft in dem betrachteten Teil der Erdoberfläche sich nicht merklich ändert, die z-Koordinate vertikal, x, y also horizontal. Wenn das Gelände nicht etwa mit Höhlen oder Überhängen durchsetzt ist, so kann man z als eindeutige Funktion von x, y ansehen. Um nun die Geländefläche zur graphischen Darstellung zu bringen, geht man von den in gleichen Zwischenräumen aufeinander folgenden Werten z_0, z_1, z_2 usw. aus und zeichnet die Kurven

$$f(x, y) = z_i,$$

welche die Punkte gleicher Höhe verbinden, auf dem Kartenblatt auf. Diese Linien heißen Höhenlinien, Schichtlinien oder Isohypsen. Die Zwischenräume der Werte von z, für welche die Höhenlinien aufgezeichnet sind, heißt die Höhenstufe oder Kote. Eine Zeichnung der genannten Art wird deshalb ein kotierter Plan genannt.

Eine Linie, welche alle Höhenlinien, die sie trifft, rechtwinklig schneidet, gibt in jedem ihrer Punkte die Richtung größter Neigung gegen die Horizontalebene an und wird als **Fallinie** bezeichnet. Um sie zu konstruieren, kann man sich des Spiegellineals bedienen. Mit dessen Hilfe errichtet man in einem Punkte einer Höhenlinie auf ihr das Lot, in dessen Schnittpunkt mit der nächsten Höhenlinie auf dieser wieder das Lot usw. Diese Lote umhüllen dann eine Fallinie, die sie jedesmal in dem Punkte berühren, wo sie auf der zugehörigen Höhenlinie senkrecht stehen (Fig. 138).

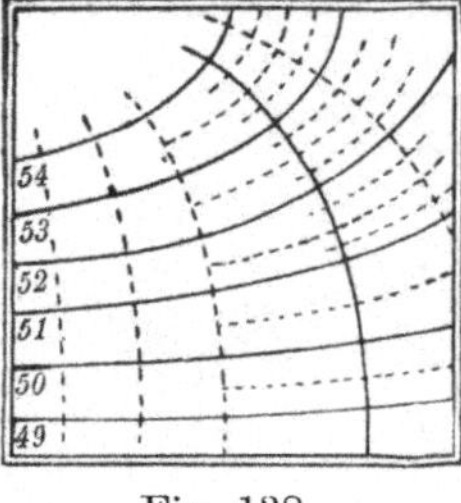

Fig. 138.

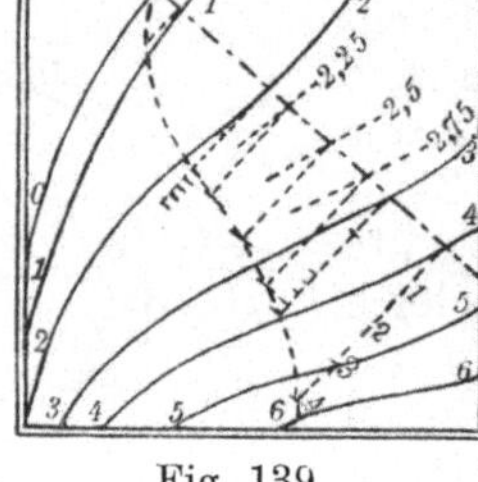
Fig. 139.

Um diese Konstruktion auszuführen, ist natürlich erforderlich, daß genügend Höhenlinien aufgezeichnet sind. Ist das nicht der Fall, so müssen neue Höhenlinien eingeschaltet werden. Dies kann mit Hilfe von **Querprofilen** geschehen, d. h. vertikalen Schnitten durch die Geländefläche, die man um die Grundlinie, über der sie sich erheben, in die Zeichenebene umklappt (Fig. 139). Diese Querprofile hat man an den betreffenden Stellen der Zeichnung in genügender Anzahl zu konstruieren und aus ihnen die erforderlichen Punkte für die einzuschaltenden Höhenlinien zu entnehmen.

Wenn die Höhenlinien nur schwach gekrümmt sind, so genügt es, wenn man Strecken zwischen ihnen in so viel gleiche Teile teilt, wie man Höhenlinien einschalten will, bei entsprechender gleicher Teilung der Höhenstufe. Nach diesem Verfahren würde man auch die Höhe eines zwischen zwei Höhenlinien liegenden Punktes P bestimmen. Man zieht durch ihn eine gerade Linie, die von den benachbarten Höhenlinien in P_i, P_{i+1} getroffen werde. Sind dann z_i, z_{i+1} die diesen Höhenlinien entsprechenden Erhebungen, so wird die Höhe von P

$$z_i + \frac{P_iP}{P_iP_{i+1}}(z_{i+1} - z_i) = \frac{P_{i+1}P \cdot z_i + P_iP \cdot z_{i+1}}{P_iP_{i+1}}.$$

Eine Ebene, welche durch die Tangente einer Höhenlinie geht und dieselbe Neigung hat wie die von dem Berührungspunkt dieser Tangente ausgehende Fallinie an dieser Stelle, ist eine **Berührungsebene** der Geländefläche. Um sie zu konstruieren, hat man normal (senkrecht) zu der Höhenlinie an der betreffenden Stelle ein Querprofil zu legen und daran für diese Stelle die Tangente zu ziehen. Legt man auf dieser Tangente die der Höhenstufe entsprechenden verschiedenen Höhen fest und zieht durch diese Punkte die Parallelen zu der Tangente der Höhenlinie, von der man ausging, so erhält man die Höhenlinien der Berührungsebene. Von diesen wird nur die erste eine genaue Tangente einer Höhenlinie, die benachbarten aber werden auch noch angenähert Tangenten der zugehörigen Höhenlinien sein. wenn diese Höhenlinien genügend dicht aufeinander folgen.

Die Berührungsebene kann mit der Geländefläche nur den Berührungspunkt gemein haben. Dann heißt die Fläche an der betr. Stelle **elliptisch gekrümmt**. Die Berührungsebene kann aber auch die Fläche in der Nähe des Berührungspunktes so durchdringen, daß die Schnittkurve im Berührungspunkt sich selbst durchsetzt (einen Doppelpunkt oder Knotenpunkt besitzt). Dann heißt die Fläche an der Stelle **hyperbolisch gekrümmt**. Endlich kann die Berührungsebene die Fläche auch so durchsetzen, daß die Schnittkurve nur einmal durch den Berührungspunkt hindurchgeht, d. h. in diesem nur eine Tangente hat. Dann heißt die Fläche an der Stelle parabolisch gekrümmt.

Bei der Darstellung der Geländefläche kann es Punkte geben, die von den benachbarten Höhenlinien umschlossen werden und um die sich diese Höhenlinien, wenn man neue Höhenstufen einschaltet, enger und enger zusammenziehen. Diese Punkte liegen entweder höher oder tiefer wie ihre ganze unmittelbare Umgebung und heißen demnach entweder Gipfel- oder Muldenpunkte (Fig. 140).

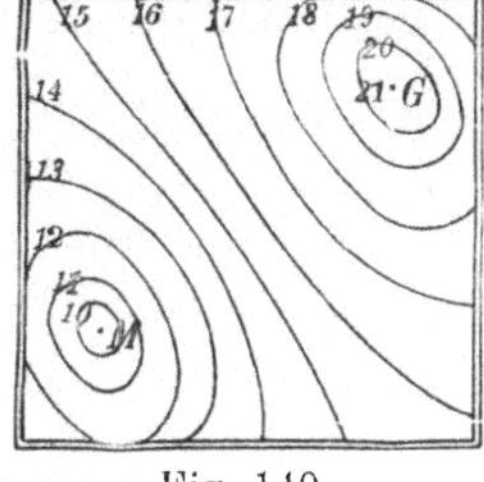

Fig. 140.

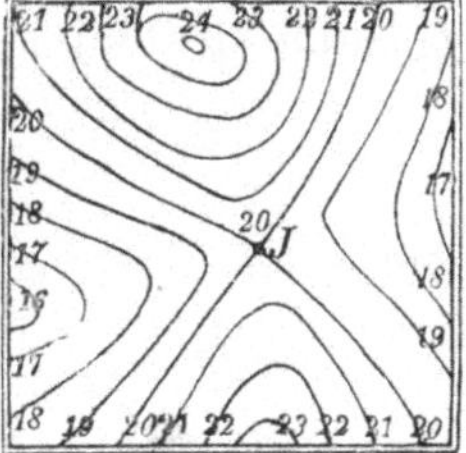

Fig. 141.

Es kann aber auch eine Höhenlinie sich selbst einmal durchsetzen, so daß von einem solchen Punkte in der gleichen Höhe nach vier, paarweise entgegengesetzten Richtungen fortgeschritten werden kann. In zweien der vier so entstehenden Winkel, die als Scheitelwinkel erscheinen, liegen dann Stellen größerer Höhe, in den anderen beiden Winkeln Stellen geringerer Höhe. Der Punkt bildet die Scheide zwischen zwei Erhebungen und gleichzeitig zwischen zwei talförmigen Einsenkungen. Ein solcher Punkt ist ein Jochpunkt (Fig. 141). Die Horizontalebene, welche in der Höhe des Jochpunktes liegt und die zugehörige Höhenlinie enthält, berührt die Geländefläche in dem Jochpunkt.

In der unmittelbaren Nachbarschaft eines Jochpunktes haben die Höhenlinien die Gestalt von Hyperbeln mit gemeinsamen Achsen und gemeinsamen Asymptoten, die Geländefläche hat in der unmittelbaren Nähe des Jochpunktes die Form eines hyperbolischen Paraboloids. Die orthogonalen Trajektorien dieser Hyperbeln haben ebenfalls hyperbelähnliche Gestalt und nähern sich mehr und mehr den gemeinsamen Achsen der Hyperbeln (W und T). Diese Achsen selbst sind auch Fallinien, aber durch die Eigenschaft ausgezeichnet, daß alle benachbarten Fallinien sich ihnen nach außenhin mehr und mehr nähern, so daß sie von ihnen eingehüllt erscheinen. Derartige Fallinien heißen allgemein Kammlinien (W), wenn die benachbarten Fallinien sich ihnen in aufsteigendem Sinne nähern, oder Tallinien (T), wenn die benachbarten Fallinien sich ihnen in absteigendem Sinne nähern.

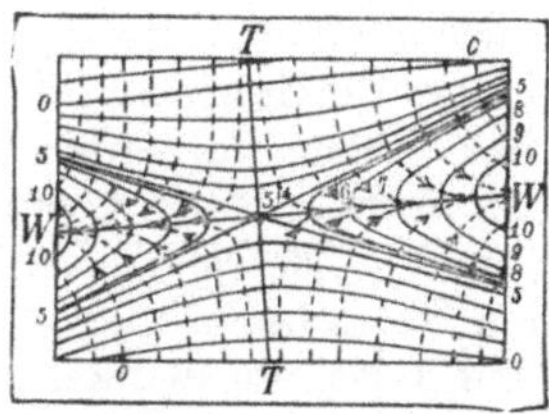

Fig. 142.

Höhenlinien und Fallinien verlaufen immer stetig, können aber Ecken, Knotenpunkte und derlei Ausnahmestellen haben. Ecken treten ein, wenn das Gelände Grate oder Rinnen besitzt.

Eine Geländefläche, die überall dieselbe Neigung besitzt, heißt eine Böschungsfläche. Es sind dann die Höhenlinien äquidistante Parallelkurven. Solche Parallelkurven besitzen gemeinsame Normalen, also sind die Fallinien einer Böschungsfläche gerade Linien und auf diesen werden durch die aufeinanderfolgenden äquidistanten Höhenlinien gleiche Stücke abgeschnitten. Eine Böschungsfläche kann als die Hüllfläche einer Schar von geraden Kreiskegeln mit vertikalen Achsen angesehen werden. Alle Punkte derselben geradlinigen Fallinie haben die gleiche Berührungsebene. Diese Ebene ist gleichzeitig Berührungsebene eines der genannten Kegel. Der Kegel berührt die Böschungsfläche in einer Fallinie. Die Höhenlinien erscheinen in der Horizontalprojektion als die Hüllkurven von Kreisen, und diese Kreise haben für alle Höhenlinien dieselben Mittelpunkte (diese sind die

Projektionen der Spitzen jener Böschungskegel). Die Spitzen der Kegel bilden den Grat der Böschungsfläche (Fig. 143). Ist der Grat gegeben, so ist die Böschungsfläche bestimmt, wenn auch noch der Böschungswinkel (Neigung der Fallinie gegen die horizontale Ebene) gegeben ist. Die Böschungsfläche besteht aus zwei Teilen, die sich von dem Grat aus nach beiden Seiten herabsenken. Die Höhenlinien bilden an dem Grat scharfe Winkel, und zwar ist die Größe des Winkels α bestimmt durch die Gleichung

$$\sin \tfrac{1}{2}\alpha = \frac{\operatorname{tg}\gamma}{\operatorname{tg}\varepsilon},$$

wenn γ die Neigung des Grats und ε den Böschungswinkel bezeichnet.

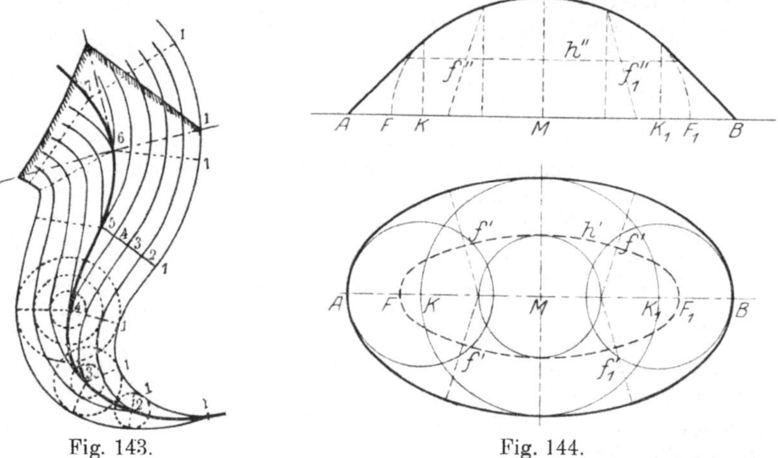

Fig. 143. Fig. 144.

Ist der Grat eine gerade Linie, so besteht die Böschungsfläche aus zwei ebenen Flächen. Die Höhenlinien sind dann geradlinig und äquidistant.

Ist der Grat eine vertikal gestellte Ellipse mit einer horizontalen Achse (oder im besonderen Falle ein Kreis), so werden die Höhenlinien die Parallelkurven einer Ellipse. Diese Ellipse ist die Höhenlinie in derselben Höhe, in der die horizontale Achse der Gratellipse liegt. Die Endpunkte der in ihre Ebene fallenden Achse der Gratellipse sind die Brennpunkte dieser elliptischen Höhenkurve. Von der Gratellipse kommt aber als Grat nur das Stück in Betracht, dessen Tangenten gegen die Horizontale um weniger als den Böschungswinkel geneigt sind. Wo also die Neigung der Tangente gleich dem Böschungswinkel wird, endet der Grat. In der Projektion sind diese Punkte die Mittelpunkte der Kreise, welche die Krümmungskreise der als Höhenlinie auftretenden Ellipse in den Endpunkt der großen Achse bilden. Die nach diesen Punkten hin laufenden und in der Ebene der Gratellipse liegenden Fallinien sind solche Kammlinien, wie sie früher erwähnt wurden. In der Figur 144 sind zwei Paar gewöhnliche Falllinien f, f_1 und eine nicht elliptische Höhenkurve eingezeichnet.

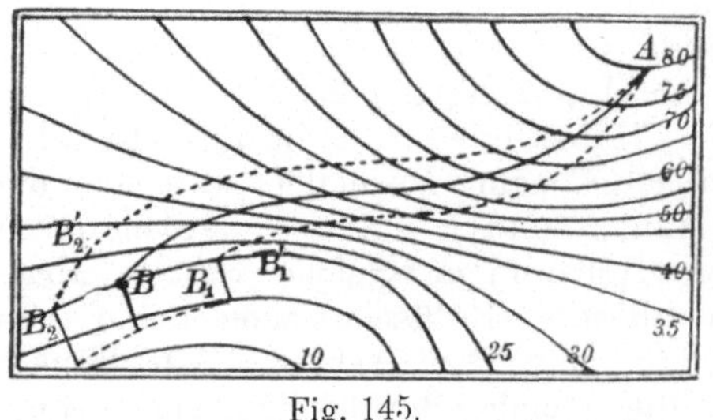

Fig. 145.

Es sollen nun noch ein paar besondere Aufgaben besprochen werden. Bei der Lösung der Aufgabe, zwei gegebene Punkte einer Fläche durch eine Kurve von konstanter Steigung (Böschungslinie) zu verbinden, hat man sich eines geometrischen Näherungsverfahrens zu bedienen (Fig. 145). Man konstruiert zunächst, von dem einen der gegebenen Punkte A ausgehend, eine solche Böschungslinie, die in der Nähe des anderen gegebenen Punktes B die durch diesen gehende Höhenlinie schneidet. Eine solche Böschungslinie findet man daraus, daß das von ihr zwischen zwei benachbarte Höhenlinien fallende Stück eine bestimmte konstante Länge haben muß. Je nachdem diese Länge zu groß oder zu klein gewählt wird, gelangt man auf der durch den Punkt B gehenden Höhenlinie zu einem Punkte auf der einen oder anderen Seite von dem Punkte B. Trägt man die benutzten Intervalle in den auf der Höhenlinie des Punktes B erreichten Punkten senkrecht zu dieser Höhenlinie ab und verbindet sie durch eine Kurve oder, wenn sie genügend nahe an B liegen, durch eine gerade Linie, so wird das durch diese Linie auf der Normalen der Höhenlinie in B abgeschnittene Stück eine Näherung für das richtige Intervall geben.

Ist die Schnittlinie einer durch ihren Grat gegebenen Böschungsfläche mit einer vorgelegten Geländefläche zu finden, so konstruiert man die Höhenlinien dieser Böschungsfläche für die Höhen, für welche die Höhenlinien der Geländefläche gezeichnet sind. Dann liefern die Schnittpunkte der in derselben Höhe liegenden Höhenlinien sofort Punkte der gesuchten Schnittkurve (Fig. 146).

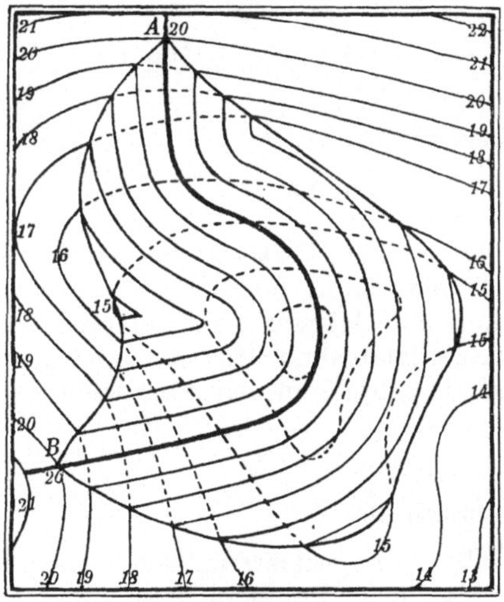

Fig. 146.

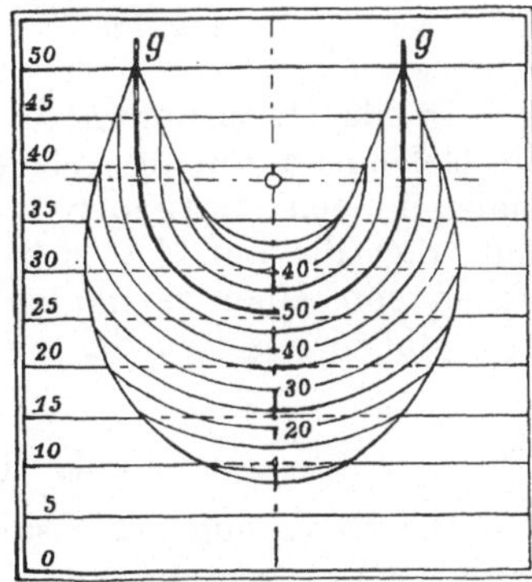

Fig. 147.

Es werde diese Aufgabe insbesondere für den Fall durchgeführt, daß die Geländefläche eine Ebene (Abhang) ist und der Grat der Böschungsfläche eine ebene Kurve, die aus zwei parallelen geradlinigen Stücken und einem sie verbindenden Halbkreis besteht (Fig. 147). Diesen Grat kann man als ein auf Trägern über dem Abhang errichtetes horizontales Geleise deuten, von dem aus Schlacken auf den Abhang gekippt werden. Es soll die sich bildende Halde konstruiert werden. Die Höhenlinien dieser Halde sind parallel zu dem Geleise, bestehen also wie dieses aus geraden Strecken und Halbkreisen und sind danach sofort zu zeichnen. Die Höhenlinien des Abhanges sind äquidistante parallele Linien. Die Schnittpunkte entsprechender Höhenlinien sind danach festzulegen. Die Schnittlinien bestehen aus Kegelschnitten und geradlinigen Stücken. Die Kegelschnitte sind Ellipsen, Parabeln oder Hyperbeln, je nachdem die Neigung des ebenen Abhanges kleiner, ebenso groß oder größer als die der Halde ist. Ihre Hauptachsen liegen in der Symmetrieebene des Geleises.

Es sei noch folgende einfache Aufgabe behandelt: Zwei ebene Abhänge schneiden sich in einer geraden Rinne, deren Punkte durch die Schnitte entsprechender Höhenlinien sofort zu finden sind. Sollen nun zwei in gerader Linie auf beiden Abhängen liegende Punkte A und B durch einen Damm von gegebener Breite und Böschung verbunden werden, so zieht man zunächst die zu AB parallelen Randlinien der Dammkrone und zu diesen in den aus der gegebenen Böschung hervorgehenden Abständen die Höhenlinien der Dammböschung. Diese schneidet man dann mit den zugehörigen Höhenlinien der beiden Abhänge und findet daraus die gesuchten Schnittlinien.

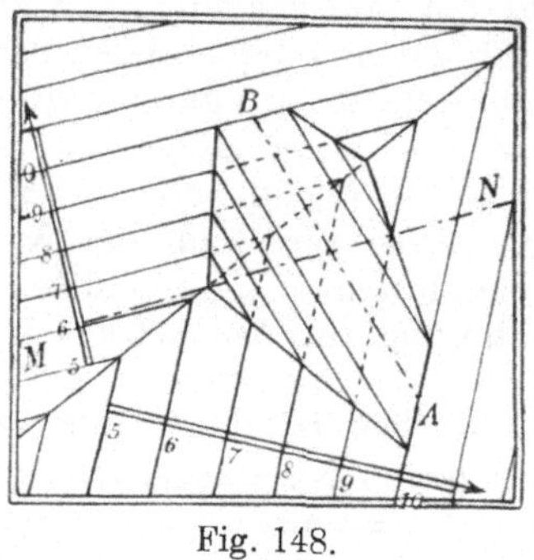

Fig. 148.

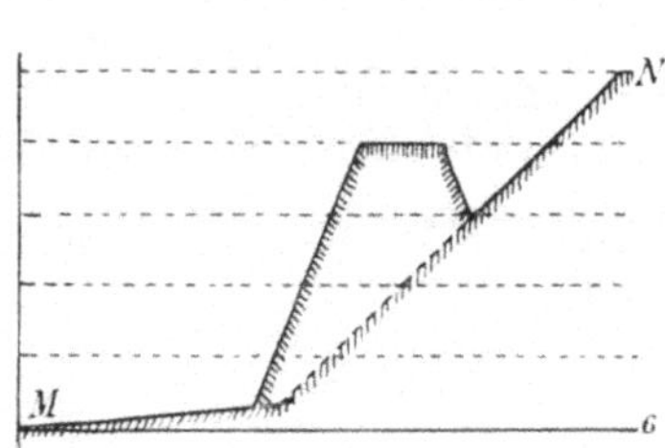

Fig. 149.

In der Richtung MN soll noch ein Querprofil (Vertikalschnitt) durch die Geländeanordnung gelegt werden. Man zieht dann horizontale parallele Linien in den Abständen, wie sie den Höhen der Höhenlinien entsprechen, und trägt die auf MN sich ergebenden Horizontalabstände für die einzelnen Höhen von einer vertikalen Achse aus auf den horizontalen Parallelen ab. So ergibt sich sofort das gesuchte Profil.

4. Raumtransformationen.

Die Bewegung eines starren Systems läßt sich ausdeuten als eine kongruente Transformation des Raumes, bei der jeder Punkt in einen anderen übergeht, und bei der die Entfernungen aller Punkte voneinander ungeändert bleiben. Die Entfernung zweier Punkte voneinander heißt deshalb eine Invariante der Transformation. Ebenso ist jede Funktion des Winkels zwischen zwei Richtungen eine Invariante der Transformation.

Diese zweite Art Invarianten bleibt auch bei den Ähnlichkeitstransformationen des Raumes bestehen, während hierbei die Entfernung aller Punkte voneinander in demselben Verhältnis verändert wird. Es würde also das Abstandsverhältnis dreier Punkte auf einer geraden Linie wieder eine Invariante der Transformation sein.

Analytisch läßt sich jede Transformation des Raumes festlegen, indem man die Koordinaten x, y, z eines Punktes vor der Transformation und die Koordinaten x', y', z' des transformierten Punktes einführt. Dann werden x', y', z' Funktionen von x, y, z.

Der nächstliegende Fall, der hierbei betrachtet werden kann, ist der, wo x', y', z' ganze lineare Funktionen von x, y, z sind, also von der Form:

$$(1) \qquad \begin{cases} x' = a_0 + a_1 x + a_2 y + a_3 z, \\ y' = b_0 + b_1 x + b_2 y + b_3 z, \\ z' = c_0 + c_1 x + c_2 y + c_3 z. \end{cases}$$

Zu den so dargestellten Transformationen gehören auch die Kongruenzen und die Ähnlichkeitstransformationen. Allgemein wird eine durch die Gleichungen (1) gegebene Transformation als eine affine Transformation oder kurz als Affinität bezeichnet.

Diese Affinitäten haben folgende Grundeigenschaften:

1. Jedem im Endlichen gelegenen Punkte (x, y, z) entspricht ein im Endlichen gelegener Punkt (x', y', z') und umgekehrt.

2. Den Punkten einer geraden Linie entsprechen die Punkte einer geraden Linie und den Punkten einer Ebene entsprechen wieder die Punkte einer Ebene.

3. Parallelen Geraden und Ebenen entsprechen wieder parallele Gerade und Ebenen.

4. Das Abstandsverhältnis dreier Punkte einer geraden Linie bleibt bei der Transformation ungeändert.

5. Die Flächeninhalte aller Figuren in einer Ebene ändern sich bei der Transformation in demselben Verhältnis.

6. Die Rauminhalte aller räumlichen Figuren ändern sich bei der Transformation in demselben Verhältnis.

Es sind nun weiter bei den Gleichungen (1) folgende Fälle zu unterscheiden:

Erster Fall. Es gibt einen und nur einen im Endlichen gelegenen Punkt, der bei der Transformation ungeändert bleibt. Dieser heißt dann das Zentrum der Transformation, diese selbst zentrale Affinität.

Dieser Fall tritt immer dann ein, wenn die Determinante

$$(2) \qquad \Delta = \begin{vmatrix} a_1 - 1 & a_2 & a_3 \\ b_1 & b_2 - 1 & b_3 \\ c_1 & c_2 & c_3 - 1 \end{vmatrix}$$

von Null verschieden ist. Unter dieser Voraussetzung nämlich lassen die linearen Gleichungen

$$(3) \qquad \begin{cases} x_0 = a_0 + a_1 x_0 + a_2 y_0 + a_3 z_0, \\ y_0 = b_0 + b_1 x_0 + b_2 y_0 + b_3 z_0, \\ z_0 = c_0 + c_1 x_0 + c_2 y_0 + c_3 z_0 \end{cases}$$

ein und nur ein Lösungssystem zu. Es gibt also einen einzigen im Endlichen gelegenen Punkt (x_0, y_0, z_0), der bei der Transformation ungeändert bleibt. Zieht man die Gleichungen (3) von den Gleichungen (1) ab und ersetzt hinterher

$$\begin{aligned} x' - x_0,\ y' - y_0,\ z' - z_0 \quad &\text{durch} \quad x', y', z', \\ x - x_0,\ y - y_0,\ z - z_0 \quad &\text{durch} \quad x, y, z, \end{aligned}$$

legt man also den Anfangspunkt des Koordinatensystems in das Zentrum, so nehmen die Transformationsgleichungen die einfachere Form an:

$$(4) \qquad \begin{cases} x' = a_1 x + a_2 y + a_3 z, \\ y' = b_1 x + b_2 y + b_3 z, \\ z' = c_1 x + c_2 y + c_3 z. \end{cases}$$

Zweiter Fall. Alle Punkte einer geraden Achse bleiben bei der Transformation ungeändert (axiale Affinität). Die Transformationsgleichungen können dann auf die noch einfachere Form gebracht werden:

$$(5) \qquad \begin{cases} x' = a_1 x + a_2 y, \\ y' = b_1 x + b_2 y, \\ z' = c_1 x + c_2 y + z. \end{cases}$$

Man sieht in der Tat, daß nur so für die Punkte der z-Achse, also für $x = 0$, $y = 0$ auch $x' = 0$, $y' = 0$ und $z' = z$ wird, d. h. die Punkte der z-Achse sich selbst entsprechen.

Dritter Fall. Alle Punkte einer Ebene bleiben bei der Transformation ungeändert (perspektivische Affinität). Dann lassen sich die Transformationsgleichungen auf die Form bringen:

$$(6)\qquad \begin{cases} x' = a_1 x, \\ y' = b_1 x + y, \\ z' = c_1 x + z. \end{cases}$$

In der Tat wird nur so für $x = 0$ auch $x' = 0$ und $y' = y$, $z' = z$. Man sieht sofort, daß

$$(x' - x) : (y' - y) : (z' - z) = (a_1 - 1) : b_1 : c_1$$

wird, d. h. die Verbindungslinien entsprechender Punkte P, P' sind parallel. Ferner wird die Entfernung der beiden Punkte P, P'

$$\sqrt{(x' - x)^2 + (y' - y)^2 + (z' - z)^2} = \sqrt{(a_1 - 1)^2 + b_1^2 + c_1^2} \cdot x,$$

also dem Abstande des Punktes P von der Affinitätsebene ($x = 0$) proportional. Man kann diese Eigenschaft, wenn $a_1 \neq 1$ ist, auch so fassen: Man nenne P_0 den Schnittpunkt der Verbindungslinie PP' mit der Affinitätsebene, dann wird das Abstandsverhältnis

$$PP_0 : P' P_0 = \text{konst.}$$

Vierter Fall. Kein im Endlichen gelegener Punkt entspricht sich selbst. Dann kann man den Transformationsgleichungen die Form geben:

$$(7)\qquad \begin{cases} x' = a_0 + a_1 x + a_2 y, \\ y' = b_0 + b_1 x + b_2 y, \\ z' = c_0 + c_1 x + c_2 y + z. \end{cases}$$

Man sieht daraus, daß nach Absonderung einer Parallelverschiebung

$$x' = a_0 + x_1, \quad y' = b_0 + y_1, \quad z' = c_0 + z_1$$

die Transformation auf den zweiten Fall zurückgeführt wird.

Wir wollen nun den Fall der zentralen Affinität näher untersuchen.

Die durch die Gleichungen (2) dargestellte Transformation zerlegen wir in eine Drehung um das Zentrum O ($x = 0$, $y = 0$, $z = 0$) und eine besonders einfache affine Transformation. Um dies zu erreichen, betrachten wir die Kugel $\mathfrak{K}$ mit dem Mittelpunkt O und dem Radius 1. Zerlegen wir nun die Transformation so, daß bei der einen Teiltransformation diese Kugel in sich übergeht, so ist dies notwendigerweise eine Drehung. Denn aus den Grundeigenschaften der Affinität folgt, daß wenn auf allen Strahlen durch O der Punkt O und der Maßstab ungeändert bleibt, dies für alle geraden Linien des Raumes der Fall ist, d. h. es bleiben bei der Transformation alle Längen ungeändert und der Punkt O an seiner Stelle, die Transformation ist also eine Drehung um den Punkt O.

Es gehe nun durch die erste Teiltransformation der Punkt (x, y, z) in (x_1, y_1, z_1), durch die zweite Teiltransformation (x_1, y_1, z_1) in (x', y', z') über. Die zweite Teiltransformation transformiert die Kugel $\mathfrak{K}$ in sich, also muß

$$x_1^2 + y_1^2 + z_1^2 = x'^2 + y'^2 + z'^2$$

werden. Es muß daher

$$(8)\qquad x_1^2 + y_1^2 + z_1^2 = (a_1 x + a_2 y + a_3 z)^2 + (b_1 x + b_2 y + b_2 z)^2 + (c_1 x + c_2 y + c_3 z)^2$$

sein, und jede affine Transformation, die dieser Bedingung genügt, kann für die erste Teiltransformation genommen werden.

Wir wollen jetzt ein neues rechtwinkliges Koordinatensystem mit dem Anfangspunkt O einführen, in dem an die Stelle von x_1, y_1, z_1 die Koordinaten X_1, Y_1, Z_1 und an die Stelle von x, y, z die Koordinaten X, Y, Z treten. Dann muß

$$(9)\quad \begin{cases} X_1^2+Y_1^2+Z_1^2 \equiv x_1^2+y_1^2+z_1^2, \\ X^2+Y^2+Z^2 \equiv x^2+y^2+z^2 \end{cases}$$

sein. Ferner soll aber

$$(10)\quad AX^2+BY^2+CZ^2 \equiv (a_1 x+a_2 y+a_3 z)^2+(b_1 x+\ldots)^2+(c_1 x+\ldots)^2$$

werden, oder

$$AX^2+BY^2+CZ^2 \equiv f_{11}x^2+f_{22}y^2+f_{33}z^2+2f_{23}yz+2f_{31}zx+2f_{12}xy,$$

wenn

$$(11)\quad \begin{aligned} &f_{11}=a_1^2+b_1^2+c_1^2, \quad f_{22}=a_2^2+b_2^2+c_2^2, \quad f_{33}=a_3^2+b_3^2+c_3^2, \\ &f_{23}=f_{32}=a_2 a_3+b_2 b_3+c_2 c_3, \\ &f_{31}=f_{13}=a_3 a_1+b_3 b_1+b_3 c_1, \\ &f_{12}=f_{21}=a_1 a_2+b_1 b_2+c_1 c_2 \end{aligned}$$

gesetzt wird.

Mit den vorstehenden Gleichungen folgt nun auch

$$(12)\quad \begin{aligned} &(A-\lambda)X^2+(B-\lambda)Y^2+(C-\lambda)Z^2 \\ &\equiv (f_{11}-\lambda)x^2+(f_{22}-\lambda)y^2+(f_{33}-\lambda)z^2+2f_{23}yz+2f_{31}zx+2f_{12}xy, \end{aligned}$$

was auch der Wert von λ sei. Da diese Gleichung aber identisch erfüllt ist, gilt sie auch, wenn wir statt X, Y, Z neue Werte X', Y', Z' und damit statt x, y, z neue Werte x', y', z' nehmen. Gleichzeitig gehören dann aber zu $\frac{1}{2}(X+X')$, $\frac{1}{2}(Y+Y')$, $\frac{1}{2}(Z+Z')$ die Werte $\frac{1}{2}(x+x')$, $\frac{1}{2}(y+y')$, $\frac{1}{2}(z+z')$ (als die Koordinaten des Mittelpunktes auf der die beiden Punkte P, P' verbindenden Strecke). Bilden wir nun die vorstehende Identität auch für diese neue Koordinatenwerte, so können wir daraus sofort ableiten:

$$(13)\quad \begin{aligned} &(A-\lambda)XX'+(B-\lambda)YY'+(C-\lambda)ZZ' \\ &\equiv (f_{11}-\lambda)xx'+(f_{22}-\lambda)yy'+\ldots+f_{12}(xy'+yx') \\ &\equiv [(f_{11}-\lambda)x+f_{12}y+f_{13}z]x' \\ &+[f_{21}x+(f_{22}-\lambda)y+f_{23}z]y' \\ &+[f_{31}x+f_{32}y+(f_{33}-\lambda)z]z'. \end{aligned}$$

Nun verschwindet die linke Seite dieser Identität unabhängig von den Werten X', Y', Z', wenn $X=0$, $Y=0$ und $C=\lambda$ genommen wird. Für diesen Wert von λ und die Punkte (x,y,z) der Z-Achse muß also auch die rechte Seite der Identität unabhängig von x', y', z' verschwinden, d. h.

$$(14)\quad \begin{cases} (f_{11}-\lambda)x+f_{12}y+f_{13}z=0, \\ f_{21}x+(f_{22}-\lambda)y+f_{23}z=0, \\ f_{31}x+f_{32}y+(f_{33}-\lambda)z=0. \end{cases}$$

Daraus folgt, daß

$$(15)\quad \begin{vmatrix} f_{11}-\lambda & f_{12} & f_{13} \\ f_{21} & f_{22}-\lambda & f_{23} \\ f_{31} & f_{32} & f_{33}-\lambda \end{vmatrix}=0$$

werden muß für $\lambda=C$, und ebenso auch für $\lambda=A$, $\lambda=B$. In den letzten beiden Fällen gelten die Gleichungen (14) für die Punkte der X- und der Y-Achse.

Es sind nun alle Wurzeln der Gleichung (15) zunächst, wie leicht zu zu zeigen ist, alle reell. Ferner sind sie alle von Null verschieden. Denn wäre $\lambda = 0$, so müßte

$$\begin{vmatrix} f_{11} & f_{12} & f_{13} \\ f_{21} & f_{22} & f_{23} \\ f_{31} & f_{32} & f_{33} \end{vmatrix} = 0$$

sein. Diese Determinante ist aber das Quadrat der Determinante

$$(16) \qquad D = \begin{vmatrix} a_1 & a_2 & a_3 \\ b_1 & b_2 & b_3 \\ c_1 & c_2 & c_3 \end{vmatrix}$$

und wäre diese $= 0$, so würden alle Punkte x', y', z', die sich aus den Gleichungen (4) ergeben, einer Ebene angehören. Es würde also keine wirkliche Raumtransformation vorhanden sein.

Es sind aber auch alle Wurzeln λ positiv. Denn wäre eine Wurzel, etwa $\lambda = C$ negativ, so würde für $X = 0$, $Y = 0$ die linke Seite der Gleichung (10) negativ werden. Das ist aber unmöglich, da die rechte Seite notwendig positiv ist. Demnach kann

$$(17) \qquad A = a^2, \quad B = b^2, \quad C = c^2$$

gesetzt werden, wobei noch $a > 0$, $b > 0$, $c > 0$ sei.

Nach (10) ist also

$$a^2 X^2 + b^2 Y^2 + c^2 Z^2 = 1$$

die Fläche, welche durch die Transformation (4) in eine Kugel von Radius 1 übergeht. Daraus ist leicht zu sehen, daß

$$\frac{X^2}{a^2} + \frac{Y^2}{b^2} + \frac{Z^2}{c^2} = 1$$

die Gleichung der Fläche wird, in welche durch die Transformation eine Kugel vom Radius 1 übergeht. Diese Fläche ist ein Ellipsoid mit den Halbachsen a, b, c, das Deformationsellipsoid.

Machen wir nun

$$(18) \qquad X_1 = aX, \quad Y_1 = bY, \quad Z_1 = cZ,$$

so wird nach (10)

$$(19) \qquad X_1^2 + Y_1^2 + Z_1^2 = x'^2 + y'^2 + z'^2,$$

und vergleichen wir dies mit (9), so zeigt sich, daß

$$(20) \qquad x'^2 + y'^2 + z'^2 = x_1^2 + y_1^2 + z_1^2$$

wird. Die Gleichungen (18) geben also in dem neuen Koordinatensystem eine Transformation, die mit einer Drehung zusammen die vorgelegte Transformation ersetzt.

Die durch die Gleichungen (18) gegebeneTransformation ist aber leicht zu deuten. Sie bedeutet nämlich, daß nacheinander die Abstände aller Punkte von drei zueinander senkrechten Ebenen jedesmal in einem bestimmten Verhältnis ($a:1$, $b:1$, $c:1$) geändert werden. Ist das Verhältnis < 1, so handelt es sich um eine Kompression, ist es > 1, um eine Dilatation. Die Werte $\varepsilon_1 = a - 1$, $\varepsilon_2 = b - 1$, $\varepsilon_3 = c - 1$ geben deren Maß.

Wir wollen noch hervorheben, daß eine reine Deformation, d. h. eine Affinität, bei der die Drehungskomponente verschwindet, durch die Beziehungen

$$a_2 = b_1, \quad a_3 = c_1, \quad b_3 = c_2$$

in den Gleichungen (4) gekennzeichnet ist. Nennen wir nämlich l_1, m_1, n_1 die Richtungskosinus einer der Hauptachsen, längs denen die Kompression oder Dilatation stattfindet, so wird die entsprechende Veränderung der Koordinaten x, y, z, weil $l_1 x + m_1 y + n_1 z$ der Abstand des Punktes von der zu der Hauptachse senkrechten Ebene wird, deren Punkte in Ruhe bleiben,

$$\begin{aligned} \Delta_1 x &= l_1^2 \varepsilon_1 x + l_1 m_1 \varepsilon_1 y + l_1 n_1 \varepsilon_1 z, \\ \Delta_1 y &= m_1 l_1 \varepsilon_1 x + m_1^2 \varepsilon_1 y + m_1 n_1 \varepsilon_1 z, \\ \Delta_1 z &= n_1 l_1 \varepsilon_1 x + n_1 m_1 \varepsilon_1 y + n_1^2 \varepsilon_1 z. \end{aligned}$$

Entsprechende Ausdrücke ergeben sich für die den anderen beiden Hauptachsen entsprechenden Dilatationen oder Kompressionen. Sind l_2, m_2, n_2 und l_3, m_3, n_3 die Richtungskosinus dieser Hauptachsen, $\Delta_2 x$, $\Delta_2 y$, $\Delta_2 z$ und $\Delta_3 x$, $\Delta_3 y$, $\Delta_3 z$ die zugehörigen Änderungen der Koordinaten, so werden die Gesamtänderungen:

$$\begin{aligned} x' - x &= \Delta_1 x + \Delta_2 x + \Delta_3 x, \\ y' - y &= \Delta_1 y + \Delta_2 y + \Delta_3 y, \\ z' - z &= \Delta_1 z + \Delta_2 z + \Delta_3 z, \end{aligned}$$

und es folgen die Gleichungen (2), wenn wir setzen:

$$\begin{aligned} l_1^2 \varepsilon_1 + l_2^2 \varepsilon_2 + l_3^2 \varepsilon_3 &= a_1 - 1, \\ m_1^2 \varepsilon_1 + m_2^2 \varepsilon_2 + m_3^2 \varepsilon_3 &= b_2 - 1, \\ n_1^2 \varepsilon_1 + n_2^2 \varepsilon_2 + n_3^2 \varepsilon_3 &= c_3 - 1, \\ m_1 n_1 \varepsilon_1 + m_2 n_2 \varepsilon_2 + m_3 n_3 \varepsilon_3 &= b_3 = c_2, \\ n_1 l_1 \varepsilon_1 + n_2 l_2 \varepsilon_2 + n_3 l_3 \varepsilon_3 &= a_3 = c_1, \\ l_1 m_1 \varepsilon_1 + l_2 m_2 \varepsilon_2 + l_3 m_3 \varepsilon_3 &= a_2 = b_1, \end{aligned}$$

also in der Tat die angegebenen Beziehungen zwischen den Koeffizienten.

Aus den ersten drei Gleichungen folgt noch

(20a) $$\varepsilon_1 + \varepsilon_2 + \varepsilon_3 = a_1 + b_2 + c_3 - 3.$$

Von besonderem Interesse ist nun der Fall, wo die Verschiebung, die ein Punkt bei der Transformation erfährt, sehr klein ist. In den Gleichungen (4) sind dann a_1, b_2, c_3 von 1, die übrigen Koeffizienten von 0 sehr wenig verschieden. Wir wollen die Gleichungen schreiben, indem wir

$$x' = x + \delta x, \quad y' = y + \delta y, \quad z' = z + \delta z$$

setzen:

(21) $$\left\{ \begin{aligned} \delta x &= u_x x + u_y y + u_z z, \\ \delta y &= v_x x + v_y y + v_z z, \\ \delta z &= w_x x + w_y y + w_z z. \end{aligned} \right.$$

Sind nun $\delta_1 x$, $\delta_1 y$, $\delta_1 z$ die Koordinatenänderungen bei der aus den Kompressionen oder Dilatationen nach drei zueinander senkrechten Hauptachsen resultierenden „reinen Deformation“, $\delta_2 x$, $\delta_2 y$, $\delta_2 z$ die Änderungen infolge der Drehung, so wird jetzt einfach

(22) $$\delta x = \delta_1 x + \delta_2 x, \quad \delta y = \delta_1 y + \delta_2 y, \quad \delta z = \delta_1 z + \delta_2 z.$$

Nennen wir nun p, q, r die Richtungskosinus der Drehachse, $\delta \omega$ den sehr kleinen Drehwinkel, so kann der Weg der Punkte als eine gerade, zur Verbindungsebene des Punktes mit der Drehachse senkrechte Strecke von der Länge $\varrho\,\delta\,\omega$ aufgefaßt werden, wenn ϱ den Abstand des Punktes von der Drehachse bezeichnet. Die Komponenten dieser Strecke sind

$$(23)\quad \delta_2 x = (r y - q z)\,\delta\,\omega, \quad \delta_2 y = (p z - r x)\,\delta\,\omega, \quad \delta_2 z = (q x - p y)\,\delta\,\omega.$$

In der Tat wird dann

$$p\,\delta_2 x + q\,\delta_2 y + r\,\delta_2 z = 0,$$
$$x\,\delta_2 x + y\,\delta_2 y + z\,\delta_2 z = 0,$$

also die Strecke senkrecht zu der genannten Ebene und das Quadrat ihrer Länge:

$$\delta_2 x^2 + \delta_2 y^2 + \delta_3 z^2 = [(x^2 + y^2 + z^2) - (p x + q y + r z)^2]\,\delta\,\omega^2 = \varrho^2\,\delta\,\omega^2.$$

Es ist nun sofort zu sehen, daß wir zufolge der Gleichungen (22) zu setzen haben:

$$(24)\qquad p = \tfrac{1}{2}(v_z - w_y), \quad q = \tfrac{1}{2}(w_x - u_z), \quad r = \tfrac{1}{2}(u_y - v_x),$$

und gleichzeitig erhalten wir für die Komponenten der Verschiebung bei der reinen Deformation

$$(25)\qquad \begin{cases} \delta_1 x = u_x \cdot x + \tfrac{1}{2}(u_y + v_x)\cdot y + \tfrac{1}{2}(u_z + w_x)\cdot z, \\ \delta_1 y = \tfrac{1}{2}(v_x + u_y)\cdot x + v_y \cdot y + \tfrac{1}{2}(v_z + w_y)\cdot z, \\ \delta_1 z = \tfrac{1}{2}(w_x + u_z)\cdot x + \tfrac{1}{2}(w_y + v_z)\cdot y + w_z \cdot z. \end{cases}$$

Vergleichen wir dies mit (4) und berücksichtigen die Beziehung (20a), so finden wir hier

$$(25\text{a})\qquad \varepsilon_1 + \varepsilon_2 + \varepsilon_3 = u_x + v_y + w_z.$$

Dieses ist das Verhältnis, in dem sich das Volumen eines Raumteiles bei der affinen Transformation ändert. —

Nach den affinen Transformationen haben wir die kollinearen Transformationen zu betrachten, welche folgende Grundeigenschaften haben:

1. Jedem Punkt entspricht nach der Transformation wieder ein Punkt, aber dieser Punkt kann auch in unendliche Entfernung rücken oder aus unendlicher Entfernung stammen.

2. Die Punkte, die einer geraden Linie angehören, gehen in die Punkte einer geraden Linie über, und die Punkte einer Ebene in die Punkte einer Ebene (die Fälle unendlicher Entfernung eingerechnet).

3. Sind P_1, P_2, P_3, P_4 vier Punkte einer geraden Linie und P_1', P_2', P_3', P_4' die entsprechenden Punkte, so wird

$$\frac{P_1 P_3}{P_1 P_4} : \frac{P_2 P_3}{P_2 P_4} = \frac{P_1' P_3'}{P_1' P_4'} : \frac{P_2' P_3'}{P_2' P_4'},$$

wobei die Strecken je nach ihrem Sinn mit bestimmten Vorzeichen zu versehen sind. Die Doppelverhältnisse der beiden Punktquadrupel werden einander gleich.

4. Die Punkte, die nach der Transformation in unendlicher Entfernung liegen, gehören vor der Transformation einer bestimmten Ebene, der ersten Fluchtebene an. Die Punkte, die vor der Transformation in unendlicher Entfernung liegen, liegen nach der Transformation in einer bestimmten Ebene, der zweiten Fluchtebene.

5. Parallele Linien laufen nach der Transformation in einem Punkt der zweiten Fluchtebene zusammen (oder sind einander und der Fluchtebene parallel), und gerade Linien, die in einem Punkte der ersten Fluchtebene zusammenlaufen (oder einander und der Fluchtebene parallel sind), sind nach der Transformation parallel.

6. Parallele Ebenen gehen durch die Transformation über in Ebenen, die sich in einer Geraden der zweiten Fluchtebene schneiden (oder dieser parallel sind), und Ebenen, die sich in der ersten Fluchtebene schneiden (oder dieser parallel sind), gehen durch die Transformation in parallele Ebenen über.

Analytisch wird eine kollineare Transformation dargestellt durch Ausdrücke von der Form

$$x' = \frac{U_1}{U_0}, \quad y' = \frac{U_2}{U_0}, \quad z' = \frac{U_3}{U_0}, \tag{26}$$

wenn U_0, U_1, U_2, U_3 ganze lineare Funktionen der Koordinaten x, y, z eines Punktes und x', y', z' die Koordinaten des transformierten Punktes bezeichnen.

Liegen entsprechende Punkte immer mit einem festen Punkte O in einer geraden Linie, so heißt die kollineare Transformation zentral perspektiv, und O das Zentrum. Wählt man O zum Koordinatenanfangspunkt und nimmt die z-Achse des Koordinatensystems geeignet an, so kann man die perspektive Kollineation, wenn sie keine Affinität ist, durch Gleichungen von folgender Form darstellen, in denen a, c positive Streckenwerte bedeuten sollen:

$$x' = \frac{a\,x}{c+z}, \quad y' = \frac{a\,y}{c+z}, \quad z' = \frac{a\,z}{c+z}. \tag{27}$$

Daraus folgt umgekehrt

$$x = \frac{c\,x'}{a-z'}, \quad y = \frac{c\,y'}{a-z'}, \quad z = \frac{c\,z'}{a-z'}. \tag{28}$$

Es ist sofort zu sehen, daß $z = -c$ und $z' = a$ die Gleichungen der beiden Fluchtebenen werden. Ferner folgt $z = z'$ für $z' = a - c$. Die Punkte dieser Ebene fallen also sämtlich mit ihren entsprechenden Punkten zusammen. Diese Ebene, welche zwischen den beiden Fluchtebenen parallel zu ihnen derart verläuft, daß ihr Abstand von der einen gleich dem Abstand des Zentrums von der anderen wird, heißt die Grundebene oder Zentralebene.

Alle Punkte, für die $z > a - c$, gehen in Punkte über, für die

$$a - c < z' < a$$

ist. Der ganze Halbraum der auf einen Seite der Grundebene γ wird also abgebildet auf die Schicht zwischen der Grundebene γ und der einen Fluchtebene φ. Dabei gehen gerade Linien in gerade Linien und ebene Flächen in ebene Flächen über. Ferner liegt jeder Punkt mit seinem Bildpunkt auf einem Strahl durch das Zentrum O, so daß für ein dort befindliches Auge jeder Punkt mit seinem Bildpunkt zusammenfallen würde, das Abbild von dem Urbild also nicht zu unterscheiden wäre. Man bezeichnet diese Art der Abbildung eines Halbraumes auf einer Schicht von endlicher Dicke hinter der ebenen Grenze des Halbraumes als Reliefperspektive und benutzt diese außer bei plastischen Bildwerken u. a. auch bei der Darstellung auf der Theaterbühne.

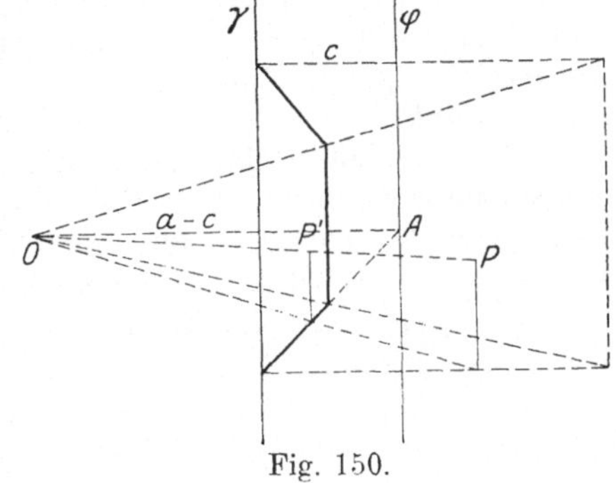

Fig. 150.

Die betrachteten Raumtransformationen haben die Bedeutung, daß sich eine Kennzeichnung der geometrischen Eigenschaften räumlicher Figuren ermöglichen läßt, je nach den Transformationen, bei denen eine solche Eigenschaft erhalten bleibt. Die erste Stufe ist dabei die, daß die Eigenschaft bei allen kongruenten Transformationen erhalten bleibt, dagegen nicht bei den affinen und kollinearen Transformationen. Eine solche Eigenschaft bezeichnet man als eine metrische Eigenschaft. Hierhin gehören alle Eigenschaften, welche Aussagen enthalten über die Gleichheit von Winkeln und die Gleichheit von Strecken, die nicht derselben geraden Linie oder parallelen Linien angehören, insbesondere auch darüber, daß gerade Linien oder Ebenen aufeinander senkrecht stehen. Die zweite Stufe ist die, daß die Eigenschaft nicht bloß bei den kongruenten Transformationen erhalten bleibt, sondern auch bei den affinen Transformationen, dagegen nicht bei den kollinearen Transformationen. Solche Eigenschaften sind alle, welche die Parallelität von geraden Linien oder Ebenen oder die Gleichheit von Strecken auf derselben oder parallelen Linien betreffen, oder die Gleichheit von Flächen in derselben Ebene oder in parallelen Ebenen, oder die Gleichheit von Raumteilen. Eine solche Eigenschaft heißt eine affine. Die dritte Stufe ist die, daß die Eigenschaft bei allen Transformationen, kongruenten, affinen und kollinearen, erhalten bleibt. Eine solche Eigenschaft heißt eine projektive. Hierzu gehören alle Eigenschaften, welche ausdrücken, daß mehrere Punkte auf einer geraden Linie oder in einer Ebene liegen, daß mehrere Linien oder mehrere Ebenen durch einen Punkt oder mehrere Ebenen durch eine gerade Linie gehen. Z. B. ist die Eigenschaft des Rechtecks, daß die Diagonalen gleich und die Winkel rechte sind, eine metrische, die Eigenschaft des Parallelogramms, daß die Gegenseiten gleich und parallel und die Diagonalen sich halbieren, eine affine Eigenschaft, und der Satz, daß, wenn von zwei Dreiecken die Seiten sich paarweise auf einer geraden Linie schneiden, die Verbindungslinien der diesen Seitenpaaren gegenüberliegenden Ecken durch einen und denselben Punkt gehen (Desarguesscher Satz), drückt eine projektive Eigenschaft der betreffenden Figur aus.

Wenn man von einer Raumtransformation spricht, so nimmt man an, daß der Raum oder eine Figur in ihm verändert wird. Betrachtet man aber die Figuren, die ursprüngliche und die verwandelte, gleichzeitig, so tritt an die Stelle der Transformation eine geometrische Verwandtschaft, nämlich ein gegenseitiges Entsprechen der beiden gleichzeitig betrachteten Figuren. Jedem Punkte der einen Figur wird ein Punkt der anderen zugeordnet und umgekehrt. Man kann nun aber nicht bloß Punkte einander zuordnen, sondern auch Punkte und Ebenen. Solche Verwandtschaften werden als reziproke Verwandtschaften bezeichnet. Insbesondere wählt man diese Zuordnung so, daß, wenn drei Punkte in einer geraden Linie liegen, die entsprechenden Ebenen durch eine gerade Linie gehen und daß deshalb, wenn mehrere Punkte einer Ebene angehören, die entsprechenden Ebenen durch einen Punkt gehen. Man muß dann als durch eine gerade Linie gehend auch solche Ebenen ansehen, die einander parallel sind, und als durch einen Punkt gehend solche Ebenen, deren Schnittlinien parallel sind, so daß man auch parallele Linien als durch einen Punkt gehend betrachtet.

Analytisch wird eine solche Verwandtschaft zwischen den Punkten und Ebenen des Raumes dargestellt, wenn man in der Gleichung einer Ebene π:

$$U_0 + U_1 \xi + U_2 \eta + U_3 \zeta = 0, \tag{29}$$

die Koeffizienten U_0, U_1, U_2, U_3 als ganze lineare Funktionen der Koordinaten x, y, z eines Punktes P ansetzt. (Einer der Koeffizienten kann unter Umständen auch eine Konstante sein.) Der Punkt P ist dann der der Ebene zugeordnete Punkt.

Eine besonders einfache Form einer solchen Verwandtschaft ergibt sich, wenn man

(30) $$U_0 = -1, \quad U_1 = Ax, \quad U_2 = By, \quad U_3 = Cz$$

setzt. Die Gleichung (29) wird dann

(31) $$Ax\xi + By\eta + Cz\zeta = 1.$$

Man sieht sofort, daß der Punkt P in der ihm zugeordneten Ebene liegt, wenn

(32) $$Ax^2 + By^2 + Cz^2 = 1$$

ist. Ist mindestens einer der Koeffizienten A, B, C positiv, so ist dies die Gleichung einer reellen Mittelpunktsfläche zweiter Ordnung, welche die Ordnungsfläche der Verwandtschaft heißt. Von dieser Fläche ist, wenn der Punkt P auf ihr liegt, die zugeordnete Ebene eine Tangentialebene. Man kann für einen beliebigen Punkt P, durch den reelle Tangentialebenen der Fläche gehen, die zugeordnete Ebene π finden, indem man durch P die verschiedenen Tangentialebenen an die Fläche legt. Deren Berührungspunkte liegen dann in π. Die Ebene π heißt von dem Punkt P die Polarebene, der Punkt P der Pol der Ebene π und die ganze Verwandtschaft das Polarsystem der Ordnungsfläche. Liegt ein Punkt P' in der Polarebene eines Punktes P, so liegt auch P in der Polarebene von P'. Gehen also die Polarebenen der Punkte einer Geraden g' durch eine Gerade g, so gehen auch die Polarebenen der Punkte von g' durch g. Zwei solche gerade Linien heißen reziproke Polaren in dem Polarsystem.

Liegen insbesondere mehrere Punkte auf einem Durchmesser der Fläche (d. h. einer durch ihren Mittelpunkt O gehenden geraden Linie), so sind die Polarebenen parallel. Soweit sie die Fläche schneiden, sind ihre Schnitte Kegelschnitte, deren Mittelpunkte auf dem Durchmesser liegen. Wenn der Pol auf dem Durchmesser in unendliche Entfernung rückt, so geht die Polarebene durch den Mittelpunkt O der Ordnungsfläche und heißt dann die dem Durchmesser konjugierte Durchmesserebene. Alle Sehnen der Ordnungsfläche, die dem Durchmesser parallel sind, werden von der konjugierten Durchmesserebene halbiert.

Ist die Ordnungsfläche keine Rotationsfläche, so werden nur die zu Koordinatenebenen gewählten drei Durchmesserebenen zu den konjugierten Durchmessern, den Achsen der Fläche, senkrecht.

Ein zweiter merkwürdiger Fall der reziproken Verwandtschaften wird in der einfachsten Weise gefunden, wenn wir

(33) $$U_0 = kz, \quad U_1 = y, \quad U_2 = -x, \quad U_3 = -k$$

setzen. Dann wird die Gleichung der dem Punkte P zugeordneten Ebene

(34) $$k(\zeta - z) = y\xi - x\eta.$$

Man sieht sofort, daß diese Gleichung erfüllt ist, wenn ξ, η, ζ mit x, y, z zusammenfallen. Es liegt also jeder Punkt in der ihm entsprechenden Ebene. Diese Verwandtschaft heißt ein Nullsystem, die einem Punkt zugewiesene Ebene seine Nullebene, der Punkt umgekehrt der Nullpunkt der Ebene. (Die Bezeichnung Nullsystem rührt daher, daß für alle durch einen Punkt gehenden und in seiner Nullebene gelegenen Achsen das Moment eines Kräftesystems Null wird. Diese Achsen werden als Nullinien des Systems bezeichnet.)

Die z-Achse heißt die Zentralachse des Nullsystems. In Beziehung auf sie ist die geometrische Verknüpfung der Punkte mit ihren Nullebenen leicht zu beschreiben. Zunächst ist nämlich zu sehen, daß die Gleichung des Nullsystems erfüllt ist, wenn

$$\zeta = z\,, \quad \frac{\xi}{\eta} = \frac{x}{y} \tag{35}$$

wird, d. h. die Nullebene enthält das Lot, das man vom Nullpunkt auf die Zentralachse fällt. Ferner beachte man, daß die Richtungskosinus der Normalen der Ebene, deren Gleichung die Form gegeben werden kann:

$$-y\,\xi + x\,\eta + k\,\zeta = k\,z\,,$$

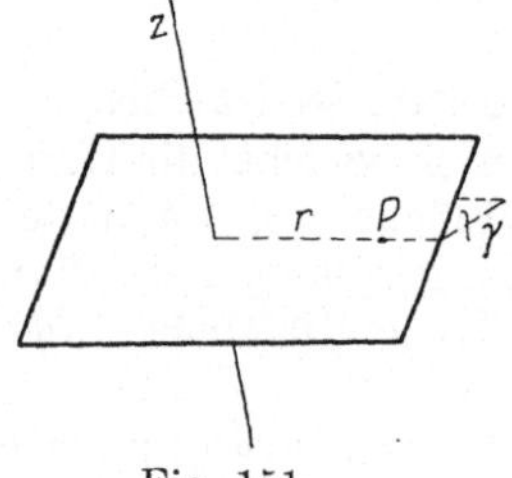

Fig. 151.

proportional zu den Koeffizienten von ξ, η, ζ werden, also die Proportion gilt

$$\cos\alpha : \cos\beta : \cos\gamma = -y : x : k\,. \tag{36}$$

Es wird also, weil $\cos^2\alpha + \cos^2\beta = 1 - \cos^2\gamma = \sin^2\gamma$,

$$\operatorname{tg}\gamma = \frac{\sqrt{\cos^2\alpha + \cos^2\beta}}{\cos\gamma} = \frac{\sqrt{x^2+y^2}}{k} = \frac{r}{k}\,, \tag{37}$$

wenn r der Abstand des Nullpunktes P von der Zentralachse z ist. Daraus sieht man, daß für die Punkte der Zentralachse selbst die Nullebene zur Zentralachse senkrecht ist, und wenn der Nullpunkt sich von der Zentralachse entfernt, der Tangens des Neigungswinkels der Nullebene gegen die zur Zentralachse senkrechten Ebenen proportional zu dem Abstande des Nullpunktes von der Zentralachse wächst.

Sechstes Kapitel.

Differentialrechnung.

1. Funktionen.

Eine Zahl, die als ein fester Wert in Rechnung gestellt wird, heißt eine Konstante. Eine Zahl dagegen, welche nach und nach verschiedene Werte annimmt, heißt eine Veränderliche oder Variable. Sie heißt unbeschränkt veränderlich, wenn sie jeden möglichen Wert annehmen kann. Ist sie dagegen an die Bedingung gebunden, daß sie nicht kleiner als eine feste Zahl a und nicht größer als eine andere Zahl b werden kann, so heißt sie in dem Intervall von a bis b veränderlich.

Veränderliche werden im allgemeinen durch die letzten Buchstaben des Alphabets, zunächst x, y, bezeichnet.

Sind zwei Veränderliche x und y derart miteinander verknüpft, daß zu jedem möglichen Werte von x ein oder mehrere Werte von y gehören, so heißt y eine Funktion von x. Die erste Veränderliche x heißt die unabhängige, die zweite y die abhängige Veränderliche. Man nennt auch x das Argument und y den Funktionswert. Die Funktion kann eine empirische sein, dann ist der zu x gehörende Wert von y durch die Erfahrung gegeben, oder eine analytische, dann ist der Wert von y durch den von x vermittels einer analytischen Formel bestimmt. Gehört zu jedem Wert von x nur ein Wert von y, so spricht man von einer eindeutigen Funktion, gehören dazu mehrere Werte von y, so heißt die Funktion mehrdeutig.

Die in der Praxis vorkommenden Funktionen lassen sich fast alle durch eine Kurve darstellen, d. h. faßt man x und y als rechtwinklige Koordinaten eines Punktes in einer Ebene auf, so erfüllen die so gefundenen Punkte eine Kurve. Handelt es sich um eine analytische Kurve, so ist die dann vorhandene analytische Beziehung

(1) $$y = f(x)$$

oder allgemeiner

(2) $$F(x, y) = 0$$

die Gleichung der Kurve.

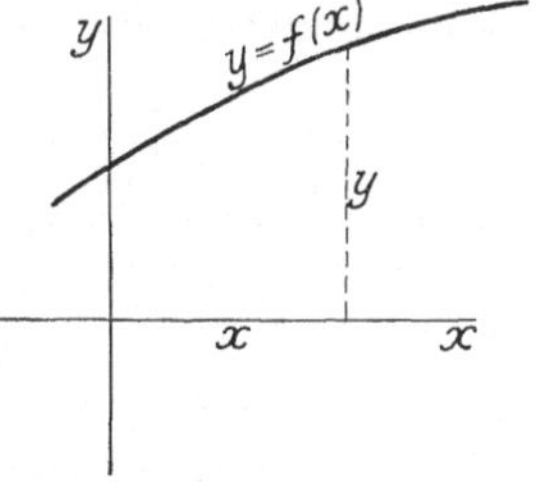

Fig. 152.

Sieht man in der Gleichung $y = f(x)$ nicht x, sondern y als die unabhängige und x als die abhängige Veränderliche an, so wird x eine Funktion $\varphi(y)$ von y, welche die Umkehrung oder Inversion der Funktion $y = f(x)$ heißt. Um aus der Kurve mit der Gleichung $y = f(x)$ die Kurve mit der Gleichung $y = \varphi(x)$ abzuleiten, hat man die erste Kurve an der Halbierungslinie des von den positiven Richtungen der x- und y-Achse gebildeten Winkels zu spiegeln.

Eine Funktion von der Form

$$y = a_0 + a_1 x + a_2 x^2 + a_3 x^3 + \dots + a_n x^n, \tag{3}$$

wobei $a_0, a_1, a_2, \dots a_n$ konstante Koeffizienten bedeuten, heißt eine ganze rationale Funktion $n$ten Grades.

Der Quotient zweier teilerfremden ganzen rationalen Funktionen liefert eine gebrochene rationale Funktion. Der Grad dieser Funktion ist der Grad derjenigen von den beiden ganzen Funktionen, welcher den höheren Grad hat, oder der Grad beider, wenn sie den gleichen Grad haben.

Ist der Grad $= 1$, so spricht man von einer linearen Funktion.

Sind zur Berechnung des Wertes der Funktion neben den bei der rationalen Funktion allein erforderlichen Grundrechnungsarten noch Wurzelziehungen notwendig, so heißt die Funktion irrational. Läßt sie sich allgemeiner durch Auflösung einer algebraischen Gleichung zwischen x und y gewinnen, so heißt die Funktion algebraisch. Ist dies nicht der Fall, so heißt die Funktion transzendent.

Die elementaren transzendenten Funktionen sind der Logarithmus und seine Umkehrung, die Exponentialfunktion, ferner die trigonometrischen Funktionen und ihre Umkehrungen, die zyklometrischen Funktionen.

Der Logarithmus mit der (positiven) Basis a ist durch die Grundeigenschaften festgelegt:

$$\log_a (x \cdot x') = \log_a x + \log_a x', \quad \log_a a = 1. \tag{4}$$

Ferner wird stets

$$\log_a 0 = -\infty, \quad \log_a 1 = 0, \quad \log_a (+\infty) = +\infty. \tag{5}$$

Als Umkehrung gehört zu dem Logarithmus mit der Basis a die Exponentialfunktion

$$y = a^x, \tag{6}$$

von der a wieder die Basis, das Argument x auch der Exponent heißt. Es wird

$$a^{-\infty} = 0, \quad a^0 = 1, \quad a^1 = a, \quad a^{+\infty} = +\infty \tag{7}$$

und es gilt die Grundeigenschaft

$$a^{x+x'} = a^x \cdot a^{x'}. \tag{8}$$

Daraus folgt insbesondere

$$a^{-x} = \frac{1}{a^x}. \tag{9}$$

Ferner ist, wenn m, n ganze Zahlen bedeuten und $a > 0$ ist,

$$a^{\frac{m}{n}} = \sqrt[n]{a^m}, \tag{10}$$

wobei für die Wurzel der eine immer vorhandene positive Wert zu nehmen ist.

Als Argument der trigonometrischen Funktionen wird das auf den Kreis mit dem Radius 1 bezogene Bogenmaß x eines Winkels angesehen. Mit dem Gradmaß φ ist das Bogenmaß durch die Beziehung verknüpft

$$x = \frac{\pi \varphi}{180},$$

so daß für $\varphi = 180^0$ $x = \pi$ und für $\varphi = 360^0$ $x = 2\pi$ wird.

Für die vier trigonometrischen Funktionen

$$y = \sin x, \quad y = \cos x, \quad y = \operatorname{tg} x, \quad y = \operatorname{ctg} x \tag{11}$$

gelten die grundlegenden Formeln (Additionstheoreme)

$$(12)\quad \begin{cases} \sin(x+x') = \sin x\cos x' + \cos x \sin x', \\ \cos(x+x') = \cos x \cos x' - \sin x \sin x', \\ \operatorname{tg}(x+x') = \dfrac{\operatorname{tg} x + \operatorname{tg} x'}{1-\operatorname{tg} x \operatorname{tg} x'}, \\ \operatorname{ctg}(x+x') = \dfrac{\operatorname{ctg} x - \operatorname{ctg} x'}{1+\operatorname{ctg} x \operatorname{ctg} x'}. \end{cases}$$

Die Funktionen sind miteinander durch die Beziehungen verknüpft:

$$(13)\quad \cos x = \sin\left(x+\frac{\pi}{2}\right),\quad \operatorname{tg} x = \frac{\sin x}{\cos x},\quad \operatorname{ctg} x = \frac{\cos x}{\sin x},\quad \operatorname{ctg} x = \operatorname{tg}\left(\frac{\pi}{2}-x\right),$$
$$\sin^2 x + \cos^2 x = 1.$$

Ferner wird

$$(14)\quad \sin(x \pm 2\pi) = \sin x,\quad \cos(x\pm 2\pi) = \cos x,\quad \operatorname{tg}(x\pm\pi) = \operatorname{tg} x,$$
$$\operatorname{ctg}(x\pm\pi) = \operatorname{ctg} x.$$

Die trigonometrischen Funktionen heißen deshalb periodische Funktionen und 2π die Periode von $\sin x$ und $\cos x$, π die Periode von $\operatorname{tg} x$ und $\operatorname{ctg} x$.

Endlich wird

$$(15)\quad \sin(x\pm\pi) = -\sin x,\quad \cos(x\pm\pi) = -\cos x.$$

Alle trigonometrischen Funktionen sind eindeutige Funktionen.

Die zu sin und cos inversen Funktionen, die zyklometrischen Funktionen

$$(16)\quad y = \operatorname{arc}\sin x,\quad y = \operatorname{arc}\cos x$$

sind dadurch bestimmt, daß bei der ersten $x = \sin y$, bei der zweiten $x = \cos y$ wird. Diese Funktionen sind für das Intervall von -1 bis $+1$ eindeutig, wenn y auf das Intervall

$$-\frac{\pi}{2} \leqq y \leqq +\frac{\pi}{2} \quad \text{bzw.} \quad 0 \leqq y \leqq +\pi$$

beschränkt wird.

Die zu tg und ctg inversen Funktionen

$$y = \operatorname{arc}\operatorname{tg} x,\quad y = \operatorname{arc}\operatorname{ctg} x$$

sind dadurch bestimmt, daß $x = \operatorname{tg} y$ bzw. $x = \operatorname{ctg} y$ wird. Diese Funktionen sind wiederum eindeutig, wenn y auf das Intervall

$$-\frac{\pi}{2} \leqq y \leqq +\frac{\pi}{2} \quad \text{bzw.} \quad 0 \leqq y \leqq \pi$$

beschränkt wird.

Da

$$(17)\quad \operatorname{arc}\cos x = \frac{\pi}{2} - \operatorname{arc}\sin x,\quad \operatorname{arc}\operatorname{ctg} x = \frac{\pi}{2} - \operatorname{arc}\operatorname{tg} x$$

wird, sind die Funktionen $\operatorname{arc}\cos x$ und $\operatorname{arc}\operatorname{ctg} x$ entbehrlich und werden deshalb selten benutzt.

Um die elementaren transzendenten Funktionen zu berechnen, bedient man sich sogenannter Potenzreihen, d. h. ganzer rationaler Funktionen des Argumentes, welche den Wert der gesuchten Funktion angenähert liefern.

Man findet dann

$$(18)\quad \log_a(1+x) = M_a\left(\frac{x}{1} - \frac{x^2}{2} + \frac{x^3}{3} - \frac{x^4}{4} + \ldots \pm \frac{x^n}{n} + \Re_n\right),$$

wobei $\Re_n$ ein Wert ist, der, wenn $-1 < x < +1$, mit wachsendem n unbegrenzt abnimmt. Der Wert M_a heißt der Modul des Logarithmensystems mit der Basis a.

Ist der Modul $= 1$, so wird die Basis mit e bezeichnet, so daß $M_e = 1$ wird. Der Logarithmus wird dann als natürlicher Logarithmus gekennzeichnet, geschrieben $\ln(1+x)$. Es ergibt sich also

$$\ln(1+x) = \frac{x}{1} - \frac{x^2}{2} + \frac{x^3}{3} \dots \pm \frac{x^n}{n} + \Re_n \tag{19}$$

und

$$\log_a(1+x) = M_a \cdot \ln(1+x). \tag{20}$$

Zur Berechnung besser geeignet ist die aus der Formel (19) ableitbare Formel

$$\ln\frac{1+x}{1-x} = 2\left(\frac{x}{1} + \frac{x^3}{3} + \frac{x^5}{5} + \frac{x^7}{7} + \dots\right). \tag{21}$$

Setzt man darin $x = \frac{1}{2m+1}$, so folgt

$$\ln(m+1) = \ln m + 2\left(\frac{1}{2m+1} + \frac{1}{3(2m+1)^3} + \dots\right). \tag{22}$$

Derart ist aus dem Logarithmus einer ganzen Zahl m der Logarithmus der nächstfolgenden ganzen Zahl zu berechnen.

Da $\log_a x = M_a \cdot \ln x$ wird, folgt für $x = a$:

$$M_a = \frac{1}{\ln a}. \tag{23}$$

Insbesondere wird für $a = 10$: $M_a = 0{,}4342945$.

Für die als Umkehrung des natürlichen Logarithmus erscheinende Exponentialfunktion e^x ergibt sich die Reihenentwicklung

$$e^x = 1 + \frac{x}{1} + \frac{x^2}{1\cdot 2} + \frac{x^3}{1\cdot 2\cdot 3} + \frac{x^4}{1\cdot 2\cdot 3\cdot 4} + \dots + \frac{x^n}{1\cdot 2\dots n} + \Re_n, \tag{24}$$

wobei $\Re_n$ für alle endlichen Werte von x mit wachsendem n unbegrenzt abnimmt. Für $x = 1$ folgt

$$e = 1 + \frac{1}{1} + \frac{1}{1\cdot 2} + \frac{1}{1\cdot 2\cdot 3} + \frac{1}{1\cdot 2\cdot 3\cdot 4} + \dots \tag{25}$$

oder ausgerechnet $e = 2{,}71828\dots$

Aus der Exponentialfunktion e^x werden noch die sogenannten hyperbolischen Funktionen abgeleitet

$$\mathfrak{Sin}\, x = \frac{e^x - e^{-x}}{2}, \quad \mathfrak{Cof}\, x = \frac{e^x + e^{-x}}{2}. \tag{26}$$

Für diese folgen sofort die Reihenentwicklungen

$$\left\{\begin{aligned} \mathfrak{Sin}\, x &= x + \frac{x^3}{3!} + \frac{x^5}{5!} + \frac{x^7}{7!} + \frac{x^9}{9!} + \dots + \frac{x^{2n+1}}{(2n+1)!} + \Re_{2n+1}, \\ \mathfrak{Cof}\, x &= 1 + \frac{x^2}{2!} + \frac{x^4}{4!} + \frac{x^6}{6!} + \frac{x^8}{8!} + \dots + \frac{x^{2n}}{2n!} + \Re_{2n}, \end{aligned}\right. \tag{27}$$

wobei $1\cdot 2\cdot 3 \dots n = n!$ (gesprochen n Fakultät) gesetzt ist.

Für die trigonometrischen Funktionen $\sin x$ und $\cos x$ gelten die ganz ähnlichen Reihenentwicklungen

$$\left\{\begin{aligned} \sin x &= x - \frac{x^3}{3!} + \frac{x^5}{5!} - \frac{x^7}{7!} + \frac{x^9}{9!} - \dots, \\ \cos x &= 1 - \frac{x^2}{2!} + \frac{x^4}{4!} - \frac{x^6}{6!} + \frac{x^8}{8!} - \dots. \end{aligned}\right. \tag{28}$$

Für die zyklometrischen Funktionen arc tg x und arc sin x finden sich die Reihenentwicklungen:

$$(29)\qquad \begin{cases} \operatorname{arc\,tg} x = x - \frac{x^3}{3} + \frac{x^5}{5} - \frac{x^7}{7} + \frac{x^9}{9} - \dots, \\ \operatorname{arc\,sin} x = x + \frac{1}{2}\frac{x^3}{3} + \frac{1}{2}\cdot\frac{3}{4}\cdot\frac{x^5}{5} + \frac{1}{2}\cdot\frac{3}{4}\cdot\frac{5}{6}\cdot\frac{x^7}{7} + \dots. \end{cases}$$

Für diese Reihen nähert sich immer, wenn $-1 < x < +1$, der Rest mit wachsender Gliedzahl der Null.

Für $x = \frac{1}{2}$ wird arc sin $x = \frac{\pi}{6}$ (30^0). Also ergibt sich

$$(30)\qquad \frac{\pi}{6} = \frac{1}{2} + \frac{1}{2}\cdot\frac{1}{3\cdot 2^3} + \frac{1}{2}\cdot\frac{3}{4}\cdot\frac{1}{5\cdot 2^5} + \frac{1}{2}\cdot\frac{3}{4}\cdot\frac{5}{6}\cdot\frac{1}{7\cdot 2^7} + \dots.$$

Daraus kann π berechnet werden. Es folgt $\pi = 3{,}14159\dots$

2. Grenzwerte.

Ist eine unbegrenzte Zahlenfolge

$$a_0, a_1, a_2, a_3 \dots$$

vorgelegt und existiert eine endliche Zahl g von der Art, daß für $m \geqq n$, wo n eine bestimmte Stelle der Reihe bezeichnet, der absolute Betrag $|g - a_m|$ kleiner als eine beliebig vorgegebene Zahl δ wird, so heißt die Zahl g der Grenzwert oder Limes der Zahlenfolge. Man schreibt

$$(1)\qquad g = \lim_{n\to\infty} a_n.$$

Wird von einer bestimmten Stelle n an, also für jeden Wert $m \geqq n$ der absolute Betrag $|a_m| > w$, wo w einen beliebigen vorgegebenen endlichen Wert bezeichnet, so sagt man, die Zahlenfolge habe die Grenze ∞ und schreibt

$$(2)\qquad \lim_{n\to\infty} a_n = \infty.$$

Z. B. wird für $q > 1$ $\lim\limits_{n\to\infty} q^n = \infty$, dagegen für $q < 1$ $\lim\limits_{n\to\infty} q^n = 0$.

Der Grenzwert der Summe $a_n + b_n$ ist gleich der Summe der Grenzwerte der Zahlenfolgen a_n, b_n:

$$(3)\qquad \lim (a_n + b_n) = \lim a_n + \lim b_n.$$

Entsprechendes gilt für die Differenz $a_n - b_n$. Ferner wird

$$(4)\qquad \lim (a_n \cdot b_n) = \lim a_n \cdot \lim b_n, \qquad \lim \frac{a_n}{b_n} = \frac{\lim a_n}{\lim b_n}.$$

Setzt man

$$(5)\qquad S_n = a_0 + a_1 + a_2 + a_3 + \dots + a_n,$$

so heißt die Reihe

$$a_0 + a_1 + a_2 + a_3 + \dots$$

konvergent, wenn

$$(6)\qquad \lim_{n\to\infty} S_n = S$$

wird, wo S einen endlichen Wert bezeichnet. Im anderen Falle heißt die Reihe divergent. S heißt der Summenwert oder der Wert der konvergenten Reihe.

Eine konvergente Reihe ist z. B.

$$1 + \frac{1}{2} + \frac{1}{4} + \frac{1}{8} + \frac{1}{16} + \dots,$$

eine divergente Reihe

$$1+\frac{1}{2}+\frac{1}{3}+\frac{1}{4}+\frac{1}{5}+\ldots,$$

ebenso ist die Reihe

$$1-1+1-1+1\ldots$$

divergent, weil die Summe zwischen 0 und 1 hin und her springt und keine bestimmte Grenze existiert.

Für jede Reihe mit lauter positiven Gliedern ist entweder $\lim S_n = \infty$ oder die Reihe ist konvergent.

Für jede konvergente Reihe gilt

$$\lim a_n = 0, \tag{7}$$

aber nicht jede Reihe, für welche diese Bedingung erfüllt ist, ist konvergent.

Eine Reihe $a_0 + a_1 + a_2 + \ldots$ ist jedenfalls konvergent, wenn die Reihe der absoluten Beträge

$$|a_0| + |a_1| + |a_2| + \ldots$$

konvergiert. Sie heißt dann **absolut** konvergent.

Eine absolut konvergente Reihe behält bei einer beliebigen Neuordnung der Glieder denselben Summenwert bei. Eine konvergente, aber nicht absolut konvergente Reihe kann durch Neuordnung der Glieder jeden beliebigen Summenwert erhalten. Sie heißt deshalb **bedingt konvergent**.

Eine Reihe $a_0 + a_1 + a_2 + \ldots$ mit lauter positiven Gliedern ist notwendigerweise konvergent, wenn sich immer eine solche positive Zahl $r < 1$ angeben läßt, daß von einem bestimmten Zeiger m an für alle $k \geqq m$ die Bedingung erfüllt ist

$$\frac{a_{k+1}}{a_k} \leqq r. \tag{8}$$

Ist dagegen diese Bedingung nur für ein $r \geqq 1$ zu erfüllen, so ist die Reihe divergent.

Eine Reihe, deren Glieder die Form $a_n x^n$ haben, wo x eine Veränderliche bedeutet, ist eine **Potenzreihe**.

Ist eine größte positive und endliche Zahl g vorhanden, für die $|a_n| g^n$ bei unbegrenzt wachsendem n nicht unendlich wird, also kleiner als eine endliche Zahl h bleibt, so konvergiert die Potenzreihe in dem Intervall $-g < x < +g$ und ist außerhalb dieses Intervalls divergent. Das genannte Intervall heißt dann das **Konvergenzintervall** der Potenzreihe.

Gilt das Gleiche für jedes positive endliche g, so heißt die Reihe **unbegrenzt konvergent**, weil sie für jedes endliche x konvergent ist.

Bei einer konvergenten Potenzreihe wird der absolute Wert des **Reihenrestes** $R_n(x)$, d. h. die Summe aller Glieder nach dem Glied $a_n x^n$, für genügend großes n kleiner als δ, wenn δ eine beliebig vorgegebene positive Zahl ist, gleichgültig welches der Wert von x ist. Die Potenzreihe heißt deshalb in dem Konvergenzintervall **gleichmäßig konvergent**.

Jede Potenzreihe ist in ihrem Konvergenzintervall eine (gleichmäßig) **stetige** Funktion $f(x)$ von x, d. h. es wird $|f(x') - f(x)| < \delta$, wenn $|x' - x| < \lambda$, wobei δ eine beliebig kleine und λ eine entsprechend bestimmte positive Zahl ist.

Wie von einem Grenzwert für einen unbegrenzt wachsenden ganzzahligen Stellenwert n kann auch von einem Grenzwert für eine unbegrenzt wachsende stetige Veränderliche x gesprochen werden. Man braucht dieser Veränderlichen bloß die ganzzahligen Werte $x = n$ oder allgemeiner etwa die Werte $a + bn$, $b > 0$ zu erteilen, um diesen Fall auf den vorigen zurückzuführen. Ebenso kann der Grenzwert für $x = 0$ genommen werden, indem man etwa x die Werte $\frac{1}{n}$ durchlaufen läßt.

Es gelten dann insbesondere die Grenzwerte:

(9)
$$\lim_{x \to \infty}\left(1+\frac{1}{x}\right)^x = e \text{ (Basis der natürl. Logarithmen).}$$
$$\lim_{\varepsilon \to 0}\frac{\ln(1+\varepsilon)}{\varepsilon} = 1,$$
$$\lim_{\varepsilon \to 0}\frac{\sin\varepsilon}{\varepsilon} = 1.$$

3. Differentialquotienten.

Ist $y = f(x)$ eine durch eine Kurve dargestellte Funktion und wird der Funktionswert für das um Δx geänderte Argument x

(1) $$f(x+\Delta x) = y + \Delta y$$

gesetzt, so heißt der Quotient

(2) $$\frac{\Delta y}{\Delta x} = \frac{f(x+\Delta x) - f(x)}{\Delta x}$$

ein Differenzenquotient der Funktion $f(x)$. Er bedeutet den Tangens des Neigungswinkels gegen die positive Richtung der x-Achse für die (mit einem bestimmten Richtungssinn versehene) Sekante, die von dem Punkte $P(x, y)$ der die Funktion $y = f(x)$ darstellenden Kurve nach dem Punkte $P'(x+\Delta x, y+\Delta y)$ hinweist.

Die Sekante geht in eine Tangente über, wenn die Punkte P, P' sich unbegrenzt nähern, also Δx kleiner und kleiner wird. Gleichzeitig wird demnach der Wert

(3) $$f'(x) = \lim_{\Delta x \to 0}\frac{\Delta y}{\Delta x} = \lim_{\Delta x \to 0}\frac{f(x+\Delta x) - f(x)}{\Delta x}$$

gleich dem Tangens des Neigungswinkels α der Tangente in dem Punkte P an die Kurve, welche die Funktion $y = f(x)$ darstellt.

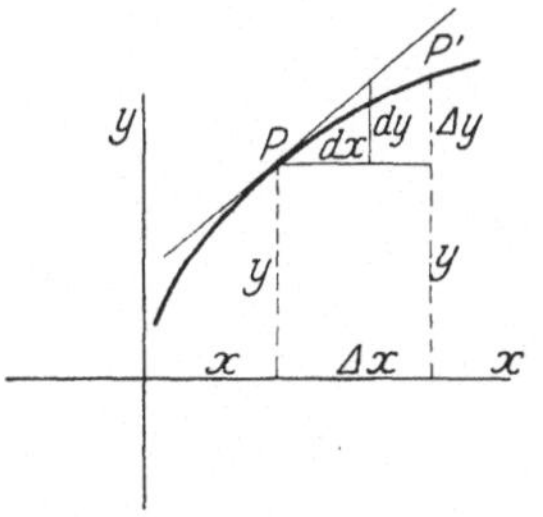

Fig. 153.

Die so entstehende Funktion

(4) $$y' = f'(x)$$

heißt die abgeleitete Funktion oder Derivierte von $f(x)$.

Man setzt auch

(5) $$f'(x) = \frac{dy}{dx} = \frac{d f(x)}{dx},$$

indem man mit dx, dy zwei Zahlgrößen bezeichnet, deren Verhältnis $f'(x)$ liefert. Solche Zahlgrößen heißen Differentiale, und der Wert $f'(x)$ deshalb Differentialquotient. Man denkt sich, daß $\Delta x, \Delta y$ Annäherungen an solche Differentiale liefern, wenn sie hinreichend klein genommen werden, oder auch, man läßt Δx eine beliebige Folge

$$p_0, p_1, p_2, p_3, p_4, \ldots$$

von unbegrenzt abnehmenden Zahlen durchlaufen, dann durchläuft das zugehörige Δy eine ebensolche Folge

$$q_0, q_1, q_2, q_3, q_4, \ldots,$$

und bildet man daraus die Zahlenfolge

$$\frac{q_0}{p_0}, \frac{q_1}{p_1}, \frac{q_2}{p_2}, \frac{q_3}{p_3}, \frac{q_4}{p_4}, \ldots,$$

so wird

$$f'(x) = \lim_{n\to\infty} \frac{q_n}{p_n}.$$

Wenn man nun die beiden ersten Folgen als unendlich kleine Größen dx, dy bezeichnet und den Grenzwert der dritten Folge als den Quotienten dieser unendlich kleinen Größen $\frac{dy}{dx}$, so wird in der Tat

$$f'(x) = \frac{dy}{dx}.$$

Vor einer anderen Verwendung des Wortes „unendlich klein" muß man sich aber hüten.

Die Differentialquotienten der elementaren Funktionen sind folgende:

$$\frac{d(x^n)}{dx} = n x^{n-1} \quad (n \text{ positive ganze Zahl}), \tag{6}$$

$$\frac{d \log_a x}{dx} = \frac{M_a}{x}, \text{ insbesondere } \frac{d \ln x}{dx} = \frac{1}{x}, \tag{7}$$

$$\frac{d a^x}{dx} = \frac{a^x}{M_a}, \text{ insbesondere } \frac{d e^x}{dx} = e^x, \tag{8}$$

$$\frac{d \sin x}{dx} = \cos x, \tag{9}$$

$$\frac{d \cos x}{dx} = -\sin x, \tag{10}$$

$$\frac{d \operatorname{tg} x}{dx} = \frac{1}{\cos^2 x} = 1 + \operatorname{tg}^2 x, \tag{11}$$

$$\frac{d \operatorname{ctg} x}{dx} = -\frac{1}{\sin^2 x} = -(1 + \operatorname{ctg}^2 x), \tag{12}$$

$$\frac{d \operatorname{arc} \sin x}{dx} = \frac{1}{\sqrt{1-x^2}}, \tag{13}$$

$$\frac{d \operatorname{arc} \operatorname{tg} x}{dx} = \frac{1}{1+x^2}. \tag{14}$$

Ferner wird

$$\frac{d \mathfrak{Sin}\, x}{dx} = \mathfrak{Cof}\, x, \tag{15}$$

$$\frac{d \mathfrak{Cof}\, x}{dx} = \mathfrak{Sin}\, x. \tag{16}$$

Der Differentialquotient einer Konstanten $y = a$ ist $= 0$.

Setzt man allgemein

$$x^p = e^{p \ln x},$$

so wird für beliebige Werte von p

$$\frac{d(x^p)}{dx} = p x^{p-1}. \tag{17}$$

Sind $f_1(x)$ und $f_2(x)$ zwei differenzierbare Funktionen, so wird

$$\frac{d[f_1(x) \pm f_2(x)]}{dx} = \frac{d f_1(x)}{dx} \pm \frac{d f_2(x)}{dx}; \tag{18}$$

$$\frac{d[f_1(x) \cdot f_2(x)]}{dx} = f_2(x) \frac{d f_1(x)}{dx} + f_1(x) \frac{d f_2(x)}{dx}; \tag{19}$$

$$\frac{d \dfrac{f_1(x)}{f_2(x)}}{dx} = \frac{f_2(x) \dfrac{d f_1(x)}{dx} - f_1(x) \dfrac{d f_2(x)}{dx}}{[f_2(x)]^2}. \tag{20}$$

Insbesondere wird, wenn a eine Konstante bedeutet

(21) $$\frac{d\,[a f(x)]}{d\,x} = a\,\frac{d f(x)}{d\,x},$$

ferner

(22) $$\frac{d\,\frac{1}{f(x)}}{d\,x} = \frac{-\frac{d f(x)}{d\,x}}{[f(x)]^2}.$$

Ist $\varphi(x) = \psi[f(x)]$, so wird für $f(x) = y$

(23) $$\frac{d\,\varphi(x)}{d\,x} = \frac{d\,\psi[f(x)]}{d\,x} = \frac{d\,\psi(y)}{d\,x} = \frac{d\,\psi(y)}{d\,y} \cdot \frac{d\,y}{d\,x}.$$

insbesondere $\varphi(x) = x$, so wird $\psi(y) = x$, also die Umkehrung der ... $f(x) = y$, und es ergibt sich

$$1 = \frac{d\,\psi(y)}{d\,y} \cdot \frac{d\,y}{d\,x} \quad \text{und} \quad \frac{d\,\psi(y)}{d\,y} = \frac{1}{\frac{d f(x)}{d\,x}}.$$

...rechnung der Formeln (6) bis (16) angeht, so mögen folgende ...enügen.

$$\ldots \Delta x)^n = x^n + n\,x^{n-1}\,\Delta x + \left(\frac{n(n-1)}{2}\,x^{n-2} + \ldots\right)\Delta x^2,$$

$$\ldots = \frac{(x + \Delta x)^n - x^n}{\Delta x} = n\,x^{n-1} + \left(\frac{n(n-1)}{2}\,x^{n-2} + \ldots\right)\Delta x.$$

...man nun Δx der Null zu konvergieren, so wird

$$\frac{dy}{dx} = \frac{d\,x^n}{d\,x} = \lim \frac{\Delta y}{\Delta x} = n\,x^{n-1}.$$

Ferner wird

$$\log_a(x + \Delta x) = \log_a x + \log_a\left(1 + \frac{\Delta x}{x}\right),$$

also, wenn $\frac{\Delta x}{x} = \varepsilon$ gesetzt wird,

$$\frac{\Delta y}{\Delta x} = \frac{\log_a(x + \Delta x) - \log_a x}{\Delta x} = \frac{1}{x}\,\frac{\log_a(1+\varepsilon)}{\varepsilon}.$$

Geht man nun zur Grenze über, so wird

$$\frac{dy}{dx} = \frac{d\log_a x}{dx} = \lim_{\Delta x \to 0} \frac{\Delta y}{\Delta x} = \frac{1}{x} \lim_{\varepsilon \to 0} \frac{\log_a(1+\varepsilon)}{\varepsilon} = \frac{M_a}{x}.$$

Die Umkehrung der Funktion $y = \log_a x$ ist die Funktion $x = a^y$, folglich wird

$$\frac{d a^y}{d y} = \frac{1}{\frac{d\log_a x}{d x}} = \frac{x}{M_a} = \frac{a^y}{M_a}.$$

Also ist, wenn man die Bezeichnungen x und y wieder vertauscht,

$$\frac{d a^x}{d x} = \frac{a^x}{M_a}.$$

Wir haben weiter

$$\sin(x + \Delta x) - \sin x = 2\cos(x + \tfrac{1}{2}\Delta x)\sin\tfrac{1}{2}\Delta x,$$

also, wenn $\frac{1}{2}\Delta x = \varepsilon$ gesetzt wird,

$$\frac{\Delta y}{\Delta x} = \frac{\sin(x + \Delta x) - \sin x}{\Delta x} = \cos(x+\varepsilon) \cdot \frac{\sin\varepsilon}{\varepsilon},$$

und wir finden, wenn wir zur Grenze übergehen,

$$\frac{dy}{dx} = \frac{d\sin x}{dx} = \lim_{\Delta x \to 0} \frac{\sin(x+\Delta x) - \sin x}{\Delta x} = \lim_{\varepsilon \to 0} \cos(x+\varepsilon) \cdot \lim_{\varepsilon \to 0} \frac{\sin\varepsilon}{\varepsilon} = \cos x.$$

Die Umkehrung der Funktion $y = \sin x$ ist die Funktion $x = \arcsin y$, also wird

$$\frac{d \arcsin y}{dy} = \frac{1}{\frac{d\sin x}{dx}} = \frac{1}{\cos x} = \frac{1}{\sqrt{1-y^2}}$$

und, wenn wir die Bezeichnungen x und y wieder vertauschen,

$$\frac{d \arcsin x}{dx} = \frac{1}{\sqrt{1-x^2}}.$$

Den Differentialquotienten von $y = \operatorname{tg} x$ können wir aus (9) und (10) nach der Regel (20) ableiten. Wir haben dann:

$$\frac{d \operatorname{tg} x}{dx} = \frac{d\frac{\sin x}{\cos x}}{dx} = \frac{\cos x \frac{d\sin x}{dx} - \sin x \frac{d\cos x}{dx}}{\cos^2 x}$$

$$= \frac{\cos^2 x + \sin^2 x}{\cos^2 x} = \frac{1}{\cos^2 x} = 1 + \operatorname{tg}^2 x.$$

Die Umkehrung der Funktion $y = \operatorname{tg} x$ ist die Funktion $x = \operatorname{arc\,tg} y$. Also wird

$$\frac{d \operatorname{arc\,tg} y}{dy} = \frac{1}{\frac{d \operatorname{tg} x}{dx}} = \frac{1}{1+\operatorname{tg}^2 x} = \frac{1}{1+y^2},$$

und, wenn wir die Bezeichnungen x und y vertauschen,

$$\frac{d \operatorname{arc\,tg} x}{dx} = \frac{1}{1+x^2}.$$

Es ist

$$\mathfrak{Cos}\, x = \frac{e^x + e^{-x}}{2}.$$

Nun ist $\frac{de^x}{dx} = e^x$, und nach (23) wird, wenn man $y = -x$ setzt,

$$\frac{de^{-x}}{dx} = \frac{de^y}{dy} \cdot \frac{dy}{dx} = -e^y = -e^{-x}.$$

Also folgt nach (18) und (21)

$$\frac{d\,\mathfrak{Cos}\, x}{dx} = \frac{1}{2}\left(\frac{de^x}{dx} + \frac{de^{-x}}{dx}\right) = \tfrac{1}{2}(e^x - e^{-x}) = \mathfrak{Sin}\, x$$

und ebenso

$$\frac{d\,\mathfrak{Sin}\, x}{dx} = \frac{1}{2}\frac{d(e^x - e^{-x})}{dx} = \tfrac{1}{2}(e^x + e^{-x}) = \mathfrak{Cos}\, x.$$

Die Umkehrung von $y = \mathfrak{Sin}\, x$ ist $x = \mathfrak{Ar\,Sin}\, y$, also wird

$$\frac{d\,\mathfrak{Ar\,Sin}\, y}{dy} = \frac{1}{\frac{d\,\mathfrak{Sin}\, x}{dx}} = \frac{1}{\mathfrak{Cos}\, x} = \frac{1}{\sqrt{1+\mathfrak{Sin}^2 x}} = \frac{1}{\sqrt{1+y^2}}$$

und bei Vertauschung der Bezeichnungen x und y

(25) $$\frac{d\,\mathfrak{Ar\,Sin}\, x}{dx} = \frac{1}{\sqrt{1+x^2}}.$$

Endlich folgt nach (20)

$$(26)\qquad \frac{d\,\mathfrak{Tg}\,x}{dx}=\frac{d\,\frac{\mathfrak{Sin}\,x}{\mathfrak{Cof}\,x}}{dx}=\frac{\mathfrak{Cof}^2 x-\mathfrak{Sin}^2 x}{\mathfrak{Cof}^2 x}=\frac{1}{\mathfrak{Cof}^2 x}$$

und für die Umkehrung dieser Funktion, nämlich $y=\mathfrak{ArTg}\,x$,

$$(27)\qquad \frac{dy}{dx}=\frac{d\,\mathfrak{ArTg}\,x}{dx}=\mathfrak{Cof}^2 y=\frac{1}{1-\mathfrak{Tg}^2 y}=\frac{1}{1-x^2}.$$

Die Begründung der Formeln (18) bis (20) gelingt ebenfalls leicht, indem man von der Definition des Differentialquotienten ausgeht. Es wird

$$\frac{\Delta[f_1(x)+f_2(x)]}{\Delta x}=\frac{f_1(x+\Delta x)-f_1(x)}{\Delta x}+\frac{f_2(x+\Delta x)-f_2(x)}{\Delta x}=\frac{\Delta f_1(x)}{\Delta x}+\frac{\Delta f_2(x)}{\Delta x}$$

und daraus folgt beim Grenzübergang die Formel (18).

Ferner wird

$$\frac{\Delta[f_1(x)\cdot f_2(x)]}{\Delta x}=\frac{f_1(x+\Delta x)-f_1(x)}{\Delta x}f_2(x+\Delta x)+f_1(x)\frac{f_2(x+\Delta x)-f_2(x)}{\Delta x}$$

und daraus folgt beim Grenzübergang die Formel (19). Aus dieser Formel ist (20) eine einfache Folge, wenn man sie in die Form bringt

$$\frac{d f_1(x)}{dx}=\frac{f_2(x)\frac{d[f_1(x)\cdot f_2(x)]}{dx}-f_1(x)\cdot f_2(x)\cdot\frac{d f_2(x)}{dx}}{[f_2(x)]^2}$$

und dann $f_1(x)\cdot f_2(x)$ durch $f_1(x)$, also $f_1(x)$ durch $\frac{f_1(x)}{f_2(x)}$ ersetzt.

Die Formel (23) ergibt sich durch Grenzübergang aus

$$\frac{\Delta\varphi(x)}{\Delta x}=\frac{\Delta\psi(y)}{\Delta y}\cdot\frac{\Delta y}{\Delta x}.$$

Als Beispiel der mittelbaren Differentiation sei angeführt

$$(28)\qquad \frac{d\ln f(x)}{dx}=\frac{d\ln y}{dy}\cdot\frac{d f(x)}{dx}=\frac{1}{y}\cdot f'(x)=\frac{f'(x)}{f(x)}.$$

Es zeigt sich derart, daß auch der Differentialquotient einer jeden aus den elementaren Funktionen zusammengesetzten Funktion zu bilden ist, und auf welche Art.

Aber nicht jede stetige Funktion ist differenzierbar, vielmehr bedeutet die Differenzierbarkeit eine besondere Eigenschaft der Funktion.

Auch ist die abgeleitete Funktion einer stetigen, durch eine graphische Kurve darstellbaren Funktion nicht immer eine stetige Funktion, vielmehr kann an einzelnen Stellen x

$$f'(x+\varepsilon)-f'(x)>g$$

bleiben, wo g einen bestimmten endlichen Wert bedeutet, wie klein ε auch gewählt wird. Der geometrische Ausdruck hierfür ist, daß bei der graphischen Darstellung die Kurve an der betreffenden Stelle eine Einknickung erfährt.

Sieht man in dem Differenzenquotienten

$$y_1=\frac{\Delta y}{\Delta x}=\frac{f(x+\Delta x)-f(x)}{\Delta x}$$

Δx als konstant an, so wird y_1 eine Funktion von x. Bildet man von dieser wieder den Differenzenquotienten, so erhält man den zweiten Differenzenquotienten:

$$y_2 = \frac{\Delta y_1}{\Delta x} = \frac{\Delta \frac{\Delta y}{\Delta x}}{\Delta x} = \frac{\Delta^2 y}{\Delta x^2} = \frac{f(x+2\Delta x) - 2f(x+\Delta x) + f(x)}{\Delta x^2},$$

wobei $\Delta x^2 = (\Delta x)^2$.

Ebenso kann man weiter den dritten, vierten usw. Differenzenquotienten bilden. Für den $n$ten Differenzenquotienten erhält man dann den Wert

$$(29)\qquad \frac{\Delta^n y}{\Delta x^n} = \frac{1}{\Delta x^n}\Big\{f(x+n\Delta x) - \binom{n}{1} f(x+[n-1]\Delta x) + \binom{n}{2} f(x+[n-2]\Delta x) - \dots + (-1)^n f(x)\Big\}.$$

Dabei sind

$$\binom{n}{1} = n, \quad \binom{n}{2} = \frac{n(n-1)}{1\cdot 2}, \quad \dots \binom{n}{k} = \frac{n(n-1)\dots(n-k+1)}{1\cdot 2\dots k},$$

die Binomialkoeffizienten.

Der Grenzwert des $n$ten Differenzenquotienten für $\Delta x = 0$ ist der $n$te Differentialquotient oder die $n$te Derivierte $f^{(n)}(x)$. Es wird also:

$$(30)\qquad f^{(n)}(x) = \lim_{\Delta x \to 0} \frac{\Delta^n f(x)}{\Delta x^n}.$$

Man schreibt auch

$$(31)\qquad f^{(n)}(x) = \frac{d^n f(x)}{dx^n}.$$

Diese Schreibweise wird daraus verständlich, daß

$$(32)\qquad f^{(n)}(x) = \frac{d f^{(n-1)}(x)}{dx},$$

also

$$(32\text{a})\qquad \frac{d^n f(x)}{dx^n} = \frac{d}{dx}\left(\frac{d^{n-1} f(x)}{dx^{n-1}}\right)$$

wird.

Es ist demnach

$$\frac{d f(x)}{dx} = f'(x), \quad \frac{d f'(x)}{dx} = f''(x), \quad \frac{d f''(x)}{dx} = f'''(x) \quad \text{usw.}$$

Ist $f(x) = f_1(x) \pm f_2(x)$, so wird

$$(33)\qquad \frac{d^n f(x)}{dx^n} = \frac{d^n [f_1(x) \pm f_2(x)]}{dx^n} = \frac{d^n f_1(x)}{dx^n} \pm \frac{d^n f_2(x)}{dx^n}.$$

Ist $f(x) = f_1(x)\cdot f_2(x)$, so ergibt sich

$$(34)\qquad f^{(n)}(x) = f_1(x) f_2^{(n)}(x) + \binom{n}{1} f_1'(x) f_2^{(n-1)}(x) + \dots + \binom{n}{k} f_1^{(k)}(x)\cdot f_2^{(n-k)}(x) + \dots + f_1^{(n)}(x) f_2(x).$$

Diese Berechnungsweise heißt die Leibnizsche Regel.

Sind in der Umgebung einer Stelle x die Funktionen $f(x)$, $f'(x)$, $f''(x)\dots f^{(n)}(x)$ stetig, und verschwinden die $n-1$ ersten Derivierten, während die $n$te Derivierte $f^{(n)}(x) \neq 0$ ist, so ist bei geradem n ein Maximum oder Minimum vorhanden, je nachdem $f^{(n)}(x) < 0$ oder $f^{(n)}(x) > 0$ ist, d. h. der Wert

$f(x)$ ist größer oder kleiner als alle Nachbarwerte. Bei ungeradem n ist weder ein Maximum noch ein Minimum vorhanden.

Insbesondere ergibt sich ein Maximum, wenn $f'(x)=0$, $f''(x)<0$, und ein Minimum, wenn $f'(x)=0$, $f''(x)>0$. In beiden Fällen ändert an der betreffenden Stelle $f'(x)$ sein Vorzeichen, im ersten Falle geht es von positiven zu negativen, im zweiten von negativen zu positiven Werten über.

Auch wenn $f'(x)$ in unstetiger Form von positiven zu negativen Werten übergeht, erlangt $f(x)$ an der betreffenden Stelle ein Maximum, und $f(x)$ erlangt ein Minimum, wenn $f'(x)$ von negativen zu positiven Werten übergeht.

Nimmt an einer Stelle $x=a$ die Funktion $f(x)$ den unbestimmten Wert $\frac{0}{0}$ oder $\frac{\infty}{\infty}$ an, so läßt sich dies immer darauf zurückführen, daß, wenn in bestimmter Weise

$$f(x)=\frac{f_1(x)}{f_2(x)}$$

gesetzt wird, $f_1(x)$, $f_2(x)$ gleichzeitig verschwinden. Bilden wir dann die Derivierten $f_1'(x)$, $f_1''(x)$, ... und $f_2'(x)$, $f_2''(x)$, ..., so wird als der wahre Wert von $f(x)$ an der betreffenden Stelle der erste Quotient

$$\frac{f_1^{(n)}(a)}{f_2^{(n)}(a)}$$

bezeichnet, für den $f_1^{(n)}(a)$, $f_2^{(n)}(a)$ nicht gleichzeitig verschwinden. Dieser Wert ist der Grenzwert, dem $f_1(x):f_2(x)$ für $x\to a$ zustrebt.

Handelt es sich um die Stelle $x=\infty$, so setze man $x'=\frac{1}{x}$,

$$f(x)=\varphi(x')$$

und untersuche das Verhalten von $\varphi(x')$ an der Stelle $x'=0$.

Wird $f(x)$ an einer Stelle $x=a$ unendlich, so kann es sein, daß für ein bestimmtes $n>0$ die Funktion

$$\frac{f(x)}{(x-a)^{-n}},$$

die für $x=a$ die Form $\frac{\infty}{\infty}$ annimmt, einen endlichen wahren Wert erhält. Man sagt dann, $f(x)$ werde für $x=a$ zur Ordnung n unendlich.

Z. B. wird $\operatorname{tg} x$ für $x=\frac{\pi}{2}$ unendlich. Bilden wir aber

$$\frac{\operatorname{tg} x}{\left(x-\frac{\pi}{2}\right)^{-1}}=-\frac{x-\frac{\pi}{2}}{\operatorname{ctg}\left(x-\frac{\pi}{2}\right)}$$

und nehmen von Zähler und Nenner den Differentialquotienten, so ergibt sich die Funktion

$$\sin^2\left(x-\frac{\pi}{2}\right),$$

die für $x=\frac{\pi}{2}$ den Wert 0 annimmt. Es wird deshalb $\operatorname{tg} x$ für $x=\frac{\pi}{2}$ zur ersten Ordnung unendlich.

Um das Verhalten einer Funktion $f(x)$ im Unendlichen zu untersuchen, bildet man

$$\frac{f(x)}{x^n}.$$

Ist der Grenzwert dieser Funktion für $x = \infty$ endlich, sagt man wieder, $f(x)$ werde zur Ordnung n unendlich. Für e^x z. B. ergibt sich aber

$$\lim_{x \to \infty} \left(\frac{e^x}{x^n} \right) = \infty .$$

Die Exponentialfunktion e^x wird also für $x = \infty$ stärker unendlich als irgendeine Potenz x^n mit endlichem positivem Exponenten n.

Andererseits finden wir, daß das Unendlichwerden von $\ln x$ für $x = \infty$ schwächer ist als das der Potenz $x^{\frac{1}{n}}$, wie groß man auch die positive ganze Zahl n wählen mag.

Endlich ergibt sich

$$\lim_{n \to 0} \frac{\ln x}{x^{-\frac{1}{n}}} = 0 .$$

Das bedeutet: $\ln x$ wird für $x = 0$ schwächer unendlich wie irgendeine Potenz $x^{-\frac{1}{n}}$, wie groß auch n gewählt werde.

4. Beispiele für Differentiationen.

1. $y = \log \sin x$.

Setzt man $\sin x = z$, so wird

$$\frac{dy}{dz} = \frac{d \log z}{dz} = \frac{M}{z} = \frac{M}{\sin x},$$

wenn M den Modul des Logarithmensystems bezeichnet. Ferner wird

$$\frac{dz}{dx} = \frac{d \sin x}{dx} = \cos x ,$$

also wird

$$\frac{dy}{dx} = \frac{dy}{dz} \cdot \frac{dz}{dx} = M \frac{\cos x}{\sin x} = M \operatorname{ctg} x .$$

Daraus ergeben sich mit großer Annäherung die Intervalle, in denen in der allgemein gebräuchlichen Tafel für $\log \sin x$ die Tafelwerte fortschreiten. Sind diese Intervalle Δy und die entsprechenden Intervalle des Eingangs Δx etwa $1'$, so wird

$$\Delta x = \frac{\pi}{180 \cdot 60} = 0{,}00029 ,$$

und

$$\Delta y = M \operatorname{ctg} x \, \Delta x ,$$

wobei für die dekadischen (Briggischen) Logarithmen $M = 0{,}43429$.

Entsprechend wird für

$$y = \log \operatorname{tg} x ,$$

indem man $\operatorname{tg} x = z$ setzt,

$$\frac{dy}{dz} = \frac{M}{\operatorname{tg} x}, \qquad \frac{dz}{dx} = \frac{1}{\cos^2 x},$$

also

$$\frac{dy}{dx} = \frac{dy}{dz} \cdot \frac{dz}{dx} = \frac{M}{\sin x \cos x} = \frac{2M}{\sin 2x} .$$

2. $y = (x-1)(x-2)(x-3)$.

Nach der Regel für die Differentiation eines Produktes wird

$$\frac{dy}{dx} = (x-2)(x-3) + (x-1)(x-3) + (x-1)(x-2)$$

oder

$$\frac{dy}{dx} = 3x^2 - 12x + 11.$$

Rechnet man y aus:

$$y = x^3 - 6x^2 + 11x - 6,$$

so folgt nach der Regel für die Differentiation eines Aggregates das gleiche Ergebnis

$$\frac{dy}{dx} = 3x^2 - 12x + 11.$$

Man kann auch $z = x - 2$ einführen, dann wird

$$y = (z+1)z(z-1) = z^3 - z$$

und es folgt

$$\frac{dy}{dz} = 3z^2 - 1, \qquad \frac{dz}{dx} = 1,$$

also

$$\frac{dy}{dx} = \frac{dy}{dz} \cdot \frac{dz}{dx} = 3z^2 - 1 = 3(x-2)^2 - 1$$

oder ausgerechnet wieder

$$\frac{dy}{dx} = 3x^2 - 12x + 11.$$

3. $y = \ln \operatorname{tg}\left(\frac{\pi}{4} + \frac{x}{2}\right)$.

Man setzt $\operatorname{tg}\left(\frac{\pi}{4} + \frac{x}{2}\right) = z$, dann wird

$$\frac{dy}{dz} = \frac{d \ln z}{dz} = \frac{1}{z}.$$

Darauf setzt man $\frac{\pi}{4} + \frac{x}{2} = u$, dann wird

$$\frac{dz}{du} = \frac{d \operatorname{tg} u}{du} = \frac{1}{\cos^2 u}.$$

Endlich erhält man

$$\frac{du}{dx} = \frac{d\left(\frac{\pi}{4} + \frac{x}{2}\right)}{dx} = \frac{1}{2}.$$

So findet man

$$\frac{dy}{dx} = \frac{dy}{dz} \cdot \frac{dz}{du} \cdot \frac{du}{dx} = \frac{1}{z} \cdot \frac{1}{\cos^2 u} \cdot \frac{1}{2}.$$

Nun ist

$$\frac{1}{z} = \frac{\cos\left(\frac{\pi}{4} + \frac{x}{2}\right)}{\sin\left(\frac{\pi}{4} + \frac{x}{2}\right)}, \qquad \frac{1}{\cos^2 u} = \frac{1}{\cos^2\left(\frac{\pi}{4} + \frac{x}{2}\right)}$$

also wird

$$\frac{dy}{dx} = \frac{1}{2\cos\left(\frac{\pi}{4} + \frac{x}{2}\right)\sin\left(\frac{\pi}{4} + \frac{x}{2}\right)} = \frac{1}{\sin\left(\frac{\pi}{2} + x\right)} = \frac{1}{\cos x}.$$

4. $y = \frac{ax + b}{cx + d}$.

Diese Funktion ist nach der Regel für die Differentiation eines Quotienten zu differenzieren. Da

$$\frac{d(ax+b)}{dx}=a, \qquad \frac{d(cx+d)}{dx}=c$$

wird, ergibt sich

$$\frac{dy}{dx}=\frac{(cx+d)a-(ax+b)c}{(cx+d)^2}=\frac{ad-bc}{(cx+d)^2}.$$

5. $y=\sqrt{\frac{ax+b}{cx+d}}$.

Man setze $\frac{ax+b}{cx+d}=z$, dann wird

$$\frac{dy}{dz}=\frac{d\sqrt{z}}{dz}=\frac{dz^{\frac{1}{2}}}{dz}=\tfrac{1}{2}z^{-\frac{1}{2}}=\frac{1}{2\sqrt{z}},$$

und nach der vorigen Aufgabe

$$\frac{dz}{dx}=\frac{ad-bc}{(cx+d)^2},$$

also

$$\frac{dy}{dx}=\frac{ad-bc}{2(cx+d)^2}\sqrt{\frac{cx+d}{ax+b}}.$$

Man kann aber auch zunächst $\ln y$ differenzieren, dann wird

$$\frac{d\ln y}{dx}=\frac{1}{2}\left(\frac{d\ln[ax+b]}{dx}-\frac{d\ln[cx+d]}{dx}\right)$$

oder

$$\frac{1}{y}\frac{dy}{dx}=\frac{1}{2}\left(\frac{a}{ax+b}-\frac{c}{cx+d}\right),$$

also

$$\frac{dy}{dx}=\frac{1}{2}\,\frac{ad-bc}{(ax+b)(cx+d)}\sqrt{\frac{ax+b}{cx+d}}$$

$$=\frac{ad-bc}{2(cx+d)^2}\sqrt{\frac{cx+d}{ax+b}}.$$

6. $y=a\cos^2 x+2b\cos x\sin x+c\sin^2 x$.

Es wird zunächst

$$\frac{dy}{dx}=a\frac{d\cos^2 x}{dx}+2b\frac{d(\cos x\sin x)}{dx}+c\frac{d\sin^2 x}{dx}$$

und nach der Formel für die Differentiation eines Produktes wird

$$\frac{d\cos^2 x}{dx}=-2\cos x\sin x, \qquad \frac{d(\cos x\sin x)}{dx}=\cos^2 x-\sin^2 x,$$

$$\frac{d\sin^2 x}{dx^2}=2\sin x\cos x.$$

Also ergibt sich:

$$\frac{dy}{dx}=2b\cos^2 x-2(a-c)\cos x\sin x-2b\sin^2 x$$

oder

$$\frac{dy}{dx}=(c-a)\sin 2x+2b\cos 2x.$$

Man hätte die Aufgabe auch so behandeln können, daß man zunächst y ersetzt durch

$$y=\tfrac{1}{2}(a+c)+\tfrac{1}{2}(a-c)\cos 2x+b\sin 2x.$$

Es wird nun, wenn man $2x = z$ setzt,

$$\frac{d\cos 2x}{dx} = \frac{d\cos z}{dz}\cdot\frac{dz}{dx} = -\sin z\cdot 2 = -2\sin 2x\,,$$

und entsprechend

$$\frac{d\sin 2x}{dx} = 2\cos 2x\,.$$

Demnach ergibt sich

$$\frac{dy}{dx} = (c-a)\sin 2x + 2b\cos 2x\,.$$

Man sieht hieraus sofort, daß $\frac{dy}{dx} = 0$ wird für

$$\operatorname{tg} 2x = \frac{2b}{a-c}\,.$$

5. Beispiele für Extremwerte.

1. Aufgabe: Den geraden Kreiszylinder von kleinster Oberfläche bei gegebenem Volumen zu finden.

Ist x der Radius des Grundkreises, y die Höhe, so wird das Volumen des Zylinders

$$V = \pi x^2 y$$

und seine Oberfläche

$$O = 2\pi x^2 + 2\pi x y$$

oder, wenn wir aus der vorigen Gleichung den Wert von y einsetzen,

$$O = 2\pi x^2 + 2\frac{V}{x}\,.$$

Dies soll ein Minimum werden, also $\frac{dO}{dx} = 0$, daraus folgt

$$2\pi x = \frac{V}{x^2}\,,$$

also $2\pi x^3 = V = \pi x^2 y$, mithin $2x = y$, d. h. der Durchmesser des Grundkreises muß gleich der Höhe sein (Fig. 154.)

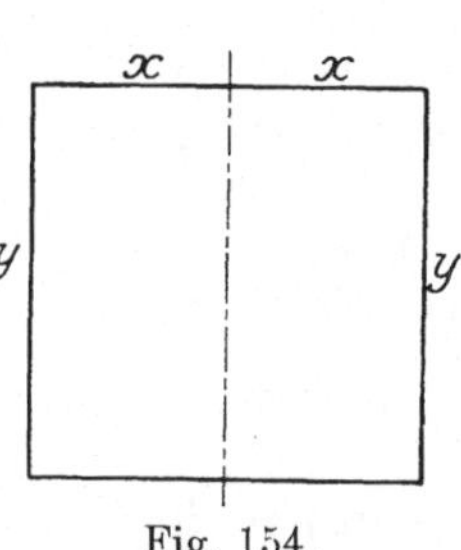

Fig. 154.

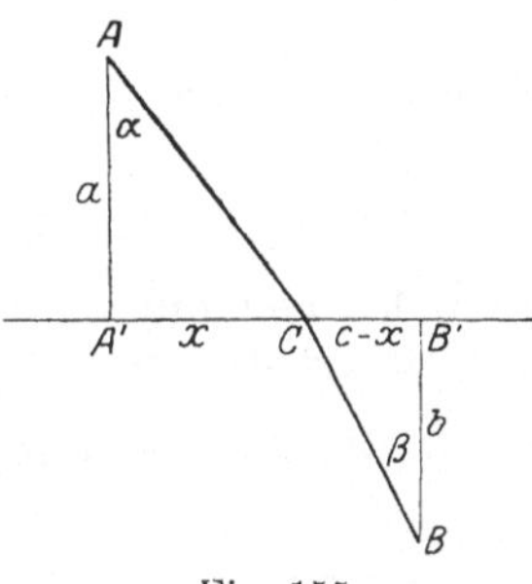

Fig. 155.

2. Aufgabe: Es liegen zwei Punkte A und B auf verschiedenen Seiten einer Geraden g in den Abständen a und b von dieser Geraden (Fig. 155). Die Fußpunkte A', B' der aus A, B auf die Gerade gefällten Lote seien um die Strecke c voneinander entfernt. Es bewege sich nun ein Körper von A nach B derart, daß er in dem Punkte C, wo er die Gerade g kreuzt, seine Geschwindigkeit ändert, und zwar sei die Geschwindigkeit vorher $= \frac{1}{m}$, nachher $= \frac{1}{n}$. Wie muß der Punkt C liegen, damit der Körper zu der Bewegung eine möglichst kurze Zeit gebraucht?

Die Zeit wird $t = m\,AC + n\,CB$, also, wenn wir $A'C$ mit x bezeichnen, mithin CB' mit $c - x$,

$$t = m\sqrt{x^2 + a^2} + n\sqrt{(c-x)^2 + b^2}\,.$$

Dieser Ausdruck soll ein Minimum werden, also $\frac{dt}{dx} = 0$ oder

$$\frac{mx}{\sqrt{x^2+a^2}} - \frac{n(c-x)}{\sqrt{(c-x)^2+b^2}} = 0\,,$$

mithin, wenn wir die Winkel $A'AC = \alpha$ und $B'BC = \beta$ einführen,

$$m \sin \alpha = n \sin \beta$$

oder

$$\frac{\sin \alpha}{\sin \beta} = \frac{n}{m}.$$

Dies ist das bekannte Snelliussche Brechungsgesetz.

3. Aufgabe: Man bestimme auf der Ellipse, deren Gleichung lautet

$$(a_1 x + b_1 y)^2 + (a_2 x + b_2 y)^2 = 1,$$

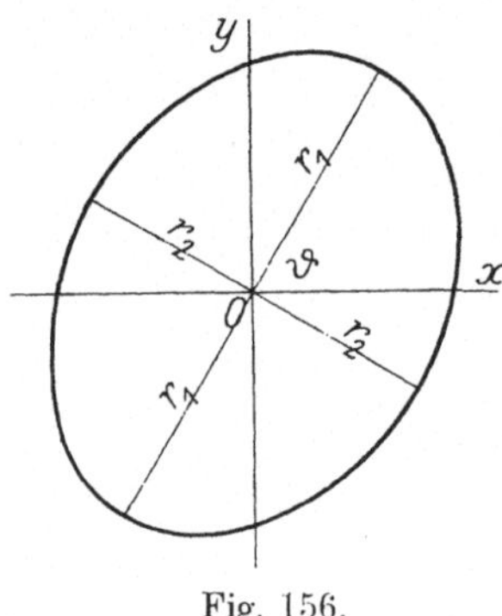

Fig. 156.

die Punkte, deren Entfernung von dem Mittelpunkt O ($x = 0$, $y = 0$) ein Maximum oder Minimum ist.

Die Ellipsengleichung kann geschrieben werden

$$A x^2 + 2 B x y + C y^2 = 1,$$

wenn $A = a_1^2 + a_2^2$, $B = a_1 b_1 + a_2 b_2$, $C = b_1^2 + b_2^2$ gesetzt wird.

Der Ausdruck, der einen Extremwert annehmen soll, ist

$$r^2 = x^2 + y^2.$$

Differenzieren wir diesen Ausdruck nach x und setzen den Differentialquotienten $= 0$, so ergibt sich (unter Fortlassung des Faktors 2)

$$x + y \frac{dy}{dx} = 0.$$

Weiter wird aber

$$A x + B y + B x \frac{dy}{dx} + C y \frac{dy}{dx} = 0,$$

denn der hier differenzierte Ausdruck ist nach der Ellipsengleichung konstant, sein Differentialquotient also Null. Eliminieren wir aus den beiden gefundenen Gleichungen nun $\frac{dy}{dx}$, so erhalten wir

$$A x y + B y^2 - B x^2 - C x y = 0,$$

oder, wenn wir die Polarkoordinaten

$$x = r \cos \vartheta, \qquad y = r \sin \vartheta$$

einführen,

$$\frac{2 \cos \vartheta \sin \vartheta}{\cos^2 \vartheta - \sin^2 \vartheta} = \operatorname{tg} 2 \vartheta = \frac{2 B}{A - C}.$$

Als Lösung dieser Gleichung ergeben sich zwei Werte ϑ_1, ϑ_2, die um $\frac{\pi}{2}$ verschieden sind, also zwei zueinander senkrechte Richtungen.

Um die vorkommende größte und kleinste Entfernung r_1, r_2 selbst zu berechnen, geht man von der Gleichung aus

$$A \cos^2 \vartheta + 2 B \cos \vartheta \sin \vartheta + C \sin^2 \vartheta = \frac{1}{r^2},$$

der man die Form geben kann

$$\tfrac{1}{2}(A + C) + \tfrac{1}{2}(A - C) \cos 2 \vartheta + B \sin 2 \vartheta = \frac{1}{r^2},$$

woraus folgt

$$\tfrac{1}{2}(A+C) \pm \sqrt{\tfrac{1}{4}(A-C)^2 + B^2} = \frac{1}{r^2}$$

oder

$$\tfrac{1}{2}(A+C) + \sqrt{\tfrac{1}{4}(A+C)^2 - D^2} = \frac{1}{r^2}$$

für

$$D = a_1 b_2 - a_2 b_1,$$

so daß sich in der Tat reelle Lösungswerte von r_1, r_2 ergeben.

Siebentes Kapitel.

Integralrechnung.

1. Integrale.

Ist eine Funktion $y = f(x)$ durch eine Kurve dargestellt, wobei die Ordinate für das Intervall von $x = a$ bis $x = b$ $(b > a)$ nirgends unendlich wird, so wird durch die Kurve, die Ordinaten für $x = a$ und $x = b$ und die x-Achse ein Fläche abgegrenzt. Den Inhalt dieser Fläche schreibt man

$$(1) \qquad J = \int_a^b f(x)\, dx$$

und nennt ihn das von a bis b genommene Integral der Funktion $f(x)$. Die Funktion $f(x)$ selbst heißt der Integrand.

Diese Schreibweise erklärt sich folgendermaßen: Um eine Annäherung an den Flächeninhalt zu finden, teilt man das Intervall von $x = a$ bis $x = b$ in n gleiche Teile Δx und errichtet in den Teilpunkten die Ordinaten, die der Reihe nach gleich

$$f(a), \quad f(a + \Delta x), \quad f(a + 2\,\Delta x), \quad \ldots, \quad f(a + (n-1)\,\Delta x), \quad f(b)$$

werden. Über den Teilstrecken errichtet man Rechtecke, welche der Reihe nach die Höhe dieser Ordinaten, mit Ausnahme der letzten, haben. Dann wird, wenn alle Ordinaten positiv sind, die Summe der Inhalte dieser Rechtecke

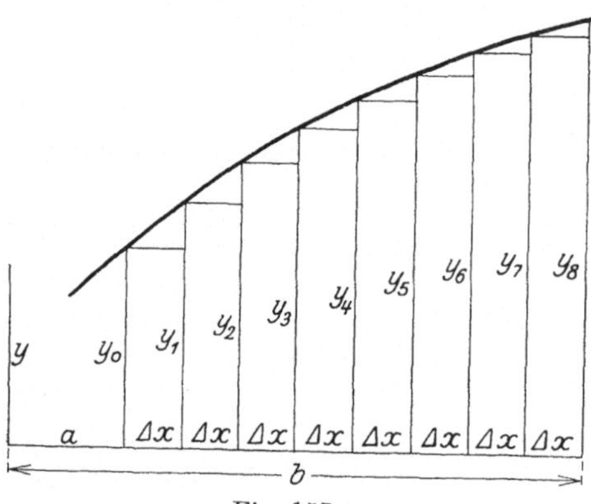

Fig. 157

$$J_n = f(a)\cdot\Delta x + f(a + \Delta x)\cdot\Delta x + f(a + 2\,\Delta x)\cdot\Delta x + \ldots + f(a + (n-1)\,\Delta x)\cdot\Delta x$$

die gesuchte Annäherung an den durch die Kurve abgegrenzten Flächeninhalt. Man schreibt kürzer

$$J_n = \sum_a^b f(x)\cdot\Delta x\,.$$

Läßt man nun die Gliederzahl n in dieser Summe mehr und mehr wachsen, indem man Δx kleiner und kleiner wählt, führt man also den Grenzübergang $n \to \infty$ aus, so wird

$$(2) \qquad J = \lim_{n\to\infty} J_n = \lim_{n\to\infty} \sum_a^b f(x)\,\Delta x = \int_a^b f(x)\,dx$$

der genaue Wert des gesuchten Flächeninhalts. Das Zeichen $\int$ ist als langes lateinisches s zu deuten, das an Stelle des Summenzeichens Σ ebenso gesetzt wird wie an Stelle von Δ das kleine lateinische d.

Aus dieser Bestimmung folgt sofort, daß für $a < g < b$

$$\int_a^b f(x)\,dx = \int_a^g f(x)\,dx + \int_g^b f(x)\,dx$$

wird. Sind die Ordinaten in dem Intervall a bis b negativ, so wird

$$\int_a^b f(x)\,dx$$

gleich dem negativen Wert des Flächeninhalts. Wechselt die Funktion in dem Intervall an einer Stelle g das Vorzeichen, so wird wieder gesetzt

$$\int_a^b f(x)\,dx = \int_a^g f(x)\,dx + \int_g^b f(x)\,dx\,.$$

Der Flächeninhalt über der x-Achse, der dem einen Integral auf der rechten Seite entspricht, wird positiv gerechnet. Das andere Integral wird der negativ gerechnete Flächeninhalt unter der x-Achse.

Ist $b < a$, so wird

$$\int_a^b f(x)\,dx = -\int_b^a f(x)\,dx$$

genommen.

Nimmt man die obere Grenze b veränderlich und setzt sie der Einfachheit wegen $= x$, wobei dieses x etwas anderes bedeutet wie das x unter dem Integralzeichen, so wird der Wert des Integrals eine Funktion der oberen Grenze x und wir schreiben

$$F(x) = \int_a^x f(x)\,dx\,. \tag{3}$$

Diese Integralfunktion $F(x)$ hat nun die folgenden beiden charakteristischen Eigenschaften:

Es wird

$$\frac{dF(x)}{dx} = f(x)\,. \tag{I.}$$

Es ist

$$F(a) = 0\,. \tag{II.}$$

Die Eigenschaft (I) bedeutet: Die Integralfunktion ist diejenige Funktion, deren abgeleitete die gegebene Funktion $f(x)$ ist. Die Operation der Integration erscheint also als die Umkehrung der Operation der Differentiation.

Sind im Intervall von a bis x die Funktionen $\varphi(x)$ und $f(x)$ stetig und ist $\varphi(x)$ daselbst nirgends negativ und nicht überall gleich Null, so läßt sich in dem Intervall ein Wert x_m angeben, so daß

$$\int_a^x f(x)\,\varphi(x)\,dx = f(x_m)\int_a^x \varphi(x)\,dx \tag{III.}$$

wird (Mittelwertsatz für bestimmte Integrale).

Nimmt man insbesondere $\varphi(x) = 1$, so folgt

$$\int_a^x f(x)\,dx = f(x_m)\cdot(x-a)\,. \tag{IV.}$$

Es ergeben sich nun die folgenden grundlegenden Formeln für die Integration der elementaren Funktionen:

$$\int_0^x x^n\,dx = \frac{x^{n+1}}{n+1}, \tag{4}$$

wo n eine beliebige Zahl außer -1 bezeichnet.

$$\int_0^x \frac{dx}{1+x} = \ln(1+x), \qquad \int_1^x \frac{dx}{x} = \ln x. \tag{5}$$

$$\int_0^x e^x\,dx = e^x - 1, \tag{6}$$

$$\int_0^x \sin x\,dx = 1 - \cos x, \tag{7}$$

$$\int_0^x \cos x\,dx = \sin x, \tag{8}$$

$$\int_0^x \operatorname{tg} x\,dx = -\ln\cos x, \tag{9}$$

$$\int_{\frac{\pi}{2}}^x \operatorname{ctg} x\,dx = \ln\sin x. \tag{10}$$

$$\int_0^x \frac{dx}{\sqrt{1-x^2}} = \operatorname{arc}\sin x, \tag{11}$$

$$\int_0^x \frac{dx}{\sqrt{1+x^2}} = \ln\left(x+\sqrt{1+x^2}\right), \tag{12}$$

$$\int_0^x \sqrt{1-x^2}\,dx = \tfrac{1}{2}\left[x\sqrt{1-x^2} + \operatorname{arc}\sin x\right], \tag{13}$$

$$\int_0^x \frac{dx}{1+x^2} = \operatorname{arc}\operatorname{tg} x, \tag{14}$$

$$\int_0^x \frac{dx}{1-x^2} = \frac{1}{2}\ln\frac{1+x}{1-x} \quad (-1 < x < +1) \tag{15}$$

$$\int_0^x \ln(1+x)\,dx = (1+x)\left[\ln(1+x) - 1\right] + 1, \tag{16}$$

$$\int_0^x \operatorname{arc}\sin x\,dx = x\operatorname{arc}\sin x + \sqrt{1-x^2} - 1, \tag{17}$$

$$\int_0^x \operatorname{arc}\operatorname{tg} x\,dx = x\operatorname{arc}\operatorname{tg} x - \tfrac{1}{2}\ln(1+x^2), \tag{18}$$

$$\int_0^x \mathfrak{Sin}\,x\,dx = \mathfrak{Cof}\,x - 1, \tag{19}$$

$$\int_0^x \mathfrak{Cof}\,x\,dx = \mathfrak{Sin}\,x, \tag{20}$$

$$\int_0^x \sin^2 x\,dx = \tfrac{1}{2}(x - \sin x\cos x), \tag{21}$$

(22) $$\int_0^x \cos^2 x\, dx = \tfrac{1}{2}(x + \sin x \cos x),$$

(23) $$\int_0^x \frac{dx}{\cos x} = \ln \operatorname{tg}\left(\frac{\pi}{4} + \frac{x}{2}\right), \qquad \int_0^x \frac{dx}{1+\cos x} = \operatorname{tg}\frac{x}{2},$$

(24) $$\int_1^x \ln x\, dx = 1 - x + x \ln x.$$

Die vorstehenden Formeln sind leicht abzuleiten, indem man die Integralfunktion nach x differenziert und nachweist, daß man so den jedesmaligen Integrand erhält.

Z. B. benutzt man für die Herleitung der Formel (13) die Rechnung:

$$\begin{aligned}\frac{d\left[x\sqrt{1-x^2} + \arcsin x\right]}{dx} &= \sqrt{1-x^2} + x\frac{d\sqrt{1-x^2}}{dx} + \frac{d \arcsin x}{dx}\\ &= \sqrt{1-x^2} - \frac{x^2}{\sqrt{1-x^2}} + \frac{1}{\sqrt{1-x^2}}\\ &= 2\sqrt{1-x^2},\end{aligned}$$

für die Herleitung von (18)

$$\begin{aligned}\frac{d\left[x \operatorname{arc\,tg} x - \frac{1}{2}\ln(1+x^2)\right]}{dx} &= \operatorname{arc\,tg} x + x\frac{d \operatorname{arc\,tg} x}{dx} - \frac{1}{2}\frac{d\ln(1+x^2)}{dx}\\ &= \operatorname{arc\,tg} x + \frac{x}{1+x^2} - \frac{x}{1+x^2} = \operatorname{arc\,tg} x.\end{aligned}$$

Die zweite Formel (5) gestattet folgende einfache geometrische Ausdeutung. Führen wir die Kurve mit der Gleichung

$$y = \frac{1}{x} \qquad \text{oder} \qquad x \cdot y = 1$$

ein, so ist dies eine gleichseitige Hyperbel, von der die Koordinatenachsen die Asymptoten bilden und deren einer Scheitel A die Koordinaten $x = y = 1$ und die Entfernung $\sqrt{2}$ vom Koordinatenanfangspunkt O hat. Ist P der Punkt mit den Koordinaten $OQ = x$, $QP = y$, so wird der Flächeninhalt zwischen dem Kurvenbogen AP, den Ordinaten AB, PQ und dem Stück der Abszissenachse BQ:

$$\int_1^x y\, dx = \int_1^x \frac{dx}{x} = \ln x.$$

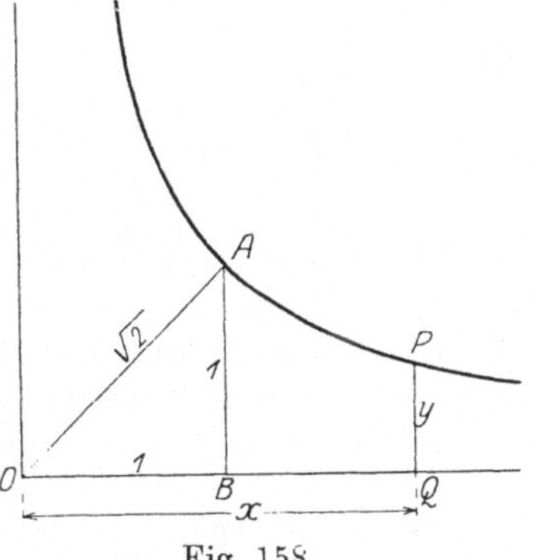

Fig. 158.

Auf diese Weise kann der natürliche Logarithmus geometrisch als Flächeninhalt eingeführt werden.

Um die gleichseitige Hyperbel auf ihre Achsen zu beziehen, müssen wir das vorige Koordinatensystem um 45° drehen. Dann werden die neuen Koordinaten x_1, y_1 durch die Gleichungen bestimmt

$$x = \frac{x_1 + y_1}{\sqrt{2}}, \qquad y = \frac{x_1 - y_1}{\sqrt{2}}.$$

Die neue Gleichung der gleichseitigen Hyperbel wird:

$$x_1^2 - y_1^2 = 2\,.$$

Der Flächeninhalt des von den Kurvenbogen AP und den Fahrstrahlen OA, OP begrenzten Sektors wird nun, da $\triangle OBA = \frac{1}{2} = \frac{1}{2} x y = \frac{1}{2} OQ \cdot QP = \triangle OQP$ ist, gleich dem Inhalt der Fläche $ABQP$, also $= \ln x = \ln \frac{x_1 + y_1}{\sqrt{2}}$ (Fig. 159). Denkt man sich die Hyperbel im Verhältnis $1 : \sqrt{2}$ ähnlich verkleinert, so werden die neuen Koordinaten $x' = \frac{x_1}{\sqrt{2}}$, $y' = \frac{y_1}{\sqrt{2}}$, der Flächeninhalt des Sektors wird im Verhältnis $1:2$ verkleinert, er wird also $z' = \frac{1}{2} \ln (x' + y')$ und da jetzt

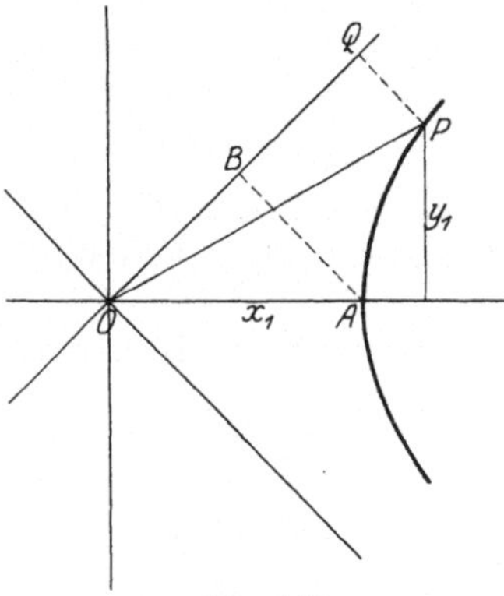

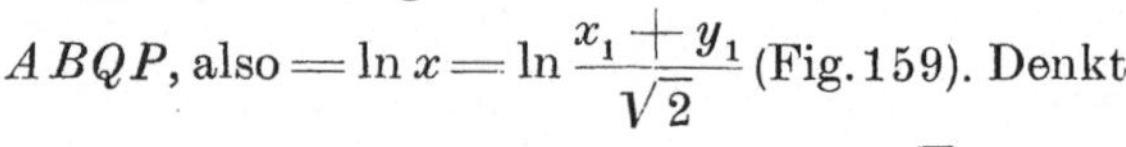

$$(x' + y')(x' - y') = 1\,,$$

wird auch $-z' = \frac{1}{2} \ln (x' - y')$. Daraus folgt

$$e^{2z'} = x' + y'\,, \qquad e^{-2z'} = x' - y'$$

Fig. 159.

und

$$x' = \frac{e^{2z'} + e^{-2z'}}{2} = \mathfrak{Cof}\, 2z'\,, \qquad y' = \frac{e^{2z'} - e^{-2z'}}{2} = \mathfrak{Sin}\, 2z'\,.$$

Es liefern also die Koordinaten x', y' die hyperbolischen Funktionen des doppelten Sektorinhaltes.

Ähnlich sind die Koordinaten x, y der Punkte eines Kreises vom Radius 1, auf den Mittelpunkt O bezogen,

$$x = \cos 2z\,, \qquad y = \sin 2z\,,$$

wenn z den Inhalt des zugehörigen Kreissektors bezeichnet.

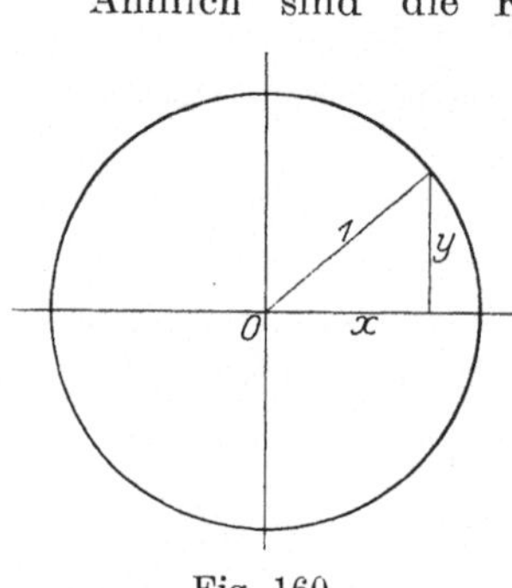

Fig. 160.

Läßt man auf S. 151 die Bedingung (II) weg und nur die Eigenschaft (I) bestehen, so ist die Integralfunktion nicht vollständig bestimmt, sondern nur bis auf eine additive Konstante, die sog. Integrationskonstante. Es heißt deshalb das so aufgefaßte Integral ein unbestimmtes Integral, während das Integral mit festgelegter unterer Grenze, für welche die Bedingung (II) gilt, als bestimmtes Integral (mit veränderlicher oberer Grenze) bezeichnet wird. Ist die obere Grenze auch festgelegt, so haben wir ein bestimmtes Integral im engeren Sinne.

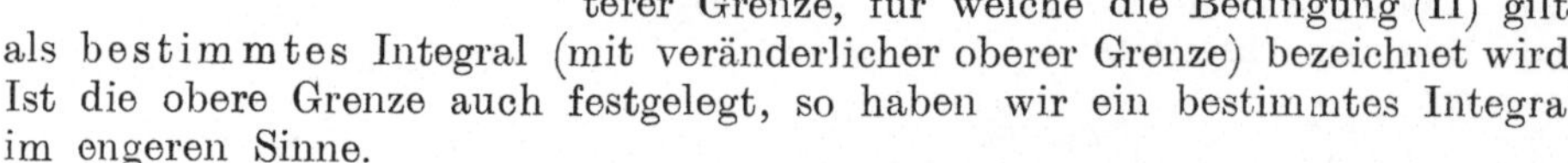

Um nun ein vorgelegtes Integral wirklich berechnen zu können, hat man eine Reihe von Hilfsmitteln, von denen die wichtigsten die folgenden sind:

1. Integration durch Zerlegung. Es gilt zunächst die Formel:

$$(25) \qquad \int_a^x [f_1(x) \pm f_2(x)]\, dx = \int_a^x f_1(x)\, dx \pm \int_a^x f_2(x)\, dx\,.$$

Eine Summe oder Differenz wird integriert, indem man jedes Glied integriert und die so entstehenden Funktionen addiert oder subtrahiert. Ferner wird:

$$(26) \qquad \int_a^x c\, f(x)\, dx = c \int_a^x f(x)\, dx\,.$$

Ein konstanter Faktor des Integranden kann vor das Integralzeichen gesetzt werden.

2. Substitutionsverfahren. Wird $x = \varphi(z)$ gesetzt, so ergibt sich

$$\int_a^x f(x)\,dx = \int_\alpha^z f[\varphi(z)]\,\varphi'(z)\,dz, \tag{27}$$

wobei $a = \varphi(\alpha)$ wird.

3. Partielle Integration. Ist $f(x) = f_1(x) \cdot f_2(x)$ und $F_2(x) = \int_a^x f_2(x)\,dx$, so wird

$$\int_a^x f_1(x)\,f_2(x)\,dx = f_1(x) \cdot F_2(x) - \int_a^x F_2(x)\,f_1'(x)\,dx. \tag{28}$$

Das in dieser Formel ausgedrückte Integrationsverfahren wird als partielle Integration bezeichnet, weil es auf der Integration des einen Faktors $f_2(x)$ fußt.

Führt man in (27) die kürzeren Bezeichnungen ein $f(x) = y$, $f[\varphi(z)] = \varphi'(z) = w$, so heißt die Formel einfach

$$\int_a^x y\,dx = \int_\alpha^v w\,dz. \tag{27a}$$

Setzt man in (28) entsprechend

$$f_1(x) = u, \qquad F_2(x) = v,$$

so lautet die Formel

$$\int_0^v u\,dv = uv - \int_{u_0}^u v\,du, \tag{28}$$

wenn für $x = a$ $u = u_0$ wird.

Ist allgemeiner für $x = a$ $v = v_0$, für die obere Grenze $u = u_1$, $v = v_1$, so wird

$$\int_{v_0}^{v_1} u\,dv = u_1 v_1 - u_0 v_0 - \int_{u_0}^{u_1} v\,du, \tag{28a}$$

was man auch schreibt

$$\int_{v_0}^{v_1} u\,dv = [u\,v]_0^1 - \int_{u_0}^{u_1} v\,du.$$

Die Formeln (25) bis (28) lassen sich wieder beweisen, indem man die linke und die rechte Seite nach x differenziert und nachweist, daß beidemal dasselbe herauskommt.

Aus (27) ergibt sich so z. B. nach der Definition des Integrals

$$f(x) = f[\varphi(z)] \cdot \varphi'(z) \cdot \frac{dz}{dx}.$$

Es ist aber $\varphi(z) = x$, mithin

$$\frac{dx}{dz} = \varphi'(z) \qquad \text{und} \qquad \frac{dz}{dx} = \frac{1}{\varphi'(z)};$$

also folgt in der Tat

$$f(x) = f[\varphi(z)].$$

Ist der Integrand $f(x)$ für alle endlichen Werte $x \geqq a$ eindeutig und stetig und man läßt die obere Integrationsgrenze sich als stetige Variable nach der positiven oder negativen Seite dem Grenzwert ∞ nähern, so kann sich auch für den Wert des Integrals ein bestimmter Grenzwert ergeben. Man schreibt dann

$$\lim_{x \to \infty} \int_a^x f(x)\,dx = \int_a^\infty f(x)\,dx. \tag{29}$$

Je nachdem die Annäherung an ∞ nach der positiven oder negativen Seite erfolgt, wird vor ∞ das Vorzeichen $+$ oder $-$ gesetzt.

Es kann auch noch unter Umständen die untere Grenze des Integrals einem unendlichen Wert angenähert werden, ohne daß das Integral ∞ wird. Man hat dann zu setzen

$$\int_{-\infty}^{+\infty} f(x)\,dx = \int_{a}^{\infty} f(x)\,dx - \int_{a}^{-\infty} f(x)\,dx,$$

wenn a irgendeinen endlichen Wert bezeichnet.

Z. B. wird

$$\int_0^{+\infty} e^{-x}\,dx = 1,$$

nämlich gleich dem Grenzwert von $1 - e^{-x}$ für $x = \infty$.

Ferner wird

$$\int_{-\infty}^{+\infty} x\,e^{-x^2}\,dx = 0,$$

da

$$\int_0^{+\infty} x\,e^{-x^2}\,dx = \int_0^{-\infty} x\,e^{-x^2}\,dx$$

wird. Weiter wird

$$\int_0^{x_n} \frac{dx}{1+x^2} = \operatorname{arc\,tg} x_n,$$

also der Grenzwert für $x_n = \infty$ gleich $\frac{\pi}{2}$ und man hat

$$\int_0^{\infty} \frac{dx}{1+x^2} = \frac{\pi}{2}.$$

Das Integral

$$J_n = \int_0^{x_n} e^{-x} \sin ax\,dx$$

wird, wenn wir dazu gleich das Integral

$$J'_n = \int_0^{x_n} e^{-x} \cos ax\,dx$$

einführen, durch partielle Integration verwandelt in

$$J_n = -e^{-x_n} \sin ax_n + a J'_n.$$

Ebenso wird

$$J'_n = -e^{-x_n}(\cos ax_n - 1) - a J_n,$$

also ergibt sich

$$(1+a^2) J_n = -e^{-x_n}(\sin ax_n + a \cos ax_n) + a$$

und

$$\int_0^{\infty} e^{-x} \sin ax\,da = \lim_{x_n \to \infty} J_n = \frac{a}{1+a^2}.$$

Ebenso wird

$$\int_0^{\infty} e^{-x} \cos ax\,dx = \frac{1}{1+x^2}.$$

Durch partielle Integration finden wir auch

$$\int_0^{x_n} e^{-x} x\,dx = -e^{-x_n} x_n^{\,m} + m \int_0^{x_n} e^{-x} x^{m-1}\,dx,$$

also beim Übergang zur Grenze $(x_n \to \infty)$

$$\int_0^\infty e^{-x} x^m \, dx = m \int_0^\infty e^{-x} x^{m-1} \, dx$$

und damit durch weitere Anwendung dieser Formel, indem m durch $m-1$, $m-2$, ... ersetzt wird, schließlich

$$\int_0^\infty e^{-x} x^m \, dx = m(m-1)(m-2)\ldots 2\cdot 1 = m!$$

2. Beispiele für Integrationen.

1. $J = \int \frac{dx}{\sqrt{a + bx + cx^2}}$.

Das Integral kann zunächst verwandelt werden in

$$\frac{1}{\sqrt{c}} \int \frac{dx}{\sqrt{\alpha + \beta x + x^2}} \qquad \text{für } \alpha = \frac{a}{c}, \quad \beta = \frac{b}{c}.$$

Macht man dann die Substitution

$$\alpha + \beta x = t^2 - 2tx,$$

so folgt

$$x = \frac{t^2 - \alpha}{2t + \beta}, \qquad dx = 2\frac{t^2 + \beta t + \alpha}{(2t + \beta)^2} dt$$

und

$$\sqrt{\alpha + \beta x + x^2} = t - x = \frac{t^2 + \beta t + \alpha}{2t + \beta}$$

Dadurch ergibt sich

$$\int \frac{dx}{\sqrt{\alpha + \beta x + x^2}} = \int \frac{2\,dt}{2t + \beta} = \ln(2t + \beta) + \text{konst.}$$
$$= \ln(2\sqrt{\alpha + \beta x + x^2} + 2x + \beta) + \text{konst.},$$

und wenn man auf das vorgelegte Integral zurückgeht,

$$\int \frac{dx}{\sqrt{a + bx + cx^2}} = \frac{1}{\sqrt{c}} \ln(2\sqrt{c(a + bx + cx^2)} + b + 2cx) + \text{konst.}$$

Bei der Benutzung dieser Formel ist zu beachten, ob die Wurzel auch reelle Werte liefert. Es sind dabei folgende Fälle zu unterscheiden:

1) Die Wurzel ist immer reell, also $c(a + bx + cx^2)$ immer > 0. Das heißt, daß stets

$$(b + 2cx)^2 + (4ac - b^2) > 0$$

wird. Dafür ist aber die notwendige und hinreichende Bedingung

$$4ac - b^2 > 0.$$

2) Ist $4ac - b^2 = -e^2$, also < 0, und setzen wir noch $b + 2cx = u$, so wird die gefundene Formel

$$\int \frac{dx}{\sqrt{a + bx + cx^2}} = \frac{1}{\sqrt{c}} \ln(\sqrt{u^2 - e^2} + u) + \text{konst.}$$

Es müssen also, damit das Integral in dieser Form auszuwerten ist, die beiden Grenzen entweder dem Intervall $u < -e$, oder dem Intervall $u > +e$ angehören. Ferner ist $c > 0$ vorauszusetzen.

Gehören die Grenzen beide dem Intervall $-e < u < e$ an, so findet sich

$$\sqrt{-4c(a + bx + cx^2)} = e^2 - u^2.$$
$$2c\,dx = du$$

und das Integral wird für $e\cdot v = u$

$$\int \frac{dx}{\sqrt{a+bx+cx^2}} = -\frac{1}{\sqrt{-c}}\int\frac{dv}{\sqrt{1-v^2}} = -\frac{1}{\sqrt{-c}}\arcsin v + \text{konst.}$$

$$= -\frac{1}{\sqrt{-c}}\arcsin\frac{b+2cx}{\sqrt{b^2-4ac}} + \text{konst.}$$

Natürlich muß man, um reelle Werte zu erhalten, $c < 0$ voraussetzen.

2. $J = \int\limits_0^x \frac{dx}{1-x^3}$.

Man setze, da $1-x^3 = (1-x)(1+x+x^2)$

$$\frac{1}{1-x^3} = \frac{a}{1-x} + \frac{b+cx}{1+x+x^2}.$$

Dann ergibt sich zur Bestimmung von a, b, c die Identität

$$a(1+x+x^2)+(b+cx)(1-x) = 1,$$

also wird

$$a+b=1, \quad a-b+c=0, \quad a-c=0,$$

mithin

$$a=\tfrac{1}{3}, \quad b=\tfrac{2}{3}, \quad c=\tfrac{1}{3},$$

d. h.

$$\frac{1}{1-x^3} = \frac{1}{3}\left(\frac{1}{1-x}+\frac{2+x}{1+x+x^2}\right).$$

Den zweiten Bruch müssen wir nochmals zerlegen. Der Differentialquotient des Nenners ist $1+2x$, wir setzen den Zähler deshalb in der Form an

$$2+x = \alpha(1+2x)+\beta.$$

Man findet dann sofort $\alpha=\frac{1}{2}$, $\beta=\frac{3}{2}$ und erhält so schließlich

$$\int\limits_0^x \frac{dx}{1-x^3} = \frac{1}{3}\int\limits_0^x\frac{dx}{1-x} + \frac{1}{6}\int\limits_0^x\frac{(1+2x)\,dx}{1+x+x^2} + \frac{1}{2}\int\limits_0^x\frac{dx}{1+x+x^2}.$$

Es ist nun

$$\frac{1}{3}\int\limits_0^x\frac{dx}{1-x} = -\frac{1}{3}\ln(1-x)$$

und für $x+x^2=u$

$$\frac{1}{6}\int\limits_0^x\frac{(1+2x)dx}{1+x+x^2} = \frac{1}{6}\int\limits_0^u\frac{du}{1+u} = \frac{1}{6}\ln(1+u) = \frac{1}{6}\ln(1+x+x^2).$$

Das dritte Integral läßt sich für $v = \frac{2}{\sqrt{3}}\left(x+\frac{1}{2}\right)$, woraus

$$1+v^2 = \frac{4}{3}(1+x+x^2), \quad dv = \frac{2}{\sqrt{3}}dx$$

folgt, umformen wie folgt:

$$\frac{1}{2}\int\limits_0^x\frac{dx}{1+x+x^2} = \frac{1}{\sqrt{3}}\int\limits_{\frac{1}{\sqrt{3}}}^v\frac{dv}{1+v^2} = \frac{1}{\sqrt{3}}\left(\operatorname{arc\,tg} v - \operatorname{arc\,tg}\frac{1}{\sqrt{3}}\right)$$

$$= \frac{1}{\sqrt{3}}\left[\operatorname{arc\,tg}\frac{1}{\sqrt{3}}(1+2x) - \operatorname{arc\,tg}\frac{1}{\sqrt{3}}\right].$$

Damit ist der Wert des gesuchten Integrals bestimmt.

3. $J=\int_0^x \operatorname{tg} x\,dx.$

Setzt man $t=\operatorname{tg}\frac{1}{2}x$, so wird

$$\operatorname{tg} x=\frac{2t}{1-t^2},\qquad dx=\frac{2\,dt}{1+t^2},$$

mithin

$$\int_0^x \operatorname{tg} x\,dx=\int_0^t \frac{4t\,dt}{1-t^4}=2\int_0^z \frac{dz}{1-z^2},$$

wenn man weiter $t^2=z$ macht. Es ist aber

$$2\int_0^z \frac{dz}{1-z^2}=\int_0^z \frac{dz}{1+z}+\int_0^z \frac{dz}{1-z}=\ln(1+z)-\ln(1-z),$$

also wird

$$\int_0^x \operatorname{tg} x\,dx=\ln\frac{1+t^2}{1-t^2}=\ln\frac{1}{\cos x}.$$

4. $J=\int \frac{dx}{a\sin x+b\cos x+c}.$

Man setzt wieder $t=\operatorname{tg}\frac{1}{2}x$, dann wird

$$\int \frac{dx}{a\sin x+b\cos x+c}=\int \frac{2\,dt}{(c-b)t^2+2at+(c+b)}.$$

Es sind nun drei Fälle zu unterscheiden:

1) $$a^2+b^2>c^2.$$

Dann wird

$$(c-b)t^2+2at+(c+b)=(c-b)\left[t+\frac{a+\sqrt{a^2+b^2-c^2}}{c-b}\right]\left[t+\frac{a-\sqrt{a^2+b^2-c^2}}{c-b}\right]$$
$$=(c-b)[t+t_1][t+t_2],$$

wo t_1, t_2 sofort ersichtliche feste Werte bedeuten, und

$$\frac{1}{c-b}\int \frac{2\,dt}{(t+t_1)(t+t_2)}=\frac{2}{(c-b)(t_1-t_2)}\ln\frac{t+t_2}{t+t_1}+\text{konst.}$$

oder

$$\int \frac{dx}{a\sin x+b\cos +c}=\frac{1}{\sqrt{a^2+b^2-c^2}}\ln\frac{a-\sqrt{a^2+b^2-c^2}-(b-c)\operatorname{tg}\frac{1}{2}x}{a+\sqrt{a^2+b^2-c^2}-(b-c)\operatorname{tg}\frac{1}{2}x}+\text{konst.}$$

2) $$a^2+b^2<c^2.$$

Dann wird

$$(c-b)t^2+2at+(c+b)=(c-b)\left[\left(t+\frac{a}{c-b}\right)^2+\frac{c^2-a^2-b^2}{(c-b)^2}\right]$$
$$=\frac{c^2-a^2-b^2}{c-b}[z^2+1]$$

für $$z=\frac{(c-b)t+a}{\sqrt{c^2-a^2-b^2}},\quad\text{also}\quad dz=\frac{c-b}{\sqrt{c^2-a^2-b^2}}dt.$$

Da $\int \frac{dz}{1+z^2}=\operatorname{arc\,tg} z+\text{konst.}$, folgt

$$\int \frac{dx}{a\sin x+b\cos x+c}=\frac{2}{\sqrt{c^2-a^2-b^2}}\operatorname{arc\,tg}\frac{(c-b)\operatorname{tg}\frac{1}{2}x+a}{\sqrt{c^2-a^2-b^2}}+\text{konst.}$$

3) $$a^2+b^2=c^2.$$

Dann wird unter 1) $t_1=t_2=\sqrt{\frac{c+b}{c-b}}$ und das Integral

$$\frac{2}{c-b}\int\frac{dt}{(t+t_1)^2}=\frac{2}{(b-c)(t+t_1)}+\text{konst.}$$

5. $J=\int\limits_0^x \sin mx\cos nx\,dx.$

Man setze ein

$$\sin mx\cos nx=\tfrac{1}{2}\{\sin(m+n)x+\sin(m-n)x\}$$

so wird

$$\int\sin mx\cos nx\,dx=\tfrac{1}{2}\int\sin(m+n)x\,dx+\tfrac{1}{2}\int\sin(m-n)x\,dx.$$

Ist $m=\pm n$, so bleibt nur eines von diesen Integralen übrig. Ist $m\neq\pm n$, so haben wir im ersten Integral rechts zu setzen $z=(m+n)x$. Es wird dann dieses Integral

$$=\frac{1}{2}\cdot\frac{1}{m+n}\int\sin z\,dz=-\frac{1}{2}\cdot\frac{1}{m+n}\cos z+\text{konst.}$$

$$=-\frac{1}{2}\cdot\frac{1}{m+n}\cos(m+n)x+\text{konst.}$$

Entsprechend ist das zweite Integral zu berechnen. Man erhält derart

$$\int\limits_0^x\sin mx\cos nx\,dx=\frac{m}{m^2-n^2}-\frac{1}{2}\left\{\frac{1}{m+n}\cos(m+n)x+\frac{1}{m-n}\cos(m-n)x\right\}.$$

Dies Integral wird aber auch

$$=\int\limits_0^{-x}\sin mx\cos nx\,dx=-\int\limits_{-x}^0\sin mx\cos nx\,dx$$

und deshalb ist stets

$$\int\limits_{-x}^{+x}\sin mx\cos nx\,dx=0.$$

6. $J=\int\limits_0^x\sin mx\sin nx\,dx.$

Man setze ein

$$\sin mx\sin nx=\tfrac{1}{2}\{\cos(m-n)x-\cos(m+n)x\}$$

und verfahre genau wie vorhin, so erhält man, wenn $m\neq\pm n$,

$$\int\limits_0^x\sin mx\sin nx\,dx=\frac{1}{2}\left\{\frac{1}{m-n}\sin(m-n)x-\frac{1}{m+n}\sin(m+n)x\right\}.$$

Dieses Integral ist die Hälfte des Integrals

$$\int\limits_{-x}^{+x}\sin mx\sin nx\,dx.$$

Nimmt man an der Grenze $x=\pi$, so verschwindet der ausgerechnete Wert des Integrals. Also ist

$$\int\limits_{-\pi}^{+\pi}\sin mx\sin nx\,dx=0 \qquad \text{für } m\neq\pm n.$$

Ist $m=n$, so findet man statt des vorigen Integrals das folgende:

$$\int\limits_{-x}^{+x}\sin^2 nx\,dx=\frac{1}{2}\int\limits_{-x}^{+x}(1-\cos 2nx)\,dx=x-\frac{1}{2n}\sin(2nx).$$

also

$$\int_{-\pi}^{+\pi} \sin^2 nx\,dx = \pi .$$

Für $m = -n$ ergibt sich für das Integral mit den Grenzen $-\pi$ und $+\pi$

$$-\int_{-\pi}^{+\pi} \sin^2 nx\,dx = -\pi .$$

Entsprechend wird

$$\int_{-\pi}^{+\pi} \cos mx \cos nx\,dx = \begin{cases} 0, & \text{wenn } m \neq \pm n, \\ \pi, & \text{wenn } m = \pm n. \end{cases}$$

7. $\int_0^x \sin^m x\,dx$.

Man wende partielle Integration an, indem man schreibt:

$$\int_0^x \sin^m x\,dx = -\int_0^x \sin^{m-1} x\,d\cos x .$$

Die rechte Seite wird dann, da $d\sin^{m-1} x = (m-1)\sin^{m-2} x \cos x\,dx$,

$$= -\sin^{m-1} x \cos x + (m-1)\int_0^x \sin^{m-2} x \cos^2 x\,dx ,$$

und damit weiter, da $\cos^2 x = 1 - \sin^2 x$,

$$\int_0^x \sin^m x\,dx = -\sin^{m-1} x \cos x + (m-1)\int_0^x \sin^{m-2} x\,dx - (m-1)\int_0^x \sin^m x\,dx .$$

Fügt man nun das letzte Glied rechts zu dem Integral auf der linken Seite hinzu und teilt durch m, so folgt

$$\int_0^x \sin^m x\,dx = -\frac{1}{m}\sin^{m-1} x \cos x + \frac{m-1}{m}\int_0^x \sin^{m-2} x\,dx .$$

Mit Hilfe dieser Rekursionsformel kann man das vorgelegte Integral berechnen.

Für $x = \frac{\pi}{2}$ wird

$$\int_0^{\frac{\pi}{2}} \sin^m x\,dx = \frac{m-1}{m}\int_0^{\frac{\pi}{2}} \sin^{m-2} x\,dx .$$

Setzt man nun erst $m = 2n$, so folgt

$$\int_0^{\frac{\pi}{2}} \sin^{2n} x\,dx = \frac{2n-1}{2n}\int_0^{\frac{\pi}{2}} \sin^{2(n-1)} x\,dx$$

und durch weitere Anwendung der Rekursionsformel

$$\int_0^{\frac{\pi}{2}} \sin^{2n} x\,dx = \frac{2n-1}{2n}\cdot\frac{2n-3}{2n-2}\cdots\frac{3}{4}\cdot\frac{1}{2}\int_0^{\frac{\pi}{2}} dx .$$

$$= \frac{2n-1}{2n}\cdot\frac{2n-3}{2n-2}\cdots\frac{3}{4}\cdot\frac{1}{2}\cdot\frac{\pi}{2} .$$

Setzt man sodann $m = 2n + 1$, so ergibt sich ebenso

$$\int_0^{\frac{\pi}{2}} \sin^{2n+1} x\,dx = \frac{2n}{2n+1} \cdot \frac{2n-2}{2n-1} \cdots \frac{4}{5} \cdot \frac{2}{3},$$

weil das zuletzt auftretende Integral $\int_0^{\frac{\pi}{2}} \sin x\,dx = 1$ wird.

Da nun

$$\int_0^{\frac{\pi}{2}} \sin^{2n-1} x\,dx > \int_0^{\frac{\pi}{2}} \sin^{2n} x\,dx > \int_0^{\frac{\pi}{2}} \sin^{2n+1} x\,dx$$

wird, so folgt

$$\frac{2n-2}{2n-1} \cdot \frac{2n-4}{2n-3} \cdots \frac{4}{5} \cdot \frac{2}{3} > \frac{2n-1}{2n} \cdot \frac{2n-3}{2n-2} \cdots \frac{1}{2} \cdot \frac{\pi}{2} > \frac{2n}{2n+1} \cdot \frac{2n-2}{2n-1} \cdots \frac{2}{3},$$

also wenn wir

$$P_n = \frac{2}{1} \cdot \frac{2}{3} \cdot \frac{4}{3} \cdot \frac{4}{5} \cdots \frac{2n-4}{2n-3} \cdot \frac{2n-2}{2n-3} \cdot \frac{2n-2}{2n-1} \cdot \frac{2n}{2n-1}$$

setzen,

$$P_n > \frac{\pi}{2} > P_n \cdot \frac{2n}{2n+1}.$$

Da der Faktor $\frac{2n}{2n+1}$ mit wachsendem n sich dem Grenzwert 1 nähert, wird demnach

$$\frac{\pi}{2} = \lim_{n \to \infty} P_n.$$

Dies ist die Wallissche Formel für die Zahl π.

3. Gaußsche Methode zur angenäherten Berechnung der Integrale.

Nicht immer ist es möglich, für ein vorgelegtes Integral einen einfachen analytischen Ausdruck zu finden, den man mit nicht zu großer Mühe berechnen kann. Man ist deshalb häufig darauf angewiesen, das Integral durch mechanische Quadratur, d. h. durch ein Näherungsverfahren, das auf den besonderen analytischen Charakter der zu integrierenden Funktion nicht weiter eingeht, zu finden. Die scharfsinnigste und genaueste Methode, die hierfür ersonnen ist, hat Gauß angegeben. Sie beruht auf folgendem:

Liegt ein bestimmtes Integral vor:

$$J = \int_a^b f(x)\,dx, \tag{1}$$

das zu berechnen ist, so kann man zunächst eine solche neue Veränderliche z einführen, daß die Grenzen ein für allemal bestimmte Werte, nämlich -1 und $+1$ werden. Man hat zu dem Zweck nur zu setzen:

$$x = \frac{b-a}{2} z + \frac{b+a}{2}, \quad dx = \frac{b-a}{2} dz \tag{2}$$

und

$$f(x) = f\left(\frac{b-a}{2} z + \frac{b+a}{2}\right) = \frac{1}{b-a} \varphi(z),$$

dann wird in der Tat

$$J = \tfrac{1}{2} \int_{-1}^{+1} \varphi(z)\,dz. \tag{3}$$

Es wird jetzt $\varphi(z)$ nach dem MacLaurinschen Satz in eine Potenzreihe entwickelt:

$$(4)\qquad \varphi(z) = a_0 + a_1 z + a_2 z^2 + a_3 z^3 + \ldots + a_{2\nu-1} z^{2\nu-1} + R_{2\nu}(z),$$

dann wird

$$(5)\qquad J = a_0 + \frac{1}{3} a_2 + \frac{1}{5} a_4 + \frac{1}{7} a_6 + \ldots + \frac{1}{2\nu-1} a_{2\nu-2} + \frac{1}{2}\int_{-1}^{+1} R_{2\nu}(z)\,dz.$$

Nun soll ein Näherungswert J' für das Integral gefunden werden, derart, daß dieser Wert in allen Gliedern der vorstehenden Entwicklung bis auf das Restglied mit dem Werte J übereinstimmt, und dabei soll der Näherungswert J' von der Form sein:

$$(6)\qquad J' = C_1\,\varphi(z_1) + C_2\,\varphi(z_2) + \ldots + C_\nu\,\varphi(z_\nu),$$

indem die ν Koeffizienten C_i und die ν Argumentwerte $z_i (i = 1, 2, \ldots \nu)$ des betrachteten Intervalls von -1 bis $+1$ so gewählt werden sollen, daß die geforderte Bedingung erfüllt ist.

Tragen wir die Werte aus (4) in (6) ein, so ergibt sich

$$\begin{aligned} J' = {} & C_1 (a_0 + a_1 z_1 + a_2 z_1^2 + \ldots + a_{2\nu-1} z_1^{2\nu-1} + R_{2\nu}(z_1)) \\ & + \ldots\ldots\ldots\ldots\ldots\ldots \\ & + C_\nu (a_0 + a_1 z_\nu + a_2 z_\nu^2 + \ldots + a_{2\nu-1} z_\nu^{2\nu-1} + R_{2\nu}(z_\nu)), \end{aligned}$$

und wenn dies bis auf die Restglieder mit dem Werte (5) von J übereinstimmen soll, so muß sein:

$$(7)\qquad \left\{ \begin{aligned} C_1 + C_2 + \ldots + C_\nu &= 1, \\ C_1 z_1 + C_2 z_2 + \ldots + C_\nu z_\nu &= 0, \\ C_1 z_1^2 + C_2 z_2^2 + \ldots + C_\nu z_\nu^2 &= \tfrac{1}{3}, \\ \ldots\ldots\ldots\ldots\ldots\ldots & \\ C_1 z_1^{2\nu-2} + C_2 z_2^{2\nu-2} + \ldots + C_\nu z_\nu^{2\nu-2} &= \frac{1}{2\nu-1}, \\ C_1 z_1^{2\nu-1} + C_2 z_2^{2\nu-1} + \ldots + C_\nu z_\nu^{2\nu-1} &= 0. \end{aligned} \right.$$

Diese 2ν Gleichungen hängen von der Beschaffenheit der Funktion $\varphi(z)$, wie man sieht, nicht mehr ab und können für ein bestimmtes ν ein für allemal gelöst werden.

Wir nehmen beispielsweise $\nu = 3$, so daß der Summenausdruck nur 3 Glieder umfaßt, dann ergeben sich die 6 Gleichungen:

$$(8)\qquad \left\{ \begin{aligned} C_1 + C_2 + C_3 &= 1, \\ C_1 z_1 + C_2 z_2 + C_3 z_3 &= 0, \\ C_1 z_1^2 + C_2 z_2^2 + C_3 z_3^2 &= \tfrac{1}{3}, \\ C_1 z_1^3 + C_2 z_2^3 + C_3 z_3^3 &= 0, \\ C_1 z_1^4 + C_2 z_2^4 + C_3 z_3^4 &= \tfrac{1}{5}, \\ C_1 z_1^5 + C_2 z_2^5 + C_3 z_3^5 &= 0. \end{aligned} \right.$$

Die Lösung dieses Gleichungssystems wird bedeutend erleichtert, wenn man berücksichtigt, daß die Werte z_1, z_2, z_3 sich symmetrisch um die Nullstelle gruppieren müssen, da ja, wenn z_i mit $-z_i$ vertauscht wird, das Gleichungssystem sich nicht ändert. Wir können demnach annehmen:

$$z_2 = 0, \quad z_3 = -z_1 \quad \text{und} \quad C_3 = C_1.$$

Die zweite, vierte und sechste Gleichung sind damit ohne weiteres befriedigt. Die dritte und fünfte Gleichung liefern:

$$2\,C_1 z_1^2 = \tfrac{1}{3}, \quad 2\,C_1 z_1^4 = \tfrac{1}{5},$$

also, wenn für z_1 der negative Wert genommen wird,

$$-z_1 = z_3 = \sqrt{\tfrac{3}{5}} = 0{,}7746, \quad C_1 = C_3 = \tfrac{5}{18},$$

und aus der ersten Gleichung folgt noch

$$2\,C_1 + C_2 = 1, \quad \text{also} \quad C_2 = \tfrac{4}{9}.$$

Als Beispiel diene das Integral

$$\int_1^3 \frac{dx}{1+x} = \ln(1+3) - \ln(1+1)$$

$$= \ln \tfrac{4}{2} = \ln 2.$$

Setzen wir $x = z + 2$, also $\varphi(z) = \dfrac{2}{z+3}$, so wird

$$J' = \frac{5}{18}\frac{2}{z_1+3} + \frac{4}{9}\cdot\frac{2}{z_2+3} + \frac{5}{18}\cdot\frac{2}{z_3+3},$$

und mit Rücksicht auf die berechneten Werte von z_1, z_2 z

$$J' = \frac{5}{18}\left[\frac{2}{3-\sqrt{\frac{3}{5}}} + \frac{2}{3+\sqrt{\frac{3}{5}}}\right] + \frac{4}{9}\cdot\frac{2}{3}.$$

oder

$$J' = \tfrac{25}{63} + \tfrac{8}{27} = 0{,}693\,12.$$

Der richtige Wert auf 5 Stellen ist 0,69315.

4. Funktionen mehrerer Veränderlichen.

Ist

(1) $$z = f(x, y)$$

eine Funktion der zwei unabhängigen Veränderlichen x, y, d. h. ist durch jedes Wertepaar x, y ein Wert oder eine bestimmte Anzahl von Werten der Veränderlichen z bestimmt, so können x, y, z als cartesische Koordinaten im Raum aufgefaßt werden. Dann erfüllen in den für uns hier in Betracht kommenden Fälllen die so sich ergebenden Punkte immer eine Fläche im Raum. Die Ordinaten dieser Fläche stellen die Funktionswerte für die einzelnen Punkte der (x, y)-Ebene dar.

Eine solche Funktion $f(x, y)$ der Punkte einer Ebene kann zunächst für alle Punkte x, y einer Linie, unter Umständen mit Ausnahme einzelner Punkte, durch Unendlichwerden unstetig sein. Z. B. wird die Funktion

$$z = \frac{x - 2y}{x^2 - 2x + y^2}$$

für die Punkte des Kreises $x^2 + y^2 - 2x = 0$ (Radius 1, Mittelpunkt: $x = 1$, $y = 0$) unendlich. Ist aber gleichzeitig $x - 2y = 0$, durch welche Gleichung eine gerade Linie durch den Koordinatenanfangspunkt dargestellt wird, so nimmt die Funktion die unbestimmte Form $\frac{0}{0}$ an. Für die beiden Schnittpunkte dieser Geraden mit dem Kreis, d. h. für die Punkte mit den Koordinaten 0, 0 und $\frac{8}{5}$, $\frac{4}{5}$, wird die Funktion stetig-vieldeutig, d. h. sie ändert sich stetig, wenn sich der Punkt, für den sie genommen wird, auf einem bestimmten Wege der betreffenden Stelle nähert. Setzt man nämlich $x = r\cos\vartheta$, $y = r\sin\vartheta$ und läßt ϑ fest, so wird z. B. für $x, y = 0$, d. h. für $r = 0$,

$$z = \operatorname{tg}\vartheta - \tfrac{1}{2}.$$

Eine Funktion von zwei Veränderlichen kann aber auch in einem isolierten Punkte unendlich werden. So wird

$$z = \frac{1}{x^2 + y^2}$$

nur im Punkte $x=0$, $y=0$ unendlich. Von solchen Unstetigkeiten wollen wir aber nun absehen. Wir betrachten im folgenden die Funktionen $f(x, y)$ nur für solche Wertepaare (x, y), für welche sie eindeutig bestimmte, endliche Werte haben, die man in stetigem Übergange erreicht, von welcher Richtung man sich auch der Stelle (x, y) nähert.

Differenziert man $z=f(x, y)$ nach der einen Veränderlichen, indem man die andern als konstant betrachtet, so spricht man von partiellen Differentialquotienten und schreibt diese

$$\frac{\partial z}{\partial x}=\frac{\partial f(x, y)}{\partial x}=f'_x(x, y), \quad \frac{\partial z}{\partial y}=\frac{\partial f(x, y)}{\partial y}=f'_y(x, y). \tag{2}$$

Es wird dann die Änderung dz von z an der betreffenden Stelle, wenn dx, dy die zugehörigen Änderungen von x und y bedeuten, in erster Annäherung

$$dz=\frac{\partial f(x, y)}{\partial x}dx+\frac{\partial f(x, y)}{\partial y}dy. \tag{3}$$

Dieser Ausdruck wird als totales Differential bezeichnet.

Ist nun eine Funktion y von x implizit durch eine Gleichung

$$f(x, y)=0 \tag{4}$$

gegeben, so hat man $z=0$, $dz=0$ zu setzen, es wird also

$$\frac{\partial f(x, y)}{\partial x}dx+\frac{\partial f(x, y)}{\partial y}dy=0$$

und der Differentialquotient

$$\frac{dy}{dx}=-\frac{\dfrac{\partial f(x, y)}{\partial x}}{\dfrac{\partial f(x, y)}{\partial y}}. \tag{5}$$

Z. B. findet man für

$$\frac{x^2}{a^2}+\frac{y^2}{b^2}-1=0$$

den Differentialquotienten der so bestimmten Funktion y von x:

$$\frac{dy}{dx}=-\frac{b^2 x}{a^2 y}.$$

Die partiellen Differentialquotienten f_x', f_y' sind aufs neue Funktionen von x, y (im besonderen Falle können sie auch für x oder y konstant, d. h. von der einen Veränderlichen unabhängig oder im noch spezielleren Falle von x und y abhängig, d. h. überhaupt eine Konstante sein). Sie können wiederum nach x oder y differenziert werden. Dabei zeigt sich aber, daß

$$\frac{\partial f'_x}{\partial y}=\frac{\partial f'_y}{\partial x} \tag{6}$$

wird. Man erhält daher nur drei zweite Differentialquotienten

$$\frac{\partial^2 f}{\partial x^2}=f''_{xx}, \quad \frac{\partial^2 f}{\partial x\,\partial y}=\frac{\partial^2 f}{\partial y\,\partial x}=f''_{xy}, \quad \frac{\partial^2 f}{\partial y^2}=f''_{yy} \tag{7}$$

und entsprechend das zweite totale Differential

$$d^2 z=\frac{\partial^2 f}{\partial x^2}dx^2+2\frac{\partial^2 f}{\partial x\,\partial y}dx\,dy+\frac{\partial^2 f}{\partial y^2}dy^2. \tag{8}$$

Die zweiten Differentialquotienten können weiter ihrerseits differenziert werden. Dabei zeigt sich allgemein, daß das Ergebnis von der Reihenfolge, in der nach den einzelnen Veränderlichen differenziert wird, unabhängig ist. Für das n^{te} totale Differential erhält man die Formel

$$(9)\qquad d^n z = \frac{\partial^n f}{\partial x^n} d x^n + \binom{n}{1} \frac{\partial^n f}{\partial x^{n-1} \partial y} d x^{n-1} d y + \binom{n}{2} \frac{\partial^n f}{\partial x^{n-2} \partial y^2} d x^{n-2} d y^2 + \ldots + \frac{\partial^n f}{\partial y^n} d y^n .$$

Damit ein Ausdruck von der Form

$$(10)\qquad f_1(x, y)\, dx + f_2(x, y)\, dy$$

ein totales Differential ist, muß

$$(11)\qquad f_1 = \frac{\partial f(x, y)}{\partial x}, \quad f_2 = \frac{\partial f(x, y)}{\partial y}$$

gesetzt werden können. Es muß also

$$(12)\qquad \frac{\partial f_1}{\partial y} = \frac{\partial f_2}{\partial x}$$

sein. Diese Bedingung ist aber nicht nur notwendig, sondern auch hinreichend.

Wird eine Funktion $f(x, y)$ zuerst als Funktion von y integriert und die herauskommende Funktion, die außer von den Grenzen nur von x abhängt, wieder als Funktion von x, so ergibt sich ein Doppelintegral. Bei der ersten Integration (nach y) werden die Grenzen für gewöhnlich nicht feste Werte sein, sondern mit x wechseln, also Funktionen von x bedeuten. Ist demnach dies Integral

$$(13)\qquad F(x) = \int_{y_1}^{y_2} f(x, y)\, dy,$$

so werden y_1, y_2 Funktionen von x:

$$(14)\qquad y_1 = \varphi_1(x), \quad y_2 = \varphi_2(x).$$

Es wird dadurch das Integral wirklich eine Funktion von x allein, und es läßt sich die neue Integration ausführen:

$$(15)\qquad V = \int_{x_1}^{x_2} F(x)\, dx .$$

Man schreibt dann:

$$(16)\qquad V = \int_{x_1}^{x_2} \Big[\int_{y_1}^{y_2} f(x, y)\, d y \Big]\, d x$$

oder mit Weglassung der Klammer

$$(16\text{a})\qquad V = \int_{x_1}^{x_2} \int_{y_1}^{y_2} f(x, y)\, d y \cdot d x .$$

Nun ergeben sich hier aber eigentümliche Schwierigkeiten. Es können nämlich y_1, y_2 die beiden Werte einer einzigen doppeldeutigen Funktion $\varphi(x)$ von x sein, ja, diese Funktion kann z. B. auch vierdeutig sein, also vier Werte y_1, y_2, y_3, y_4 liefern, und es sind dann bei feststehendem Werte des y zwei Integrationen, von y_1 bis y_2 und von y_3 bis y_4, auszuführen. Geometrisch gesprochen, bedeutet dann

$$y = \varphi(x)$$

eine geschlossene Kurve und die Integrationen sind über die Strecken der Parallelen im Abstande y zur x-Achse zu erstrecken, die in das Innere der von der Kurve umschlossenen Fläche fallen. Die Anzahl der Schnittpunkte, nur im Punkte $x=0$, $y=0$ unendlich. Von solchen Unstetigkeiten wollen wir aber nun absehen. Wir betrachten im folgenden die Funktionen $f(x, y)$ nur für solche Wertepaare (x, y), für welche sie eindeutig bestimmte, endliche Werte haben, die man in stetigem Übergange erreicht, von welcher Richtung man sich auch der Stelle (x, y) nähert.

Differenziert man $z=f(x, y)$ nach der einen Veränderlichen, indem man die andern als konstant betrachtet, so spricht man von partiellen Differentialquotienten und schreibt diese

$$\frac{\partial z}{\partial x}=\frac{\partial f(x, y)}{\partial x}=f'_x(x, y), \quad \frac{\partial z}{\partial y}=\frac{\partial f(x, y)}{\partial y}=f'_y(x, y). \tag{2}$$

Es wird dann die Änderung dz von z an der betreffenden Stelle, wenn dx, dy die zugehörigen Änderungen von x und y bedeuten, in erster Annäherung

$$dz=\frac{\partial f(x, y)}{\partial x}dx+\frac{\partial f(x, y)}{\partial y}dy. \tag{3}$$

Dieser Ausdruck wird als totales Differential bezeichnet.

Ist nun eine Funktion y von x implizit durch eine Gleichung

$$f(x, y)=0 \tag{4}$$

gegeben, so hat man $z=0$, $dz=0$ zu setzen, es wird also

$$\frac{\partial f(x, y)}{\partial x}dx+\frac{\partial f(x, y)}{\partial y}dy=0$$

und der Differentialquotient

$$\frac{dy}{dx}=-\frac{\frac{\partial f(x, y)}{\partial x}}{\frac{\partial f(x, y)}{\partial y}} \tag{5}$$

Z. B. findet man für

$$\frac{x^2}{a^2}+\frac{y^2}{b^2}-1=0$$

den Differentialquotienten der so bestimmten Funktion y von x:

$$\frac{dy}{dx}=-\frac{b^2 x}{a^2 y}.$$

Die partiellen Differentialquotienten f_x', f_y' sind aufs neue Funktionen von x, y (im besonderen Falle können sie auch für x oder y konstant, d. h. von der einen Veränderlichen unabhängig oder im noch spezielleren Falle von x und y abhängig, d. h. überhaupt eine Konstante sein). Sie können wiederum nach x oder y differenziert werden. Dabei zeigt sich aber, daß

$$\frac{\partial f'_x}{\partial y}=\frac{\partial f'_y}{\partial x} \tag{6}$$

wird. Man erhält daher nur drei zweite Differentialquotienten

$$\frac{\partial^2 f}{\partial x^2}=f''_{xx}, \quad \frac{\partial^2 f}{\partial x \partial y}=\frac{\partial^2 f}{\partial y \partial x}=f''_{xy}, \quad \frac{\partial^2 f}{\partial y^2}=f''_{yy} \tag{7}$$

und entsprechend das zweite totale Differential

$$d^2 z=\frac{\partial^2 f}{\partial x^2}dx^2+2\frac{\partial^2 f}{\partial x \partial y}dx\,dy+\frac{\partial^2 f}{\partial y^2}dy^2. \tag{8}$$

Die zweiten Differentialquotienten können weiter ihrerseits differenziert werden. Dabei zeigt sich allgemein, daß das Ergebnis von der Reihenfolge, durch die Richtung der der y-Achse am nächsten benachbarten Seite dy bestimmt ist und positiv wird, wenn dies dy positiv genommen wird.

Gewöhnlich zieht man allerdings vor, mit dx zu beginnen, dann würde gerade der entgegengesetzte Umlaufssinn als positiv gelten. Nun kann man aber statt der Rechteckchen $dx\,dy$ auch beliebige andere Flächenelemente betrachten. Man erhält solche, wenn man neue Parameter u, v dadurch einführt, daß man die Punktkoordinaten x, y als Funktionen dieser neuen Veränderlichen ansetzt:

(19) $$x = \varphi(u, v), \quad y = \psi(u, v).$$

Die beiden Kurvenscharen, die sich für $u =$ konst. und $v =$ konst. ergeben, bedecken die Fläche mit einem Netze, dessen Maschen parallelogrammförmige Flächenstückchen sind. Die Ecken eines solchen Flächenstückchens haben die Koordinaten

$$x, y;$$

$$x + \frac{\partial x}{\partial u} du, \quad y + \frac{\partial y}{\partial u} du; \quad x + \frac{\partial x}{\partial v} dv, \quad y + \frac{\partial y}{\partial v} dv;$$

$$x + \frac{\partial x}{\partial u} du + \frac{\partial x}{\partial v} dv, \quad y + \frac{\partial y}{\partial u} du + \frac{\partial y}{\partial v} dv.$$

Die Projektionen der Seiten auf die Koordinatenachsen werden also

$$\frac{\partial x}{\partial u} du, \quad \frac{\partial y}{\partial u} du; \quad \frac{\partial x}{\partial v} dv, \quad \frac{\partial y}{\partial v} dv.$$

Der Flächeninhalt des Flächenstückchens wird demnach

(20) $$d\omega = \left(\frac{\partial x}{\partial u}\frac{\partial y}{\partial v} - \frac{\partial y}{\partial u}\frac{\partial x}{\partial v}\right) du\,dv$$

und damit verwandelt sich das Flächenintegral wieder in ein Doppelintegral

(21) $$F = \iint \left(\frac{\partial x}{\partial u}\frac{\partial y}{\partial v} - \frac{\partial y}{\partial u}\frac{\partial x}{\partial v}\right) du\,dv.$$

Es ist nun sofort zu sehen, daß sich an diesen Betrachtungen nichts ändert, wenn man sich die Fläche mit einem Massenbelag von bestimmter, als Funktion des Ortes gegebener Flächendichte versehen denkt und statt der Fläche selbst die Gesamtmasse oder das Gesamtgewicht des Massenbelages der Fläche berechnet. Statt des vorigen Integrals ergibt sich dann, wenn $f(x, y) = \Phi(u, v)$ die Dichtigkeit des Belages liefert, das Integral

(22) $$V = \iint \Phi(u, v) \left(\frac{\partial x}{\partial u}\frac{\partial y}{\partial v} - \frac{\partial y}{\partial u}\frac{\partial x}{\partial v}\right) du\,dv,$$

das so als Umformung des Integrals

(23) $$V = \int\int f(x, y)\,dy\,dx$$

auf neue Veränderliche u, v erscheint.

Es ist bei dieser Betrachtungsweise auch unmittelbar einleuchtend, daß dies letzte Integral von der Reihenfolge der Integrationen unabhängig ist, daß also

(24) $$\int \left[\int f(x, y)\,dy\right] dx = \int \left[\int f(x, y)\,dx\right] dy$$

wird. Das eine Mal werden nämlich nur die Flächenelemente $dx\,dy$ zuerst zu Streifen parallel der y-Achse zusammengefaßt und dann diese Streifen zu der ganzen Fläche zusammengefügt. Das zweite Mal werden die Flächenelemente zuerst zu Streifen parallel der x-Achse zusammengefaßt. Das Ergebnis ist aber das gleiche, nämlich die Summation über die ganze Fläche.

Wenn man den Funktionswert

(1) $$z = f(x, y),$$

statt ihn als Flächendichtigkeit aufzufassen, als Ordinate senkrecht zu der (x, y)-Ebene aufträgt, so erfüllen die Endpunkte dieser Ordinaten eine Fläche im Raume und das Doppelintegral

(25) $$V = \int\int f(x, y)\, dy\, dx = \int\int z\, dy\, dx$$

bedeutet das Volumen des Körpers, der von dem über der betrachteten Fläche ω errichteten Zylinder durch die Fläche $z = f(x, y)$ abgetrennt wird.

Es ist hierbei zunächst vorausgesetzt, daß $f(x, y)$ eine überall eindeutige Funktion von x, y ist, wie es selbstverständlich ist, wenn $f(x, y)$ als Dichtigkeit eines Massenbelags gedeutet wird. Wenn nun aber $x = f(x, y)$ keine eindeutige Funktion ist, so müssen aufs neue ganz ähnliche Betrachtungen angestellt werden wie bei der Auswertung der ebenen Flächen, und auch hier sind diese Betrachtungen von besonderer Bedeutung, da es sich ja gewöhnlich nicht um die Volumberechnung für solche Zylinderstümpfe, sondern für das Innere von geschlossenen Flächen handelt. Eine solche geschlossene Fläche wird aber notwendigerweise, wenn sie analytisch darstellbar ist, durch eine mindestens zweiwertige Funktion $z = f(x, y)$ gegeben. Man muß dann von den Elementarzylindern, die man über den einzelnen Flächenelementen $d\omega$ errichtet, die Teile nehmen, die ins Innere der Fläche fallen, und ist für die aufsteigende Ordinate z_1 eine Eintrittsstelle, z_2 die nächste Austrittsstelle, so ist $(z_2 - z_1)\, d\omega$ der entsprechende Beitrag zu dem Volumenintegral. Schreibt man nun wieder

$$z_2 - z_1 = \int_{z_1}^{z_2} dz$$

und setzt $d\omega = dy\, dx$, so erhält man statt des früheren zweifachen Integrals ein dreifaches Integral

(26) $$V = \int\int\int dz\, dy\, dx.$$

Es ist nur noch klarzulegen, wie Eintritts- und Austrittsstellen zu scheiden sind. Wir hatten die einzelnen Flächenelemente $d\omega$ mit einem bestimmten Umlaufssinn versehen, dieser Umlaufssinn überträgt sich sofort auch auf die Flächenelemente, welche der über $d\omega$ errichtete Elementarzylinder aus der Fläche $z = f(x, y)$ ausschneidet. Nun kann aber ein solcher Umlaufssinn schon auf der Fläche vorhanden gewesen sein, indem man sich die Fläche selbst in Flächenelemente $d\sigma$ zerlegt denkt und diesen ebenso wie den Flächenelementen $d\omega$ in der Ebene einen bestimmten Drehsinn zuschreibt, der kontinuierlich beim Übergang von einem Flächenelement zu den benachbarten erhalten bleiben soll. Die ganze Fläche ist so mit einem bestimmten Wirbelsinn behaftet, der die nach dem Äußeren der Fläche gehenden Richtungen positiv oder negativ umkreisen kann und je nachdem positiv oder negativ gewertet wird. Ist nun der Wirbelsinn positiv, so sollen wir das positive Volumen, ist er negativ, das negative Volumen erhalten, und das stimmt in der Tat damit überein, daß der Umdrehungssinn des Schnittes mit dem Elementarzylinder positiv wird, wenn er mit dem positiven Umdrehungssinn der Grundfläche des Zylinders übereinstimmt. Es muß nun aber der angegebene Wirbelsinn der geschlossenen Fläche im Raume auf alle ihre Volumelemente übertragen werden, auf die er natürlich ebensogut angewendet werden kann. Zunächst muß der Wirbelsinn der Fläche mit dem Wirbelsinn der Volumelemente an der Oberfläche übereinstimmen, und er läßt sich dann weiter und weiter ins Innere hinein von einem Volumenelement auf die benachbarten übertragen. Nimmt man etwa den Elementarzylinder über der Grundfläche $dx\, dy$, so wird dieser in einzelne Schichten von der Höhe dz zerlegt, und in den oberen (rechteckigen) Begrenzungs-

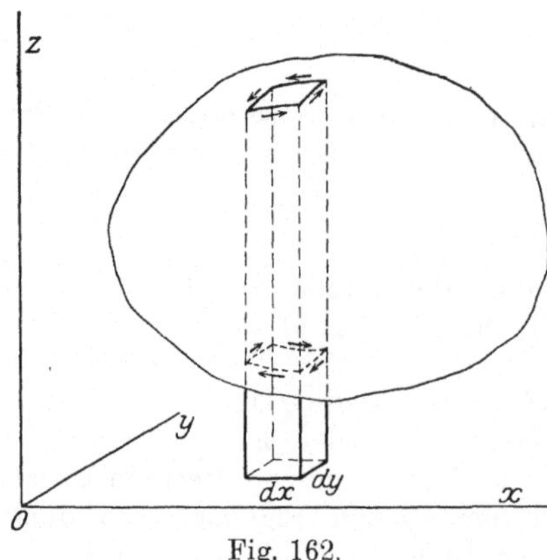

Fig. 162.

flächen einer solchen Schicht muß bei positivem Wirbelsinn der vorgelegten Fläche der Umdrehungssinn dem positiven Drehsinn in der Grundfläche entsprechen, und in der unteren Begrenzung muß er entgegengesetzt sein. Danach findet sich wieder die Scheidung, daß bei den Austrittsstellen der positive Wirbelsinn dem positiven Drehsinn der Grundfläche entspricht, an der Eintrittsstelle dagegen dem entgegengesetzten Drehsinn.

Diese Unterscheidung wird von besonderer Bedeutung, wenn statt x, y, z neue Veränderliche u, v. w durch drei Gleichungen

$$x = \varphi(u, v, w), \quad y = \chi(u, v, w), \quad z = \psi(u, v, w) \tag{27}$$

eingeführt werden. Den Werten $u =$ konst., $v =$ konst., $w =$ konst. entsprechen dann drei Flächenscharen, die eine neue Zerlegung des Raumteils τ in einzelne Volumenelemente $d\tau$ hervorrufen. Jedes Volumenelement hat die Form eines Parallelepipedon. Die Projektionen von dessen Kanten auf die Koordinatenachsen werden

$$\frac{\partial x}{\partial u} du, \quad \frac{\partial y}{\partial u} du, \quad \frac{\partial z}{\partial u} du; \quad \frac{\partial x}{\partial v} dv, \quad \frac{\partial y}{\partial v} dv, \quad \frac{\partial z}{\partial v} dv; \quad \frac{\partial x}{\partial w} dw, \quad \frac{\partial y}{\partial w} dw, \quad \frac{\partial z}{\partial w} dw$$

und sein Volumen, mit der angegebenen Vorzeichenbestimmung, durch den Determinantenausdruck gegeben

$$d\tau = \begin{vmatrix} \frac{\partial x}{\partial u} & \frac{\partial y}{\partial u} & \frac{\partial z}{\partial u} \\ \frac{\partial x}{\partial v} & \frac{\partial y}{\partial v} & \frac{\partial z}{\partial v} \\ \frac{\partial x}{\partial w} & \frac{\partial y}{\partial w} & \frac{\partial z}{\partial w} \end{vmatrix} du\, dv\, dw. \tag{28}$$

Diese Determinante heißt eine F u n k t i o n a l d e t e r m i n a n t e.

Wenn nun wiederum jedem Punkte des Raumes ein Zahlwert $f(x, y, z)$ beigeschrieben, also eine (hier zunächst immer als eindeutig vorausgesetzte) Funktion des Ortes eingeführt wird, so tritt an die Stelle des Volumenintegrals

$$V = \int\int\int dz\, dy\, dx$$

das allgemeine Raumintegral

$$W = \int\int\int f(x, y, z)\, dz\, dy\, dx, \tag{29}$$

das wieder von der Reihenfolge der Integrationen unabhängig wird, und werden hier die neuen Veränderlichen u, v, w eingeführt, so ergibt sich, wenn dabei $f(x, y, z) = \Phi(u, v, w)$ wird, das transformierte Raumintegral

$$W = \int\int\int \Phi(u, v, w) \begin{vmatrix} \frac{\partial x}{\partial u} & \frac{\partial y}{\partial u} & \frac{\partial z}{\partial u} \\ \frac{\partial x}{\partial v} & \frac{\partial y}{\partial v} & \frac{\partial z}{\partial v} \\ \frac{\partial x}{\partial w} & \frac{\partial y}{\partial w} & \frac{\partial z}{\partial w} \end{vmatrix} du\, dv\, dw. \tag{30}$$

Werden z. B. Zylinderkoordinaten eingeführt durch die Gleichungen

$$x = \varrho \cos \lambda, \quad y = \varrho \sin \lambda, \quad z = z, \tag{31}$$

so wird, wenn $f(x, y, z) = U$ angenommen wird,

$$W = \iiint U \varrho \, d\varrho \, d\lambda \, dz, \tag{32}$$

und, wenn Kugelkoordinaten durch die Gleichungen

$$x = r \cos \lambda \sin \vartheta, \quad y = r \sin \lambda \sin \vartheta, \quad z = r \cos \vartheta \tag{33}$$

eingeführt werden, so wird

$$W = \iiint U r^2 \sin \vartheta \, dr \, d\lambda \, d\vartheta. \tag{34}$$

Die Verwendung von Zylinderkoordinaten ist besonders angebracht, wenn es sich um Rotationskörper handelt. Wird dann die Rotationsachse die z-Achse, so haben wir als die Gleichung der Rotationsfläche eine Gleichung von der Form

$$\varrho = \varphi(z). \tag{35}$$

Soll also das Volumen zwischen zwei Breitenkreisen, die zu $z = z_1$ und $z = z_2$ gehören, berechnet werden, so ergibt sich

$$\begin{aligned} V &= \int_{z_1}^{z_2} \int_0^{2\pi} \int_0^{\varrho} \varrho \, d\varrho \, d\lambda \, dz \\ &= \int_{z_1}^{z_2} \int_0^{2\pi} \tfrac{1}{2} \varrho^2 \, d\lambda \, dz = \int_{z_1}^{z_2} \tfrac{1}{2} \varrho^2 \, 2\pi \, dz = \pi \int_{z_1}^{z_2} [\varphi(z)]^2 \, dz. \end{aligned} \tag{36}$$

Ist z. B. der Körper ein Rotationsparaboloid und hat die Gleichung

$$\varrho = \sqrt{2pz}, \tag{37}$$

so wird

$$V = \pi \int_{z_1}^{z_2} 2pz \, dz = \pi p (z_2^2 - z_1^2). \tag{38}$$

Ist der Körper ein verlängertes Rotationsellipsoid und hat die Gleichung

$$\varrho = b \sqrt{1 - \frac{z^2}{a^2}}, \tag{39}$$

so folgt

$$V = \pi \int_{z_1}^{z_2} b^2 \left(1 - \frac{z^2}{a^2}\right) dz = \pi b^2 (z_2 - z_1) - \frac{\pi}{3} \frac{b^2}{a^2} (z_2^3 - z_1^3). \tag{40}$$

Wählen wir für die Grenzen insbesondere $z_1 = -a$, $z_2 = +a$, so finden wir das Volumen des ganzen Ellipsoids

$$V = \pi b^2 \cdot 2a - \frac{\pi}{3} \frac{b^2}{a^2} \cdot 2a^3 = \frac{4}{3} \pi a b^2. \tag{40a}$$

Sind ϱ und z als Funktionen eines Parameters t gegeben, so wird

$$dz = \frac{dz}{dt} dt$$

und es ist das Integral

$$V = \pi \int_{t_1}^{t_2} \varrho^2 \frac{dz}{dt} \, dt, \tag{41}$$

wenn t_1, t_2 die zu den Grenzen z_1, z_2 gehörenden Parameterwerte bezeichnen.

Ist die Meridiankurve, durch deren Rotation die Fläche erzeugt wird, z. B. eine Zykloide

$$\varrho = a(1 - \cos t), \quad z = a(t - \sin t), \tag{42}$$

so wird

$$\frac{dz}{dt}\,dt = a\,(1-\cos t)\,dt,$$

also

(43) $$V = \pi\int_{t_1}^{t_2} a^3\,(1-\cos t)^3\,dt = 8\,\pi\,a^3\int_{t_1}^{t_2}\sin^6\frac{t}{2}\,dt.$$

Werden für die Grenzen insbesondere $t_1 = 0$, $t_2 = 2\pi$, wird also der durch die Umdrehung des ganzen Zykloidenbogens entstehende Rotationskörper genommen, so haben wir

$$V = 8\,\pi\,a^3\int_0^{2\pi}\sin^6\frac{t}{2}\,dt = 16\,\pi\,a^3\int_0^{\pi}\sin^6\frac{t}{2}\,dt = 32\,\pi\,a^3\int_0^{\frac{\pi}{2}}\sin^6 u\,du,$$

wenn $u = \frac{t}{2}$ gesetzt wird, und daraus folgt, da $\int_0^{\frac{\pi}{2}}\sin^6 u\,du = \frac{5}{6}\cdot\frac{3}{4}\cdot\frac{\pi}{4}$

(44) $$V = 5\,a^3\,\pi^2.$$

Wir geben noch zwei einfache Beispiele für die Berechnung des Volumens von Körpern, die keine Rotationskörper sind.

1. Über dem in der xy-Ebene liegenden, durch die geraden Linien

$$x = 0,\quad x = m,\quad y = 0,\quad y = n$$

begrenzten Rechteck erhebt sich eine viereckige Säule, die oben durch ein Stück der Oberfläche des elliptischen Paraboloids

$$z = \frac{x^2}{a^2} + \frac{y^2}{b^2}$$

begrenzt ist. Dann ergibt sich für das Volumen dieses Körpers

$$V = \int_0^m\int_0^n\left(\frac{x^2}{a^2} + \frac{y^2}{b^2}\right)dy\,dx = \int_0^m\frac{x^2}{a^2}\,dx\cdot\int_0^n dy + \int_0^m dx\cdot\int_0^n\frac{y^2}{b^2}\,dy$$

$$= \frac{1}{3}\,\frac{m^3}{a^2}\cdot n + m\cdot\frac{1}{3}\,\frac{n^3}{b^2} = \frac{1}{3}\,m\,n\left(\frac{m^2}{a^2} + \frac{n^2}{b^2}\right) = \frac{1}{3}\,m\cdot n\cdot p,$$

wenn $p = \frac{m^2}{a^2} + \frac{n^2}{b^2}$ die Ordinate in dem Eckpunkte $x = m$, $y = n$ bezeichnet.

2. Das Volumen V des Körpers, das von dem elliptischen Paraboloid

$$z = \frac{x^2}{a^2} + \frac{y^2}{b^2}$$

zwischen den Ebenen $z = 0$, $z = c$ liegt, wird

$$V = 4\int_0^c\int_0^{a\sqrt{z}}\frac{b}{a}\sqrt{a^2 z - x^2}\,dx\,dz$$

$$= 4\,\frac{b}{a}\int_0^c\left[\frac{x}{2}\sqrt{a^2 z - x^2} + \frac{a^2 z}{2}\arcsin\frac{x}{a\sqrt{z}}\right]_{x=0}^{x=a\sqrt{z}}dz,$$

also

$$V = \pi\,a\,b\cdot\int_0^c z\,dz = \frac{\pi}{2}\,a\,b\,c^2.$$

Es ist auch bei einem mehrfachen Integral unter Umständen möglich, den Bereich, über den es erstreckt wird, weiter und weiter auszudehnen, ohne daß das Integral selbst aufhört, einen endlichen Wert zu haben. Bezeichnen wir dann die sich weiter und weiter ausdehnenden Bereiche mit B_1, B_2, B_3, ..., so wird demnach, wenn $d\omega$ allgemein das Element des Bereiches bei dem mehrfachen Integral bezeichnet,

(45) $$\lim_{n\to\infty} \int_{(B_n)} f(x, y)\, d\omega = \int_{(B)} f(x, y)\, d\omega$$

ein endlicher Wert, und es wird, wenn dieser Grenzwert von der besonderen Wahl der Bereichfolge B_1, B_2, B_3, ... unabhängig ist, der gefundene Wert als uneigentliches Integral von $f(x, y)$ für den nicht endlichen Bereich B erklärt.

Wir erläutern dies am besten durch das Integral

$$\int_{(B)} e^{-(x^2+y^2)}\, d\omega,$$

wo der Bereich B die ganze Ebene umfassen soll.

Wir können dann erstlich die Bereiche B_1, B_2, B_3, ... so wählen, daß sie Quadrate sind, von denen die Koordinatenachsen die Mittellinien sind und die Seitenlängen der Reihe nach $= 2a_1$, $2a_2$, $2a_3$, ... werden. Da sich das Integral schreiben läßt

$$\int_{-a_n}^{+a_n} e^{-x^2} \int_{-a_n}^{+a_n} e^{-y^2}\, dy\, dx,$$

wird es

$$= \int_{-a_n}^{+a_n} e^{-x^2}\, dx \cdot \int_{-a_n}^{+a_n} e^{-y^2}\, dy,$$

oder

$$= [\varphi(a_n)]^2,$$

wenn

$$\varphi(a_n) = \int_{-a_n}^{+a_n} e^{-x^2}\, dx = \int_{-a_n}^{+a_n} e^{-y^2}\, dy$$

gesetzt wird, und es wird das uneigentliche Integral

$$\int_{(B)} e^{-(x^2+y^2)}\, d\omega = [\lim_{n\to\infty} \varphi(a_n)]^2 = [\int_{+\infty}^{+\infty} e^{-x^2}\, dx]^2.$$

Anderseits können für die Bereiche B_1, B_2, B_3, ... Kreise mit den Radien r_1, r_2, r_3, ... um den Koordinatenanfangspunkt gewählt werden. Dann muß man mit Hilfe der Gleichungen

$$x = r\cos\vartheta, \quad y = r\sin\vartheta, \quad x^2 + y^2 = r^2$$

das Integral auf Polarkoordinaten transformieren. Man findet so

$$\int_{(B_n)} e^{-(x^2+y^2)}\, d\omega = \int_0^{2\pi}\int_0^{r_n} e^{-r^2}\, r\, dr\, d\vartheta = \pi(1 - e^{-r_n^2})$$

und damit

$$\int_{(B)} e^{-(x^2+y^2)\, d\omega} = \lim_{n\to\infty} \int_{(B_n)} e^{-(x^2+y^2)}\, d\omega = \pi.$$

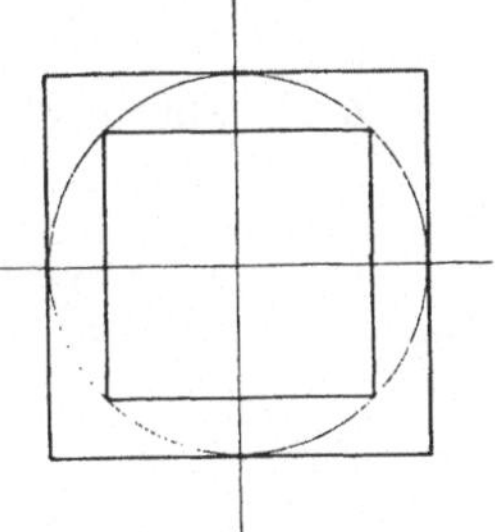
Fig. 163.

Daß der so ermittelte Grenzwert mit dem früher gefundenen übereinstimmt, kann man daraus erkennen, daß bei jedem der Kreise ein einbeschriebenes und ein umbeschriebenes Quadrat genommen werden kann, und also das über den Kreis erstreckte Integral zwischen den für die Quadrate gefundenen Integralen liegen muß. Der Unterschied dieser Integrale wird aber kleiner und kleiner, je größer der Radius des Kreises und damit die Quadratseiten werden. Man findet damit

$$\int_{-\infty}^{+\infty} e^{-x^2}\,dx = \sqrt{\pi}\,.$$

5. Der Taylorsche Lehrsatz.

Ist die Funktion $y = f(x)$ in dem Intervall von x bis $x + h$ mit ihren $n + 1$ ersten Derivierten eindeutig und stetig, so kann die Entwicklung angesetzt werden:

$$(1) \qquad f(x+h) = f(x) + f'(x)\frac{h}{1!} + f''(x)\frac{h^2}{2!} + \dots + f^{(n)}(x)\frac{h^n}{n!} + R_n.$$

R_n wird dabei als das **Restglied** bezeichnet. Es ist, wenn x fest angenommen wird, eine Funktion von h, die für $h = 0$ mit ihren n ersten Derivierten verschwindet. Daraus läßt sich vermuten, daß R_n für nicht zu große h verhältnismäßig klein sein wird, so daß bei Vernachlässigung von R_n noch eine brauchbare Annäherung für den Wert von $f(x+h)$ herauskommen wird. Dies ist die praktische Bedeutung des in der vorstehenden Formel ausgedrückten **Taylorschen Lehrsatzes**.

Für R_n kann eine der beiden Formen gewählt werden:

$$(2) \qquad R_n = f^{(n+1)}(x + \vartheta h)\frac{h^{n+1}}{(n+1)!} \qquad (0 < \vartheta < 1)$$

(**Lagrangesche Form**) oder

$$(3) \qquad R_n = f^{(n+1)}(x + \vartheta h)\frac{h^{n+1}(1-\vartheta)^n}{n!}$$

(**Cauchysche Form**).

Der **Mac Laurinsche Lehrsatz** entspringt aus dem Taylorschen, wenn 0, x für x, h genommen wird. Es ergibt sich dann

$$(4) \qquad f(x) = f(0) + f'(0)\frac{x}{1!} + f''(0)\frac{x^2}{2!} + \dots + f^n(0)\frac{x^n}{n!} + R_n,$$

wobei die **Lagrangesche Form** des Restes lautet:

$$(5) \qquad R_n = f^{(n+1)}(\vartheta x)\frac{x^{n+1}}{(n+1)!}.$$

Ist die Funktion $y = f(x)$ mit ihren **sämtlichen** Ableitungen an der betreffenden Stelle eindeutig und stetig, so braucht die Entwicklung nicht an einer bestimmten Stelle abgebrochen zu werden. Sie kann dann als unendliche Reihe geschrieben werden, wenn das Restglied die Bedingung

$$(6) \qquad \lim_{n\to\infty} R_n = 0$$

erfüllt.

Z. B. werden für $f(x) = e^x$ die Ableitungen

$$f'(x) = f''(x) = f'''(x) = f^{(n+1)}(x) = e^x,$$

also für $x = 0$ wird $f(x)$ mit allen Ableitungen $= 1$. Das Restglied der Mac Laurinschen Reihe wird

$$R_n = e^{\vartheta x}\frac{x^{n+1}}{(n+1)!}$$

und

$$\lim_{n\to\infty} R_n = 0$$

für alle Werte von x. Mithin ergibt sich

$$e^x = 1 + \frac{x}{1} + \frac{x^2}{2!} + \frac{x^3}{3!} + \frac{x^4}{4!} + \ldots \text{ in inf.} \tag{7}$$

für alle Werte von x.

Ebenso wird für $f(x) = (1+x)^m$

$$R_n = \binom{m}{n+1}(1+\vartheta x)^{m-n-1} x^{n+1}.$$

Ist m eine positive ganze Zahl, so ist $n < m$ anzunehmen. Von $n = m$ an verschwinden alle Derivierten und es ist deshalb kein Restglied mehr vorhanden. Für $n = m - 1$ wird $R_n = x^{n+1}$. Mit diesem Glied bricht die Reihe ab. Ist m keine positive ganze Zahl, so wird $\lim\limits_{n \to \infty} R_n = 0$, wenn $-1 < x < +1$, und damit ergibt sich die Binomialreihe

$$(1+x)^m = 1 + \binom{m}{1} x + \binom{m}{2} x^2 + \binom{m}{3} x^3 + \ldots, \tag{8}$$

die, wenn m eine positive ganze Zahl ist, mit x^m abbricht. Die vorstehende Formel wird auch als binomischer Lehrsatz bezeichnet.

Als Beispiel für die Benutzung einer solchen Reihenentwicklung kann das Abstecken eines Kreisbogens im Gelände von der Tangente aus dienen. Es ist dann ein möglichst bequemer Rechenausdruck für die senkrechte Abweichung y der Kreispunkte von der Tangente zu finden. Ist x die Entfernung der betreffenden Stelle vom Berührungspunkt, sind also x, y die auf die Tangente und den zu ihr senkrechten Kreisdurchmesser bezogenen Koordinaten der Kreispunkte, r der Kreisradius, so wird

$$y = r - \sqrt{r^2 - x^2} = r\left(1 - \sqrt{1 - \frac{x^2}{r^2}}\right)$$

und wenn man $\sqrt{1 - \frac{x^2}{r^2}}$ in eine Potenzreihe entwickelt

$$y = r\left(\frac{x^2}{2r^2} + \frac{x^4}{8r^4} \ldots\right),$$

also bei Beschränkung auf die ersten beiden Glieder

$$y = \frac{x^2}{2r} + \frac{x^4}{8r^3}.$$

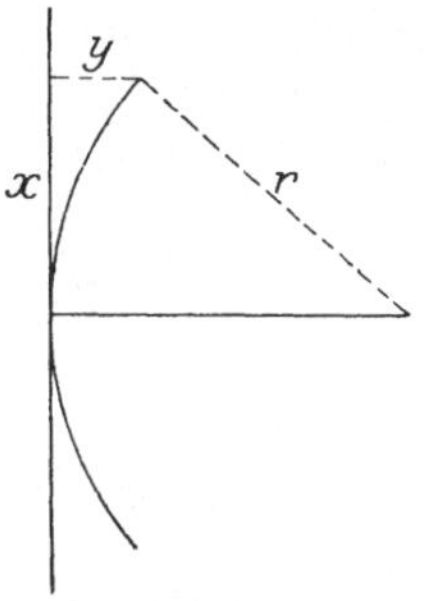

Fig. 164.

Der Taylorsche Lehrsatz läßt sich auch auf Funktionen von zwei Veränderlichen erweitern. Er nimmt dann die Form an

$$\begin{aligned} f(x+h, y+k) &= f(x,y) + \left[\frac{\partial f(x,y)}{\partial x} \cdot h + \frac{\partial f(x,y)}{\partial y} \cdot k\right] + \ldots \\ &+ \frac{1}{n!}\left[\frac{\partial^n f(x,y)}{\partial x^n} h^n + \binom{n}{1} \frac{\partial^n f(x,y)}{\partial x^{n-1} \partial y} h^{n-1} k + \ldots + \frac{\partial^n f(x,y)}{\partial y^n} k^n\right] + R_n. \end{aligned} \tag{9}$$

Hierbei kann dem Rest R_n die Form gegeben werden

$$\begin{aligned} R_n = \frac{1}{(n+1)!}\Bigg[&\frac{\partial^{n+1} f(x+\vartheta h, y+\vartheta k)}{\partial x^{n+1}} h^{n+1} + \binom{n}{1} \frac{\partial^{n+1} f(x+\vartheta h, y+\vartheta k)}{\partial x^n \partial y} h^n k \\ &+ \ldots + \frac{\partial^{n+1} f(x+\vartheta h, y+\vartheta k)}{\partial y^{n+1}} k^{n+1}\Bigg] \qquad (0 < \vartheta < 1). \end{aligned}$$

Aus (9) ist zu schließen, daß in der unmittelbaren Umgebung einer Stelle x, y der Wert der Differenz

$$f(x+u,\ y+v) - f(x,\ y)$$

dasselbe Vorzeichen hat wie der Ausdruck

$$\frac{\partial f(x,\ y)}{\partial x} u + \frac{\partial f(x,\ y)}{\partial y} v,$$

solange dieser von Null verschieden ist. Ist er aber $=0$, so hat die Differenz dasselbe Vorzeichen wie

$$\frac{\partial^2 f(x,y)}{\partial x^2} u^2 + 2 \frac{\partial^2 f(x,y)}{\partial x \partial y} u v + \frac{\partial^2 f(x,y)}{\partial y^2} v^2, \tag{10}$$

solange diese quadratische Form von Null verschieden ist.

Dies ist in der Umgebung rings um (x,y) überall der Fall, wenn

$$\left(\frac{\partial^2 f}{\partial x \partial y}\right)^2 - \frac{\partial^2 f}{\partial x^2} \cdot \frac{\partial^2 f}{\partial y^2} < 0. \tag{11}$$

Dann hat die quadratische Form an allen Stellen das gleiche Vorzeichen, $f(x, y)$ in (x, y) also ein Maximum oder Minimum, und zwar ein Maximum, wenn $\frac{\partial^2 f}{\partial x^2}$ und damit auch $\frac{\partial^2 f}{\partial y^2} < 0$, ein Minimum im entgegengesetzten Falle.

Wird z. B. eine Funktion $f(x, y, z, t)$ von vier Veränderlichen ein Extremum (Maximum oder Minimum), wobei unter den vier Veränderlichen zwei Beziehungen

$$\varphi(x, y, z, t) = 0, \quad \psi(x, y, z, t) = 0 \tag{12}$$

bestehen mögen, so daß nur zwei von ihnen, etwa x, y als unabhängig angesehen werden können, dann bildet man die Funktion

$$F(x, y, z, t) = f(x, y, z, t) + \lambda \varphi(x, y, z, t) + \mu \psi(x, y, z, t) \tag{13}$$

und als Bedingungen des Extremums findet man

$$\frac{\partial F}{\partial x} = 0, \quad \frac{\partial F}{\partial y} = 0, \quad \frac{\partial F}{\partial z} = 0, \quad \frac{\partial F}{\partial t} = 0. \tag{14}$$

Aus diesen Gleichungen und den Gleichungen $\varphi = 0$, $\psi = 0$ sind die unbestimmten Parameter λ, μ zu eliminieren, und man erhält so für x, y, z, t vier unabhängige Gleichungen.

Achtes Kapitel.

Geometrische Anwendungen der Differential- und Integralrechnung.

1. Differentialgeometrie der ebenen Kurven.

Von einer stetigen Kurve, die durch eine im Intervall von a bis b eindeutige Funktion $y = f(x)$ gegeben ist, wird das Differential der Bogenlänge

(1) $$ds = \sqrt{1 + \left(\frac{dy}{dx}\right)^2} \cdot dx$$

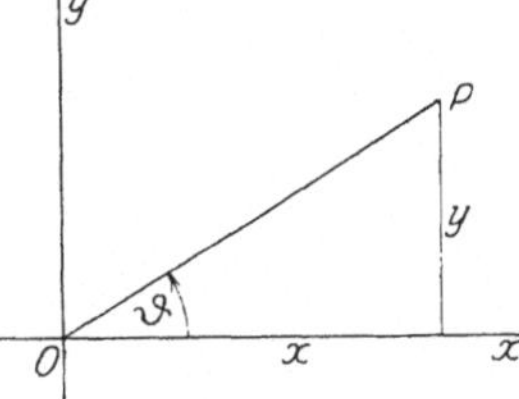

Fig. 165.

und die gesamte Bogenlänge für das Intervall von a bis b

(2) $$s = \int_a^b \sqrt{1 + \left(\frac{dy}{dx}\right)^2} \cdot dx.$$

Führt man Polarkoordinaten r, ϑ durch die Beziehungen (Fig. 165) $x = r\cos\vartheta$, $y = r\sin\vartheta$ ein, so wird die Bogenlänge eines zwischen den Punkten mit den Amplituden α und β liegenden Kurvenstücks

(3) $$s = \int_\alpha^\beta \sqrt{r^2 + \left(\frac{dr}{d\vartheta}\right)^2} \cdot d\vartheta.$$

Die Tangente der Kurve $y = f(x)$ im Punkte (x, y) hat in laufenden Koordinaten ξ, η die Gleichung

(4) $$\eta - y = \frac{dy}{dx}(\xi - x).$$

Die Gleichung der Normalen, d. h. der auf der Tangente im Berührungspunkt senkrechten geraden Linie, wird

(5) $$(\xi - x) + \frac{dy}{dx}(\eta - y) = 0.$$

Die Grenzlage des Schnittpunktes der Normalen in zwei sich unbegrenzt nähernden Punkten der Kurve heißt der Krümmungsmittelpunkt, das auf der Normalen vom Fußpunkt P bis zum Krümmungsmittelpunkt K reichende Stück der Krümmungsradius ϱ für die betreffende Kurvenstelle P. K ist der Mittelpunkt, ϱ der Radius des Krümmungskreises. Der umgekehrte Wert $1:\varrho$ des Krümmungsradius heißt die Krümmung der Kurve an der betreffenden Stelle.

Sind ξ, η die Koordinaten des Krümmungsmittelpunktes, so ergibt sich für $f'(x) = \frac{dy}{dx}$, $f''(x) = \frac{d^2 y}{dx^2} \neq 0$

$$(6) \quad \begin{cases} \xi = x - \frac{f'(x)\{1 + f'(x)^2\}}{f''(x)}, \quad \eta = y + \frac{1 + f'(x)^2}{f''(x)}, \\ \varrho = \left| \frac{\{1 + f'(x)^2\}^{\frac{3}{2}}}{f''(x)} \right|. \end{cases}$$

Wird $f''(x) = 0$, so wird $\varrho = \infty$, d. h. die Grenzlage des Schnittpunktes zweier benachbarter Normalen reicht in unendliche Entfernung.

Wechselt an einer Stelle $f''(x)$ das Vorzeichen, indem es durch Null hindurchgeht, so hat die Kurve an dieser Stelle einen Wendepunkt. Die Tangente ändert nämlich beim Durchlaufen der Kurve an dieser Stelle ihren Drehsinn, sie wird dort eine Wendetangente.

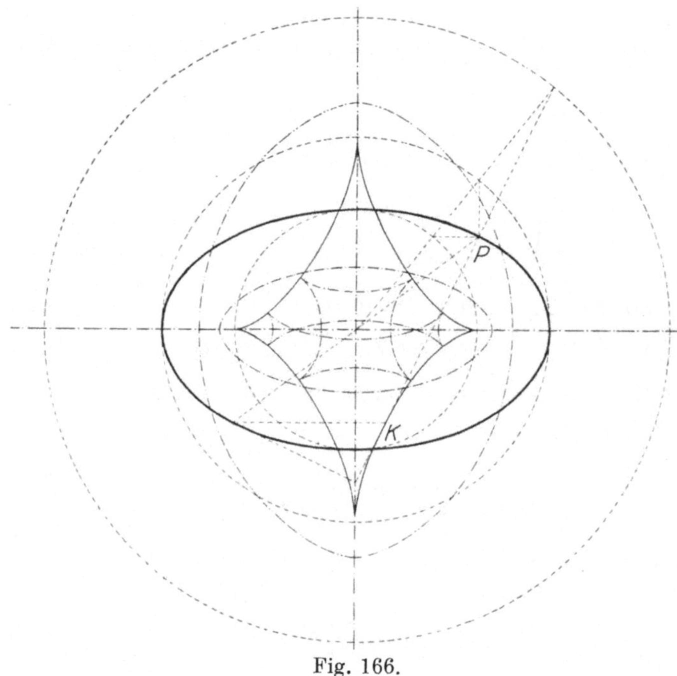

Fig. 166.

Der geometrische Ort des Krümmungsmittelpunktes einer Kurve K heißt deren Evolute E, die Kurve K selbst von ihrer Evolute E eine Evolvente. Eine Kurve E hat unendlich viel Evolventen, die als Parallelkurven bezeichnet werden.

Die Evolute wird von den Normalen der Kurve K berührt und der Berührungspunkt ist der auf der betreffenden Normale liegende Krümmungsmittelpunkt.

Wählen wir als Beispiel die Ellipse (Fig. 166)

$$(7) \qquad \frac{x^2}{a^2} + \frac{y^2}{b^2} = 1,$$

so wird für $e^2 = a^2 - b^2$

$$(8) \qquad \xi = \frac{e^2 x^3}{a^4}, \quad \eta = -\frac{e^2 y^3}{b^4}, \quad \varrho = \frac{(a^4 y^2 + b^4 x^2)^{\frac{3}{2}}}{a^4 b^4}.$$

Für die Evolute ergibt sich also die Gleichung

$$(a\xi)^{\frac{2}{3}} + (b\eta)^{\frac{2}{3}} = e^{\frac{4}{3}}. \tag{9}$$

Die Kurve ist wieder symmetrisch für die Achsen und hat auf diesen vier Spitzen, die Mittelpunkte der Scheitelkrümmungskreise. Die zugehörigen Krümmungsradien sind

$$\begin{cases} \varrho_1 = \dfrac{b^2}{a} & \text{auf der großen Achse } (y = 0), \\ \varrho_2 = \dfrac{a^2}{b} & \text{auf der kleinen Achse } (x = 0). \end{cases} \tag{10}$$

Die gefundene Kurve ist die Evolute auch für alle Parallelkurven der Ellipse.

Ist die Kurve K derart gegeben, daß x, y als Funktionen eines Parameters t dargestellt sind, so lassen sich die Rechnungen unmittelbar an diese Darstellung anschließen. Wir wählen als Beispiel die Zykloide, d. h. die Kurve, die von einem Punkte eines auf einer Geraden (der x-Achse) rollenden Kreises vom Radius a beschrieben wird. Die Darstellung dieser Kurve lautet

$$x = a(t - \sin t), \qquad y = a(1 - \cos t), \tag{11}$$

also wird

$$\frac{dx}{dt} = a(1 - \cos t), \qquad \frac{dy}{dt} = a \sin t, \qquad f'(x) = \frac{dy}{dx} = \operatorname{ctg}\frac{t}{2}, \tag{12}$$

Die Gleichung der Tangente lautet deshalb

$$\eta - y = \operatorname{ctg}\frac{t}{2} \cdot (\xi - x). \tag{13}$$

Die Abszisse für den augenblicklichen Berührungspunkt des rollenden Kreises wird $= at$. Für diese Abszisse wird die zugehörige Ordinate der Tangente

$$\eta_0 = a - \cos t + a \operatorname{ctg}\frac{t}{2} \sin t = 2a.$$

Die Tangente geht also durch den höchsten Punkt des Kreises hindurch. Entsprechend geht die Normale durch den tiefsten Punkt, d. h. den Berührungspunkt des Kreises mit der Bahnlinie.

Ferner wird hier

$$f''(x) = \frac{d^2y}{dx^2} = -\frac{1}{4a\sin^4\frac{t}{2}}$$

und damit für den Krümmungsmittelpunkt

$$\xi = a(t + \sin t), \qquad \eta = -a(1 - \cos t), \qquad \varrho = 4a \sin\frac{t}{2}. \tag{14}$$

Führt man ein

$$X = \xi + a\pi, \qquad Y = \eta + 2a, \qquad T = t + \pi, \tag{15}$$

so wird

$$X = a(T - \sin T), \qquad Y = a(1 - \cos T). \tag{16}$$

Daraus sieht man, daß die Evolute eine kongruente Zykloide ist, die gegen die ursprüngliche um eine halbe Periode $a\pi$ nach der Seite und um den Durchmesser $2a$ nach unten verschoben ist.

Demnach zeigt sich unter Berücksichtigung der Formel für ϱ, daß der Krümmungsradius gefunden wird, indem man das Stück der Normalen bis zur x-Achse um sich selbst verlängert.

Insbesondere wird der Krümmungsradius für den Scheitel ($x = a\pi$, $y = 2a$) gleich $4a$. Der Krümmungsmittelpunkt liegt um diese Strecke unter dem Scheitel.

Die Kurve mit der Gleichung

(17) $$x^{\frac{2}{3}} + y^{\frac{2}{3}} = a^{\frac{2}{3}}$$

ist die schon besprochene Astroide. Sie wird von einem Punkte eines Kreises vom Radius $\frac{1}{4}a$ beschrieben, der in einem Kreise vom Radius a rollt. Für den negativ genommenen Neigungswinkel α der Tangente folgt

$$\operatorname{tg}\alpha = \left(\frac{y}{x}\right)^{\frac{1}{3}}, \qquad \sqrt{1+\operatorname{tg}^2\alpha} = \left(\frac{a}{x}\right)^{\frac{1}{3}}, \qquad \cos\alpha = \left(\frac{x}{a}\right)^{\frac{1}{3}}$$

und daraus

(18) $$x + \frac{y}{\operatorname{tg}\alpha} = a\cos\alpha.$$

Dies bedeutet, daß die Länge der Tangente zwischen den Koordinatenachsen konstant, nämlich $= a$ wird. —

Ist $F(x, y) = 0$ die Gleichung einer Kurve und wird in einem Punkte (x, y) gleichzeitig

(19) $$\frac{\partial F}{\partial x} = 0, \qquad \frac{\partial F}{\partial y} = 0,$$

so heißt dieser Punkt ein singulärer Punkt der Kurve. Für jede Gerade

(20) $$\eta - y = \mu(\xi - x),$$

die durch diesen Punkt hindurchgeht, fallen dann mindestens zwei Schnittpunkte in den singulären Punkt. Für die der Gleichung

(21) $$\frac{\partial^2 F}{\partial x^2} + 2\mu\frac{\partial^2 F}{\partial x\,\partial y} + \mu^2\frac{\partial^2 F}{\partial y^2} = 0$$

genügenden Werte von μ fallen mindestens drei Schnittpunkte in den singulären Punkt. Ist die Gleichung nicht identisch erfüllt, so hat sie zwei (möglicherweise zusammenfallende oder konjugiert komplexe) Wurzeln. Wir haben dann einen zweifachen Punkt.

Ist

(22) $$D = \left(\frac{\partial^2 F}{\partial x\,\partial y}\right)^2 - \frac{\partial^2 F}{\partial x^2}\cdot\frac{\partial^2 F}{\partial y^2} > 0,$$

so sind zwei gerade Linien

(23) $$\frac{\partial^2 F}{\partial y^2}(\eta - y) + \left(\frac{\partial^2 F}{\partial x\,\partial y} \pm \sqrt{D}\right)\cdot(\xi - x) = 0$$

vorhanden, welche die Tangenten in dem singulären Punkt bilden. Dieser heißt dann ein Doppelpunkt oder ein Knotenpunkt.

Z. B. wird für die Lemniskate $F(x, y) = 0$, wobei

(24) $$F(x, y) = (x^2 + y^2)^2 - 2a^2(x^2 - y^2),$$

für $x = 0$, $y = 0$

$$\frac{\partial F}{\partial x} = 0, \qquad \frac{\partial F}{\partial y} = 0, \qquad \frac{\partial^2 F}{\partial x^2} = -4a^2, \qquad \frac{\partial^2 F}{\partial y^2} = 4a^2, \qquad \frac{\partial^2 F}{\partial x\,\partial y} = 0,$$

mithin

(25) $$D = 16a^4,$$

also hat die Kurve im Anfangspunkt O einen Knotenpunkt und die Knotenpunktstangenten haben die Gleichungen

(26) $$\xi \pm \eta = 0,$$

d. h. sie sind gegen die Koordinatenachsen (die Symmetrieachsen der Kurve) um 45^0 geneigt und bilden miteinander einen rechten Winkel.

Wird $D < 0$, so werden die Doppelpunktstangenten imaginär. Die Kurve hat dann an der betreffenden Stelle einen isolierten Punkt.

Für $D = 0$ hat die Kurve an der betreffenden Stelle, wenn dort nicht alle zweiten Derivierten verschwinden, einen Rückkehrpunkt oder eine Spitze. Die Tangenten in diesem Punkt fallen zusammen. Die Kurve kehrt in derselben Richtung zurück, in der sie die Spitze erreicht hat.

In Polarkoordinaten r, ϑ drückt sich der Tangens des Winkels zwischen Fahrstrahl und Tangente durch die Formel aus

$$\operatorname{tg} \eta = \frac{r\, d\vartheta}{dr}. \tag{27}$$

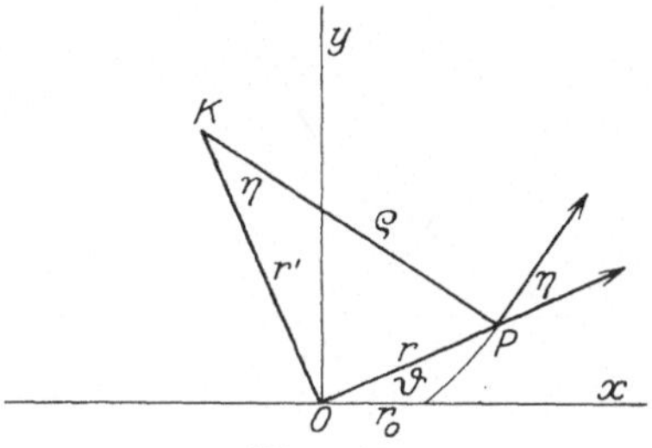

Nimmt man $\eta =$ konst. an, so ergibt sich eine Kurve, welche logarithmische Spirale heißt, und wenn $\operatorname{tg} \eta = \frac{1}{a}$ gesetzt wird, durch die Gleichung

$$\ln r = \ln r_0 + a\vartheta$$

oder

$$r = r_0 e^{a\vartheta} \tag{28}$$

gegeben ist. Daraus folgt, daß die für gleiche Zunahme der Amplitude sich ergebenden Werte der Fahrstrahlen eine geometrische Progression bilden.

Fig. 167.

Die Normale im Punkte (r, ϑ) bildet mit dem unter der Amplitude $\vartheta + \frac{\pi}{2}$ gezogenen Strahl r' denselben Winkel wie die Tangente mit dem unter der Amplitude ϑ gezogenen Strahl r. Die Länge des bis zur Normale reichenden Fahrstrahls $OK = r'$ wird $= \frac{r}{\operatorname{tg} \eta} = \frac{dr}{d\vartheta} = r_0 a \cdot e^{a\vartheta} = r_0 e^{a(\vartheta + \vartheta_0)}$ für $\vartheta_0 = \frac{\ln a}{a}$. Die Normalen umhüllen also wieder eine logarithmische Spirale, die der ursprünglichen kongruent und nur gegen sie um den Winkel $\frac{\pi}{2} - \vartheta_0$ gedreht ist.

Bei einer allgemeinen Kurve wird die Länge der Tangente PQ vom Berührungspunkt $P(x, y)$ bis zur x-Achse, wenn α die Neigung der Tangente gegen die x-Achse ist,

$$\tau = -\frac{y}{\sin \alpha}. \tag{29}$$

Ist diese Länge nun insbesondere konstant $= 1$, so folgt für die zugehörige Kurve die Bedingung:

$$\operatorname{tg} \alpha = \frac{dy}{dx} = -\frac{y}{\sqrt{1 - y^2}} \tag{30}$$

und daraus, wenn man die Ordinate y im Anfangspunkt $= 1$, also die Tangente zur x-Achse senkrecht annimmt:

$$x = -\int_1^y \sqrt{1 - y^2}\, \frac{dy}{y} = \int_1^y \frac{y\, dy}{\sqrt{1 - y^2}} - \int_1^y \frac{dy}{y} - \int_1^y \frac{y\, dy}{\sqrt{1 - y^2}\,(1 + \sqrt{1 - y^2})} \tag{31}$$

$$= -\sqrt{1 - y^2} - \ln y + \ln(1 + \sqrt{1 - y^2}).$$

Diese Kurve heißt Traktrix oder Zuglinie. Sie ist symmetrisch bez. der y-Achse und hat in dem Punkte A, für den $x = 0$, $y = 1$, eine Spitze.

Da weiter

$$1+\left(\frac{dy}{dx}\right)^2=\frac{1}{1-y^2},\quad \frac{d^2y}{dx^2}=-\frac{1}{\sqrt{1-y^2}^3}\cdot\frac{dy}{dx}=\frac{y}{(1-y^2)^2}$$

wird, folgt für die Koordinaten des Krümmungsmittelpunktes K, der zu dem Punkte $P(x, y)$ der Traktrix gehört,

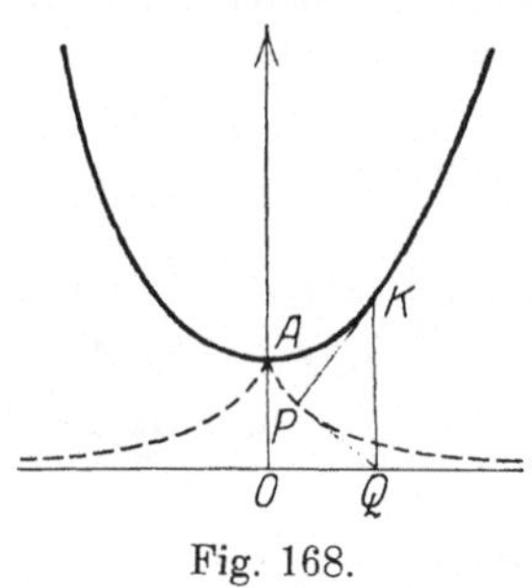

Fig. 168.

$$\xi=x+\sqrt{1-y^2},\qquad \eta=y+\frac{1-y^2}{y}$$

oder, wenn der Wert von x eingesetzt wird,

$$\xi=\ln(1+\sqrt{1-y^2})-\ln y,\qquad \eta=\frac{1}{y},$$

woraus

$$e^{\xi}=\eta+\sqrt{\eta^2-1},\qquad e^{-\xi}=\eta-\sqrt{\eta^2-1},$$

also

$$(32)\qquad \eta=\frac{e^{\xi}+e^{-\xi}}{2}=\mathfrak{Cof}\,\xi.$$

Die so dargestellte Kurve ist eine Kettenlinie, d. h. die Kurve, die eine frei herabhängende Kette oder Schnur bildet. Die Kettenlinie ist also die Evolute der Traktrix und die Traktrix die zur Achse $(x=0)$ der Kettenlinie symmetrische Evolvente dieser Kurve.

Um noch die Gleichung der Kettenlinie aus ihrer mechanischen Grundeigenschaft herzuleiten, bezeichnen wir, indem wir die Ordinaten eines Kurvenpunktes K jetzt wieder x, y nennen, die Neigung der Tangente in K mit α, die dort herrschende Spannung mit S, dann werden die Komponenten der Spannung nach den (horizontalen und vertikalen) Koordinatenrichtungen

$$(33)\qquad X=S\cos\alpha,\quad Y=S\sin\alpha.$$

In einem unendlich nahe benachbarten Punkte K' sind die Spannungskomponenten $X+dX$, $Y+dY$. Nun sollen diese beiden Spannungen dem Gewicht des Seilstückes von K bis K', das gleich $q\,ds$ wird, wenn ds das Bogenelement KK' und q das Gewicht der Längeneinheit des Fadens bezeichnet, das Gleichgewicht halten. Die Komponenten dieses Gewichtes sind aber $0, -q\,ds$ und deshalb muß

$$(X+dX)-X=0,\quad (Y+dY)-Y=q\,ds$$

sein, also folgt

$$dX=0,\quad dY=q\,ds.$$

Da sonach $X=c$ ist, wenn c eine Konstante bezeichnet, ergibt sich $S\cos\alpha=c$ und $Y=c\cdot\operatorname{tg}\alpha=c\dfrac{dy}{dx}=cy'$. Da ferner $ds=\sqrt{1+y'^2}\cdot dx$ wird, erhalten wir aus $dY=q\,ds$

$$c\frac{dy'}{dx}=q\sqrt{1+y'^2}$$

und daraus

$$\frac{q}{c}x=\int_0^{y'}\frac{dy'}{\sqrt{1+y'^2}},$$

also nach der Integralformel (12) auf S. 152

$$\frac{q}{c}x=\ln(y'+\sqrt{1+y'^2}).$$

Setzen wir noch $\frac{c}{q} = m$, so erhalten wir aus der letzten Gleichung

$$e^{\frac{x}{m}} = \sqrt{1 + y'^2} + y',$$

$$e^{-\frac{x}{m}} = \sqrt{1 + y'^2} - y',$$

also

$$\frac{dy}{dx} = y' = \frac{1}{2}\left(e^{\frac{x}{m}} - e^{-\frac{x}{m}}\right) = \mathfrak{Sin}\left(\frac{x}{m}\right)$$

und, wenn für $x = 0$ $y = m$ genommen wird, durch erneute Integration die Kurvengleichung

$$y = \frac{m}{2}\left(e^{\frac{x}{m}} + e^{-\frac{x}{m}}\right) = m\,\mathfrak{Cof}\left(\frac{x}{m}\right),$$

die für $\xi = \frac{x}{m}$, $\eta = \frac{y}{m}$ in die Form (32) übergeht.

Ist $\cos\alpha = 1$, also $\alpha = 0$, so wird $X = S$. Dies ist demnach im tiefsten Punkt A, wo die Kurve horizontal verläuft, die Spannung. Nennen wir diese H, so wird $c = H$ und die Spannung in einem beliebigen Punkt

(34) $$S = \frac{H}{\cos\alpha}.$$

Nun wird

$$\frac{1}{\cos\alpha} = \sqrt{1 + \operatorname{tg}^2\alpha} = \sqrt{1 + y'^2} = \frac{1}{2}\left(e^{\frac{x}{m}} + e^{-\frac{x}{m}}\right) = \frac{y}{m}$$

und $mq = H$, also ergibt sich einfach

(35) $$S = qy.$$

Für die Länge s der Kettenlinie vom tiefsten Punkte, für den $x = 0$, $y = m$ wird, finden wir

$$s = \int_0^x \sqrt{1 + y'^2}\,dx = \int_0^x \frac{y}{m}\,dx = \int_0^x \mathfrak{Cof}\left(\frac{x}{m}\right)dx$$

oder

(36) $$s = m\,\mathfrak{Sin}\,\frac{x}{m}.$$

Wir wollen nun $\mathfrak{Sin}\,\frac{x}{m}$ in eine Potenzreihe entwickeln. Es ist, wenn wir $\frac{x}{m} = z$ setzen:

$$e^z = 1 + \frac{z}{1!} + \frac{z^2}{2!} + \frac{z^3}{3!} + \frac{z^4}{4!} + \frac{z^5}{5!} + \cdots,$$

$$e^{-z} = 1 - \frac{z}{1!} + \frac{z^2}{2!} - \frac{z^3}{3!} + \frac{z^4}{4!} - \frac{z^5}{5!} + \cdots,$$

also wird

$$\frac{s}{m} = \mathfrak{Sin}\,z = \frac{e^z - e^{-z}}{2} = z + \frac{z^3}{3!} + \frac{z^5}{5!} + \cdots = \frac{x}{m} + \frac{1}{3!}\frac{x^3}{m^3} + \frac{1}{5!}\frac{x^5}{m^5} + \cdots$$

Wir setzen noch

$$3!\,\frac{s - x}{x} = u, \quad \frac{x^2}{m^2} = v,$$

so ergibt sich

(37) $$u = v + \frac{v^2}{4\cdot 5} + \frac{v^3}{4\cdot 5\cdot 6\cdot 7} + \cdots$$

Es soll nun umgekehrt v durch u ausgedrückt werden. Nach dem Mac Laurinschen Satze ergibt sich

$$v = f(u) = f(0) + u\, f'(0) + \frac{u^2}{2!} f''(0) + \frac{u^3}{3!} f'''(0) + \dots$$

und es wird

$$f'(u) = \frac{dv}{du} = \frac{1}{\frac{du}{dv}} = \frac{1}{u'}, \quad f''(u) = \frac{d\frac{1}{u'}}{du} = -\frac{u''}{u'^3}, \quad f'''(u) = \frac{3u''^2 - u'u'''}{u'^5},$$

sonach für $u = 0$, d. h. $v = 0$, da dann $u' = 1$, $u'' = \frac{2}{4 \cdot 5}$, $u''' = \frac{3 \cdot 2}{4 \cdot 5 \cdot 6 \cdot 7}$

wird, $\quad f'(0) = 1, \quad f''(0) = -\frac{2}{4 \cdot 5} = -\frac{1}{10}, \quad f'''(0) = \frac{4}{175}.$

Daraus folgt

$$v = u - \frac{1}{20} u^2 + \frac{2}{525} u^3 + \dots \tag{38}$$

Diese Formel soll jetzt benutzt werden, um den Durchhang eines Telegraphendrahtes zu berechnen. Die Aufhängepunkte B, C liegen in derselben Horizontalen und sollen den Abstand a haben. Es ist dann $x = \frac{1}{2} a$ zu setzen und die Länge des Drahtes $l = 2s$. Daher wird $u = 6\frac{l-a}{a}$, und für den Durchhang, d. h. die Senkung des Drahtes in der Mitte A, ergibt sich der Wert

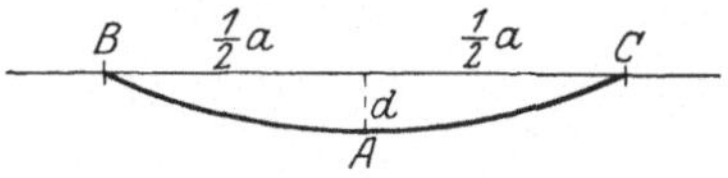

Fig. 169.

$$d = m \operatorname{Cof} \frac{a}{2m} - m = m(\operatorname{Cof} \sqrt{v} - 1), \tag{39}$$

oder bei Einführung der Reihenentwicklung für $\operatorname{Cof} \sqrt{v}$

$$d = m\left\{\frac{v}{2!} + \frac{v^2}{4!} + \frac{v^3}{6!} + \dots\right\}.$$

Setzt man für v die gefundene Reihe (38) ein, vernachlässigt aber die Glieder von höherem als dem dritten Grade in u, und führt noch $m = \frac{a}{2\sqrt{v}}$ ein, so wird

$$d = \frac{a}{4}\sqrt{u}\left\{1 + \frac{7}{120} u - \frac{379}{201\,600} u^2\right\}. \tag{40}$$

In erster Annäherung ist

$$d = \frac{1}{4}\sqrt{6a(l-a)}. \tag{40a}$$

Z. B. wird für $a = 50\,m$, $l = 50.036\,m$ der Durchhang $d = 0{,}822\,m$.

2. Quadraturen und Rektifikationen ebener Kurven.

1. Parabel. Die Gleichung der Parabel lautet

$$y^2 = 2px.$$

Der Flächeninhalt des durch eine zur Achse senkrechte Sehne abgeschnittenen Segmentes wird gegeben durch

$$F = 2\int_0^x y\, dx$$

oder

$$F = 2\sqrt{2p}\int_0^x \sqrt{x}\, dx.$$

Ausgerechnet ergibt sich

$$F = 2\sqrt{2p} \cdot \tfrac{2}{3}\sqrt{x^3}$$

oder

$$F = \tfrac{4}{3}xy.$$

Dieses Ergebnis ist leicht geometrisch zu deuten.

Die Länge des Bogens vom Scheitel bis zu einem Parabelpunkte wird

$$s = \int\sqrt{dx^2 + dy^2}$$

oder, da $y\,dx = p\,dx$ ist,

$$s = \int_0^y \sqrt{1 + \frac{y^2}{p^2}}\,dy.$$

Für $\frac{y}{p} = u$ erhalten wir

$$s = p\int_0^u \sqrt{1 + u^2}\,du.$$

Um dieses Integral auszuwerten, gehen wir aus von der Funktion

$$u = \mathfrak{Sin}\,v$$

und ihrer Umkehrung

$$v = \mathfrak{Ar}\,\mathfrak{Sin}\,u$$

(gelesen Area Sinus u). Die Bezeichnung erklärt sich daraus, daß v als der doppelte Inhalt des Vektors einer gleichseitigen Hyperbel gedeutet werden kann. Es wird nur

$$\frac{du}{dv} = \mathfrak{Cof}\,v, \quad \frac{dv}{du} = \frac{1}{\mathfrak{Cof}\,v} = \frac{1}{\sqrt{1 + \mathfrak{Sin}^2 v}} = \frac{1}{\sqrt{1 + u^2}}.$$

Daraus folgt

$$\frac{d\left[u\sqrt{1+u^2} + \mathfrak{Ar}\,\mathfrak{Sin}\,u\right]}{du} = \sqrt{1 + u^2} + \frac{u^2}{\sqrt{1 + u^2}} + \frac{1}{\sqrt{1 + u^2}} = 2\sqrt{1 + u^2}.$$

Deshalb wird

$$s = p\int_0^u \sqrt{1 + u^2}\,du = \tfrac{1}{2}p\left[u\sqrt{1 + u^2} + \mathfrak{Ar}\,\mathfrak{Sin}\,u\right].$$

2. Ellipse. Die Ellipse kann durch die Parameterdarstellung

(1) $$x = a\sin\varphi, \quad y = b\cos\varphi$$

gegeben werden. Führen wir die Exzentrizität $k = \frac{\sqrt{a^2 - b^2}}{a}$ ein, so wird $b = a\sqrt{1 - k^2}$.

Der Flächeninhalt des Ellipsenquadranten wird

$$\int y\,dx = ab\int\cos\varphi\,d\sin\varphi,$$

das Integral von $\varphi = 0$ bis $\varphi = \frac{\pi}{2}$ genommen. Das Integral $\int\cos\varphi\,d\sin\varphi$ bedeutet dann aber den Inhalt des Kreisquadranten eines Kreises vom Radius 1, wird also $= \frac{\pi}{4}$, und der Flächeninhalt der Ellipse sonach

(2) $$F = \pi ab.$$

Für das Bogendifferential der Ellipse finden wir

$$ds = \sqrt{dx^2 + dy^2} = a\sqrt{1 - k^2\sin^2\varphi}$$

und damit für die Bogenlänge des Ellipsenquadranten:

(3) $$s = a\int_0^{\frac{\pi}{2}}\sqrt{1 - k^2\sin^2\varphi}\,d\varphi.$$

Dieses Integral ist ein sogenanntes **elliptisches Integral dritter Gattung**. Wenn man den Integrand in eine Reihe entwickelt, findet man

$$\sqrt{1-k^2\sin^2\varphi} = 1 - \frac{1}{2}k^2\sin^2\varphi - \frac{1}{2\cdot 4}k^4\sin^4\varphi - \frac{1\cdot 3}{2\cdot 4\cdot 6}k^6\sin^6\varphi\ldots,$$

Man kann also für den Ausdruck s die Reihenentwicklung einführen:

$$s = \frac{1}{2}\pi a\left[1-\left(\frac{1}{2}k\right)^2 - 3\left(\frac{1}{2\cdot 4}k^2\right)^2 - 5\left(\frac{1\cdot 3}{2\cdot 4\cdot 6}k^3\right)^2\ldots\right]. \tag{4}$$

In erster Annäherung wird

$$s = \tfrac{1}{4}\pi(a+b),$$

also der ganze Ellipsenumfang

$$U = \pi(a+b). \tag{5}$$

Diese Formel gilt, wenn die Ellipse nur sehr wenig von einem Kreise abweicht.

3. Lemniskate. Die Lemniskate hat die Gleichung

$$(x^2+y^2)^2 = 2a^2(x^2-y^2) \tag{6}$$

oder in Polarkoordinaten r, ϑ, da $x = r\cos\vartheta$, $y = r\sin\vartheta$, $x^2-y^2 = r^2\cos 2\vartheta$, $x^2+y^2 = r^2$ wird,

$$r = \sqrt{2}\,a\sqrt{\cos 2\vartheta}. \tag{7}$$

Der Flächeninhalt einer der beiden Schleifen, aus denen die Kurve besteht, wird

$$= 2\int_0^{+\frac{\pi}{4}}\tfrac{1}{2}r^2\,d\vartheta = 2a^2\int_0^{+\frac{\pi}{4}}\cos 2\vartheta\,d\vartheta = a^2\int_0^{\frac{\pi}{2}}\cos\omega\,d\omega = a^2.$$

Für die Bogenlänge finden wir, da für das Bogendifferential ds sich ergibt

$$ds^2 = dr^2 + r^2\,d\vartheta^2 = 2a^2\left(\frac{\sin^2 2\vartheta}{\cos 2\vartheta} + \cos 2\vartheta\right)d\vartheta^2,$$

also

$$ds = \frac{\sqrt{2}\,a}{\sqrt{\cos 2\vartheta}} = d\vartheta,$$

den Ausdruck

$$s = \int\frac{\sqrt{2}\,a}{\sqrt{\cos 2\vartheta}}\,d\vartheta.$$

Führen wir noch einen Winkel φ ein durch die Gleichung

$$\sin\vartheta = \frac{1}{\sqrt{2}}\sin\varphi,$$

woraus

$$\sqrt{\cos 2\vartheta} = \sqrt{1-2\sin^2\vartheta} = \cos\varphi,$$

$$d\vartheta = \frac{1}{\sqrt{2}}\,\frac{\cos\varphi}{\sqrt{1-\frac{1}{2}\sin^2\varphi}},$$

so ergibt sich

$$s = a\int\frac{d\varphi}{\sqrt{1-\frac{1}{2}\sin^2\varphi}}. \tag{8}$$

Das Integral ist zweimal von 0 bis $\frac{\pi}{2}$ zu nehmen $\Big($da φ von 0 bis $\frac{\pi}{2}$ wächst, wenn ϑ von 0 bis $\frac{\pi}{4}$ geht$\Big)$, um den Umfang einer Schleife zu erhalten.

Das Integral

$$(9)\qquad F(k,\varphi)=\int_0^{\varphi}\frac{d\varphi}{\sqrt{1-k^2\sin^2\varphi}}$$

heißt ein elliptisches Integral erster Gattung. Für $\varphi=\frac{\pi}{2}$ hat man insbesondere die Reihenentwicklung

$$(10)\qquad F\left(k,\frac{\pi}{2}\right)=\frac{\pi}{2}\left[1+\left(\frac{1}{2}k\right)^2+\left(\frac{1\cdot 3}{2\cdot 4}k^2\right)^2+\left(\frac{1\cdot 3\cdot 5}{2\cdot 4\cdot 6}k^3\right)^2+\dots\right],$$

also im vorliegenden Falle $(k=\sqrt{\tfrac{1}{2}})$

$$(11)\qquad F\left(\sqrt{\frac{1}{2}},\frac{\pi}{2}\right)=\frac{\pi}{2}\left[1+\frac{1}{8}+\frac{9}{256}+\frac{25}{2048}+\dots\right].$$

Statt der hier angewendeten Substitution kann auch die folgende benutzt werden:

$$\operatorname{tg}\vartheta=\sin\psi.$$

Dann wird

$$d\vartheta=\frac{\cos\psi\,d\psi}{1+\sin^2\psi},$$

$$\sqrt{\cos 2\vartheta}=\sqrt{\frac{1-\operatorname{tg}^2\vartheta}{1+\operatorname{tg}^2\vartheta}}=\frac{\cos\psi}{\sqrt{1+\sin^2\psi}},$$

also

$$(12)\qquad s=\sqrt{2}\,a\int_0^{\vartheta}\frac{d\vartheta}{\sqrt{\cos 2\vartheta}}=\sqrt{2}\,a\int_0^{\psi}\frac{d\psi}{\sqrt{1+\sin^2\psi}}=\sqrt{2}\,a\,F(-1,\psi).$$

Für die Länge der ganzen Schleife folgt dann wieder der Ausdruck, der sich ergibt, wenn man das Integral zweimal von $\psi=0$ bis $\psi=\frac{\pi}{2}$ nimmt.

Setzt man $\sin\psi=z$, so ergibt sich

$$(13)\qquad s=\int_0^{\psi}\frac{d\psi}{\sqrt{1+\sin^2\psi}}=\int_0^{z}\frac{dz}{\sqrt{1-z^4}}.$$

Dieses Integral heißt seiner Bedeutung wegen ein lemniskatisches Integral und $\frac{y}{x}=\sin\psi=z$, als Funktion von s betrachtet, lemniskatische Funktion.

4. Astroide. Die Astroide hat die Gleichung

$$(14)\qquad x^{\frac{2}{3}}+y^{\frac{2}{3}}=c^{\frac{2}{3}},$$

oder die Parameterdarstellung

$$(15)\qquad x=c\cos^3 t,\quad y=c\sin^3 t.$$

Die zu berechnende Fläche wird in Polarkoordinaten $(x=r\cos\vartheta,\ y=r\sin\vartheta)$

$$F=\int\tfrac{1}{2}r^2\,d\vartheta$$

und hierin ist

$$\operatorname{tg}\vartheta=\operatorname{tg}^3 t,\quad\text{also}\quad \frac{d\vartheta}{\cos^2\vartheta}=3\operatorname{tg}^2 t\frac{dt}{\cos^2 t}$$

oder $r^2\,d\vartheta=3c^2\sin^2 t\cos^2 t\,dt$. Folglich wird

$$(16)\qquad F=\frac{3}{2}c^2\int\sin^2 t\cos^2 t\,dt=\frac{3c^2}{16}\int(1-\cos 4t)\,dt.$$

Das Integral ist, um ein Viertel der von der Astroide umschlossenen Fläche zu finden, von 0 bis $\frac{\pi}{2}$ zu nehmen. Es ergibt sich dann dafür der Wert $\frac{\pi}{2}$ und für die Fläche selbst der Wert $\frac{3}{32}\pi c^2$, für die gesamte Astroidenfläche also $\frac{3}{8}\pi c^2$, d. h. $\frac{3}{8}$ von dem Inhalt des durch die Spitzen der Kurve gehenden Kreises.

3. Differentialgeometrie der Raumkurven.

Eine Raumkurve stellt sich (vgl. S. 96) analytisch dadurch dar, daß die Koordinaten x, y, z eines Punktes im Raume als Funktionen

$$x = \varphi(t), \quad y = \chi(t), \quad z = \psi(t) \tag{1}$$

eines Parameters t gegeben sind. Die Tangente der Kurve im Punkte (x, y, z) wird durch die Doppelgleichung gegeben:

$$\frac{\xi - x}{\varphi'(t)} = \frac{\eta - y}{\chi'(t)} = \frac{\zeta - z}{\psi'(t)}, \tag{2}$$

wenn ξ, η, ζ laufende Koordinaten bezeichnen.

Das Bogendifferential (Linienelement) der Raumkurve ist durch den Ausdruck dargestellt:

$$ds = \sqrt{dx^2 + dy^2 + dz^2}$$

oder

$$ds = \sqrt{\varphi'(t)^2 + \chi'(t)^2 + \psi'(t)^2} \cdot dt. \tag{3}$$

Es empfiehlt sich nun, die Bogenlänge s als neuen Parameter einzuführen und die Koordinaten x, y, z als Funktionen dieses Parameters anzusehen. Dann werden unmittelbar

$$\frac{dx}{ds} = \cos\lambda_t, \quad \frac{dy}{ds} = \cos\mu_t, \quad \frac{dz}{ds} = \cos\nu_t \tag{4}$$

die Richtungscosinus der Tangente t, die wir kürzer mit x', y', z' bezeichnen. Die Gleichungen der Tangente sind dann

$$\frac{\xi - x}{x'} = \frac{\eta - y}{y'} = \frac{\zeta - z}{z'}. \tag{5}$$

Als Tangentialebene der Kurve wird jede Ebene bezeichnet, welche die Tangente (5) enthält. Schreibt man ihre Gleichung in der Form:

$$A(\xi - x) + B(\eta - y) + C(\zeta - z) = 0,$$

so muß

$$Ax' + By' + Cz' = 0$$

sein.

Enthält die Ebene noch eine der ersten unendlich benachbarte Tangente, so wird auch

$$Ax'' + By'' + Cz'' = 0,$$

wenn wir $x'' = \frac{d^2x}{ds^2}$ usw. setzen. Dann ergibt sich für die Gleichung der Ebene

$$(y'z'' - z'y'')(\xi - x) + (z'x'' - x'z'')(\eta - y) + (x'y'' - y'x'')(\zeta - z) = 0. \tag{6}$$

Diese Ebene heißt die Schmiegungsebene der Raumkurve im Punkte (x, y, z).

Ziehen wir in diesem Punkte eine Normale b zu der Schmiegungsebene, so gilt für deren Richtungscosinus die Proportion:

(7) $$\cos\lambda_b : \cos\mu_b : \cos\nu_b = (y'z'' - z'y'') : (z'x'' - x'z'') : (x'y'' - y'x'').$$

Die so festgelegte gerade Linie heißt die Binormale der Raumkurve.

Legen wir noch eine gerade Linie n durch den Punkt (x, y, z), deren Richtungscosinus durch die Proportion gegeben sind

(8) $$\cos\lambda_n : \cos\mu_n : \cos\nu_n = x'' : y'' : z'',$$

so wird, weil $x'^2 + y'^2 + z'^2 = 1$, also $x'x'' + y'y'' + z'z'' = 0$,

$$\cos\lambda_n \cos\lambda_t + \cos\mu_n \cos\mu_t + \cos\nu_n \cos\nu_t = 0,$$
$$\cos\lambda_n \cos\lambda_b + \cos\mu_n \cos\mu_b + \cos\nu_n \cos\nu_b = 0.$$

Diese neue Linie ist also senkrecht zu der Tangente und zu der Binormalen. Sie ist mithin in der Schmiegungsebene enthalten und heißt die Hauptnormale der Raumkurve.

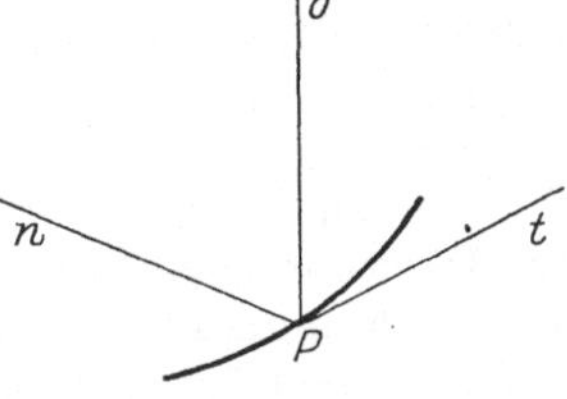

Fig. 170.

Das von Tangente, Binormale und Hauptnormale gebildete Dreikant heißt das begleitende Dreikant der Raumkurve. Unter den drei Ebenen, welche die Kanten dieses Dreikants paarweise verbinden, ist die Ebene, welche Tangente und Hauptnormale enthält, die Schmiegungsebene. Die Ebene, welche Binormale und Hauptnormale verbindet, heißt die Normalebene. Ihre Gleichung lautet:

(9) $$x'(\xi - x) + y'(\eta - y) + z'(\zeta - z) = 0.$$

Die Ebene, welche Tangente und Binormale verbindet, heißt die rektifizierende Ebene. Ihre Gleichung ist:

(10) $$x''(\xi - x) + y''(\eta - y) + z''(\zeta - z) = 0.$$

Bei der Schraubenlinie (S. 96, Gl. (2)) wird

$$ds = \sqrt{a^2 + h_0^2} \cdot dt,$$

für $h_0 = \frac{h}{2\pi}$, also werden die Richtungscosinus der Tangente

$$\cos\lambda_t = \frac{dx}{ds} = -\frac{a \sin t}{\sqrt{a^2 + h_0^2}},$$
$$\cos\mu_t = \frac{dy}{ds} = \frac{a \cos t}{\sqrt{a^2 + h_0^2}},$$
$$\cos\nu_t = \frac{dz}{ds} = \frac{h_0}{\sqrt{a^2 + h_0^2}}.$$

Die Tangente bildet demnach mit der z-Achse (Schraubenachse) einen Winkel, dessen Cosinus $= \frac{h_0}{\sqrt{a^2 + h_0^2}}$, dessen Cotangente also $= \frac{h_0}{a}$ ist. Das Komplement α dieses Winkels ist die Steigung der Schraubenlinie. Je nachdem α positiv oder negativ ist, haben wir eine Rechtsschraube oder Linksschraube.

Für die Richtungscosinus der Hauptnormale ergibt sich

$$\cos\lambda_n : \cos\mu_n : \cos\nu_n = a \cos t : a \sin t : 0$$
$$= x : y : 0.$$

Daraus ist sofort zu sehen, daß die Hauptnormale das aus dem Kurvenpunkt auf die Schraubenachse gefällte Lot ist.

Die Krümmung einer Raumkurve kann zunächst wie bei den ebenen Kurven dadurch bestimmt werden, daß man den (in Bogenmaß gemessenen) unendlich kleinen Winkel $d\varepsilon$ zwischen zwei unendlich benachbarten Tangenten durch den Abstand ds der Berührungspunkte dividiert, also

$$k = \frac{d\varepsilon}{ds} \tag{11}$$

als Krümmung einführt. Diese Krümmung heißt die Flexion der Raumkurve. Es ergibt sich für sie der einfache Ausdruck

$$k = \sqrt{x''^2 + y''^2 + z''^2}. \tag{12}$$

Die auf der Hauptnormalen des Kurvenpunktes von ihrem Fußpunkte aus abgetragene Strecke

$$\varrho = \frac{1}{k} \tag{13}$$

heißt der Flexionsradius der Raumkurve. Der Endpunkt dieser Strecke, der Krümmungsmittelpunkt, kann als der Schnittpunkt der Hauptnormalen mit einer unendlich benachbarten Hauptnormale angesehen werden, und danach bestimmt sich auch der Sinn, nach dem der Flexionsradius auf der Hauptnormalen abzutragen ist. Beschreibt man in der Schmiegungsebene um den Krümmungsmittelpunkt mit dem Krümmungsradius den Kreis, so erhält man den Krümmungskreis oder Schmiegungskreis.

Bis so weit stimmt die Bestimmung der Krümmung mit der Bestimmung der Krümmung für ebene Kurven überein. Die auftretenden Gebilde fallen alle in die Schmiegungsebene hinein. Nun windet sich aber die Raumkurve im allgemeinen aus der Schmiegungsebene heraus. Ein Maß für diese Torsion τ erhalten wir, wenn wir den Winkel $d\eta$ zwischen den Schmiegungsebenen in zwei unendlich benachbarten Punkten durch den Abstand ds dieser Punkte dividieren. Wir haben also zu setzen:

$$\tau = \frac{d\eta}{ds}. \tag{14}$$

Der Ausdruck für diese Torsion enthält neben den ersten und zweiten Differentialquotienten auch die dritten Differentialquotienten $x''' = \frac{d^3x}{ds^3}$ usw. und lautet

$$\tau = \frac{x'(y''z''' - z''y''') + y'(z''x''' - x''z''') + z'(x''y''' - y''x''')}{x''^2 + y''^2 + z''^2}. \tag{15}$$

Auch hier bestimmt man eine zugehörige Länge

$$r = \frac{1}{\tau}, \tag{16}$$

die man als den Torsionsradius bezeichnet.

Flexionsradius und Torsionsradius sind mit den Richtungscosinus der Kanten des begleitenden Dreikants durch die Frenetschen Gleichungen verknüpft:

$$\left\{\begin{aligned} \frac{d\cos\lambda_n}{ds} &= \frac{\cos\lambda_b}{r} - \frac{\cos\lambda_t}{\varrho}, \\ \frac{d\cos\mu_n}{ds} &= \frac{\cos\mu_b}{r} - \frac{\cos\mu_t}{\varrho}, \\ \frac{d\cos\nu_n}{ds} &= \frac{\cos\nu_b}{r} - \frac{\cos\nu_t}{\varrho}. \end{aligned}\right. \tag{17}$$

Die Flexion wird auch als erste Krümmung, die Torsion als zweite Krümmung der Raumkurve und diese selbst, wenn sie nicht einer Ebene angehört oder aus Teilen besteht, deren jeder in einer Ebene enthalten ist, als Kurve doppelter Krümmung bezeichnet.

Für die Schraubenlinie wird

$$\varrho = \frac{a^2 + h_0^2}{a}, \qquad r = \frac{a^2 + h_0^2}{h_0}.$$

Für sie ist also die erste und zweite Krümmung konstant, was ohne weiteres daraus ersichtlich ist, daß sie durch eine bestimmte Schraubenbewegung in sich übergeht.

4. Differentialgeometrie der Flächen.

Eine beliebige Fläche kann durch eine Gleichung

(1) $$z = f(x, y)$$

zwischen den Punktkoordinaten x, y, z dargestellt werden. Es wird dann

(2) $$\frac{\partial z}{\partial x} = p, \qquad \frac{\partial z}{\partial y} = q, \qquad \frac{\partial^2 z}{\partial x^2} = r, \qquad \frac{\partial^2 z}{\partial x \partial y} = s, \qquad \frac{\partial^2 z}{\partial y^2} = t$$

gesetzt. Wir nehmen an, daß an den untersuchten Stellen diese Differentialquotienten mit z selbst endlich und stetig sind.

Man kann dann die Fläche untersuchen, indem man durch den betrachteten Punkt P ebene Schnitte legt und die Tangenten und Krümmungen dieser ebenen Schnittkurven betrachtet. Dabei zeigt sich zuerst, daß die Tangenten aller dieser Kurven in P einer bestimmten Ebene angehören, welche die Tangentialebene der Fläche heißt und die Gleichung hat:

(3) $$p(\xi - x) + q(\eta - y) = \zeta - z,$$

wenn wieder x, y, z die Koordinaten des Punktes P und ξ, η, ζ laufende Koordinaten bezeichnen.

Das in P auf der Tangentialebene errichtete Lot heißt die Normale der Fläche in dem betrachteten Punkte, und seine Richtungscosinus werden

(4) $$X = \frac{-p}{\sqrt{1 + p^2 + q^2}}, \quad Y = \frac{-q}{\sqrt{1 + p^2 + q^2}}, \quad Z = \frac{1}{\sqrt{1 + p^2 + q^2}}.$$

Daraus folgt noch, daß, wenn $d\sigma$ ein unendlich kleines Flächenelement an der Stelle P und $d\sigma_z$ seine Projektion auf die xy-Ebene ist

(5) $$d\sigma = \sqrt{1 + p^2 + q^2}\, d\sigma_z$$

wird. Demnach wird, wenn wir $d\sigma_z = dx\,dy$ annehmen, der Flächeninhalt eines Stückes der Fläche durch das Doppelintegral

(6) $$\sigma = \iint \sqrt{1 + p^2 + q^2}\, dx\,dy,$$

über die Projektion dieses Flächenstückes auf die xy-Ebene erstreckt, gegeben.

Als Beispiel für die Berechnung des Inhaltes einer gekrümmten Fläche soll die Auswertung des von einem Zylinder mit dem Durchmesser a auf einer ihn berührenden Kugel vom Radius a abgegrenzten Bereiches dienen. Kugel und Zylinder können durch die Gleichungen dargestellt werden:

$$x^2 + y^2 + z^2 = a^2, \qquad x^2 + y^2 = ax.$$

Der ganze betrachtete Bereich zerfällt in vier symmetrische und deshalb inhaltsgleiche Teile, von dem der eine über dem halben Zylinderquerschnitt $y = +\sqrt{ax - x^2}$ und auf der Halbkugel $z = +\sqrt{a^2 - x^2 - y^2}$ liegt. Es wird dann

$$p = \frac{\partial z}{\partial x} = \frac{-x}{\sqrt{a^2 - x^2 - y^2}}, \qquad q = \frac{\partial z}{\partial y} = \frac{-y}{\sqrt{a^2 - x^2 - y^2}},$$

also

$$\sqrt{1+p^2+q^2} = \frac{a}{\sqrt{a^2-x^2-y^2}}$$

und die zu bestimmende Fläche

$$\sigma = a\int_0^a \left(\int_0^{\sqrt{ax-x^2}} \frac{dy}{\sqrt{a^2-x^2-y^2}}\right) dx.$$

Nun wird

$$\int_0^{\sqrt{ax-x^2}} \frac{dy}{\sqrt{a-x^2-y^2}} = \left[\arcsin\frac{y}{\sqrt{a^2-x^2}}\right]_0^{\sqrt{ax-x^2}} = \arcsin\sqrt{\frac{x}{a+x}},$$

also

$$\sigma = a\int_0^a \arcsin\sqrt{\frac{x}{a+x}}\,dx.$$

Partielle Integration liefert

$$\int_0^x \arcsin\sqrt{\frac{x}{a+x}}\,dx = x\arcsin\sqrt{\frac{x}{a+x}} - \frac{1}{2}\sqrt{a}\int_0^x \frac{\sqrt{x}\,dx}{a+x},$$

denn es wird

$$d\arcsin\sqrt{\frac{x}{a+x}} = \frac{1}{\sqrt{1-\frac{x}{a+x}}}\,d\sqrt{\frac{x}{a+x}}$$

$$= \sqrt{\frac{a+x}{a}}\cdot\frac{1}{2}\sqrt{\frac{a+x}{x}}\,\frac{a\,dx}{(a+x)^2}$$

und sonach

$$x\,d\arcsin\sqrt{\frac{x}{a+x}} = \frac{1}{2}\sqrt{a}\,\frac{\sqrt{x}}{a+x}\,dx.$$

Das noch verbleibende Integral wird gefunden, wenn wir $x = au^2$, $dx = 2au\,du$ setzen. Wir finden dann

$$\int_0^x \frac{\sqrt{x}\,dx}{a+x} = 2\sqrt{a}\int_0^u \frac{u^2\,du}{1+u^2} = 2\sqrt{a}\int_0^u du - 2\sqrt{a}\int_0^u \frac{du}{1+u^2}$$

$$= 2\sqrt{a}\,u - 2\sqrt{a}\,\mathrm{arc\,tg}\,u$$

$$= 2\sqrt{x} - 2\sqrt{a}\,\mathrm{arc\,tg}\sqrt{\frac{x}{a}}.$$

Es ist demnach

$$\sigma = a\left[x\arcsin\sqrt{\frac{x}{a+x}} - \sqrt{a\,x} + a\,\mathrm{arc\,tg}\sqrt{\frac{x}{a}}\right]_{x=a} = \tfrac{1}{2}a^2\pi - a^2.$$

Die ganze von dem Zylinder auf der Kugel abgegrenzte Fläche wird also $4\sigma = 2a^2\pi - 4a^2$, und da die Fläche der Halbkugel $2a^2\pi$ ist, bleibt von der Halbkugel außerhalb des Zylinders übrig die Fläche $4a^2$. —

Wir kehren zur Betrachtung einer allgemeinen Fläche an einer nicht ausgezeichneten Stelle P zurück und legen wieder einen ebenen Schnitt η durch die Fläche an der Stelle P und bestimmen an dieser Stelle den Krümmungsradius ϱ_η der Schnittkurve. Nun ergibt sich, wenn wir α, β, γ die Richtungscosinus der Tangente t der Schnittkurve im Punkte P nennen,

(7) $$p\alpha + q\beta = \gamma$$

und, wenn ϑ der Winkel zwischen der Normalen der Schnittkurve (in der Schnittebene) und der Flächennormalen n in P ist, wird weiter (die Einzelheiten der Rechnung übergehen wir)

$$\frac{\cos\vartheta}{\varrho_n} = \frac{r\alpha^2 + 2s\alpha\beta + t\beta^2}{\sqrt{1+p^2+q^2}}. \tag{8}$$

Aus dieser Grundformel folgt, daß, wenn wir durch die Tangente t den Normalschnitt der Fläche legen, der die Flächennormale enthält, die linke Seite der vorstehenden Gleichung, da hier $\vartheta = 0$, also $\cos\vartheta = 1$ ist,

$$= \frac{1}{\varrho}$$

wird, wenn jetzt ϱ den Krümmungsradius der Schnittkurve bezeichnet. Es wird also

$$\frac{\cos\vartheta}{\varrho_n} = \frac{1}{\varrho}. \tag{9}$$

Hierin liegt ausgesprochen der Meusniersche Satz:

Der Krümmungsmittelpunkt irgendeines durch die gewählte Tangente gehenden Schnittes ist der Fußpunkt des Lotes, das man auf diese Schnittebene aus dem Krümmungsmittelpunkt des durch die Tangente gehenden Normalschnittes der Fläche fällt.

Es kann nun sein, daß für alle durch P gehenden Normalschnitte der Krümmungsradius der gleiche wird. Ein solcher Punkt heißt ein Nabelpunkt.

Ist dies nicht der Fall, so gibt es immer zwei zueinander senkrechte Normalschnitte, die Hauptschnitte, für welche der Krümmungsradius einen größten und einen kleinsten Wert annimmt. Diese Krümmungsradien heißen die Hauptkrümmungsradien. Sind sie ϱ_1 und ϱ_2, ist ferner φ der Winkel, den ein beliebiger Normalschnitt mit dem ersten Hauptschnitt, in dem ϱ_1 der Krümmungsradius ist, bildet, so wird

$$\frac{1}{\varrho} = \frac{\cos^2\varphi}{\varrho_1} + \frac{\sin^2\varphi}{\varrho_2}. \tag{10}$$

In dieser Formel ist der sog. Eulersche Satz ausgedrückt.

Haben ϱ_1 und ϱ_2 entgegengesetzte Vorzeichen (insbesondere kann $\varrho_2 = -\varrho_1$ werden), d. h. sind die Hauptschnitte nach entgegengesetzten Seiten gekrümmt, so heißt der Punkt P ein hyperbolischer Punkt. Dann gibt es zwei Normalschnitte, die durch

$$\operatorname{tg}\varphi = \pm\sqrt{-\frac{\varrho_2}{\varrho_1}}$$

festgelegt sind, für welche $\varrho = \infty$ wird, d. h. für welche die Tangenten in P Wendetangenten sind. Diese Tangenten heißen die durch P gehenden Haupttangenten der Fläche.

Wird ϱ_2 unendlich, so wird $\frac{1}{\varrho} = \frac{\cos^2\varphi}{\varrho_1}$. Dann ist nur eine Haupttangente vorhanden und diese fällt in einem Hauptschnitt. Ein solcher Punkt heißt ein parabolischer Punkt.

Haben ϱ_1 und ϱ_2 gleiche Vorzeichen, so haben die Krümmungsradien aller Normalschnitte dasselbe Vorzeichen. Sie alle sind nach derselben Seite gekrümmt und der Punkt heißt ein elliptischer Punkt.

Z. B. sind alle Punkte auf einem Ellipsoid, einem zweischaligen Hyperboloid und einem elliptischen Paraboloid elliptische Punkte, alle Punkte auf einem einschaligen Hyperboloid und einem hyperbolischen Paraboloid sind hyperbolische Punkte, und die Haupttangenten werden die durch den Punkt gehenden Regelstrahlen der Fläche. Alle Punkte auf einem Zylinder oder Kegel (mit Ausnahme der Kegelspitze) sind parabolische Punkte und die durch den Punkt gehenden Mantellinien stellen die einzigen dann vorhandenen Haupttangenten dar, wobei natürlich von einer eigentlichen Tangente überhaupt nicht die Rede sein kann, da die Linien ganz der Fläche angehören.

Eine Kurve auf der Fläche, deren sämtliche Tangenten Haupttangenten der Fläche sind, heißt eine Haupttangentenkurve. Eine Kurve auf der Fläche, deren sämtliche Tangenten in Hauptschnitte der Fläche fallen, heißt eine Krümmungslinie der Fläche. Die Krümmungslinien einer Fläche zweiter Ordnung werden durch die zu ihr konfokalen Flächen ausgeschnitten.

Eine Kurve auf der Fläche, deren Hauptnormalen mit der Flächennormale zusammenfallen, heißt eine geodätische Linie. Solche Linien sind die kürzesten Linien zwischen zwei genügend nahe benachbarten Punkten der Fläche, wenn diese Linien keine geraden Linien werden, die natürlich immer den kürzesten Weg liefern.

Der Ausdruck $H = \frac{1}{\varrho_1} + \frac{1}{\varrho_2}$ heißt die mittlere Krümmung der Fläche. Ist die mittlere Krümmung überall $= 0$, so heißt die Fläche eine Minimalfläche. Des Ausdruck $K = \frac{1}{\varrho_1} \cdot \frac{1}{\varrho_2}$ heißt die totale Krümmung oder Gaußsche Krümmung der Fläche. Man findet für diese Werte die Ausdrücke:

$$(11)\qquad \left\{\begin{aligned} H &= \frac{r(1+q^2) - 2spq + t(1+p^2)}{\sqrt{1+p^2+q^2}^{\,3}}, \\ K &= \frac{rt - s^2}{(1+p^2+q^2)^2}. \end{aligned}\right.$$

Für die totale Krümmung in den verschiedenen Punkten einer Fläche hat Gauß eine einfache, der Definition für die Krümmung ebener Kurven unmittelbar nachgebildete geometrische Definition gegeben. Zieht man durch den Mittelpunkt einer Kugel vom Radius 1 die Parallele zu der Normalen der Fläche in einem Punkte P, so wird diesem Punkte P der Fläche ein bestimmter Punkt P_1 der Kugel zugewiesen, der Gaußsche Bildpunkt, dessen Koordinaten X, Y, Z aus den Gleichungen (4) hervorgehen (wobei das Wurzelzeichen positiv gewählt sei). Den Punkten eines kleinen Flächenelementes $d\sigma$ in der Umgebung des Punktes P entsprechen ferner die Punkte eines kleinen Flächenelementes $d\omega$ auf der Gaußschen Bildkugel in der Umgebung des Punktes P_1 und dann wird das Gaußsche Krümmungsmaß K der Fläche einfach gegeben durch

$$(12)\qquad K = \frac{d\omega}{d\sigma}.$$

Neuntes Kapitel.

Differentialgleichungen.

1. Gewöhnliche Differentialgleichungen.

Eine Gleichung zwischen veränderlichen Größen und deren Differentialquotienten heißt eine Differentialgleichung.

Sind nur zwei Veränderliche x, y vorhanden und setzt man $y' = \frac{dy}{dx}$, $y'' = \frac{d^2 y}{d x^2}, \ldots$, so ist die allgemeinste Differentialgleichung von der Form

$$(1) \qquad F(x, y, y', y'', \ldots) = 0.$$

Kommt kein höherer als der $n$te Differentialquotient in der Gleichung vor, so heißt diese eine gewöhnliche Differentialgleichung $n$ter Ordnung.

Ist die Funktion F eine ganze rationale Funktion ihrer Argumente, so heißt Grad der Differentialgleichung der höchste vorkommende Grad eines Gliedes der Differentialgleichung, indem als Grad jedes Gliedes die Summe der in ihm auftretenden Exponenten der abhängigen Veränderlichen und ihrer Ableitungen bezeichnet wird. Sind die Glieder alle vom gleichen Grade, so heißt die Differentialgleichung homogen.

Ist der Grad $= 1$, so heißt die Differentialgleichung linear. Eine lineare Differentialgleichung kann immer auf die Form gebracht werden

$$(2) \qquad A_0(x) y^{(n)} + A_1(x) y^{(n-1)} + \ldots + A_{n-1}(x) y' + A_n(x) y = G(x).$$

Eine Differentialgleichung integrieren heißt eine Funktion $y = f(x)$ finden, die die Differentialgleichung identisch erfüllt. Eine solche Funktion heißt Integralfunktion der Differentialgleichung.

Eine Differentialgleichung erster Ordnung

$$(3) \qquad F(x, y, y') = 0$$

kann durch Auflösung nach y' auf die Normalform gebracht werden

$$(4) \qquad y' = G(x, y).$$

Aus der Gleichung (4) ist unmittelbar die zweite Normalform der Differentialgleichung erster Ordnung abzuleiten:

$$(5) \qquad \varphi(x, y) \cdot dx + \psi(x, y) \cdot dy = 0.$$

Gelingt es dabei zu erreichen, daß die erste Funktion φ nur x, die zweite ψ nur y enthält, so ist, wie man sagt, die Trennung der Variabelen vollzogen. Dann verwandelt sich durch Integration der Glieder die Differentialgleichung sofort in eine gewöhnliche Gleichung zwischen x und y:

$$(6) \qquad \int \varphi(x) dx + \int \psi(y) dy = C,$$

wobei C eine Konstante bedeutet.

13*

Ist in (4) $G(x, y)$ von der Form $g\left(\frac{y}{x}\right)$, so ergibt sich nach Einführung der Veränderlichen $\frac{y}{x} = z$, weil $dy = x dz + z dx$, sofort

$$\frac{dx}{x} - \frac{dz}{g(z) - z} = 0 \tag{7}$$

und daraus durch Integration

$$\ln x - \int \frac{dz}{g(z) - z} = C, \tag{8}$$

als die integrierte Gleichung.

Eine lineare Differentialgleichung erster Ordnung ist von der Form

$$A_0(x) \cdot \frac{dy}{dx} + A_1(x) \cdot y = G(x) \tag{9}$$

und kann auf die Gestalt gebracht werden:

$$\frac{dy}{dx} + P(x) \cdot y + Q(x) = 0. \tag{10}$$

Man bestimmt nun zunächst das Integral der linearen homogenen Differentialgleichung

$$\frac{dz}{dx} + P(x) \cdot z = 0. \tag{11}$$

Dieses ist

$$z = e^{-\int P(x)\,dx}. \tag{12}$$

Setzt man dann $y = z \cdot u$, so reduziert sich die ursprüngliche Differentialgleichung auf

$$z \frac{du}{dx} + Q(x) = 0, \tag{13}$$

woraus

$$u = C - \int \frac{Q(x)}{z} dx = C - \int Q(x)\, e^{\int P(x)\,dx} dx. \tag{14}$$

Ist die allgemeine Differentialgleichung erster Ordnung auf die zweite Normalform

$$\varphi(x, y)\, dx + \psi(x, y)\, dy = 0 \tag{15}$$

gebracht und multipliziert man sie mit einer Funktion $\mu(x, y)$, so kann man diese Funktion immer so wählen, daß die Differentialgleichung die Form annimmt

$$\frac{\partial \Phi(x, y)}{\partial x} dx + \frac{\partial \Phi(x, y)}{\partial y} dy = 0, \tag{16}$$

indem

$$\mu(x, y) \cdot \varphi(x, y) = \frac{\partial \Phi(x, y)}{\partial x}, \qquad \mu(x, y) \cdot \psi(x, y) = \frac{\partial \Phi(x, y)}{\partial y} \tag{17}$$

wird. Das Integral der Differentialgleichung ist dann $\Phi(x, y) = c$ und $\mu(x, y)$ heißt deshalb ein integrierender Faktor. Differenziert man die erste Gleichung (17) nach y, die zweite nach x, so werden die rechten Seiten gleich und es ergibt sich zur Bestimmung der Funktion μ die Gleichung

$$\psi \frac{\partial \mu}{\partial x} - \varphi \frac{\partial \mu}{\partial y} + \left(\frac{\partial \psi}{\partial x} - \frac{\partial \varphi}{\partial y}\right) \mu = 0. \tag{18}$$

Diese Gleichung heißt, weil sie partielle Differentialquotienten enthält, eine partielle Differentialgleichung für μ als Funktion von x und y. Sie hat immer eine Lösung. Es ist also immer ein integrierender Faktor vorhanden. Seine Bestimmung ist aber im allgemeinen schwieriger als die Integration der Differentialgleichung (15) selbst und gelingt auf einfache Weise nur in besonderen Fällen. Z. B. liefert die Gleichung

$$(x^2 y + y + 1)\,dx + (x + x^3)\,dy = 0$$

für μ die partielle Differentialgleichung

$$(x + x^3)\frac{\partial \mu}{\partial x} - [x^2 y + y + 1]\frac{\partial \mu}{\partial y} + 2x^2 \mu = 0,$$

die durch

$$\frac{\partial \mu}{\partial y} = 0, \quad \frac{\partial \mu}{\partial x} = -\frac{2x}{1+x^2}\mu, \quad \text{also} \quad \mu = \frac{1}{1+x^2}$$

gelöst wird. Es wird dann

$$\frac{\partial \Phi}{\partial x} = y + \frac{1}{1+x^2}, \qquad \frac{\partial \Phi}{\partial y} = x$$

und daraus folgt

$$\Phi = xy + \operatorname{arctg} x.$$

Die Differentialgleichung

(19) $$\frac{d^2 y}{dx^2} = g(y)$$

wird integriert, indem man sie mit $2\frac{dy}{dx}$ multipliziert. Die linke Seite wird dann der Differentialquotient von y'^2 nach x, und man findet durch Integration der linken und der rechten Seite

(20) $$\left(\frac{dy}{dx}\right)^2 = 2\int g(y)\,dy$$

und nach Trennung der Variabelen und abermaliger Integration

(21) $$x = \int \frac{dy}{\sqrt{2\int g(y)\,dy}},$$

wobei bei beiden Integrationen die untere Grenze noch willkürlich bleibt.

Die lineare homogene Differentialgleichung zweiter Ordnung mit konstanten Koeffizienten ist von der Form

(22) $$y'' + ay' + by = 0.$$

Sie tritt auf als Gleichung der gedämpften Schwingungen. Das zweite Glied bedeutet dann die dämpfende Kraft, das dritte Glied liefert die treibende Kraft, y bezeichnet die Elongation, d. h. die Entfernung aus der Ruhelage, die unabhängige Veränderliche x die Zeit. Die dämpfende Kraft soll also der Geschwindigkeit $\frac{dy}{dx}$ der Bewegung proportional sein, die treibende Kraft der Elongation. Im Falle der gedämpften Schwingungen sind die Werte der Konstanten a, b an gewisse Grenzen gebunden. Wir wollen aber die Differentialgleichung (22) für beliebige Werte von a und b untersuchen.

Ist keine Dämpfung vorhanden, so tritt die einfache Schwingungsgleichung auf

(23) $$y'' + by = 0.$$

Für $b > 0$ ist ein Integral dieser Gleichung

(24) $$y_1 = c_1 \sin(\sqrt{b}\,x),$$

denn es wird

$$y_1'' = -c_1 \cdot b \sin(\sqrt{b}\,x) = -b\,y_1.$$

Aber es ist auch

$$y_2 = c_2 \cos(\sqrt{b}\, x) \tag{25}$$

ein Integral der Differentialgleichung. Also wird auch

$$y = y_1 + y_2 = c_1 \sin(\sqrt{b}\, x) + c_2 \cos(\sqrt{b}\, x) \tag{26}$$

ein Integral, und zwar ist dies das allgemeine Integral.

Setzen wir

$$c = \sqrt{c_1^2 + c_2^2}, \quad c_1 = c \cdot \cos(\sqrt{b}\, \alpha), \quad c_2 = c \cdot \sin(\sqrt{b}\, \alpha), \tag{27}$$

so erhalten wir

$$y = c \cdot \sin\left\{\sqrt{b}\,(x + \alpha)\right\}. \tag{28}$$

Das Integral wird also durch eine Sinuskurve dargestellt. c ist die Amplitude der Schwingungen. In der Tat wird immer

$$-c \leqq y \leqq +c.$$

Die Periode T der Schwingungen entspricht einer Vermehrung des Sinusargumentes um 2π. Es wird also

$$T = \frac{2\pi}{\sqrt{b}}. \tag{29}$$

Die Werte α und c bestimmen sich daraus, daß für $x = 0$

$$y = y_0, \quad y' = v_0$$

werden soll (d. h. daß für den Anfang der Bewegung Elongation und Geschwindigkeit gegeben sind). Man findet dann

$$y_0 = c \cdot \sin(\sqrt{b}\, \alpha), \quad v_0 = c \cdot \sqrt{b} \cos(\sqrt{b}\, \alpha) \tag{30}$$

woraus

$$c = \sqrt{y_0^2 + \frac{v_0^2}{b}}. \tag{31}$$

Ist $b < 0$, sagen wir $b = -\beta^2$, so werden

$$c_1 e^{\beta x} \quad \text{und} \quad c_2 e^{-\beta x} \tag{32}$$

Integrale der Differentialgleichung, das allgemeine Integral also

$$y = c_1 e^{\beta x} + c_2 e^{-\beta x}. \tag{33}$$

Ist endlich $b = 0$, so haben wir die einfache Differentialgleichung $y'' = 0$, die durch jede lineare Funktion

$$y = c_1 x + c_2 \tag{34}$$

integriert wird.

Für die allgemeine Differentialgleichung (22), in der $a \neq 0$ ist, können wir nun den Ansatz machen

$$y = \varphi(x) \cdot f(x). \tag{35}$$

Es wird dann

$$y' = \varphi(x) f'(x) + \varphi'(x) f(x),$$
$$y'' = \varphi(x) f''(x) + 2\varphi'(x) f'(x) + \varphi''(x) f(x).$$

Wir nehmen weiter an, es werde, indem λ eine neue Konstante bezeichnet,

$$\varphi'(x) = \lambda \varphi(x) \tag{36}$$

also auch $\varphi''(x) = \lambda \varphi'(x) = \lambda^2 \varphi(x)$. Dann ergibt sich für $f(x)$ die Differentialgleichung

$$f''(x) + (2\lambda + a) f'(x) + (\lambda^2 + a\lambda + b) f(x) = 0.$$

Wählen wir nun λ so, daß $2\lambda + a = 0$ ist, nehmen wir also $\lambda = -\frac{1}{2}a$ und setzen darauf

$$\lambda^2 + a\lambda + b = b - \frac{a^2}{4} = m,$$

so gelangen wir zu einer Gleichung

$$f''(x) + m f(x) = 0 \tag{37}$$

zurück, deren Integral wir nach dem bereits erledigten Sonderfall bestimmen können. Außerdem liefert die Differentialgleichung für $\varphi(x)$

$$\varphi(x) = e^{\lambda x}. \tag{38}$$

Wir unterscheiden nun die 3 Fälle gesondert:

1. $m > 0$, d. h. $b - \frac{a^2}{4} > 0$.

Wir erhalten dann das Integral

$$y = c\, e^{-\frac{a}{2}x} \cdot \sin\{\sqrt{m}\,(x + \alpha)\}, \tag{39}$$

wenn c und α die Integrationskonstanten bedeuten.

2. $m < 0$, d. h. $b - \frac{a^2}{4} < 0$.

Setzen wir $m = -\mu^2$, so wird das Integral der Differentialgleichung

$$y = e^{-\frac{a}{2}x}(c_1 e^{\mu x} + c_2 e^{-\mu x}). \tag{40}$$

3. $m = 0$, d. h. $b - \frac{a^2}{4} = 0$.

Dann wird das Integral der Differentialgleichung

$$y = e^{-\frac{a}{2}x}(c_1 x + c_2). \tag{41}$$

Im ersten Falle sind c, α, im zweiten und dritten Falle c_1, c_2 die Integrationskonstante.

Im Falle der gedämpften Schwingungen ist $a > 0$, $b > 0$ vorauszusetzen, weil die dämpfende Kraft der Richtung der Bewegung entgegengesetzt gerichtet und die treibende Kraft nach der Ruhelage hin gerichtet sein muß. Die Konstanten bestimmen sich aus den Anfangsbedingungen, daß für $x = 0$:

$$y = y_0, \quad y' = v_0.$$

Wir wollen insbesondere $v_0 = 0$ voraussetzen, so daß zu Anfang Ruhe vorhanden ist. Dann sondern sich die drei Fälle folgendermaßen.

1. Es wird, wenn $b > \frac{a^2}{4}$

$$y_0 = c \sin(\sqrt{m}\,\alpha), \quad 0 = \sqrt{m} \cos(\sqrt{m}\,\alpha) - \frac{a}{2} \sin(\sqrt{m}\,\alpha).$$

Aus der zweiten Gleichung folgt

$$\sin(\sqrt{m}\,\alpha) = \frac{\sqrt{m}}{\sqrt{m + \frac{a^2}{4}}} = \sqrt{1 - \frac{a^2}{4b}} \tag{42}$$

und dann aus der ersten Gleichung

$$c = \frac{y_0}{\sqrt{1 - \frac{a^2}{4b}}}. \tag{43}$$

Es bleiben eigentliche Schwingungen bestehen. Die Gleichung

$$(44)\qquad y = c\,e^{-\frac{a}{2}x} \sin\{\sqrt{m}\,(x+\alpha)\}$$

zeigt aber, daß der Sinus $= \pm 1$ wird für

$$(45)\qquad \sqrt{m}\,(x+\alpha) = (2n+1)\frac{\pi}{2} \quad (n \text{ ganze Zahl}).$$

Diese Zeitpunkte liegen also um

$$(46)\qquad \tfrac{1}{2}T = \frac{\pi}{\sqrt{m}}$$

auseinander, d. h. immer um dieselbe Zeit. Die zugehörigen Werte von y werden

$$(47)\qquad y_n = \pm c\,e^{-\frac{a}{2\sqrt{m}}\left\{(2n+1)\frac{\pi}{2} - \sqrt{m}\,\alpha\right\}}$$

und es wird

$$(48)\qquad y_{n+1} : y_n = -e^{-\frac{a\pi}{2\sqrt{m}}}.$$

Dieses Verhältnis ist also konstant. In der Mitte zwischen den berechneten Zeitpunkten wird der Sinus $=0$, also auch $y=0$. Man erhält damit das eigentliche Bild der gedämpften Schwingungen, bei dem die Schwingungen noch isochron sind, die Amplituden aber in geometrischer Progression abzunehmen scheinen (obwohl diese Beschreibung nicht ganz genau ist, da die so berechneten Amplituden nicht die Stellen der größten Elongation bei den einzelnen Schwingungen bezeichnen).

2. Ist $b < \frac{a^2}{4}$, so können wir setzen

$$(49)\qquad y = c_1 e^{-\lambda_1 x} + c_2 e^{-\lambda_2 x}.$$

Es wird dann

$$(50)\qquad \lambda_1 = \frac{a}{2} - \sqrt{\frac{a^2}{4} - b}, \quad \lambda_2 = \frac{a}{2} + \sqrt{\frac{a^2}{4} - b}.$$

Da $b > 0$ sein soll, wird $\sqrt{\frac{a^2}{4} - b} < \frac{a}{2}$, es sind also λ_1 und λ_2 positiv, da auch $\frac{a}{2}$ positiv ist.

Sollten nun c_1, c_2 aus den Anfangsbedingungen bestimmt werden, daß für $x=0$ $y=y_0>0$, $y'=0$ wird, so ergibt sich

$$y_0 = c_1 + c_2, \quad 0 = \lambda_1 c_1 + \lambda_2 c_2$$

und daraus

$$(51)\qquad c_1 = \frac{\lambda_2 y_0}{\lambda_2 - \lambda_1}, \quad c_2 = -\frac{\lambda_1 y_0}{\lambda_2 - \lambda_1},$$

wobei $\lambda_2 - \lambda_1 = 2\sqrt{\frac{a^2}{4} - b} > 0$. Es ist dann $\lambda_2 > \lambda_1$, also in dem sich ergebenden Ausdruck

$$(52)\qquad y = \frac{y_0}{\lambda_2 - \lambda_1}\left(\lambda_2 e^{-\lambda_1 x} - \lambda_1 e^{-\lambda_2 x}\right)$$

das erste Glied in der Klammer für $x>0$ größer wie das zweite, mithin y stets positiv, und nur für unendlich wachsendes x strebt y der Null zu. Bei der Bewegung nähert sich also der betrachtete Punkt der Nullage asymptotisch.

3. Ist $\frac{a^2}{4} = b$, so wird das Integral

$$(53)\qquad y = e^{-\frac{a}{2}x}(c_1 x + c_2),$$

wobei c_1 und c_2 wieder aus den Anfangsbedingungen zu bestimmen sind. Diese liefern

$$y_0 = c_2, \quad 0 = -\frac{a}{2} c_2 + c_1,$$

so daß sich der Ausdruck verwandelt in

$$y = y_0 e^{-\frac{a}{2}x}\left(1 + \frac{a}{2}x\right). \tag{54}$$

Für alle $x > 0$ ist, da $\frac{a}{2} > 0$, auch $y > 0$ und erst für unendlich wachsendes x nähert sich y wieder der Null. Man sieht auch, daß die Geschwindigkeit

$$y' = -\frac{a^2}{4} y_0 e^{-\frac{a}{2}x} x$$

immer negativ ist, der Punkt also sich ständig der Nullage zu bewegt.

Wir wollen noch einen einfachen und besonders wichtigen Fall einer nicht linearen Differentialgleichung zweiter Ordnung betrachten, der sich beim mathematischen Pendel darbietet. Ist ϑ der Ausschlagswinkel aus der Ruhelage, l die Länge des Pendels, g die Beschleunigung der Schwere, t die Zeit, so bietet sich hier die Differentialgleichung dar:

$$\frac{d^2\vartheta}{dt^2} = -\frac{g}{l}\sin\vartheta. \tag{55}$$

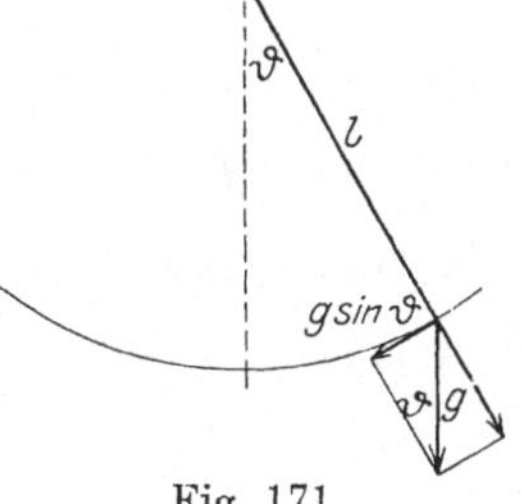

Fig. 171.

Multiplizieren wir diese Gleichung mit $2\frac{d\vartheta}{dt}$, so wird sie

$$\frac{d}{dt}\left(\frac{d\vartheta}{dt}\right)^2 = 2\frac{g}{l}\frac{d\cos\vartheta}{dt}$$

und daraus folgt durch Integration

$$\left(\frac{d\vartheta}{dt}\right)^2 = 2\frac{g}{l}\cos\vartheta + c, \tag{56}$$

wo c eine Integrationskonstante bedeutet. Der Ausdruck auf der linken Seite ist das Quadrat der Winkelgeschwindigkeit. Damit sich für diese ein reeller Wert ergibt, muß die rechte Seite positiv sein. Es scheiden sich danach drei Fälle:

1. $c > 2\frac{g}{l}$, sagen wir $= 2\frac{g}{l} + \omega_0^2$. Dann läßt sich der rechten Seite von (56) die Form geben

$$4\frac{g}{l}\cos^2\frac{\vartheta}{2} + \omega_0^2,$$

sie ist also immer positiv, welches auch der Wert von ϑ sei. Das Pendel führt dann volle Umdrehungen aus. In der tiefsten Lage ($\vartheta = 0$) wird die Winkelgeschwindigkeit

$$\omega_1 = \sqrt{4\frac{g}{l} + \omega_0^2}, \tag{57}$$

in der höchsten Lage ($\vartheta = \pi$) wird die Winkelgeschwindigkeit $= \omega_0$.

2. $c = 2\frac{g}{l}$, d. h. $\omega_0 = 0$. Dann langt das Pendel in der höchsten Lage mit der Geschwindigkeit 0 an. Es ist dort ein kritischer Punkt. Das Pendel kann, dem kleinsten Anstoß folgend, die Bewegung nach vorwärts oder rückwärts fortsetzen.

3. $c < \frac{2g}{l}$. Dann treten eigentliche Pendelschwingungen auf. Nennen wir deren Amplitude α, so ist

$$c = -2\frac{g}{l}\cos\alpha \tag{58}$$

zu setzen und es ergibt sich

$$\left(\frac{d\vartheta}{dt}\right)^2 = 2\frac{g}{l}(\cos\vartheta - \cos\alpha)$$

oder

$$\left(\frac{d\frac{\vartheta}{2}}{dt}\right)^2 = \frac{g}{l}\left(\sin^2\frac{\alpha}{2} - \sin^2\frac{\vartheta}{2}\right).$$

Setzen wir noch

$$\sin\frac{\vartheta}{2} = \sin\frac{\alpha}{2}\sin\psi = k\sin\psi \tag{59}$$

für $k = \sin\frac{\alpha}{2}$, so folgt $\sin^2\frac{\alpha}{2} - \sin^2\frac{\vartheta}{2} = k^2\cos^2\psi$, $\cos\frac{\vartheta}{2}\,d\frac{\vartheta}{2} = k\cos\psi\,d\psi$, $\cos^2\frac{\vartheta}{2} = 1 - k^2\sin^2\psi$, also

$$dt = \sqrt{\frac{l}{g}}\,\frac{d\psi}{\sqrt{1-k^2\sin^2\psi}}. \tag{60}$$

Die Dauer $\frac{1}{2}T$ einer halben Periode, also einer einfachen Schwingung, findet man, indem man ϑ von $-\alpha$ bis $+\alpha$ gehen läst, also ψ von $-\frac{\pi}{2}$ bis $+\frac{\pi}{2}$. Demnach wird

$$T = 4\sqrt{\frac{l}{g}}\int_0^{\frac{\pi}{2}}\frac{d\psi}{\sqrt{1-k^2\sin^2\psi}}, \tag{61}$$

also durch ein vollständiges elliptisches Integral erster Gattung ausgedrückt. Entwickelt man wieder den Integranden nach dem binomischen Lehrsatz und beschränkt sich auf die ersten beiden Glieder, so erhält man für kleine Schwingungen angenähert

$$T = 4\sqrt{\frac{l}{g}}\int_0^{\frac{\pi}{2}}\left(1+\frac{1}{2}k^2\sin^2\psi\right)\cdot d\psi,$$

also

$$T = 2\pi\sqrt{\frac{l}{g}}\left(1+\frac{1}{4}k^2\right), \tag{62}$$

oder mit genügender Annäherung

$$T = 2\pi\sqrt{\frac{l}{g}}\left(1+\frac{1}{16}\sin^2\alpha\right). \tag{63}$$

In der ersten Annäherung wird

$$T = 2\pi\sqrt{\frac{l}{g}}, \tag{64}$$

die Schwingungen sind dann isochron, d. h. die Schwingungsdauer wird unabhängig von der Amplitude. Dies ist die bekannte Pendelformel.

2. Graphische und numerische Lösung von Differentialgleichungen.

Liegt eine Differentialgleichung von der Form

$$(1) \qquad \frac{dy}{dx} = f(x, y)$$

vor, so läßt diese sich geometrisch deuten, indem man sagt, es werde jedem Punkte der xy-Ebene eine Fortschreitungsrichtung zugewiesen, deren Neigung α gegen die positive x-Achse durch die Beziehung

$$(2) \qquad \operatorname{tg} \alpha = \frac{dy}{dx}$$

gegeben ist. Es sei dabei vorausgesetzt, daß $f(x, y)$ eine eindeutige Funktion ist oder daß man sich, wenn sie mehrdeutig ist, auf einen Zweig der Funktion beschränkt. Man erhält so zu jedem Punkte die durch den Winkel α festgelegte Richtung, d. h. man findet ein Richtungsfeld, und es bedeutet nun die Integration der Differentialgleichung das Auffinden von Integralkurven, deren Tangente in jedem Punkte die durch das Richtungsfeld gegebene Richtung hat.

Um solche Kurven zu finden, konstruiert man zuerst die durch die Gleichungen

$$(3) \qquad f(x, y) = \text{konst.}$$

gegebenen Isoklinen, d. h. die Kurven, für deren sämtliche Punkte die Fortschreitungsrichtung des Richtungsfeldes die gleiche ist. Um dann eine Integralkurve zu finden, verfährt man so, daß man eine Kurve zeichnet, welche die einzelnen Isoklinen unter der vorgeschriebenen Richtung durchsetzt.

Es ist nun möglich, daß an einzelnen Stellen die Integralkurve die Isokline nicht schneidet, sondern berührt. Das setzt voraus, daß die Isokline an der betr. Stelle selbst eine Tangente hat, die in die dem Punkte zugeordnete Richtung fällt, d. h. es muß

$$\frac{\partial f}{\partial x} + \frac{\partial f}{\partial y} \operatorname{tg} \alpha = 0 \quad \text{oder} \quad \frac{\partial f}{\partial x} + \frac{\partial f}{\partial y} f(x, y) = 0$$

werden. Es ist aber nach der vorgegebenen Differentialgleichung (1)

$$(4) \qquad \frac{d^2 y}{dx^2} = \frac{\partial f}{\partial x} + \frac{\partial f}{\partial y}\frac{dy}{dx} = \frac{\partial f}{\partial x} + \frac{\partial f}{\partial y} f(x, y).$$

Also wird an einer solchen Stelle $\frac{d^2 y}{dx^2} = 0$, d. h. die Integralkurve hat dort einen Wendepunkt.

Nimmt man nun an, es sei durch graphische Konstruktion eine Kurve gefunden, die, von einem gegebenen Punkte $P_0(x_0, y_0)$ ausgehend, zunächst nur annähernd die Forderung erfüllt, die Isoklinen in den geforderten Richtungen zu schneiden, dann würde die Gleichung dieser Kurve in der analytischen Darstellung die Form

$$(4) \qquad y_1 = \varphi_1(x)$$

haben, wobei y_1 von der bei der wirklichen Integralkurve an der Abszisse x auftretenden Ordinate y etwas verschieden vorauszusetzen ist. Man kann jetzt in der Differentialgleichung (1) auf der rechten Seite den Näherungswert $y = y_1 = \varphi_1(x)$ einsetzen. Dann wird die rechte Seite eine Funktion von x allein und y läßt sich durch eine bloße Quadratur finden. Allerdings ist die so gefundene Lösung immer noch nicht genau, weil ja y auf der rechten Seite nicht den genauen Wert bekommen hat. Wir erhalten vielmehr nur eine neue Näherung

$$(5) \qquad y_2 = y_0 + \int_{x_0}^{x} f(x, \varphi_1(x))\, dx = \varphi_2(x).$$

Diese Näherung ist aber schon besser wie die erste, und wiederholt man denselben Schritt noch einmal, indem man jetzt

$$(6) \qquad y_3 = y_0 + \int_{x_0}^{x} f(x, \varphi_2(x))\, dx = \varphi_3(x)$$

auswertet, so findet man eine noch bessere Annäherung. So kann man beliebig weit fortschreiten.

Dabei ist zu bedenken, daß $f(x, \varphi_1(x)) = f(x, y_1) = \operatorname{tg} \alpha_1$ wird, wenn die an der Stelle (x, y_1) vorhandene Richtung mit der x-Achse den Winkel α_1 einschließt. Hiernach ist diese Ordinate sehr einfach graphisch zu bestimmen und darauf die Integration in (5) graphisch auszuführen.

Wenn nun die Isoklinen an den Stellen, an denen sie von der ersten genäherten Integralkurve passiert werden, nahezu senkrecht zur x-Achse verlaufen, so werden die Nachbarstellen, an denen sie von der zweiten genäherten Integralkurve passiert werden, von den ersten Stellen nur sehr wenig verschiedene Abszissen haben. Damit werden aber auch die für die Quadratur aufzutragenden Ordinaten sehr wenig verschieden und die neue Annäherung wird nur noch eine sehr geringe Verbesserung liefern, so daß unter Umständen schon die vorausgehende als hinreichend anzusehen ist.

Es ist deshalb von Vorteil, das Koordinatensystem nach dem Auffinden der ersten genäherten Integralkurve so zu verändern, daß man für die Richtung der neuen y-Achse einen Mittelwert der bei dem Passieren der Isoklinen in Betracht kommenden Richtungen wählt. Die neue x-Achse ist dann zu diesen Richtungen mit möglichster Annäherung senkrecht, und das Näherungsverfahren erhält die Form, in der es möglichst rasch zum Ziele führt. Eine solche Veränderung des Koordinatensystems ist aber ohne weiteres möglich, da ja das Integrationsproblem in der graphischen Formulierung von dem zugrunde gelegten Koordinatensystem ganz unabhängig ist, indem nur den einzelnen Punkten jedesmal eine bestimmte Richtung zugewiesen wird und diese Richtungen durch Strahlen, die von einem Pol P ausgehen und den einzelnen Isoklinen zugeordnet werden, ohne weiteres graphisch festgelegt werden können.

In der Fig. 172 ist so die Lösung für die Differentialgleichung

$$\frac{dy}{dx} = \sqrt{x^2 + y^2}$$

gegeben. In diesem Falle sind die Isoklinen einfach konzentrische Kreise mit dem Mittelpunkt O. Vom Anfangspunkte P_0 aus ist dann mit den Punkten $S_1\, S_2 \ldots$ die erste Näherung τ_1 der Integralkurve gezeichnet, indem der Reihe nach die Parallelen zu den vom Pole W ausgehenden Strahlen gezogen wurden. Diese Strahlen liefern die Richtungen, unter denen die gleich bezeichneten Isoklinen von der Integralkurve passiert werden sollen. Es ist darauf die neue Ordinatenachse η so gewählt worden, daß sie möglichst einen Mittelwert der Richtungen liefert, welche die Isoklinen an den in Betracht kommenden Stellen haben. Zur neuen Abszissenachse ξ ist durch W die Parallele gezogen und auf dieser in ihrem Schnittpunkte V mit der Skala das Lot errichtet. Auf diesem Lot erscheinen dann die Ordinaten, die man unter den Punkten $S_1\, S_2 \ldots$ auf der Achse ξ zu errichten hat, um die Kurve i_1 zu finden, deren Integration gemäß der Formel (5) die zweite Annäherung τ_2 der Integralkurve liefert. Die Kurve i_1 wird zu dem Zweck durch eine Staffelfigur ersetzt, deren einzelne Teile den zugehörigen von der Kurve i_1 begrenzten Flächenstreifen möglichst gleich sind. Die Höhen dieser Staffeln sind auf der η-Achse abgetragen und vom Pole P nach den so gewonnenen Punkten die Strahlen gezogen. Die Integralkurve τ_2 wird dann als Polygonzug angenähert, indem man zu jenen Strahlen zwischen den begrenzenden Ordinaten der Staffeln die Parallelen zieht.

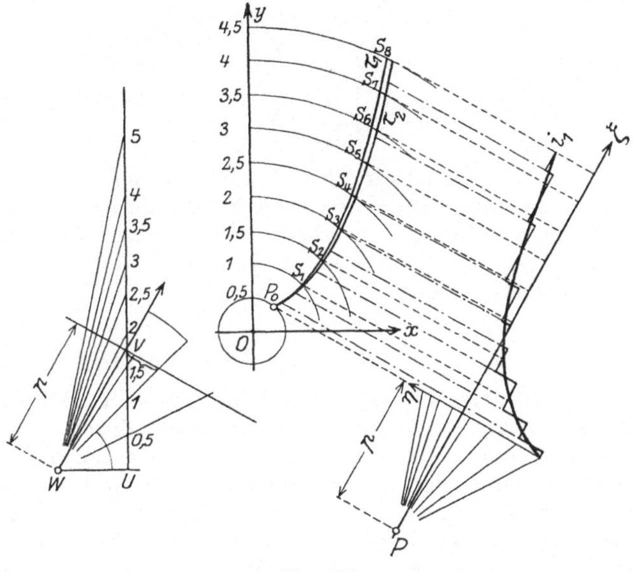

Fig. 172.

Neben diesem graphischen Verfahren kann aber auch eine numerische Methode zur Lösung der Differentialgleichung (1) benutzt werden. Man beachte zunächst, daß man ja, nachdem man einem Werte x_0 des Argumentes den zugehörigen Funktionswert y_0 beliebig zugewiesen hat, den Funktionswert $y_0 + k$ für einen dem ersten nahe benachbarten Argumentwert $x_0 + h$ aus der Differentialgleichung selbst findet, indem man $\frac{dy}{dx}$ mit dem Quotienten der Differenzen $\frac{k}{h}$ gleichsetzt, also näherungsweise für k den Wert

$$k_1 = f(x_0, y_0) \cdot h \tag{7}$$

nimmt. Diese Annäherung würde aber nur hinreichen, wenn h sehr klein genommen wird, also eine große Anzahl von einzelnen Schritten erfordern, um den Funktionswert für eine nennenswerte Strecke zu erhalten, und damit mühsame Rechnungen bedingen.

Man kann den bei der Berechnung von k begangenen Fehler ohne weiteres ausdrücken, wenn man die Funktion $y = f(x)$ in der Nähe der Stelle x_0 nach dem Taylorschen Lehrsatz entwickelt. Es wird dann

$$k = f(x_0 + h) - f(x_0) = A_1 h + A_2 h^2 + A_3 h^3 + \ldots, \tag{8}$$

und dabei ist $A_1 = \left(\frac{dy}{dx}\right)_0 = f(x_0, y_0)$, also ist der bei der Berechnung von k begangene Fehler

$$k - k_1 = A_2 h^2 + A_3 h^3 + \ldots \tag{9}$$

Die Aufgabe wird nun die sein, k auf andere Weise derart zu berechnen, daß es mit dem Ergebnis der Taylorschen Reihenentwicklung in mehr Gliedern übereinstimmt. Dann wird der Fehlerausdruck für k erst mit höheren Potenzen von h beginnen und damit für kleine Werte von h bedeutend geringer sein.

Es ist nun von Kutta ein Verfahren angegeben worden, das es ermöglicht, den Fehler erst mit der fünften Potenz von h beginnen zu lassen, das also eine sehr gute Annäherung liefert. Zu dem Zwecke setzt man:

$$k = \tfrac{1}{6}k_1 + \tfrac{1}{3}k_2 + \tfrac{1}{3}k_3 + \tfrac{1}{6}k_4, \tag{10}$$

und dabei wird

$$\begin{cases} k_1 = f(x_0, y_0)\cdot h, \\ k_2 = f(x_0 + \tfrac{1}{2}h,\ y_0 + \tfrac{1}{2}k_1)\cdot h, \\ k_3 = f(x_0 + \tfrac{1}{2}h,\ y_0 + \tfrac{1}{2}k_2)\cdot h, \\ k_4 = f(x_0 + h,\ y_0 + k_3)\cdot h. \end{cases} \tag{11}$$

Um einen Maßstab für die Genauigkeit der so berechneten Werte zu haben, muß man die Rechnung zweimal durchführen, einmal für das Intervall h und das zweite Mal für das Intervall $2h$. Der 16. Teil der Differenz, die sich hierbei für die Werte von y ergibt, liefert dann die Größenordnung des begangenen Fehlers.

3. Partielle Differentialgleichungen.

Partielle Differentialgleichungen sind Gleichungen, welche eine Funktion von mehreren Veränderlichen durch eine analytische Beziehung zwischen den partiellen Differentialquotienten der Funktion nach den einzelnen Veränderlichen bestimmen. Wir beschränken uns hier auf Funktionen u von zwei Veränderlichen x, t, von denen die eine als Länge, die andere als Zeit aufgefaßt wird, und wählen als erstes Beispiel die partielle Differentialgleichung der Wärmeleitung

$$\frac{\partial u}{\partial t} = \mu^2 \frac{\partial^2 u}{\partial x^2}, \tag{1}$$

in der μ^2 eine Konstante, u die Temperatur bedeutet. Wir suchen die Lösung zu erreichen, indem wir u als das Produkt einer Funktion $g(x)$ von x und einer Funktion $h(t)$ von t ansetzen, indem wir also annehmen

$$u = g(x)\cdot h(t). \tag{2}$$

Es wird dann

$$\frac{\partial u}{\partial t} = g(x)\cdot h'(t), \qquad \frac{\partial^2 u}{\partial x^2} = g''(x)\cdot h(t)$$

und damit

$$g(x)\cdot h'(t) = \mu^2\cdot g''(x)\cdot h(t).$$

Diese Gleichung ist erfüllt, wenn

$$g''(x) = \frac{a^2}{\mu^2}g(x), \qquad h'(t) = a^2 h(t) \tag{3}$$

wird, indem a^2 eine neue Konstante bezeichnet.

Wir finden als Lösungen dieser beiden gewöhnlichen Differentialgleichungen

$$g(x) = e^{\frac{a}{\mu}x}, \qquad h(t) = e^{a^2 t}, \tag{4}$$

also

$$u = e^{\frac{a}{\mu}x + a^2 t}. \tag{5}$$

Nehmen wir für a^2 einen komplexen Wert $a = -\alpha(1 \pm i)$, so wird $a^2 = \pm 2\alpha^2$, also

$$u = e^{-\frac{\alpha}{\mu}x + i\left(2\alpha^2 t - \frac{\alpha}{\mu}x\right)}. \tag{6}$$

Den verschiedenen Vorzeichen entsprechen zwei Lösungen u_1, u_2, deren halbe Summe $\frac{1}{2}(u_1 + u_2)$ wieder eine Lösung ist. Da aber

$$\tfrac{1}{2}(e^{iz} + e^{iz}) = \cos z,$$

wird

$$\tfrac{1}{2}(u_1 + u_2) = e^{-\frac{\alpha}{\mu}x} \cos\left(2\,\alpha^2 t - \frac{\alpha}{\mu}x\right),$$

und da dieser Ausdruck eine Lösung der Differentialgleichung bleibt, wenn wir ihn mit einer Konstanten A multiplizieren und noch eine Konstante B addieren, können wir die Lösung ansetzen in der Form

$$u = A\, e^{-\frac{x}{\mu}\sqrt{\frac{\pi}{T}}} \cos\left(\frac{2\,\pi t}{T} - \frac{x}{\mu}\sqrt{\frac{\pi}{T}}\right) + B. \tag{6a}$$

Wir haben dabei noch $\alpha = \sqrt{\frac{\pi}{T}}$ gemacht. u ändert sich nicht, wenn t um T vermehrt wird, d. h. es ist T die (zeitliche) Periode der Funktion u, und wir haben sonach eine periodische Lösung der Differentialgleichung (1) gefunden.

Die Lösung setzt voraus, daß für $x = 0$

$$u_0 = A \cos\frac{2\,\pi t}{T} + B \tag{7}$$

wird. Das heißt, wenn wir uns die Ebene $x = 0$ etwa als die horizontal angenommene Erdoberfläche vorstellen, und voraussetzen, daß die Temperatur u nur von der Tiefe x unter dem Erdboden abhängt, so soll an der Oberfläche selbst eine nach dem Sinusgesetz periodisch mit der Periode T schwankende Temperatur vorhanden sein, wie dies in dem Wechsel der Tages- und Jahreszeiten annähernd der Fall ist.

Ist x sehr groß, so wird der Faktor von A in dem Ausdrucke von u sehr klein. Man kann dieses Glied also vernachlässigen und findet, daß in sehr großer Tiefe die konstante Temperatur B herrscht.

Wenn wir nun für eine bestimmte Tiefe x die Zeiten feststellen wollen, für welche die Temperatur ihren höchsten oder kleinsten Wert annimmt, so müssen wir den Cosinus $= \pm 1$ machen, also

$$\frac{2\,\pi}{T}\left(t - \frac{x}{2\,\mu}\sqrt{\frac{T}{\pi}}\right) = n \cdot \pi, \tag{8}$$

wobei n eine ganze Zahl bedeutet. Diese Gleichung zeigt, daß die so sich ergebende Zeit um den Betrag

$$\frac{x}{2\,\mu}\sqrt{\frac{T}{\pi}}$$

von der Zeit verschieden ist, zu der der höchste oder niedrigste Wert an der Oberfläche auftritt. Die Wärmewelle schreitet also mit der Geschwindigkeit

$$v = 2\,\mu\sqrt{\frac{\pi}{T}} \tag{9}$$

nach dem Innern der Erde zu fort.

Gleichzeitig nimmt ihre Amplitude, die an der Oberfläche A beträgt, ab und wird

$$A \cdot e^{-\frac{x}{\mu}\sqrt{\frac{\pi}{T}}}. \tag{10}$$

Sie ist demnach in genügend großer Tiefe verschwindend gering.

Um einen Anhaltspunkt zur Bestimmung des in der Differentialgleichung steckenden Zahlwertes μ zu haben, nehme man den Tag als Zeiteinheit und das Meter als Längeneinheit an. Die Geschwindigkeit v für die Fortpflanzung der täglichen Temperaturschwankungen wird dann nahezu $= 1 \frac{\mathrm{m}}{\mathrm{Tag}}$, und für μ folgt, wenn $v = 1$, $T = 1$ gesetzt wird,

$$\mu = \frac{1}{2\sqrt{\pi}} = 0{,}28\,. \tag{11}$$

Bei der jährlichen Temperaturschwankung ist ferner der Wert $v = 0{,}0464$ festgestellt worden. Daraus ergibt sich

$$\mu = \frac{0{,}0464 \cdot \sqrt{365{,}25}}{2\sqrt{\pi}} = 0{,}25 \tag{11a}$$

in hinreichender Übereinstimmung mit dem vorigen Wert.

Nimmt man nun aber an der Erdoberfläche keine periodische Schwankung, sondern ein allmähliches Abklingen einer ursprünglich vorhandenen sehr hohen Temperatur an, wie sie in der Tat vor einer langen Reihe von Jahren bestanden haben soll, so ist die gegebene Lösung der Differentialgleichung nicht zu brauchen. Es ist vielmehr statt ihrer ein anderer Ansatz zu wählen. Wir versuchen einen solchen, indem wir u als Funktion von

$$z = \frac{x}{\sqrt{t}} \tag{12}$$

betrachten. Es wird dann

$$\frac{\partial u}{\partial x} = \frac{d u}{d z} \cdot \frac{\partial z}{\partial x} = \frac{d u}{d z} \cdot \frac{1}{\sqrt{t}}, \qquad \frac{\partial^2 u}{\partial x^2} = \frac{d^2 u}{d z^2} \cdot \frac{1}{t},$$

$$\frac{\partial u}{\partial t} = \frac{d u}{d z} \cdot \frac{\partial z}{\partial t} = -\frac{d u}{d z} \cdot \frac{x}{2 t \sqrt{t}}.$$

Damit nimmt die Differentialgleichung die Form an

$$-\frac{d u}{d z} \cdot \frac{x}{2 t \sqrt{t}} = \mu^2 \cdot \frac{d^2 u}{d z^2} \cdot \frac{1}{t}.$$

und, wenn wir $\frac{d u}{d z} = w$ setzen, wird

$$\frac{d \ln w}{d z} = -\frac{z}{2 \mu^2},$$

also

$$\ln w = -\frac{z^2}{4 \mu^2}, \qquad w = e^{-\frac{z^2}{4 \mu^2}}$$

und

$$u = \int_0^z e^{-\frac{z^2}{4 \mu^2}} d z, \qquad z = \frac{x}{\sqrt{t}}. \tag{13}$$

Setzen wir noch

$$\frac{z}{2 \mu} = \zeta, \qquad \text{also} \qquad \zeta = \frac{x}{2 \mu \sqrt{t}}$$

und fügen wieder eine multiplikative Konstante $A \frac{1}{\mu \sqrt{\pi}}$ und eine additive Konstante B hinzu, so erhalten wir endlich als Integral der Differentialgleichung

$$u = A\, 2 \int_0^{\zeta} e^{-\zeta^2} \frac{d \zeta}{\sqrt{\pi}} + B, \qquad \zeta = \frac{x}{2 \mu \sqrt{t}}. \tag{14}$$

Wir schreiben noch

(15) $$\Phi(\zeta) = 2\int_0^{\zeta} e^{-\zeta^2} \frac{d\zeta}{\sqrt{\pi}}.$$

Dann wird

(14a) $$u = A \cdot \Phi\left(\frac{x}{2\mu\sqrt{t}}\right) + B$$

die Lösung der Differentialgleichung. Für hinreichend große positive oder negative Werte von ζ, also auch für $t = 0$, wird $\Phi(\zeta) = 1$, also, wenn wir noch $B = 0$ voraussetzen, $u = A$.

Es folgt weiter

(16) $$\frac{\partial u}{\partial x} = \frac{2}{\sqrt{\pi}} . A e^{-\zeta^2} \cdot \frac{\partial \zeta}{\partial x} = \frac{A}{\mu\sqrt{\pi}} \cdot \frac{1}{\sqrt{t}} e^{-\frac{x^2}{4\mu^2 t}}.$$

Nimmt man nun an, daß, als im Verlauf der allmählichen Abkühlung eine erstarrte Erdkruste sich bildete, die Temperatur u an der Erdoberfläche $A = 4000^0$ C. betrug, ferner daß gegenwärtig die Abnahme mit der Tiefe $\frac{\partial u}{\partial x} = \frac{1}{25} \frac{\text{Grad}}{\text{Meter}}$ beträgt, so würde für die seit dem Erstarren der Erdoberfläche verflossene Zeit t, wenn in der vorigen Formel $x = 0$, $\mu = 1 : 2\sqrt{\pi}$ gesetzt wird, folgen

$$\frac{1}{25} = \frac{8000}{\sqrt{t}}$$

und daraus $t = 4 \cdot 10^{10}$ Tage oder rund 100 Millionen Jahre. —

Als zweites Beispiel einer partiellen Differentialgleichung behandeln wir die Differentialgleichung

(17) $$\frac{\partial^2 y}{\partial t^2} = \mu^2 \frac{\partial^2 y}{\partial x^2}.$$

Diese Differentialgleichung ist linear und homogen von der zweiten Ordnung und tritt als Differentialgleichung der schwingenden Saiten, allgemein als Schwingungsgleichung bei nur einer räumlichen Dimension x auf.

Man kann die Differentialgleichung lösen, indem man einen Ansatz

(18) $$y = f(x + a t)$$

macht. Dann wird

$$\frac{\partial y}{\partial x} = f'(x + a t), \qquad \frac{\partial y}{\partial t} = f'(x + a t) \cdot a$$

und

$$\frac{\partial^2 y}{\partial x^2} = f''(x + a t). \qquad \frac{\partial^2 y}{\partial t^2} = f''(x + a t) \cdot a^2,$$

folglich

$$\frac{\partial^2 y}{\partial t^2} = a^2 \cdot \frac{\partial^2 y}{\partial x^2},$$

woraus sich durch Vergleich mit (17) $a^2 = \mu^2$, also $a = \pm \mu$ ergibt, und damit kann als allgemeine Lösung der Differentialgleichung (17)

(18) $$y = f_1(x + \mu t) + f_2(x - \mu t)$$

angesetzt werden, wenn f_1, f_2 unbestimmte Funktionen bezeichnen.

Man bestimmt die Funktionen f_1, f_2, indem man die Werte von y und $\frac{\partial y}{\partial t}$ für $t = 0$ als gegeben annimmt. Es werden dann

$$f_1(x) + f_2(x) = \varphi(x),$$

(19) $$\mu\,[f_1'(x) - f_2'(x)] = \psi(x),$$

wenn $\varphi(x)$, $\psi(x)$ gegebene Funktionen bezeichnet. Nimmt man für $t=0$ insbesondere eine Ruhelage, also $\frac{\partial y}{\partial t}=0$ an, d. h. $\psi(x)\equiv 0$, so wird $f_1'(x) = f_2'(x)$ und man kann $f_1(x)=f_2(x)=f(x)$ setzen, wobei

$$f(x)=\tfrac{1}{2}\varphi(x)$$

wird, so daß sich

(20) $$y=\tfrac{1}{2}\varphi(x+\mu t)+\tfrac{1}{2}\varphi(x-\mu t)$$

ergibt. Der Anfangszustand zerlegt sich in zwei gleichgroße Komponenten, die sich nach entgegengesetzten Richtungen mit der Geschwindigkeit μ fortpflanzen.

Für die praktische Behandlung des Problems der schwingenden Saiten geeigneter ist aber ein Ansatz von der Form

(21) $$y=g(x)\cdot h(t).$$

Dann liefert die Differentialgleichung die Bedingung

$$g(x)\,h''(t)=\mu^2 g''(x)\,h(t),$$

die erfüllt ist, wenn

(22) $$g''(x)=-\alpha g(x), \qquad h''(t)=-\alpha\mu^2 h(t)$$

gesetzt wird. Man führt also auf diese Weise die partielle Differentialgleichung auf zwei gewöhnliche Differentialgleichungen zurück.

Die erste dieser Differentialgleichungen wird gelöst durch die Funktion

(23) $$g(x)=\sin(\sqrt{\alpha}\,x).$$

Handelt es sich nun um eine schwingende Saite, so sollen die Enden der Saite in Ruhe bleiben. Es muß also die Funktion $y=g(x)\cdot h(t)$ für alle Werte von t an den Stellen, wo $x=0$ oder $x=l$, wenn l die Seitenlänge ist, verschwinden. Die Bedingung für $x=0$ ist durch den gewählten Ansatz für $g(x)$ von selbst erfüllt. Soll auch die Bedingung für $x=l$ erfüllt sein, so muß

$$\sin(\sqrt{\alpha}\,l)=0$$

werden, also $\sqrt{\alpha}\,l$ ein Vielfaches $n\pi$ von π. Daraus folgt $\sqrt{\alpha}=\frac{n\pi}{l}$ und

(24) $$g(x)=\sin\frac{n\pi x}{l}.$$

Mit diesem Wert von α wird nun die Differentialgleichung für $h(t)$

$$h''(t)=-\left(\frac{n\pi\mu}{l}\right)^2 h(t)$$

und diese Differentialgleichung wird gelöst durch die Funktion

(25) $$h(t)=c\sin\left(\frac{n\pi\mu t}{l}+\beta\right).$$

Damit wird die Lösung der gegebenen Differentialgleichung

(26) $$y=c\sin\left(\frac{n\pi\mu t}{l}+\beta\right)\cdot\sin\frac{n\pi x}{l}.$$

Die hiernach für die verschiedenen Werte $n=1, 2, 3, \ldots$ dargestellten Schwingungsvorgänge der Saite sind leicht zu übersehen. Die Saite hat in jedem Augenblicke die Gestalt einer Sinuslinie, welche die x-Achse in den Punkten $\frac{l}{n}$, $2\frac{l}{n}, \ldots$ schneidet. Diese heißen die Knotenpunkte der Schwingung. Jeder Punkt x der Saite schwingt dabei senkrecht zur x-Achse nach dem Sinusgesetze mit der Amplitude $c \sin \frac{n\pi x}{l}$. Der Ausschlag

$$c \sin \left(\frac{n\pi\mu t}{l} + \beta\right)$$

der für die Zeit t sich ergebenden Sinuslinie schwankt selbst im Laufe der Zeit nach dem Sinusgesetz. So oft dieser Ausschlag verschwindet, geht die Saite durch ihre Ruhelage hindurch. Sie hat ihre größte Abweichung von der Ruhelage, wenn der Sinus $= \pm 1$ wird, also

$$\frac{n\pi\mu t}{l} + \beta = (2m+1)\frac{\pi}{2} \tag{27}$$

ist, wo m wieder eine ganze Zahl bezeichnet, und zwar ist der Ausschlag dann $= \pm c$. Der Schwingungsvorgang ist ein periodischer mit der Periode

$$T = \frac{2l}{n\mu}, \tag{28}$$

μ ist dabei eine von der Beschaffenheit der Saite abhängende Konstante. T heißt die Schwingungsdauer, $\frac{1}{T}$ die Schwingungszahl, d. h. die Zahl der Schwingungen in der Zeiteinheit.

Für $n = 1$ schlagen alle Punkte der Saite aus, nur die Endpunkte treten als Knotenpunkte auf. Man bezeichnet die zugehörige Schwingungszahl als den Grundton der Saite. Bei den Werten $n = 2, 3, \ldots$ sind $2, 3, \ldots$ Knotenpunkte auf der Saite vorhanden, die sie in gleiche Teile teilen, und die Schwingungszahlen sind das $2, 3, \ldots$ fache vom Grundton. Dies sind die sog. Obertöne. Für $n = 2$ ergibt sich die Oktave, von dieser für $n = 3$ die Quinte usw.

Nun können alle diese Schwingungen gleichzeitig auftreten und tun es auch im allgemeinen, man hat also die den verschiedenen Schwingungen entsprechenden Lösungen der Differentialgleichung zu vereinigen und ihre allgemeine Lösung in der Form anzusetzen

$$y = \sum c_n \sin\left(\frac{n\pi\mu t}{l} + \beta_n\right) \cdot \sin \frac{n\pi x}{l}, \tag{29}$$

wobei die Summe über alle Zahlen von $n = 1$ bis $n = \infty$ zu erstrecken ist. Man kann diesen Ausdruck auch in der Form schreiben

$$y = \sum \left(a_n \cos \frac{n\pi\mu t}{l} + b_n \sin \frac{n\pi\mu t}{l}\right) \sin \frac{n\pi x}{l}, \tag{30}$$

wenn man $a_n = c_n \sin \beta_n$; $b_n = c_n \cos \beta_n$ setzt. Der gefundene Ausdruck wird als eine Fouriersche Reihe bezeichnet.

Die Koeffizienten a_n, b_n in dieser Reihe sind daraus zu bestimmen, daß zu Anfang, also für $t = 0$, y und $\frac{dy}{dt}$ gegebene Funktionen von x sind, daß also die Anfangsgestalt der Saite und die Anfangsgeschwindigkeiten ihrer Punkte gegeben sind. Sind die zugehörigen Funktionen $\varphi(x)$ und $\psi(x)$, so wird

$$\varphi(x) = \sum a_n \sin \frac{n\pi x}{l}, \quad \psi(x) = \sum a_n' \sin \frac{n\pi x}{l}, \tag{31}$$

wenn $a_n' = \frac{n\pi\mu}{l} b_n$ gesetzt wird.

Es ist nun ein allgemeiner Satz, daß sich die Werte der Koeffizienten a_n oder a_n' in diesen Ausdrücken aus den für das Intervall $x=0$ bis $x=l$ willkürlich gegebenen Funktionen $\varphi(x)$ und $\psi(x)$ allgemein berechnen lassen.

Ist insbesondere die Saite anfänglich in Ruhe, so wird $\psi(x)=0$ (d. h. diese Funktion verschwindet identisch) und damit wird auch $a_n'=0$ und folglich $b_n=0$. Die Lösung hat dann die einfachere Form

$$y=\sum a_n \cos\frac{n\pi\mu t}{l}\sin\frac{n\pi x}{l}. \tag{32}$$

4. Harmonische Analyse.

Eine periodische Funktion $f(x)$ von der Periode τ kann allgemein durch einen Ausdruck von folgender Form angenähert werden:

$$\begin{aligned}\varphi(x)=a_0+a_1\sin u+a_2\sin 2u+\ldots+a_{n-1}\sin(n-1)u\\ +b_1\cos u+b_2\cos 2u+\ldots+b_n\cos nu,\end{aligned} \tag{1}$$

wobei $u=2\pi\frac{x}{\tau}$. Häuft man hierin die Anzahl der Glieder, so kann man unter gewissen Bedingungen jeden beliebigen Grad der Annäherung erreichen (Fourierscher Satz).

Hat n einen beliebigen Wert, so sind die günstigsten Werte der Koeffizienten a_i und b_i dadurch bestimmt, daß das Integral

$$\int_0^\tau\{f(x)-\varphi(x)\}^2\,dx \tag{2}$$

ein Minimum werden soll. Daraus ergeben sich die Gleichungen:

$$\int_0^\tau\{f(x)-\varphi(x)\}\,dx=0, \tag{3}$$

$$\int_0^\tau\sin\mu\left(\frac{2\pi x}{\tau}\right)\{f(x)-\varphi(x)\}\,dx=0,\quad \int_0^\tau\cos\mu\left(\frac{2\pi x}{\tau}\right)\{f(x)-\varphi(x)\}\,dx=0$$
$$(\mu=1,2,\ldots n-1)\qquad\qquad (\mu=1,2,\ldots n).$$

Die Lösungen dieser Gleichungen lauten:

$$a_0=\frac{1}{\tau}\int_0^\tau f(x)\,dx, \tag{4}$$

$$a_\mu=\frac{2}{\tau}\int_0^\tau\sin\mu\left(\frac{2\pi x}{\tau}\right)f(x)\,dx,\qquad b_\mu=\frac{2}{\tau}\int_0^\tau\cos\mu\left(\frac{2\pi x}{\tau}\right)f(x)\,dx$$
$$(\mu=1,2,\ldots n-1)\qquad\qquad (\mu=1,2,\ldots n).$$

Für die angenäherte Berechnung können nun bei hinlänglich großem n die Integrale durch Summen ersetzt werden, indem man nimmt

$$\left\{\begin{aligned}&a_0=\frac{1}{2n}\sum_1^{2n}y_i,\qquad b_n=\frac{1}{2n}\sum_1^{2n}y_i(-1)^i,\\ &a_\mu=\frac{1}{n}\sum_1^{2n}y_i\sin\left(\mu i\frac{\pi}{n}\right),\quad b_\mu=\frac{1}{n}\sum_1^{2n}y_i\cos\left(\mu i\frac{\pi}{n}\right).\quad(\mu=1,2,\ldots n-1),\\ &y_i=f(x_i),\end{aligned}\right. \tag{5}$$

wobei die x_i einer Teilung der Periode in $2n$ gleiche Teile entsprechen.

Man kann die Berechnung graphisch ausführen in folgender Weise. In einer ersten Figur trägt man in beliebigem Maßstabe die Werte der Sinus und Kosinus auf einer vertikalen Achse von der horizontalen Abszissenachse aus ab. In der Figur bedeuten die nicht eingeklammerten Zahlen die Werte i für die Sinus, die eingeklammerten Zahlen die Werte i für die Kosinus. n ist gleich 8 vorausgesetzt. Der Abstand des Poles P auf der Abszissenachse von der vertikalen Achse ist $= 1$ angenommen. P ist darauf mit den einzelnen Teilpunkten durch Strahlen verbunden. In einer zweiten Figur werden die Werte $y_1, y_2, y_3, \ldots$ auf der Abszissenachse nacheinander der Größe und dem Sinne nach abgetragen und in den Teilpunkten die Ordinaten errichtet. Um dann a_μ zu finden, zieht man durch den Anfangspunkt die Parallele zu dem nach dem Punkte μ der ersten Figur hinlaufenden Strahl bis zu der ersten Ordinate der zweiten Figur. Durch den Schnittpunkt der gezogenen Parallelen mit dieser Ordinate zieht man weiter die Parallele zu dem nach dem Punkte 2μ der ersten Figur hinlaufenden Strahl bis zu der zweiten Ordinate der zweiten Figur, durch den so auf der zweiten Ordinate gewonnenen Punkt weiter die Parallele zu dem nach dem Teilpunkte 3μ hinlaufenden Strahl usw. (In der Figur 178 ist der Anfang des Polygonzuges für den Koeffizienten a_3 gezeichnet.) Ebenso verfährt man zur Bestimmung der Koeffizienten b_i. Der Wert des Koeffizienten selbst wird jedesmal gefunden, indem man die letzte gefundene Ordinate in n gleiche Teile teilt. Nur der Koeffizient a_0 wird gefunden, indem man den Abstand des Anfangspunktes von dem Endpunkt der Strecke y_{2n} durch $2n$ teilt (oder auch indem man überall den in der angegebenen Weise gezogenen Parallelen die Neigung 45^0 gegen die Abszissenachse gibt, so daß auf der letzten Ordinate eine Strecke gleich dem genannten Abstande abgegrenzt wird). Bei der Konstruktion von b_n geht die Neigung der Parallelen abwechselnd um 45^0 nach aufwärts und nach abwärts, und am Ende ist durch $2n$ zu teilen.

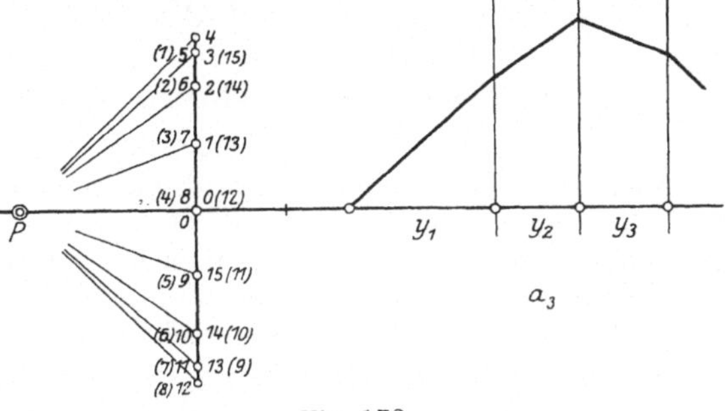

Fig. 178.

Die graphische Bestimmung läßt sich sehr einfach auch durch eine rechnerische Auswertung ersetzen.

Zehntes Kapitel.

Vektoren.

1. Geometrische Theorie der komplexen Zahlen.

Unter einem Vektor versteht man eine Strecke von gegebener Länge und Richtung. Die Länge dieser Strecke nennt man den Modul des Vektors. Man kann dann auf Vektoren die Operationen der Addition und Subtraktion leicht übertragen. Es werden ja auch die gewöhnlichen Zahlen durch Strecken von bestimmter Länge und bestimmtem Richtungssinn auf einer geraden Linie, der Zahlenachse, dargestellt, und die Addition zweier Zahlen bedeutet, daß man von den beiden sie darstellenden Strecken die eine ohne Änderung ihrer Länge und ihres Richtungssinnes mit dem Anfangspunkt an den Endpunkt der anderen Strecke legt, dann ist die Strecke, welche von dem Anfangspunkt dieser Strecke nach dem Endpunkt der anderen hinführt, die gesuchte Summe. Entsprechend legt man fest:

Die Summe zweier Vektoren wird gefunden, indem man den einen Vektor ohne Änderung seiner Länge und Richtung mit seinem Anfangspunkt an den Endpunkt des anderen Vektors legt, dann ist der Vektor, welcher vom Anfangspunkt dieses Vektors nach dem Endpunkt des anderen Vektors hinführt, die Summe der beiden Vektoren.

Man erkennt dann sofort, daß, wenn $\boldsymbol{a}$, $\boldsymbol{b}$, $\boldsymbol{c}$ drei Vektoren bedeuten, die Beziehungen gelten

$$(1)\qquad \boldsymbol{a}+\boldsymbol{b}=\boldsymbol{b}+\boldsymbol{a}, \quad (\boldsymbol{a}+\boldsymbol{b})+\boldsymbol{c}=\boldsymbol{a}+(\boldsymbol{b}+\boldsymbol{c}).$$

Um die Differenz zweier Vektoren festzulegen, führt man zu einem Vektor $\boldsymbol{b}$ den entgegengesetzten Vektor $-\boldsymbol{b}$ ein. Darunter versteht man den Vektor von gleicher Länge, aber entgegengesetzter Richtung. Man legt dann fest:

$$(2)\qquad \boldsymbol{a}-\boldsymbol{b}=\boldsymbol{a}+(-\boldsymbol{b}),$$

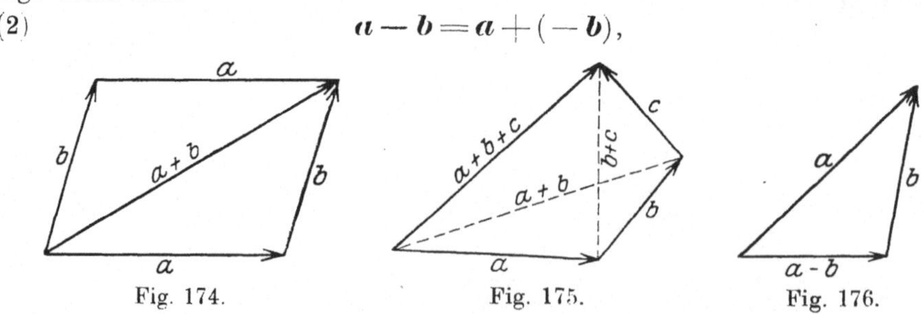

Fig. 174. Fig. 175. Fig. 176.

d. h. man subtrahiert von einem Vektor einen anderen Vektor, indem man den entgegengesetzten Vektor addiert. In der Tat erkennt man, daß bei dieser Festlegung die für die Subtraktion kennzeichnende Beziehung gilt

$$(3)\qquad (\boldsymbol{a}-\boldsymbol{b})+\boldsymbol{b}=\boldsymbol{a}.$$

Auch das Verhältnis zweier Vektoren läßt sich, wenn man die Betrachtung auf die *einer Ebene angehörenden Vektoren* beschränkt, leicht festlegen, indem man bestimmt: *Zwei Paare von Vektoren sollen verhältnisgleich sein, wenn die Längen der Vektoren beider Paare verhältnisgleich sind und sie (der Größe und dem Sinne nach) gleiche Winkel einschließen, also durch Verbindung ihrer Endpunkte zwei gleichsinnige ähnliche Dreiecke entstehen* (Fig. 177). Sind die Vektoren parallel, so kann ihr Verhältnis als eine einfache Zahl gedeutet werden. Es folgt sofort, daß zwei aus geraden Strecken bestehende Figuren dann und nur dann gleichsinnig ähnlich sind, wenn diese Strecken, als Vektoren aufgefaßt, verhältnisgleich sind.

Die Multiplikation zweier Vektoren ist nicht ebenso einfach festzulegen. Dagegen ergibt sich sofort eine Vorschrift für die Multiplikation eines Vektors $\boldsymbol{a}$ mit einem Vektorverhältnis $\frac{\boldsymbol{d}}{\boldsymbol{c}}$. Durch diese Multiplikation entsteht wieder ein Vektor $\boldsymbol{b}$, es wird also

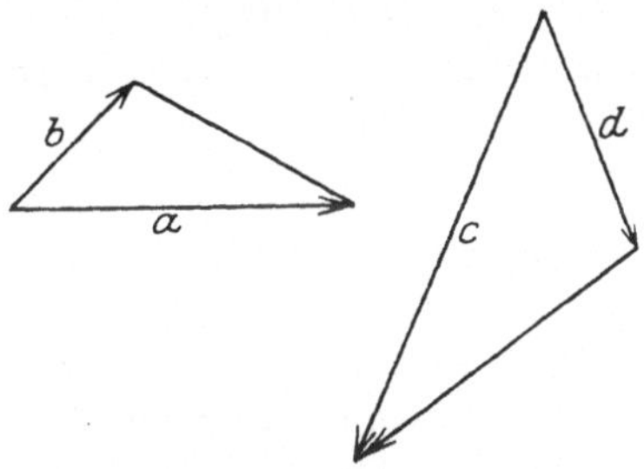

$$\boldsymbol{a}\cdot\frac{\boldsymbol{d}}{\boldsymbol{c}}=\boldsymbol{b},$$

und dabei ist $\boldsymbol{b}$ dadurch festgelegt, daß

$$\frac{\boldsymbol{b}}{\boldsymbol{a}}=\frac{\boldsymbol{d}}{\boldsymbol{c}}$$

werden soll.

Fig. 177.

Um nun zur Multiplikation zweier Vektoren überzugehen, muß man einen *Einheitsvektor* einführen. Dies soll ein Vektor von der Länge 1 und zunächst beliebiger Richtung sein. Er werde der Einfachheit halber durch die Zahl 1 bezeichnet. Das hat zur Folge, daß ein Vektor, der dem Einheitsvektor parallel ist, durch eine einfache Zahl dargestellt wird. Nun kann aber jeder Vektor $\boldsymbol{a}$ auch als ein Vektorverhältnis gedeutet werden, wenn man ihn mit dem Einheitsvektor zusammennimmt. Es bedeutet dies, daß man

$$\boldsymbol{a}=\frac{\boldsymbol{a}}{1} \tag{4}$$

ansetzt. Dann ergibt sich sofort

$$\boldsymbol{a}\cdot\boldsymbol{b}=\boldsymbol{a}\cdot\frac{\boldsymbol{b}}{1}, \tag{5}$$

und damit folgende Regel: *Um einen Vektor $\boldsymbol{a}$ mit einem anderen Vektor $\boldsymbol{b}$ zu multiplizieren, trage man an ihn der Größe und dem Sinne nach den Winkel ab, den der Einheitsvektor mit dem Vektor $\boldsymbol{b}$ bildet und auf der so gefundenen Richtung das Produkt der Längen von $\boldsymbol{a}$ und $\boldsymbol{b}$.*

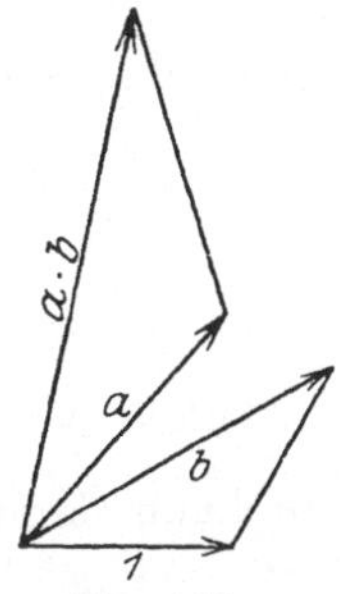

Fig. 178.

Aus dieser Vorschrift leitet man die Regeln ab:

$$\boldsymbol{a}\cdot\boldsymbol{b}=\boldsymbol{b}\cdot\boldsymbol{a},\quad (\boldsymbol{a}\cdot\boldsymbol{b})\cdot\boldsymbol{c}=\boldsymbol{a}\cdot(\boldsymbol{b}\cdot\boldsymbol{c}),\quad \boldsymbol{a}\cdot(\boldsymbol{b}+\boldsymbol{c})=\boldsymbol{a}\cdot\boldsymbol{b}+\boldsymbol{a}\cdot\boldsymbol{c}. \tag{6}$$

Wir führen nun einen zweiten, zum Vektor 1 senkrechten (*lateralen*) Einheitsvektor i ein, der ebenfalls die Länge 1 hat. Dann kann jeder Vektor $\boldsymbol{a}$, der nicht einem der Einheitsvektoren parallel ist, aufgefaßt werden als die Summe zweier Vektoren (*Komponenten*), von denen der eine die Richtung des ersten Einheitsvektors 1, der andere die Richtung des zweiten Einheitsvektors i hat. Der eine wird in der Form a_1 gegeben, der andere in der Form $i a_2$, wobei a_1, a_2 einfache Zahlen bedeuten. Damit erscheint aber der Vektor $\mathfrak{a}$ in der Form

$$\mathfrak{a} = a_1 + i a_2 . \tag{7}$$

Ist $\mathfrak{b} = b_1 + i b_2$ ebenso ein zweiter Vektor, so folgt sofort

$$\mathfrak{a} + \mathfrak{b} = (a_1 + b_1) + i(a_2 + b_2), \quad \mathfrak{a} - \mathfrak{b} = (a_1 - b_1) + i(a_2 - b_2).$$

Nach den allgemeinen Regeln für die Multiplikation wird ferner

$$\begin{aligned}\mathfrak{a}\cdot\mathfrak{b} &= (a_1 + i a_2)\cdot(b_1 + i b_2) = a_1(b_1 + i b_2) + i a_2(b_1 + i b_2)\\ &= a_1 b_1 + i a_1 b_2 + i a_2 \cdot b_1 + i \cdot i a_2 b_2 .\end{aligned}$$

Nun sagt die Vorschrift über die Multiplikation, daß, um $i\cdot i$ zu bilden, man an den Vektor i wieder den Winkel $+90^0$ anlegen muß, indem man die Länge $=1$ läßt. Man gelangt so aber in die entgegengesetzte Richtung zu dem Vektor 1, d. h. man erhält den Vektor -1, es ist also $i^2 = -1$, und so wird schließlich

$$\mathfrak{a}\cdot\mathfrak{b} = (a_1 b_1 - a_2 b_2) + i(a_1 b_2 + a_2 b_1). \tag{8}$$

Die hier gefundenen Rechenregeln sind aber genau die Regeln für das Rechnen mit komplexen Zahlen, und man gelangt daher zu dem Ergebnis, daß sich die komplexen Zahlen geometrisch als Vektoren oder eigentlich als Vektorverhältnisse in einer Ebene deuten lassen.

Der Modul des Vektors $\mathfrak{a} = a_1 + i a_2$ wird $\sqrt{a_1^2 + a_2^2}$. Dieser Wert wird auch als der **absolute Wert** der komplexen Zahl bezeichnet.

Die komplexe Zahl $\mathfrak{a}' = a_1 - i a_2$ heißt zu $\mathfrak{a} = a_1 + i a_2$ **konjugiert**. Die zugehörigen Vektoren sind gleich lang und schließen mit dem Einheitsvektor 1 nach verschiedenen Seiten gleiche Winkel ein. Es wird weiter das Produkt

$$\mathfrak{a}\cdot\mathfrak{a}' = (a_1 + i a_2)(a_1 - i a_2) = a_1^2 + a_2^2 \tag{9}$$

und daraus folgt

$$\mathfrak{a}\cdot\frac{\mathfrak{a}'}{a_1^2 + a_2^2} = 1 ,$$

also

$$\frac{\mathfrak{a}'}{a_1^2 + a_2^2} = \frac{1}{\mathfrak{a}} . \tag{10}$$

Dieser Vektor $\frac{1}{\mathfrak{a}}$ soll der zu $\mathfrak{a}$ **umgekehrte** (**inverse**) Vektor heißen. Man kann dann die Regel aufstellen: **Das Verhältnis zweier Vektoren $\mathfrak{a}$, $\mathfrak{b}$ wird gebildet (auf den Einheitsvektor bezogen), indem man den Zählervektor $\mathfrak{b}$ mit dem umgekehrten Nennervektor $\frac{1}{\mathfrak{a}}$ multipliziert.** Das heißt, es wird

$$\frac{b_1 + i b_2}{a_1 + i a_2} = \frac{(a_1 - i a_2)(b_1 + i b_2)}{a_1^2 + a_2^2} . \tag{11}$$

Wird die Länge des Vektors $\mathfrak{a} = a_1 + i a_2$ mit r bezeichnet, und mit φ der Winkel, den er mit dem Einheitsvektor 1 bildet, so werden die **Vektorkomponenten** a_1, a_2

$$a_1 = r\cos\varphi, \quad a_2 = r\sin\varphi. \tag{12}$$

Es ergibt sich also

$$\mathfrak{a} = r(\cos\varphi + i\sin\varphi). \tag{13}$$

Nun ist

$$\cos\varphi = 1 - \frac{\varphi^2}{2!} + \frac{\varphi^4}{4!} - \frac{\varphi^6}{6!} + \dots,$$

$$\sin\varphi = \varphi - \frac{\varphi^3}{3!} + \frac{\varphi^5}{5!} - \frac{\varphi^7}{7!} + \dots,$$

also

$$\cos\varphi + i\sin\varphi = 1 + i\varphi + \frac{(i\varphi)^2}{2!} + \frac{(i\varphi)^3}{3!} + \frac{(i\varphi)^4}{4!} + \dots$$

Es kann deshalb gesetzt werden

(14) $$\cos\varphi + i\sin\varphi = e^{i\varphi},$$

und damit wird

(15) $$\mathfrak{a} = r e^{i\varphi},$$

wobei $r = \sqrt{a_1^2 + a_2^2}$ den absoluten Wert der zugehörigen komplexen Zahl bedeutet.

Hieraus ergibt sich wiederum, wenn $\mathfrak{b} = r' e^{i\varphi'}$ ist, das Grundgesetz der Multiplikation

(16) $$r e^{i\varphi} \cdot r' e^{i\varphi'} = r \cdot r' e^{i(\varphi + \varphi')}.$$

Insbesondere wird $(r e^{i\varphi})^2 = r^2 e^{i2\varphi}$ und allgemein

$$(r e^{i\varphi})^n = r^n e^{in\varphi}.$$

Das bedeutet, daß

(17) $$(\cos\varphi + i\sin\varphi)^n = \cos n\varphi + i\sin n\varphi$$

wird. Diese Formel wird als der **Moivresche** Satz bezeichnet. Aus ihr folgt z. B.

$$\cos 3\varphi = \cos^3\varphi - 3\sin^2\varphi\cos\varphi, \quad \sin 3\varphi = 3\sin\varphi\cos^2\varphi - \sin^3\varphi$$

oder

(18) $$\cos 3\varphi = 4\cos^3\varphi - 3\cos\varphi, \quad \sin 3\varphi = -4\sin^3\varphi + 3\sin\varphi.$$

Diese Formeln geben eine Möglichkeit, die **kubische Gleichung**

(19) $$x^3 + px + q = 0$$

in dem Falle, wo sie drei voneinander verschiedene reelle Wurzeln hat, in einer auch praktisch brauchbaren Form zu lösen. Man setze

(20) $$x = 2r\cos\varphi,$$

dann wird

$$x^3 = 2r^3(\cos 3\varphi + 3\cos\varphi),$$

und führt man diese Werte in die kubische Gleichung ein, so ergibt sich

$$2r^3\cos 3\varphi + 2r(3r^2 + p)\cos\varphi + q = 0.$$

Diese Gleichung ist befriedigt, wenn

$$3r^2 + p = 0, \quad 2r^3\cos 3\varphi + q = 0$$

wird. Daraus folgt

(21) $$r = \sqrt{-\frac{p}{3}}, \quad \cos 3\varphi = \sqrt{-\frac{27q^2}{4p^3}}.$$

Die zweite Gleichung ist mit dem Werte φ auch für die Werte $\varphi + \frac{2\pi}{3}$, $\varphi + \frac{4\pi}{3}$ erfüllt. Es ergeben sich damit in der Tat drei reelle Wurzelwerte. Die Lösung setzt voraus, daß

(22) $$\frac{p^3}{27} + \frac{q^2}{4} > 0.$$

Unter dieser Bedingung sind die drei gefundenen Wurzeln reell.

Der Moivresche Satz führt auch sofort zu der Auflösung der Gleichung

$$x^n = 1\,. \tag{23}$$

Setzt man $x = r(\cos\varphi + i\sin\varphi)$, so wird $x^n = r^n(\cos n\varphi + i\sin n\varphi)$ und die Gleichung ist erfüllt, wenn $r = 1$, $n\varphi = 2\pi$ gemacht wird, da dann $\cos n\varphi = 1$, $\sin n\varphi = 0$ wird. Es wird also $r = 1$, $\varphi = \frac{2\pi}{n}$, d. h. man erhält n Vektoren von der Länge 1, die von dem Mittelpunkte eines Kreises von dem Radius 1 nach den Ecken eines diesem Kreise einbeschriebenen regelmäßigen n-Ecks hinführen, wobei einer der Vektoren den Einheitsvektor bedeutet. Man bezeichnet deshalb die Gleichung als die Kreisteilungsgleichung.

Aus $\cos\varphi + i\sin\varphi = e^{i\varphi}$ folgt auch $\cos\varphi - i\sin\varphi = e^{-i\varphi}$ und damit

$$\cos\varphi = \frac{e^{i\varphi} + e^{-i\varphi}}{2}, \quad \sin\varphi = \frac{e^{i\varphi} - e^{-i\varphi}}{2i}. \tag{24}$$

Umgekehrt wird

$$\cos i\varphi = \frac{e^{\varphi} + e^{-\varphi}}{2} = \mathfrak{Cof}\,\varphi, \quad \sin i\varphi = i\,\frac{e^{\varphi} - e^{-\varphi}}{2} = i\,\mathfrak{Sin}\,\varphi. \tag{25}$$

2. Funktionen einer komplexen Veränderlichen.

Läßt man die für die komplexen Zahlen $z = x + iy$ sich ergebenden Vektoren alle von dem Anfangspunkt $z = 0$, d. h. $x = 0$, $y = 0$, ausgehen, so kann man einfach die Endpunkte der Vektoren die komplexen Zahlen darstellen lassen. Der die Zahl $z = x + iy$ darstellende Punkt hat dann in einem rechtwinkligen Koordinatensystem die Koordinaten x, y. Die x-Achse wird als die reelle Achse, die y-Achse als die imaginäre Achse bezeichnet, die alle Punkte enthaltende Ebene als die Gaußsche Zahlenebene.

Ist nun eine zweite solche Ebene gegeben, in der die komplexen Zahlen $Z = X + iY$ dargestellt werden und wird Z als Funktion von z angesehen, so bedeutet dies, daß jedem Punkte der z-Ebene einer oder mehrere Punkte der Z-Ebene zugewiesen werden. Es ist also die z-Ebene auf die Z-Ebene abgebildet, wobei möglicherweise schon ein Teil der z-Ebene auf die ganze Z-Ebene oder aber die ganze z-Ebene auf einen Teil der Z-Ebene ein- oder mehrdeutig abgebildet sein kann.

Es wird aber nicht in jedem Falle eines solchen Entsprechens Z als Funktion von z angesehen, sondern nur, wenn die formalen Gesetze der Differentiation hierbei erfüllt sind. Dies bedingt, daß

$$\frac{\partial Z}{\partial x} = \frac{dZ}{dz}\cdot\frac{\partial z}{\partial x} = \frac{dZ}{dz}\cdot\frac{\partial(x+iy)}{\partial x} = \frac{dZ}{dz},$$

$$\frac{\partial Z}{\partial y} = \frac{dZ}{dz}\cdot\frac{\partial z}{\partial y} = \frac{dZ}{dz}\cdot\frac{\partial(x+iy)}{\partial y} = i\,\frac{dZ}{dz}$$

wird, und weiter

$$\frac{\partial Z}{\partial x} = \frac{\partial(X+iY)}{\partial x} = \frac{\partial X}{\partial x} + i\,\frac{\partial Y}{\partial x}; \quad \frac{\partial Z}{\partial y} = \frac{\partial(X+iY)}{\partial y} = \frac{\partial X}{\partial y} + i\,\frac{\partial Y}{\partial y}.$$

Es wird also

$$\frac{\partial X}{\partial y} + i\,\frac{\partial Y}{\partial y} = i\,\frac{\partial X}{\partial x} - \frac{\partial Y}{\partial x},$$

d. h.

$$\frac{\partial X}{\partial x} = \frac{\partial Y}{\partial y}, \quad \frac{\partial X}{\partial y} = -\frac{\partial Y}{\partial x}. \tag{1}$$

Differenziert man diese Gleichungen, die erste nach x, die zweite nach y, und addiert sie, so ergibt sich

$$\frac{\partial^2 X}{\partial y^2} + \frac{\partial^2 X}{\partial y^2} = 0. \tag{2}$$

Differenziert man die erste Gleichung nach y, die zweite nach x und subtrahiert, so folgt

$$\frac{\partial^2 Y}{\partial x^2} + \frac{\partial^2 Y}{\partial y^2} = 0. \tag{3}$$

Die Werte X, Y sind also Lösungen der partiellen Differentialgleichung

$$\frac{\partial^2 \varphi}{\partial x^2} + \frac{\partial^2 \varphi}{\partial y^2} = 0.$$

Die Gleichungen (1) gestatten eine einfache geometrische Deutung. Betrachtet man in der z-Ebene das von den vier Punkten (x, y), $(x + dx, y)$, $(x, y + dy)$, $(x + dx, y + dy)$ bestimmte Rechteck, so entsprechen den drei ersten Ecken in der Z-Ebene die Punkte

$$(X, Y), \quad \left(X + \frac{\partial X}{\partial x} dx, Y + \frac{\partial Y}{\partial x} dx\right), \quad \left(X + \frac{\partial X}{\partial y} dy, Y + \frac{\partial Y}{\partial y} dy\right).$$

Der vierten Ecke entspricht der Punkt, der die vierte Ecke des durch die vorstehenden Punkte bestimmten Parallelogramms bildet. Nennen wir δ, ε die Längen der Seiten des Parallelogramms, φ, ψ die Winkel, die diese Seiten mit der x-Achse einschließen, so wird

$$\delta \cdot \cos \varphi = \frac{\partial X}{\partial x} dx, \quad \delta \cdot \sin \varphi = \frac{\partial Y}{\partial x} dx, \quad \varepsilon \cdot \cos \psi = \frac{\partial X}{\partial y} dy, \quad \varepsilon \cdot \sin \psi = \frac{\partial Y}{\partial y} dy,$$

also

$$\delta^2 = \left[\left(\frac{\partial X}{\partial x}\right)^2 + \left(\frac{\partial Y}{\partial x}\right)^2\right] dx^2, \quad \varepsilon^2 = \left[\left(\frac{\partial X}{\partial y}\right)^2 + \left(\frac{\partial Y}{\partial y}\right)^2\right] dy^2,$$

$$\operatorname{tg} \varphi = \frac{\partial Y}{\partial x} : \frac{\partial X}{\partial x}, \quad \operatorname{tg} \psi = \frac{\partial Y}{\partial y} : \frac{\partial X}{\partial y},$$

mithin nach (1)

$$\delta : \varepsilon = \pm dx : dy, \quad \operatorname{tg} \varphi = -\frac{1}{\operatorname{tg} \psi}, \quad \text{d. h. } \psi - \varphi = \pm \frac{\pi}{2}.$$

Es wird also das Parallelogramm ein dem unendlich kleinen Rechteck in der z-Ebene ähnliches Rechteck. Die Abbildung der beiden Ebenen aufeinander ist also **ähnlich in den kleinsten Teilen oder konform.** Zwei sich schneidenden Linien in der z-Ebene entsprechen zwei sich unter demselben Winkel schneidende Linien in der Z-Ebene. Man kann die Abbildung kennzeichnen, indem man die den Parallelen zu den Koordinatenachsen der einen Ebene in der anderen Ebene entsprechenden Linien aufsucht. Diese bilden dann ein orthogonales Kurvensystem, d. h. zwei Scharen von Kurven, die sich überall rechtwinklig durchsetzen, und nimmt man die Parallelen in der ersten Ebene in gleichen Abständen voneinander, also so an, daß sie eine quadratische Felderung der Ebene erzeugen, so haben auch die einzelnen Felder in der krummlinigen Felderung der anderen Ebene, wenn die Kurven nahe genug aneinander genommen werden, quadratische Form.

Die angeführten Bedingungen sind ohne weiteres erfüllt, wenn Z als ein analytischer Ausdruck von z gegeben ist und nach den angegebenen Regeln gerechnet wird. Ist die vorgelegte Funktion z. B.

$$Z = \ln z. \tag{4}$$

woraus $z = e^Z$, und machen wir $x = r\cos\varphi$, $y = r\sin\varphi$, so folgt

$$r(\cos\varphi + i\sin\varphi) = e^{X+iY} = e^X(\cos Y + i\sin Y),$$

mithin

(5)
$$X = \ln r, \qquad Y = \varphi.$$

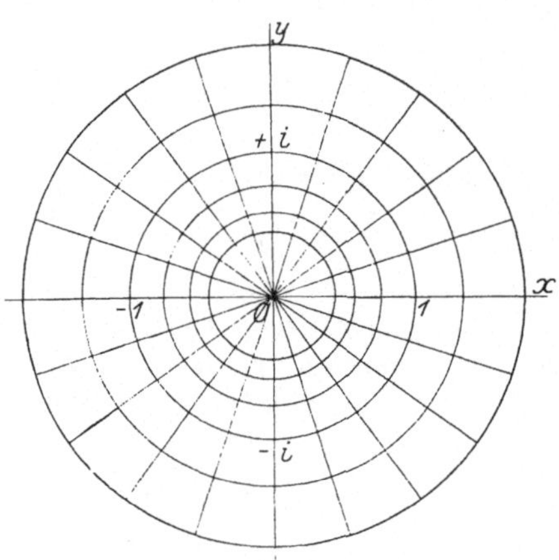

Fig. 179.

Den Parallelen zur X-Achse in der Z-Ebene entsprechen also in der z-Ebene die Strahlen durch den Anfangspunkt 0, und den Parallelen zu der Y-Achse entsprechen in der z-Ebene Kreise um den Anfangspunkt als Mittelpunkt. Einer beliebigen geraden Linie in der Z-Ebene entspricht in der z-Ebene eine logarithmische Spirale, welche die Strahlen durch 0 alle unter gleichen Winkeln schneidet.

Aus $Y = \varphi$ folgt, daß, wenn Y von 0 bis 2π wächst, also der Punkt Z innerhalb eines Streifens von dieser Breite über der X-Achse angenommen wird, bereits alle Punkte der z-Ebene gewonnen sind. Der Teil des Streifens über der negativen X-Achse entspricht dem Innern des Kreises mit dem Radius 1 um 0, der Rest des Streifens dem Äußeren dieses Kreises. Die ganze X-Achse entspricht dem positiven Teil der x-Achse, dem negativen Teil dagegen die Parallele zur X-Achse im Abstande π. Der Punkt 0 entspricht den nach der negativen Seite unendlich fern rückenden Punkten des Streifens in der Z-Ebene, den nach der positiven Seite unendlich fern rückenden Punkten des Streifens entsprechen auch in der z-Ebene wieder unendlich ferne Punkte.

Wir nehmen als weiteres Beispiel die Funktion

(6)
$$Z = \sin z.$$

Dann wird

$$X + iY = \sin(x + iy) = \sin x \cos iy + \cos x \sin iy$$

oder

$$X + iY = \sin x \; \frac{e^y + e^{-y}}{2} + i\cos x \cdot \frac{e^y - e^{-y}}{2}.$$

Folglich ist

(7)
$$X = \sin x \,\mathfrak{Cos}\, y, \qquad Y = \cos x \,\mathfrak{Sin}\, y$$

und da $\cos^2 x + \sin^2 x = 1$, $\mathfrak{Cos}^2 y - \mathfrak{Sin}^2 y = 1$, ergibt sich

(8)
$$\frac{X^2}{\mathfrak{Cos}^2 y} + \frac{Y^2}{\mathfrak{Sin}^2 y} = 1,$$
$$\frac{X^2}{\sin^2 x} - \frac{Y^2}{\cos^2 x} = 1.$$

Es entsprechen mithin den Parallelen zur x-Achse, für die $y = \text{konst.}$, Ellipsen, deren Halbachsen $a = \mathfrak{Cos}\, y$, $b = \mathfrak{Sin}\, y$ sind, für die also der Abstand der Brennpunkte F, F_1 auf der X-Achse vom Mittelpunkt M $e = \sqrt{a^2 - b^2} = \sqrt{\mathfrak{Cos}^2 y - \mathfrak{Sin}^2 y} = 1$ wird.

Den Parallelen zur y-Achse, für die $x = \text{konst.}$, entsprechen Hyperbeln, für die $a = \sin x$, $b = \cos x$, also der Mittelpunktsabstand der Brennpunkte $e = \sqrt{a^2 + b^2}$ ebenfalls $= 1$ wird. Die Ellipsen und Hyperbeln haben mithin dieselben Brennpunkte, sie sind alle *konfokal*, und konfokale Kegelschnitte schneiden sich in der Tat, wo sie sich treffen, rechtwinklig, bilden also ein orthogonales System (Fig. 180).

Die ganze Z-Ebene ist auf den Streifen der z-Ebene zwischen den Parallelen zu der y-Achse im Abstande $+\frac{\pi}{2}$ und $-\frac{\pi}{2}$ abgebildet. Den Rändern des Streifens entspricht der Teil der X-Achse, für den der Abstand vom Anfangspunkt O dem absoluten Betrag nach >1 ist, und zwar wird $X>0$, wenn $x>0$, und $X<0$, wenn $x<0$ ist. Der Rest der X-Achse $(-1<X<+1)$ entspricht dem Stück der x-Achse von $-\frac{\pi}{2}$ bis $+\frac{\pi}{2}$. Die Brennpunkte $X=\pm 1$, $Y=0$ selbst entsprechen den Punkten $x=\pm\frac{\pi}{2}$, $y=0$.

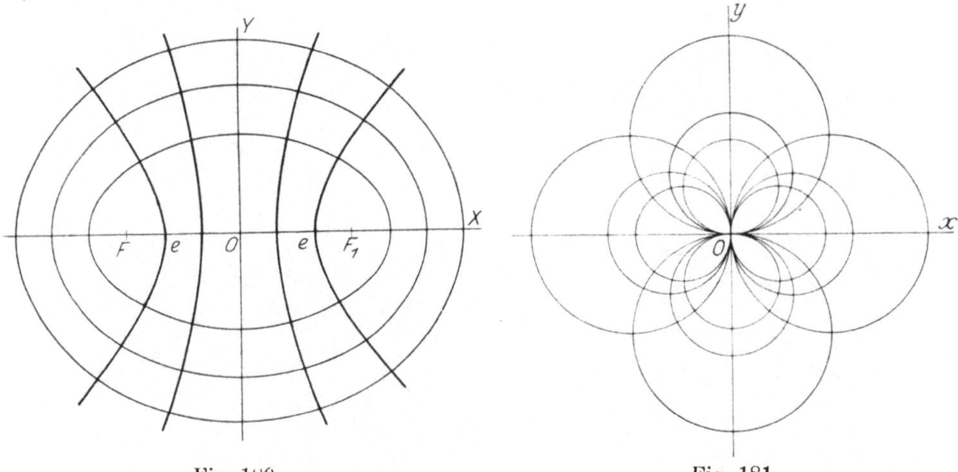

Fig. 180. Fig. 181.

Ein noch einfacheres Beispiel für eine Funktion des komplexen Argumentes $z=x+iy$ bildet die Funktion

$$Z=\frac{1}{z}. \tag{9}$$

Es ergibt sich dann

$$Z=X+iY=\frac{1}{x+iy}=\frac{x-iy}{x^2+y^2},$$

also

$$X=\frac{x}{x^2+y^2}, \qquad Y=\frac{-y}{x^2+y^2}.$$

und einer geraden Linie der Z-Ebene

$$aX+bY=1 \tag{10}$$

entspricht in der z-Ebene der Kreis

$$x^2+y^2-ax+by=0, \tag{11}$$

der durch den Anfangspunkt 0 hindurchgeht. Insbesondere entsprechen den Parallelen zur X- und zur Y-Achse Kreise, welche die x- oder y-Achse im Anfangspunkt 0 berühren. Diese Kreise schneiden sich in der Tat rechtwinklig (Fig. 181).

Als letztes Beispiel für die Funktionen eines komplexen Argumentes nehmen wir die Funktion

$$Z=z^2. \tag{12}$$

Es wird dann

$$X + iY = (x^2 - y^2) + 2\,ixy,$$

also

(13) $$X = x^2 - y^2, \qquad Y = 2\,xy.$$

Den Parallelen zur X-Achse entsprechen in der z-Ebene gleichseitige Hyperbeln, deren Asymptoten die Koordinatenachsen sind, und den Parallelen zur Y-Achse ebenfalls gleichseitige Hyperbeln, deren Achsen jetzt die Koordinatenachsen sind, deren Asymptoten also gegen diese Achsen nach beiden Seiten um 45^0 geneigt sind. Diese zwei Hyperbelscharen schneiden sich in der Tat rechtwinklig (Fig. 182).

Umgekehrt entsprechen den Parallelen zur x- und y-Achse in der

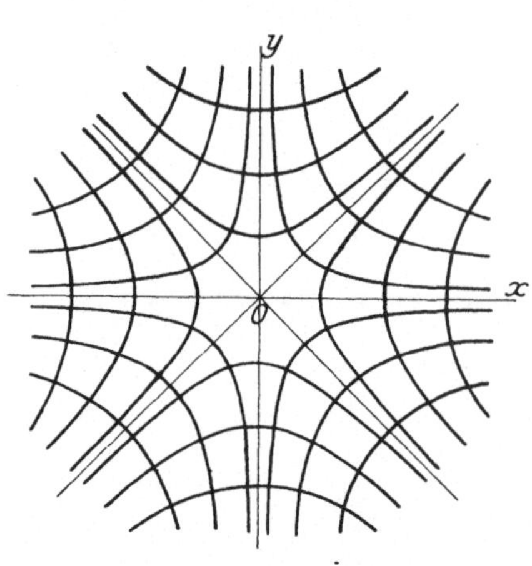

Fig. 182.

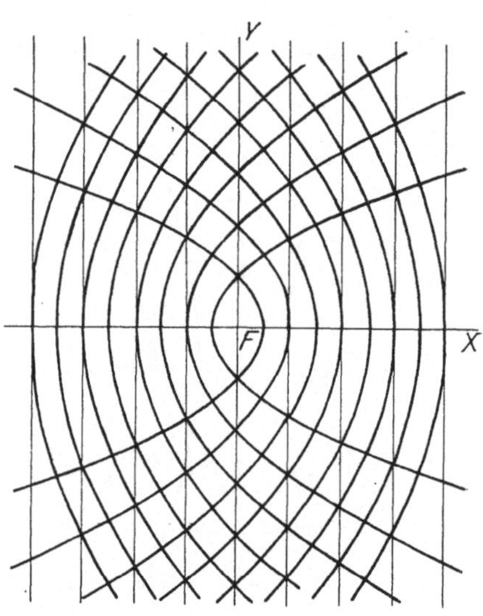

Fig. 183.

Z-Ebene konfokale Parabeln, welche die X-Achse zur gemeinsamen Achse und den Anfangspunkt 0 zum gemeinsamen Brennpunkt haben. Diese bilden wieder ein orthogonales System (Fig. 183).

Neben dem Differentialquotienten einer Funktion Z des komplexen Argumentes $z = x + iy$ kann man auch deren Integral

(14) $$\zeta = \int Z\,dz$$

betrachten. Bei diesem Integral muß ein bestimmter Integrationsweg in der z-Ebene festgelegt werden, auf dessen Elemente sich das komplexe Differential $dz = dx + i\,dy$ bezieht. Der Weg kann geschlossen sein oder von einer Anfangslage A nach einer Endlage P führen. Um die Bedeutung des komplexen Integrals festzulegen, ist nur nötig, unter dem Integralzeichen formal das Produkt $Z\,dz$ auszuführen. Es ergibt sich dann

(15) $$\zeta = \xi + i\eta = \int (X + iY)(dx + i\,dy) = \int (X\,dx - Y\,dy) + i\int (Y\,dx + X\,dy).$$

Es wird also zu setzen sein

(16) $$\xi = \int (X\,dx - Y\,dy), \qquad \eta = \int (Y\,dx + X\,dy).$$

Bezieht man das Integral $\int Z\,dz$ auf einen Integrationsweg, der von einem festen Anfangspunkt A nach einem veränderlichen Endpunkt P hinführt, so können ξ, η als Funktionen der Koordinaten x, y dieses Endpunktes aufgefaßt werden, und es ergibt sich dann

(17) $$d\xi = X\,dx - Y\,dy, \qquad d\eta = Y\,dx + X\,dy$$

oder

(18) $$\frac{\partial \xi}{\partial x} = X, \quad \frac{\partial \xi}{\partial y} = -Y, \quad \frac{\partial \eta}{\partial x} = Y, \quad \frac{\partial \eta}{\partial y} = X,$$

also

(19) $$\frac{\partial \xi}{\partial x} = \frac{\partial \eta}{\partial y}, \quad \frac{\partial \xi}{\partial y} = -\frac{\partial \eta}{\partial x},$$

entsprechend den Gleichungen (1). Es wird mithin das Integral $\zeta = \xi + i\eta$ eine Funktion des komplexen Argumentes $z = x + iy$.

Die Funktion ζ ist nur dann eine eindeutige Funktion von z, wenn das Integral $\int Z dz$ auf jedem Weg von einer Stelle A zur Stelle P erstreckt denselben Wert liefert. Sind aber zwei solche Wege gegeben und man kehrt die Richtung des zweiten Weges um, so kehrt sich auch das Vorzeichen des zugehörigen Integrals um. Dieses ergibt also, wenn ζ eine eindeutige Funktion von z ist, mit dem über den ersten Weg erstreckten Integral zusammen den Wert 0. Es muß demnach das Integral über jeden geschlossenen Ringweg erstreckt den Wert 0 liefern.

Um ein einfaches Beispiel zu haben, wo dies nicht der Fall ist, betrachten wir wieder die Funktion

(9) $$Z = \frac{1}{z}$$

und führen die Integration auf einen Kreis mit dem Radius r und dem Anfangspunkt $z = 0$ als Mittelpunkt herum. Dann wird

$$\int Z dz = \int \frac{dz}{z} = \int d \ln z$$

und, wenn $z = re^{i\varphi}$ gesetzt wird,

$$\int Z dz = \int d(\ln r + i\varphi).$$

Bei der Integration bleibt r konstant, es wird also $d(\ln r + i\varphi) = i d\varphi$, also das Integral

$$= i \int d\varphi$$

und, da φ bei der Integration um 2π wächst,

$$= 2\pi i.$$

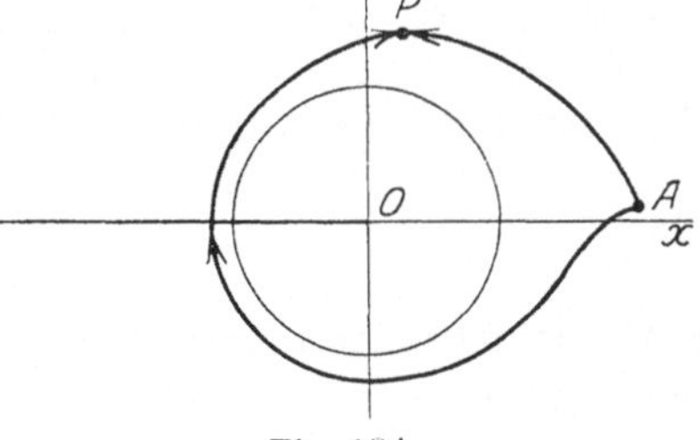

Fig. 184.

Der gleiche Wert ergibt sich, wenn die Integration auf irgendeinem den Punkt $z = 0$ einmal umkreisenden Ringwege geführt wird. In der Tat wird dann von den Bestandteilen des Integrals $\int d \ln r = 0$, weil $\ln r$ zu seinem Anfangswert zurückkehrt, und $i\int d\varphi$ wird wieder $= 2\pi i$.

Wenn demnach zwei Integrationswege, die von einem Anfangspunkte A zum Endpunkte P führen, zusammengenommen den Punkt $z = 0$ einschließen, ohne daß einer von ihnen diesen Punkt umkreist, so sind die auf diesen beiden Wegen im Punkte P erreichten Integralwerte um $2\pi i$ verschieden.

Soll also die Funktion $\zeta = \int \frac{dz}{z}$ eindeutig werden, so muß eine vom Punkte $z = 0$ ausgehende Sperrlinie angenommen werden, welche der Integrationsweg nicht überschreiten darf.

Den Funktionen eines komplexen Argumentes läßt sich noch eine bemerkenswerte Deutung geben. Sind u, v zwei stetige, eindeutige Funktionen von x, y, so gilt die Formel

(20) $$\iint \left(\frac{\partial u}{\partial x} + \frac{\partial v}{\partial y}\right) dx\, dy = \int (u \cos \alpha + v \sin \alpha)\, ds,$$

wenn das Doppelintegral auf der linken Seite dieser Gleichung über das Innere und das Linienintegral auf der rechten Seite über den Rand eines geschlossenen Bereiches erstreckt wird. ds bezeichnet das Linienelement des Randes, α den Winkel, den die nach außen gehende Normale des Randes mit der positiven x-Achse bildet. Die Bedeutung des Integrals auf der rechten Seite ist nun die, daß, wenn u, v die Geschwindigkeitskomponenten einer Flüssigkeitsbewegung in der Ebene sind, durch das Integral die auf die Zeiteinheit verrechnete, durch den Rand tretende Flüssigkeitsmenge, in Flächeneinheiten ausgemessen, für das betrachtete Zeitelement ausgedrückt wird. Man nennt dies den Fluß durch den Rand.

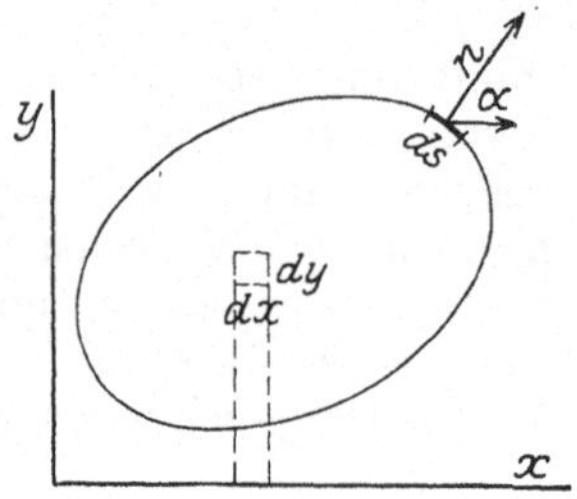

Fig. 185.

Ist dieser Fluß für alle geschlossenen Kurven in dem Bereich der Bewegung Null, so ist die Bewegung die einer inkompressiblen Flüssigkeit, und die Bedingung dafür ist nach der vorstehenden Gleichung erfüllt, wenn überall in dem Bereich

$$\frac{\partial u}{\partial x}+\frac{\partial v}{\partial y}=0 \tag{21}$$

wird.

Auf die gleiche Weise ergibt sich aber unter denselben Bedingungen auch die Gleichung

$$\iint\left(\frac{\partial v}{\partial x}-\frac{\partial u}{\partial y}\right)dx\,dy=\int(v\cos\alpha-u\sin\alpha)\,ds. \tag{22}$$

Die rechte Seite dieser Gleichung bedeutet jetzt den Fluß längs der Randkurve. Eine Flüssigkeitsbewegung längs einer geschlossenen Kurve heißt aber im landläufigen Sinne ein Wirbel und die Flüssigkeitsbewegung, wenn der Fluß längs jeder geschlossenen Kurve in dem betrachteten Bereich verschwindet, deshalb wirbelfrei. Die Bewegung ist in diesem Sinne nach der vorstehenden Gleichung wirbelfrei, wenn in dem Bewegungsbereich überall

$$\frac{\partial v}{\partial x}=\frac{\partial u}{\partial y} \tag{23}$$

wird. Dies bedeutet aber, daß u, v die partiellen Differentialquotienten einer Funktion φ von x, y sind:

$$u=\frac{\partial\varphi}{\partial x},\quad v=\frac{\partial\varphi}{\partial y}. \tag{24}$$

Eine solche Funktion heißt Geschwindigkeitspotential. Setzt man diese Werte von u, v in die Inkompressibilitätsgleichung ein, so wird diese

$$\frac{\partial^2\varphi}{\partial x^2}+\frac{\partial^2\varphi}{\partial y^2}=0, \tag{25}$$

und danach zeigt sich, daß der reelle oder imaginäre Teil einer Funktion des komplexen Argumentes $x+iy$ das Geschwindigkeitspotential für eine solche wirbelfreie Flüssigkeitsbewegung liefert. Bei der konformen Abbildung, die durch die komplexe Funktion vermittelt wird, bedeuten die Kurven, die, wenn X zum Geschwindigkeitspotential gewählt ist, den Linien $X=$ konst. entsprechen, die Niveaukurven des Potentials und die dazu orthogonalen, den Linien $Y=$ konst. entsprechenden Kurven die Stromlinien, denen entlang die Bewegung der Flüssigkeitsteilchen erfolgt.

3. Vektoranalysis.

Gerichtete Größen im Raume werden ebenso wie gerichtete Strecken in der Ebene als Vektoren bezeichnet. Man kann sie wieder darstellen durch Strecken von bestimmter Länge und Richtung. Die Regeln für die Addition und Subtraktion solcher Vektoren lassen sich dann genau übereinstimmend wie für Vektoren in der Ebene auch für Vektoren im Raume entwickeln. Man kann die Additionsregel so fassen: Man legt den zweiten der zu addierenden Vektoren mit seinem Anfangspunkt an den Endpunkt des ersten Vektors, dann ist der Vektor, der von dem Anfangspunkt dieses Vektors nach dem Endpunkt des zweiten Vektors hinführt, der gesuchte Summenvektor (Dreiecksregel). Genau wie in der Ebene ergibt sich, wenn wir die addierten Vektoren mit $\mathfrak{a}$, $\mathfrak{b}$ bezeichnen, daß allgemein

(1) $$\mathfrak{a} + \mathfrak{b} = \mathfrak{b} + \mathfrak{a}$$

wird (Kommutatives Gesetz der Addition).

Die Differenz $\mathfrak{a} - \mathfrak{b}$ ist wieder dadurch festgelegt, daß $(\mathfrak{a} - \mathfrak{b}) + \mathfrak{b} = \mathfrak{a}$ werden soll. Daraus ergibt sich die Regel: Die Differenz zweier von demselben Punkt ausgehenden Vektoren ist der Vektor des von dem Endpunkt des Subtrahendenvektors nach dem Endpunkt des Minuendenvektors hinführt. Als 0 bezeichnet man einen Vektor, dessen Endpunkte zusammenfallen. Den Vektor, der einem Vektor $\mathfrak{a}$ entgegengesetzt gerichtet ist und die gleiche Länge hat, bezeichnet man als den entgegengesetzten Vektor $-\mathfrak{a}$. Man kann dann sagen: Statt einen Vektor zu subtrahieren, hat man den entgegengesetzten Vektor zu addieren. In Zeichen

(2) $$\mathfrak{a} - \mathfrak{b} = \mathfrak{a} + (-\mathfrak{b}).$$

Es ist immer

(3) $$\mathfrak{a} - \mathfrak{a} = 0, \quad \mathfrak{a} + (-\mathfrak{a}) = 0.$$

Für irgend drei Vektoren $\mathfrak{a}$, $\mathfrak{b}$, $\mathfrak{c}$ gilt wieder das assoziative Gesetz

(4) $$(\mathfrak{a} + \mathfrak{b}) + \mathfrak{c} = \mathfrak{a} + (\mathfrak{b} + \mathfrak{c}).$$

Man kann deshalb einfach von der Summe dreier Vektoren reden und diese schreiben

$$\mathfrak{a} + \mathfrak{b} + \mathfrak{c}.$$

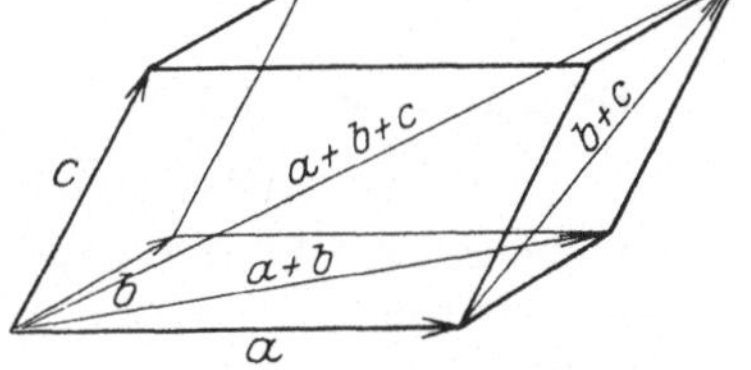

Fig. 186.

Das Produkt eines Vektors $\mathfrak{a}$ mit einer reellen Zahl m ist ein Vektor von der m fachen Länge wie $\mathfrak{a}$, der diesem Vektor gleich oder entgegengesetzt gerichtet ist, je nachdem m positiv oder negativ ist. Danach ist sofort zu erkennen, daß

(5) $$m(\mathfrak{a} + \mathfrak{b}) = m\mathfrak{a} + m\mathfrak{b}, \quad (m + n)\mathfrak{a} = m\mathfrak{a} + n\mathfrak{a}$$

wird.

Die Länge eines Vektors $\mathfrak{a}$ wird als dessen Modul, geschrieben mod $\mathfrak{a}$, bezeichnet.

Nimmt man ein rechtwinkliges Koordinatensystem mit dem Anfangspunkt O an und bezeichnet mit $\mathfrak{i}$, $\mathfrak{j}$, $\mathfrak{k}$ drei in dessen Achsen fallende Vektoren von der Länge 1, so kann jeder Vektor $\mathfrak{a}$ in der Form dargestellt werden:

(6) $$\mathfrak{a} = x\mathfrak{i} + y\mathfrak{j} + z\mathfrak{k},$$

nämlich als die Summe dreier in die Koordinatenachsen fallender Vektoren, welche dann die Form $x\mathfrak{i}$, $y\mathfrak{j}$, $z\mathfrak{k}$ annehmen. x, y, z sind die Koordinaten des Endpunktes A von $\mathfrak{a}$, wenn man den Anfangspunkt dieses Vektors nach O legt, und heißen die Komponenten des Vektors $\mathfrak{a}$ (Fig. 187).

Nennen wir α, β, γ die Richtungscosinus der Strecke OA, so wird

(7) $$\boldsymbol{a} = \operatorname{mod} \boldsymbol{a} (\cos\alpha\, \boldsymbol{i} + \cos\beta\, \boldsymbol{j} + \cos\gamma\, \boldsymbol{k}).$$

Allgemein hat die Projektion a eines Vektors $\boldsymbol{a}$ auf eine Richtung r den Wert

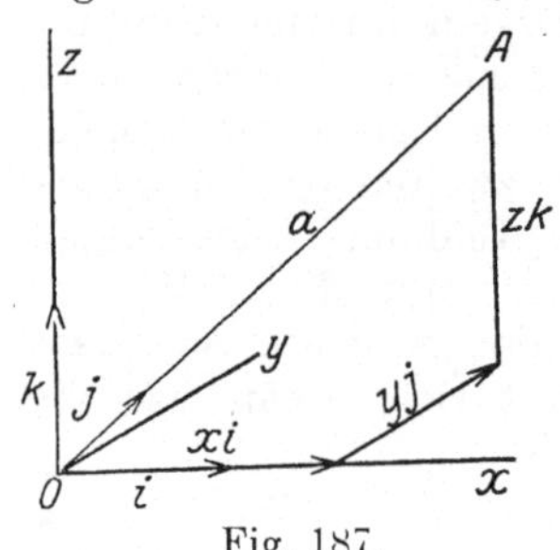

Fig. 187.

(8) $$a = \operatorname{mod} \boldsymbol{a} \cdot \cos\varphi,$$

wenn φ den Winkel bezeichnet, den die Richtung des Vektors mit der Richtung r bildet.

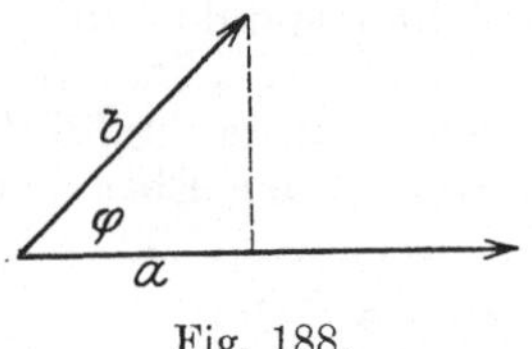

Fig. 188.

Bilden nun die Richtungen zweier Vektoren $\boldsymbol{a}$, $\boldsymbol{b}$ den Winkel φ, so bezeichnet man als das innere Produkt (skalare Produkt) der beiden Vektoren die Zahl

(9) $$\boldsymbol{a} \times \boldsymbol{b} = \operatorname{mod} \boldsymbol{a} \cdot \operatorname{mod} \boldsymbol{b} \cdot \cos\varphi.$$

Wir lesen die linke Seite dieser Gleichung: $\boldsymbol{a}$ in $\boldsymbol{b}$.

Für dieses Produkt gelten die Regeln

(10) $$\boldsymbol{a} \times \boldsymbol{b} = \boldsymbol{b} \times \boldsymbol{a},$$

(11) $$\boldsymbol{a} \times (\boldsymbol{b} + \boldsymbol{c}) = \boldsymbol{a} \times \boldsymbol{b} + \boldsymbol{a} \times \boldsymbol{c},$$

(12) $$m(\boldsymbol{a} \times \boldsymbol{b}) = (m\boldsymbol{a}) \times \boldsymbol{b} = \boldsymbol{a} \times (m\boldsymbol{b}).$$

Die erste Gleichung bedeutet das kommutative Gesetz, die zweite Gleichung das distributive Gesetz der inneren Produktbildung.

Das innere Produkt zweier Vektoren verschwindet, wenn einer dieser Vektoren verschwindet (die Länge 0 hat) oder beide Vektoren aufeinander senkrecht stehen.

Haben beide Vektoren dieselbe Richtung, so wird

$$\boldsymbol{a} \times \boldsymbol{b} = \operatorname{mod} \boldsymbol{a} \cdot \operatorname{mod} \boldsymbol{b}.$$

Insbesondere ist dies der Fall, wenn $\boldsymbol{b} = \boldsymbol{a}$ wird. Dann schreiben wir

(13) $$\boldsymbol{a} \times \boldsymbol{a} = (\operatorname{mod} \boldsymbol{a})^2 = \boldsymbol{a}^2.$$

Es ergibt sich dabei

(14) $$(\boldsymbol{a} + \boldsymbol{b})^2 = \boldsymbol{a}^2 + \boldsymbol{b}^2 + 2\,\boldsymbol{a} \times \boldsymbol{b},$$

genau ebenso wie in der gewöhnlichen Algebra.

Das äußere Produkt (vektorielle Produkt) zweier Vektoren $\boldsymbol{a}$ und $\boldsymbol{b}$, die durch die Strecken OA und OB dargestellt werden, ist, wenn diese Strecken zunächst nicht in eine gerade Linie fallen, ein dritter Vektor $\boldsymbol{c}$, der durch eine zu der Ebene der beiden ersten Vektoren senkrechte Strecke OC dargestellt wird. Die Länge dieser Strecke soll in der zugrunde gelegten Maßeinheit dem Inhalt des durch die Strecken OA und OB als zwei Seiten bestimmten Parallelogramms gleich sein, und der Sinn von OC soll dadurch bestimmt sein, daß die drei Strecken OA, OB, OC ein Rechtssystem bilden. Das bedeutet, der Sinn von OC ist der, den der Daumen der rechten Hand annehmen kann, wenn der Zeigefinger die Richtung von OA und der Mittelfinger die Richtung von OB hat (Daumenregel). Wir schreiben

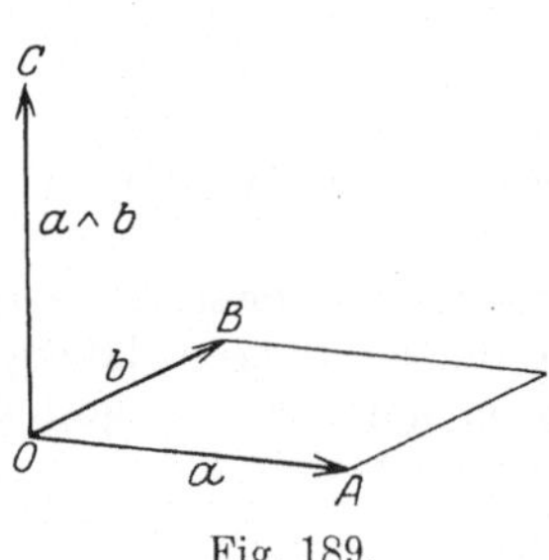

Fig. 189.

(15) $$\boldsymbol{c} = \boldsymbol{a} \wedge \boldsymbol{b}$$

und lesen dies: $\mathfrak{a}$ gegen $\mathfrak{b}$. Nennen wir φ den (positiv gerechneten) Winkel AOB, so wird

(16) $$\operatorname{mod} \mathfrak{c} = \operatorname{mod} \mathfrak{a} \cdot \operatorname{mod} \mathfrak{b} \cdot \sin \varphi .$$

Für dieses Produkt[1]) gelten die Regeln:

(17) $$\mathfrak{d} \wedge (\mathfrak{a} + \mathfrak{b}) = \mathfrak{d} \wedge \mathfrak{a} + \mathfrak{d} \wedge \mathfrak{b},$$

(18) $$(\mathfrak{a} + \mathfrak{b}) \wedge \mathfrak{d} = \mathfrak{a} \wedge \mathfrak{d} + \mathfrak{b} \wedge \mathfrak{d},$$

(19) $$m(\mathfrak{a} \wedge \mathfrak{b}) = (m\mathfrak{a}) \wedge \mathfrak{b} = \mathfrak{a} \wedge (m\mathfrak{b}).$$

Dagegen gilt nicht das kommutative, sondern das kontrakommutative Gesetz:

(20) $$\mathfrak{a} \wedge \mathfrak{b} = -\mathfrak{b} \wedge \mathfrak{a}.$$

Der Sinn des Produktvektors kehrt sich um, wenn man die Faktoren vertauscht.

Fallen nun die Vektoren $\mathfrak{a}$, $\mathfrak{b}$ in dieselbe gerade Linie, so wird $\varphi = 0$ oder $\varphi = 180^0$, nach (16) soll also $\operatorname{mod}(\mathfrak{a} \wedge \mathfrak{b}) = 0$ sein, es wird demnach

$$\mathfrak{a} \wedge \mathfrak{b} = 0.$$

Führen wir wieder die Einheitsvektoren $\mathfrak{i}$, $\mathfrak{j}$, $\mathfrak{k}$ in den Achsen eines rechtwinkligen Koordinatensystems (Rechtsschraubensystems) ein, so wird

(21) $$\mathfrak{j} \wedge \mathfrak{k} = \mathfrak{i}, \quad \mathfrak{k} \wedge \mathfrak{i} = \mathfrak{j}, \quad \mathfrak{i} \wedge \mathfrak{j} = \mathfrak{k}$$

und natürlich

$$\mathfrak{i} \wedge \mathfrak{i} = \mathfrak{j} \wedge \mathfrak{j} = \mathfrak{k} \wedge \mathfrak{k} = 0.$$

Danach ergibt sich sofort, daß, wenn

$$\mathfrak{a} = x\,\mathfrak{i} + y\,\mathfrak{j} + z\,\mathfrak{k}, \quad \mathfrak{b} = x'\,\mathfrak{i} + y'\,\mathfrak{j} + z'\,\mathfrak{k}$$

ist,

(22) $$\mathfrak{a} \wedge \mathfrak{b} = (yz' - zy')\,\mathfrak{i} + (zx' - xz')\,\mathfrak{j} + (xy' - yx')\,\mathfrak{k}$$

wird.

Ferner wird, weil $\mathfrak{i} \times \mathfrak{i} = \mathfrak{j} \times \mathfrak{j} = \mathfrak{k} \times \mathfrak{k} = 1$, dagegen $\mathfrak{j} \times \mathfrak{k} = \mathfrak{k} \times \mathfrak{i} = \mathfrak{i} \times \mathfrak{j} = 0$ wird, das innere Produkt

(23) $$\mathfrak{a} \times \mathfrak{b} = xx' + yy' + zz'.$$

Insbesondere ist

(24) $$\mathfrak{a}^2 = x^2 + y^2 + z^2.$$

---

[1]) Nach einer anderen Auffassung wird das äußere Produkt nicht ohne weiteres einem Vektor gleichgesetzt, sondern als eine neuartige Größe betrachtet, die als Flächenvektor gekennzeichnet wird, weil sie dem gewöhnlichen Vektor, dem Linienvektor, wohl analog, aber nicht völlig gleichartig ist. So wie der Linienvektor an eine Linienrichtung, ist nämlich der Flächenvektor an eine Ebenenstellung gebunden. Wie der Linienvektor einen Richtungssinn einschließt, ist der Flächenvektor mit einem bestimmten Umdrehungssinn verknüpft. Statt der Länge, die an dem Linienvektor erscheint, hat man beim Flächenvektor einen Flächeninhalt. Man schreibt nach Graßmann den Flächenvektor, der aus den beiden Linienvektoren $\mathfrak{a}$, $\mathfrak{b}$ hervorgeht, in der Form

$$[\mathfrak{a}\,\mathfrak{b}]$$

und, ebenfalls nach Graßmann, heißt der oben eingeführte Vektor $\mathfrak{c} = \mathfrak{a} \wedge \mathfrak{b}$ die Ergänzung des Flächenvektors, geschrieben

$$\mathfrak{a} \wedge \mathfrak{b} = /[\mathfrak{a}\,\mathfrak{b}].$$

Statt der etwas umständlichen Bezeichnung auf der rechten Seite ist die Bezeichnung auf der linken Seite im allgemeinen natürlich vorzuziehen.

Wohl zu beachten ist, daß bei der Zuordnung des Linienvektors zu dem Flächenvektor das Flächenmaß durch Linienmaß ersetzt werden muß, was nicht ohne Willkür möglich ist, und daß ferner, nachdem die Linienrichtung als senkrecht zu der Ebenenstellung festgelegt ist, noch auf die eine von zwei möglichen Arten willkürlich dem Umdrehungssinn ein Richtungssinn zugeordnet werden muß, woraus die innerliche Verschiedenheit von Linien- und Flächenvektoren unmittelbar hervorgeht. Die Beachtung dieser Verschiedenheit ist für die ganze Mechanik und Physik von großer Bedeutung.

Bezeichnen wir mit $\boldsymbol{a}, \boldsymbol{b}, \boldsymbol{c}$ irgend drei Vektoren, so bestehen zwischen den äußeren und inneren Produkten dieser Vektoren die Beziehungen:

$$(\boldsymbol{a} \wedge \boldsymbol{b}) \wedge \boldsymbol{c} = (\boldsymbol{a} \times \boldsymbol{c})\,\boldsymbol{b} - (\boldsymbol{b} \times \boldsymbol{c})\,\boldsymbol{a}, \tag{25}$$

$$\boldsymbol{a} \wedge (\boldsymbol{b} \wedge \boldsymbol{c}) = (\boldsymbol{a} \times \boldsymbol{c})\,\boldsymbol{b} - (\boldsymbol{a} \times \boldsymbol{b})\,\boldsymbol{c}. \tag{26}$$

Diese Gleichungen zeigen, daß für das äußere Produkt keineswegs das assoziative Gesetz gilt.

Außerdem kann mit den drei Vektoren noch eine gemischte Produktbildung ausgeführt werden, indem man von dem äußeren Produkt zweier von ihnen das innere Produkt mit dem dritten Vektor nimmt. Man findet dann:

$$(\boldsymbol{a} \wedge \boldsymbol{b}) \times \boldsymbol{c} = \boldsymbol{a} \times (\boldsymbol{b} \wedge \boldsymbol{c}). \tag{27}$$

Gibt man dieser Gleichung die Form

$$(\boldsymbol{a} \wedge \boldsymbol{b}) \times \boldsymbol{c} = (\boldsymbol{b} \wedge \boldsymbol{c}) \times \boldsymbol{a}, \tag{27a}$$

so läßt sich ihr durch weitere zyklische Vertauschung von $\boldsymbol{a}, \boldsymbol{b}, \boldsymbol{c}$ sofort die folgende anreihen:

$$(\boldsymbol{b} \wedge \boldsymbol{c}) \times \boldsymbol{a} = (\boldsymbol{c} \wedge \boldsymbol{a}) \times \boldsymbol{b}. \tag{28}$$

Es können demnach bei der Produktbildung irgend zwei der drei Faktoren $\boldsymbol{a}, \boldsymbol{b}, \boldsymbol{c}$ zu einem äußeren Produkt vereinigt werden. Man schreibt deshalb das entstehende Produkt der drei Vektoren auch

$$(\boldsymbol{a} \wedge \boldsymbol{b}) \times \boldsymbol{c} = [\boldsymbol{a}\,\boldsymbol{b}\,\boldsymbol{c}]$$

und dann wird

$$\begin{aligned}[\boldsymbol{a}\,\boldsymbol{b}\,\boldsymbol{c}] &= [\boldsymbol{b}\,\boldsymbol{c}\,\boldsymbol{a}] = [\boldsymbol{c}\,\boldsymbol{a}\,\boldsymbol{b}] \\ &= -[\boldsymbol{b}\,\boldsymbol{a}\,\boldsymbol{c}] = -[\boldsymbol{a}\,\boldsymbol{c}\,\boldsymbol{b}] = -[\boldsymbol{c}\,\boldsymbol{b}\,\boldsymbol{a}].\end{aligned}$$

Die geometrische Bedeutung dieses Produktes ist, daß es eine Zahl darstellt, deren absoluter Betrag gleich dem Rauminhalt des durch die drei Vektoren bestimmten Parallelepipedon ist und dessen Vorzeichen dadurch gegeben ist, daß es positiv wird, wenn die drei Vektoren in der gewählten Reihenfolge ein Rechtssystem, und negativ, wenn sie ein Linkssystem bilden. Das Produkt verschwindet, wenn die drei Vektoren einer Ebene parallel (komplanar) sind.

Setzen wir die drei Vektoren

$$\boldsymbol{a} = x\,\boldsymbol{i} + y\,\boldsymbol{j} + z\,\boldsymbol{k}, \quad \boldsymbol{b} = x'\,\boldsymbol{i} + y'\,\boldsymbol{j} + z'\,\boldsymbol{k}, \quad \boldsymbol{c} = x''\,\boldsymbol{i} + y''\,\boldsymbol{j} + z''\,\boldsymbol{k},$$

so wird ihr äußeres Produkt durch den Determinatenausdruck gegeben

$$[\boldsymbol{a}\,\boldsymbol{b}\,\boldsymbol{c}] = \begin{vmatrix} x & x & z \\ x' & y' & z' \\ x'' & y'' & z'' \end{vmatrix}. \tag{29}$$

Bei vier Vektoren $\boldsymbol{a}, \boldsymbol{b}, \boldsymbol{c}, \boldsymbol{d}$ ist noch die Regel zu merken:

$$(\boldsymbol{a} \wedge \boldsymbol{b}) \times (\boldsymbol{c} \wedge \boldsymbol{d}) = (\boldsymbol{a} \times \boldsymbol{c})(\boldsymbol{b} \times \boldsymbol{d}) - (\boldsymbol{a} \times \boldsymbol{d})(\boldsymbol{b} \times \boldsymbol{c}). \tag{30}$$

Es kann nun eine kontinuierliche Reihe von Vektoren betrachtet werden. Wir können dann die Anfangspunkte der Vektoren als eine kontinuierliche Kurve erfüllend annehmen. Nennen wir ihre Koordinaten x, y, z, so werden x, y, z Funktionen eines Parameters s. Gleichzeitig werden die Komponenten der Vektoren, die wir jetzt mit X, Y, Z bezeichnen wollen, Funktionen des Parameters s. Wir können dann auch den Vektor selbst

$$\boldsymbol{t} = X\,\boldsymbol{i} + Y\,\boldsymbol{j} + Z\,\boldsymbol{k} \tag{31}$$

als Funktion des Parameters s ansehen und nach s differenzieren. Es wird dabei

$$\frac{d\boldsymbol{t}}{ds} = \frac{dX}{ds}\boldsymbol{i} + \frac{dY}{ds}\boldsymbol{j} + \frac{dZ}{ds}\boldsymbol{k}. \tag{32}$$

Dieses ist ein neuer Vektor, der abgeleitete Vektor.

Betrachten wir nun eine zweite von den Punkten der Kurve ausgehende Vektorreihe $\boldsymbol{u}$, so können wir aus den Vektoren der beiden Reihen durch Addition, Subtraktion und äußere Produktbildung eine neue Vektorreihe ableiten. Dabei gelten für die Differentiation die Regeln

$$\frac{d(\boldsymbol{t} \pm \boldsymbol{u})}{ds} = \frac{d\boldsymbol{t}}{ds} \pm \frac{d\boldsymbol{u}}{ds}, \tag{33}$$

$$\frac{d(\boldsymbol{t} \wedge \boldsymbol{u})}{ds} = \frac{d\boldsymbol{t}}{ds} \wedge \boldsymbol{u} + \boldsymbol{t} \wedge \frac{d\boldsymbol{u}}{ds}, \tag{34}$$

zu denen noch hinzuzufügen ist

$$\frac{d(\boldsymbol{t} \times \boldsymbol{u})}{ds} = \frac{d\boldsymbol{t}}{ds} \times \boldsymbol{u} + \boldsymbol{t} \times \frac{d\boldsymbol{u}}{ds}. \tag{35}$$

Es liegt nun sehr nahe, wenn die Anfangspunkte der Vektoren auf einer Raumkurve liegen, jedem der Vektoren die Richtung der Tangente dieser Raumkurve zu geben und die Länge (den Modul) 1. Dann wird, wenn der Parameter s die von einem bestimmten Punkte der Raumkurve gerechnete Bogenlänge ist, der Tangentenvektor

$$\boldsymbol{t} = \frac{dx}{ds}\boldsymbol{i} + \frac{dy}{ds}\boldsymbol{j} + \frac{dz}{ds}\boldsymbol{k}. \tag{36}$$

mit der Beziehung

$$\left(\frac{dx}{ds}\right)^2 + \left(\frac{dy}{ds}\right)^2 + \left(\frac{dz}{ds}\right)^2 = 1.$$

Der Vektor ist dabei in dem Sinne der wachsenden Bogenlänge genommen. Wir schreiben kürzer $\boldsymbol{t} = x'\boldsymbol{i} + y'\boldsymbol{j} + z'\boldsymbol{k}$, indem wir die Differentiation nach s durch Akzente bezeichnen.

Für einen unendlich benachbarten Punkt der Raumkurve wird nun der Tangentenvektor $\boldsymbol{t} + d\boldsymbol{t}$, wobei

$$d\boldsymbol{t} = (x''\boldsymbol{i} + y''\boldsymbol{j} + z''\boldsymbol{k})\, ds.$$

Setzen wir nun

$$\boldsymbol{t}' = \frac{d\boldsymbol{t}}{ds},$$

so wird

$$\boldsymbol{t} \times \boldsymbol{t}' = 0,$$

d. h. der abgeleitete Vektor $\boldsymbol{t}'$ senkrecht auf dem Tangentenvektor $\boldsymbol{t}$, weil aus

$$x'^2 + y'^2 + z'^2 = 1$$

sofort

$$x'x'' + y'y'' + z'z'' = 0$$

folgt, d. h. aus $\boldsymbol{t}^2 = 1$ $\boldsymbol{t} \times \boldsymbol{t}' = 0$. Setzt man

$$\boldsymbol{n} = \frac{\boldsymbol{t}'}{\operatorname{mod} \boldsymbol{t}'}, \tag{37}$$

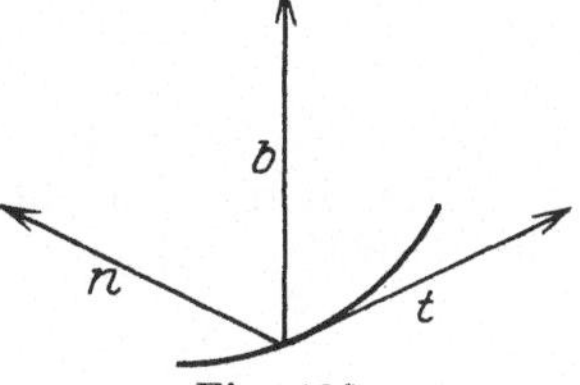

Fig. 190.

so wird $\boldsymbol{n}$ ein Einheitsvektor, der die Hauptnormale der Raumkurve bezeichnet. Machen wir umgekehrt

$$\boldsymbol{t}' = \varkappa \boldsymbol{n}, \tag{38}$$

so ist $\varkappa = \mathrm{mod}\,\boldsymbol{t}'$ die **Flexion** der Kurve und der umgekehrte Wert $\frac{1}{\varkappa}$ der **Flexionsradius**.

Der zu $\boldsymbol{t}$ und $\boldsymbol{n}$ senkrechte Einheitsvektor

(39) $$\boldsymbol{b} = \boldsymbol{t} \wedge \boldsymbol{n}$$

ist die **Binormale**. Dabei sollen $\boldsymbol{t}$, $\boldsymbol{n}$, $\boldsymbol{b}$ ein Rechtssystem bilden. Differenziert man $\boldsymbol{b}$, so folgt aus $\boldsymbol{b} \times \boldsymbol{t} = 0$ $\boldsymbol{b}' \times \boldsymbol{t} + \boldsymbol{b} \times \boldsymbol{t}' = 0$. Es ist aber $\boldsymbol{b} \times \boldsymbol{n} = 0$ und damit auch nach (37) $\boldsymbol{b} \times \boldsymbol{t}' = 0$, also wird

$$\boldsymbol{b}' \times \boldsymbol{t} = 0,$$

d. h. $\boldsymbol{b}'$ ist zur Tangente senkrecht. Aus $\boldsymbol{b}^2 = 1$ folgt aber auch $\boldsymbol{b} \times \boldsymbol{b}' = 0$, mithin ist $\boldsymbol{b}'$ zu $\boldsymbol{t}$ und $\boldsymbol{b}$ senkrecht, also fällt $\boldsymbol{b}'$ in die Hauptnormale $\boldsymbol{n}$, und man kann setzen

(40) $$\boldsymbol{b}' = \tau \boldsymbol{n}.$$

Dann wird τ die **Torsion** der Raumkurve.

Wir bilden noch den abgeleiteten Vektor $\boldsymbol{n}'$ von $\boldsymbol{n}$. Da $\boldsymbol{n} = \boldsymbol{b} \wedge \boldsymbol{t}$, wird

$$\boldsymbol{n}' = \boldsymbol{b}' \wedge \boldsymbol{t} + \boldsymbol{b} \wedge \boldsymbol{t}' = \tau \cdot \boldsymbol{n} \wedge \boldsymbol{t} + \varkappa \cdot \boldsymbol{b} \wedge \boldsymbol{n}$$

oder

(41) $$\boldsymbol{n}' = -\tau \cdot \boldsymbol{b} - \varkappa \cdot \boldsymbol{t}.$$

Diese Gleichung gibt in rechtwinklige Koordinaten umgeschrieben die **Frenetschen Formeln**.

Es sei nun $f(x, y, z)$ eine Funktion der Punktkoordinaten im Raume, dann läßt sich daraus auf einfache Art ein **Vektorfeld** ableiten. d. h. jedem Punkt ein Vektor $\boldsymbol{v}$ zuweisen, dessen Komponenten X, Y, Z Funktionen der Koordinaten des Punktes sind. Zu dem Zwecke setzen wir

(42) $$\boldsymbol{v} = \frac{\partial f}{\partial x}\boldsymbol{i} + \frac{\partial f}{\partial y}\boldsymbol{j} + \frac{\partial f}{\partial z}\boldsymbol{k}.$$

Man schreibt dann

(43) $$\boldsymbol{v} = \mathrm{grad}\, f(x, y, z)$$

und nennt den Vektor den **Gradienten** der Ortsfunktion $f(x, y, z)$.

Ist

$$f(x, y, z) = u$$

die Gleichung der durch den Punkt $P(x, y, z)$ gehenden **Niveaufläche**, für deren sämtliche Punkte die Funktion $f(x, y, z)$ denselben Wert u hat, so wird der Vektor $\boldsymbol{v}$ senkrecht zu dieser Fläche, in dem Sinne genommen, in dem die Funktion f zunimmt, und die Länge (der Modul) des Vektors wird, wenn

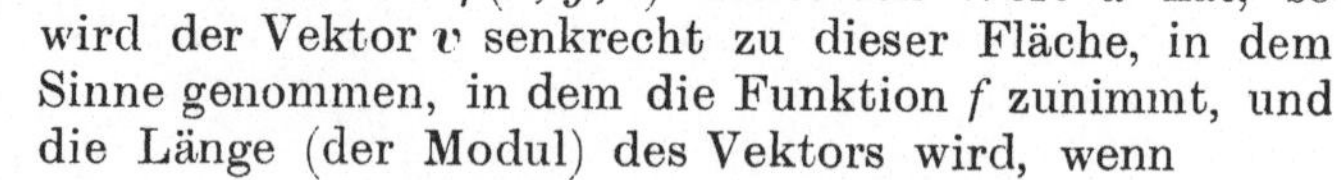

$$f(x, y, z) = u + du$$

eine unendlich benachbarte Niveaufläche, und dn das Stück der Normalen zwischen den beiden Niveauflächen ist,

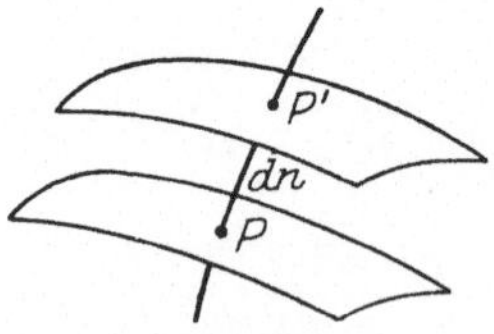

Fig. 191.

(44) $$\mathrm{mod}\, \boldsymbol{v} = \frac{du}{dn}.$$

Dieser Wert heißt die Größe des **Gefälles** an der betreffenden Stelle.

Eine Kurve, die überall die Niveaufläche senkrecht durchschneidet, heißt eine **Gefällelinie** (Stromlinie, Kraftlinie). Längs einer solchen Linie wird

(45) $$\boldsymbol{t} = \frac{\mathrm{grad}\, u}{\frac{du}{dn}}$$

der Tangentenvektor.

Ist insbesondere

$$f(x, y, z) = r^n,$$

indem $r = \sqrt{(x-\xi)^2 + (y-\eta)^2 + (z-\zeta)^2}$ die Entfernung des Punktes P (x, y, z) von einem festen Punkte (Aufpunkt) $A(\xi, \eta, \zeta)$ bezeichnet, so wird

$$\text{grad}\,(r^n) = n\,r^{n-2}\,\boldsymbol{r}, \tag{46}$$

wenn $\boldsymbol{r}$ den von dem Punkt A nach dem Punkt P hinführenden Vektor bezeichnet.

Sind ferner u, v irgend zwei Ortsfunktionen, m eine konstante Zahl, so ist leicht zu sehen, daß

$$\left\{\begin{aligned} &\text{grad}\,(u+v) = \text{grad}\,u + \text{grad}\,v, \\ &\text{grad}\,m\,u = m\,\text{grad}\,u, \\ &\text{grad}\,(u\,v) = u\,\text{grad}\,v + v\,\text{grad}\,u \end{aligned}\right. \tag{47}$$

wird.

Insbesondere wird

$$\text{grad}\,x = \boldsymbol{i}, \quad \text{grad}\,y = \boldsymbol{j}, \quad \text{grad}\,z = \boldsymbol{k}.$$

Setzen wir $\boldsymbol{v} = X\boldsymbol{i} + Y\boldsymbol{j} + Z\boldsymbol{k}$, so folgt aus (42)

$$X = \frac{\partial f}{\partial x}, \quad Y = \frac{\partial f}{\partial y}, \quad Z = \frac{\partial f}{\partial z} \tag{48}$$

und daraus weiter

$$\frac{\partial Z}{\partial y} - \frac{\partial Y}{\partial z} = 0, \quad \frac{\partial X}{\partial z} - \frac{\partial Z}{\partial x} = 0, \quad \frac{\partial Y}{\partial x} - \frac{\partial X}{\partial y} = 0 \tag{49}$$

oder in Vektorform geschrieben:

$$\left(\frac{\partial Z}{\partial y} - \frac{\partial Y}{\partial z}\right)\boldsymbol{i} + \left(\frac{\partial X}{\partial z} - \frac{\partial Z}{\partial x}\right)\boldsymbol{j} + \left(\frac{\partial Y}{\partial x} - \frac{\partial X}{\partial y}\right)\boldsymbol{k} = 0. \tag{49a}$$

Dies ist, wenn die Gleichung für jede Stelle des Raumes erfüllt ist, die notwendige und hinreichende Bedingung dafür, daß der Vektor als Funktion des Ortes der Gradient einer skalaren Funktion $f(x, y, z)$ ist.

Ist dies nun nicht der Fall, die Bedingung (49a) also nicht erfüllt, liegt demnach ein allgemeines Vektorfeld vor, so setzen wir

$$\left(\frac{\partial Z}{\partial y} - \frac{\partial Y}{\partial z}\right)\boldsymbol{i} + \left(\frac{\partial X}{\partial z} - \frac{\partial Z}{\partial x}\right)\boldsymbol{j} + \left(\frac{\partial Y}{\partial x} - \frac{\partial X}{\partial y}\right)\boldsymbol{k} = \text{rot}\,\boldsymbol{v} \tag{50}$$

und nennen diesen neuen Vektor die Rotation von $\boldsymbol{v}$. Die Gleichung (49a) könnte dann, wenn $f(x, y, z) = u$ gesetzt wird und sonach $\boldsymbol{v} = \text{grad}\,u$, geschrieben werden:

$$\text{rot grad}\,u = 0. \tag{51}$$

Aus der Gleichung (50) folgt sofort, daß, wenn $\boldsymbol{w}$ eine zweite Vektorfunktion ist:

$$\text{rot}\,(\boldsymbol{v} + \boldsymbol{w}) = \text{rot}\,\boldsymbol{v} + \text{rot}\,\boldsymbol{w} \tag{52}$$

wird.

Bedeutet ferner u eine skalare Funktion des Ortes, so wird

$$\text{rot}\,(u\,\boldsymbol{v}) = u\,\text{rot}\,\boldsymbol{v} + \text{grad}\,u \wedge \boldsymbol{v}, \tag{53}$$

wie sofort zu sehen ist, wenn man in (50) statt X, Y, Z einsetzt uX, uY, uZ.

Man kann der Gleichung (50) auch die Form geben:

$$\text{grad}\,X \wedge \boldsymbol{i} + \text{grad}\,Y \wedge \boldsymbol{j} + \text{grad}\,Z \wedge \boldsymbol{k} = \text{rot}\,\boldsymbol{v}. \tag{54}$$

Ferner läßt sich aus (50) ableiten, wenn man mit

$$d\boldsymbol{r} = dx\,\boldsymbol{i} + dy\,\boldsymbol{j} + dz\,\boldsymbol{k}, \quad \delta\boldsymbol{r} = \delta x\,\boldsymbol{i} + \delta y\,\boldsymbol{j} + \delta z\,\boldsymbol{k}$$

zwei unendlich kleine Strecken bezeichnet,

(55) $$\operatorname{rot}\boldsymbol{v} \times (d\boldsymbol{r} \wedge \delta\boldsymbol{r}) = d\boldsymbol{v} \times \delta\boldsymbol{r} - \delta\boldsymbol{v} \times d\boldsymbol{r}.$$

Dabei bedeuten $d\boldsymbol{v}$, $\delta\boldsymbol{v}$ die Differentiale des Vektors $\boldsymbol{v}$, die den Verschiebungen $d\boldsymbol{r}$, $\delta\boldsymbol{r}$ des Angriffspunktes entsprechen. Auf diese Weise ergibt sich der invariante Charakter der Rotationsoperation, d. h. ihre Unabhängigkeit von der Wahl des zugrundegelegten Koordinatensystems.

Als die Divergenz der Vektorfunktion $\boldsymbol{v}$ bezeichnet man den Zahlausdruck (Skalar):

(56) $$\operatorname{div}\boldsymbol{v} = \frac{\partial X}{\partial x} + \frac{\partial Y}{\partial y} + \frac{\partial Z}{\partial z}.$$

Zwischen Divergenz und Rotation besteht die Beziehung, daß, wenn

$$\boldsymbol{v} = \boldsymbol{v}_1 \wedge \boldsymbol{v}_2$$

ist,

(57) $$\operatorname{div}\boldsymbol{v} = \operatorname{div}(\boldsymbol{v}_1 \wedge \boldsymbol{v}_2) = \boldsymbol{v}_2 \times \operatorname{rot}\boldsymbol{v}_1 - \boldsymbol{v}_1 \times \operatorname{rot}\boldsymbol{v}_2$$

wird. Daraus zeigt sich der invariante Charakter auch dieser Operation.

Ferner ergibt sich aus (50) und (56) sofort, daß

(58) $$\operatorname{div}\operatorname{rot}\boldsymbol{v} = 0$$

ist. Wir können entsprechend (54) auch schreiben:

(59) $$\operatorname{grad} X \times \boldsymbol{i} + \operatorname{grad} Y \times \boldsymbol{j} + \operatorname{grad} Z \times \boldsymbol{k} = \operatorname{div}\boldsymbol{v}.$$

Es ist unmittelbar zu erkennen, daß

(60) $$\operatorname{div}(\boldsymbol{v} + \boldsymbol{w}) = \operatorname{div}\boldsymbol{v} + \operatorname{div}\boldsymbol{w},$$

(61) $$\operatorname{div}(u\,\boldsymbol{v}) = u \operatorname{div}\boldsymbol{v} + \operatorname{grad} u \times \boldsymbol{v}.$$

Endlich wird

(62) $$\operatorname{div}\operatorname{grad} u = \frac{\partial^2 u}{\partial x^2} + \frac{\partial^2 u}{\partial y^2} + \frac{\partial^2 u}{\partial z^2},$$

wofür man auch schreibt

(63) $$\operatorname{div}\operatorname{grad} u = \Delta u.$$

Liegt nun irgend eine geschlossene Fläche σ vor und sei τ das von ihr eingeschlossene Raumstück, $\boldsymbol{n}$ ein Einheitsvektor, der zu σ normal und nach dem Äußern der Fläche gerichtet sei, $\boldsymbol{v}$ eine Vektorfunktion, die in dem Bereiche von τ und der Oberfläche σ eindeutig, endlich, stetig und differenzierbar sei. Dann bezeichnen wir das Integral

$$\int (\boldsymbol{n} \times \boldsymbol{v})\,d\sigma,$$

über die Fläche σ erstreckt, als den Fluß des Vektors $\boldsymbol{v}$ durch diese Fläche. Für diesen Fluß gilt nun das Divergenztheorem:

(64) $$\int \operatorname{div}\boldsymbol{v}\,d\tau = \int \boldsymbol{v} \times \boldsymbol{n}\,d\sigma,$$

wobei das Integral auf der linken Seite über den Raum τ, das Integral auf der rechten Seite über seine Oberfläche σ erstreckt sei.

Die Gleichung wird so bewiesen, daß sie zunächst für ein unendlich kleines Parallelepipedon, dessen Kanten dx, dy, dz den Koordinatenachsen parallel sind, aufgestellt wird. Ist dann wieder

$$\boldsymbol{v} = X\,\boldsymbol{i} + Y\,\boldsymbol{j} + Z\,\boldsymbol{k},$$

so ergibt sich für den an die Stelle des Raumintegrals tretenden Ausdruck sofort die Umformung

$$\left(\frac{\partial X}{\partial x}+\frac{\partial Y}{\partial y}+\frac{\partial Z}{\partial z}\right)dx\,dy\,dz=-X\,dy\,dz+\left(X+\frac{\partial X}{\partial x}dx\right)dy\,dz$$
$$-Y\,dz\,dx+\left(Y+\frac{\partial Y}{\partial y}dy\right)dz\,dx-Z\,dx\,dy+\left(Z+\frac{\partial Z}{\partial z}dz\right)dx\,dy,$$

wobei der hier rechts stehende Ausdruck dem Flächenintegral in (64) entspricht.

Baut man nun den ganzen Raum aus solchen Parallelepipeden auf, so zerstören sich die auf zusammenstoßende Seitenflächen bezüglichen Ausdrücke wechselseitig. Es bleiben also nur die Ausdrücke an der Begrenzung übrig. Dort aber kann der Reihe nach

$$dy\,dz=d\sigma\cos\lambda,\quad dz\,dx=d\sigma\cos\mu,\quad dx\,dy=d\sigma\cos\nu$$

angenommen werden, wenn $\cos\lambda$, $\cos\mu$, $\cos\nu$ die Richtungscosinus der nach außen gerichteten Normalen von σ sind, so daß die Gleichung entsteht

(65) $$\int\left(\frac{\partial X}{\partial x}+\frac{\partial Y}{\partial y}+\frac{\partial Z}{\partial z}\right)d\tau=\int(X\cos\lambda+Y\cos\mu+Z\cos\nu)\,d\sigma.$$

Diese Gleichung ist aber mit (64) gleichbedeutend.

Aus (64) lassen sich nun noch zwei andere Formeln ableiten. Setzt man

$$\boldsymbol{v}=u\,\boldsymbol{a},$$

wo u eine skalare Funktion und $\boldsymbol{a}$ einen konstanten Vektor bedeutet, so daß $\operatorname{div}\boldsymbol{a}=0$ wird, dann geht nach (61) die Gleichung (64) über in

$$\boldsymbol{a}\times\int\operatorname{grad}u\,d\tau=\boldsymbol{a}\times\int u\,\boldsymbol{n}\,d\sigma,$$

also in

(66) $$\int\operatorname{grad}u\,d\tau=\int u\,\boldsymbol{n}\,d\sigma.$$

Diese Formel drückt das Gradiententheorem aus.

Ersetzen wir in (64) $\boldsymbol{v}$ durch $\boldsymbol{a}\wedge\boldsymbol{v}$, so ergibt sich aus (57), daß

$$\operatorname{div}(\boldsymbol{a}\wedge\boldsymbol{v})=-\boldsymbol{a}\times\operatorname{rot}\boldsymbol{v}$$

wird. Ferner ist

$$\boldsymbol{a}\wedge\boldsymbol{v}\times\boldsymbol{n}=\boldsymbol{a}\times\boldsymbol{v}\wedge\boldsymbol{n},$$

also erhalten wir

$$\boldsymbol{a}\times\int\operatorname{rot}\boldsymbol{v}\,d\tau=-\boldsymbol{a}\times\int(\boldsymbol{v}\wedge\boldsymbol{n})\,d\sigma$$

oder

(67) $$\int\operatorname{rot}\boldsymbol{v}\,d\tau=-\int(\boldsymbol{v}\wedge\boldsymbol{n})\,d\sigma.$$

Diese Formel soll das Rotationstheorem heißen.

Die Vektorgleichung (66) ist gleichbedeutend mit den drei Zahlgleichungen

(68) $$\int\frac{\partial u}{\partial x}d\tau=\int u\cos\lambda\,d\sigma,\quad\int\frac{\partial u}{\partial y}d\tau=\int u\cos\mu\,d\sigma,$$
$$\int\frac{\partial u}{\partial z}d\tau=\int u\cos\nu\,d\sigma,$$

die auch direkt leicht zu erweisen sind, die Vektorgleichung (67) mit den drei Zahlgleichungen:

(69) $$\begin{cases}\displaystyle\int\left(\frac{\partial Z}{\partial y}-\frac{\partial Y}{\partial z}\right)d\tau=\int(Z\cos\mu-Y\cos\nu)\,d\sigma,\\ \displaystyle\int\left(\frac{\partial X}{\partial z}-\frac{\partial Z}{\partial x}\right)d\tau=\int(X\cos\nu-Z\cos\lambda)\,d\sigma,\\ \displaystyle\int\left(\frac{\partial Y}{\partial x}-\frac{\partial X}{\partial y}\right)d\tau=\int(Y\cos\lambda-X\cos\mu)\,d\sigma,\end{cases}$$

die als unmittelbare Folge der Gleichungen (68) erscheinen.

Setzen wir nun in (61) $\boldsymbol{v} = \operatorname{grad} v$, so erhalten wir

$$\operatorname{div}(u \operatorname{grad} v) = u \operatorname{div} \operatorname{grad} v + \operatorname{grad} u \times \operatorname{grad} v,$$

wobei u, v skalare Funktionen des Ortes von der oben angegebenen Art bedeuten. Wenden wir jetzt das Divergenztheorem (64) an, so folgt

$$(70) \qquad \int (\operatorname{grad} u \times \operatorname{grad} v + u \operatorname{div} \operatorname{grad} v)\, d\tau = \int (u \operatorname{grad} \boldsymbol{v} \times \boldsymbol{n})\, d\sigma,$$

und wenn wir u und v vertauschen und die so erhaltene Gleichung von der vorstehenden subtrahieren, so ergibt sich

$$(71) \qquad \int (u \operatorname{div} \operatorname{grad} v - v \operatorname{div} \operatorname{grad} u)\, d\tau = \int (u \operatorname{grad} v - v \operatorname{grad} u) \times \boldsymbol{n}\, d\sigma.$$

Diese beiden Gleichungen sind einfache Zahlgleichungen und können als solche auch unmittelbar geschrieben werden. Zunächst wird

$$\operatorname{div} \operatorname{grad} u = \frac{\partial^2 u}{\partial x^2} + \frac{\partial^2 u}{\partial y^2} + \frac{\partial^2 u}{\partial z^2} = \Delta u,$$

ferner

$$\operatorname{grad} u \times \operatorname{grad} v = \frac{\partial u}{\partial x}\frac{\partial v}{\partial x} + \frac{\partial u}{\partial y}\frac{\partial v}{\partial y} + \frac{\partial u}{\partial z}\frac{\partial v}{\partial z},$$

endlich haben wir

$$\operatorname{grad} u \times \boldsymbol{n} = \frac{\partial u}{\partial x}\cos\lambda + \frac{\partial u}{\partial y}\cos\mu + \frac{\partial u}{\partial z}\cos\nu,$$

oder wenn wir mit $dn = \sqrt{dx^2 + dy^2 + dz^2}$ das Linienelement auf der Normalen bezeichnen, so daß $\cos\lambda = \frac{dx}{dn}$ usw. wird,

$$\operatorname{grad} u \times \boldsymbol{n} = \frac{\partial u}{\partial x}\frac{dx}{dn} + \frac{\partial u}{\partial y}\frac{dy}{dn} + \frac{\partial u}{\partial z}\frac{dz}{dn} = \frac{du}{dn}.$$

Sonach erhalten wir die Formeln

$$(72) \qquad \int \left(\frac{\partial u}{\partial x}\frac{\partial v}{\partial x} + \frac{\partial u}{\partial y}\frac{\partial v}{\partial y} + \frac{\partial u}{\partial z}\frac{\partial v}{\partial z} + u\Delta v\right) d\tau = \int u \frac{dv}{dn}\, d\sigma.$$

$$(73) \qquad \int (u\Delta v - v\Delta u)\, d\tau = \int \left(u\frac{dv}{dn} - v\frac{du}{dn}\right) d\sigma.$$

Diese Formeln heißen die Greenschen Sätze.

Wir wollen nun nicht mehr eine geschlossene Fläche, sondern eine Fläche σ mit einer Randkurve s betrachten, nach wie vor soll $\boldsymbol{n}$ den Einheitsvektor in der Normalen der Fläche, $\boldsymbol{v}$ eine eindeutige, stetige und differenzierbare Vektorfunktion bedeuten. Wir führen den Tangentenvektor $\boldsymbol{t}$ der Randkurve ein und nehmen ihn mit einem solchen Richtungssinne, daß die damit bezeichnete Umkreisung der Fläche σ in positivem Sinne an einer dem Rande genügend nahe benachbarten Normale $\boldsymbol{n}$ vorbeiläuft. Wir setzen noch

$$\boldsymbol{t}\, ds = d\boldsymbol{s},$$

führen also das Linienelement der Randkurve als (infinitesimalen) Vektor ein, dann ergibt sich der Stokessche Satz:

$$(74) \qquad \int_s \boldsymbol{v} \times d\boldsymbol{s} = \int_\sigma \operatorname{rot} \boldsymbol{v} \times \boldsymbol{n}\, d\sigma.$$

Der Beweis des Stokesschen Satzes gelingt leicht wie folgt. Das Flächenintegral lautet in rechtwinkligen Koordinaten, wenn λ, μ, ν wieder die Richtungswinkel der Normalen bedeuten,

$$\int \left[\left(\frac{\partial Z}{\partial y} - \frac{\partial Y}{\partial z}\right)\cos\lambda + \left(\frac{\partial X}{\partial z} - \frac{\partial Z}{\partial x}\right)\cos\mu + \left(\frac{\partial Y}{\partial x} - \frac{\partial X}{\partial y}\right)\cos\nu\right] d\sigma.$$

Dafür läßt sich aber schreiben

$$\iint\left[\left(\frac{\partial Z}{\partial y}-\frac{\partial Y}{\partial z}\right)dy\,dz+\left(\frac{\partial X}{\partial z}-\frac{\partial Z}{\partial x}\right)dz\,dx+\left(\frac{\partial Y}{\partial x}-\frac{\partial X}{\partial y}\right)dx\,dy\right].$$

Führen wir nun die Integrationen einzeln aus, so ergibt sich z. B. für die Y enthaltenden Glieder

$$\int\left[\frac{\partial Y}{\partial x}dx-\frac{\partial Y}{\partial z}dz\right]=Y_2-Y_1,$$

wenn Y_2 den Wert am Ende und Y_1 den Wert am Anfang des parallel zur xz-Ebene durch die Fläche laufenden Integrationsweges bezeichnen. Die linke Seite wird nämlich für $y=$ konst. ein vollständiges Differential, weil dz beim Durchstreichen der Fläche negativ zu nehmen ist. Läßt man nun den herausgegriffenen, der xz-Ebene parallelen Streifen die ganze Fläche durchziehen, so läßt die auf der rechten Seite entstehende Integration sich fassen als eine Integration über die ganze Umrandung s der Fläche und schreiben

$$\int_s Y\,dy.$$

So ergibt sich insgesamt für das volle zu berechnende Flächenintegral der Wert

$$\int_s(X\,dx+Y\,dy+Z\,dz)$$

und damit die zu erweisende Formel:

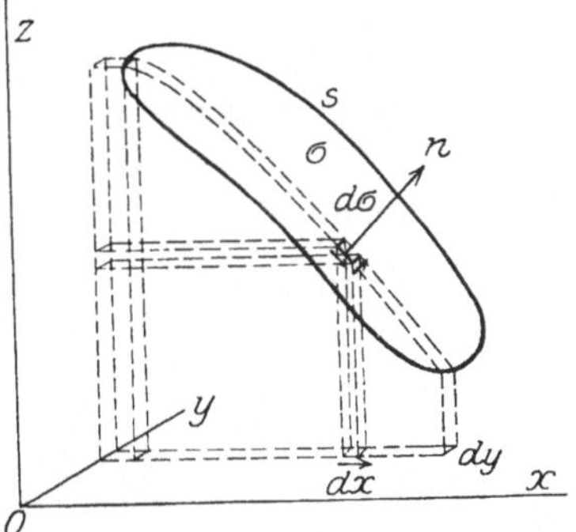

Fig. 192.

(76) $$\int_s(X\,dx+Y\,dy+Z\,dz)$$

$$=\int_\sigma\left[\left(\frac{\partial Z}{\partial y}-\frac{\partial Y}{\partial z}\right)\cos\lambda+\left(\frac{\partial X}{\partial z}-\frac{\partial Z}{\partial x}\right)\cos\mu+\left(\frac{\partial Y}{\partial x}-\frac{\partial X}{\partial y}\right)\cos\nu\right]d\sigma.$$

Indem man die Fläche σ sich sackförmig zusammenziehen läßt, so daß ihre Randkurve s kürzer und kürzer wird und schließlich verschwindet, womit auch das Linienintegral auf der linken Seite von (74) verschwindet, kann man sofort nachweisen, daß für jede geschlossene Fläche σ die Gleichung besteht

(77) $$\int_\sigma \operatorname{rot}\boldsymbol{v}\times\boldsymbol{n}\,d\sigma=0.$$

Dies folgt auch sofort aus (64), da nach (58)

$$\operatorname{div}\operatorname{rot}\boldsymbol{v}=0$$

ist.

Wir können ebenso nach (67) folgern, daß für jede geschlossene Fläche

(78) $$\int \operatorname{grad} u\wedge\boldsymbol{n}\,d\sigma=0,$$

weil

$$\operatorname{rot}\operatorname{grad} u=0$$

ist.

Wir zeigen noch, daß für $r=\sqrt{(x-\xi)^2+(y-\eta)^2+(z-\zeta)^2}$, wenn $r\neq 0$,

(79) $$\Delta\frac{1}{r}=0$$

ist, wenn Δ statt div grad geschrieben wird. Wir finden in der Tat nach Gleichung (46)

$$\operatorname{grad} r^{-1}=-r^{-3}\boldsymbol{r},$$

also wird gemäß der Regel (61) bei erneuter Berücksichtigung von (46)

$$\operatorname{div}\operatorname{grad}\frac{1}{r} = -\frac{1}{r^3}\operatorname{div}\boldsymbol{r} + \frac{3}{r^3}.$$

Nun ist

$$\boldsymbol{r} = (x-\xi)\,\boldsymbol{i} + (y-\eta)\,\boldsymbol{j} + (z-\zeta)\,\boldsymbol{k}$$

und daraus folgt sofort

$$\operatorname{div}\boldsymbol{r} = \frac{\partial x}{\partial x} + \frac{\partial y}{\partial y} + \frac{\partial z}{\partial z} = 3,$$

also wird in der Tat

$$\Delta\frac{1}{r} = \operatorname{div}\operatorname{grad}\frac{1}{r} = 0.$$

Führen wir den Laplaceschen Operator Δ auch für eine Vektorfunktion $\boldsymbol{v} = X\boldsymbol{i} + Y\boldsymbol{j} + Z\boldsymbol{k}$ ein, indem wir

$$\Delta\boldsymbol{v} = \Delta X\boldsymbol{i} + \Delta Y\boldsymbol{j} + \Delta Z\boldsymbol{k}$$

setzen, so ergibt sich die Beziehung

(80) $$\Delta\boldsymbol{v} = \operatorname{grad}\operatorname{div}\boldsymbol{v} - \operatorname{rot}\operatorname{rot}\boldsymbol{v}.$$

Es wird nämlich

$$\begin{aligned}
\operatorname{rot}\operatorname{rot}\boldsymbol{v} &= \left[\frac{\partial}{\partial y}\left(\frac{\partial Y}{\partial x} - \frac{\partial X}{\partial y}\right) - \frac{\partial}{\partial z}\left(\frac{\partial X}{\partial z} - \frac{\partial Z}{\partial x}\right)\right]\boldsymbol{i} + \dots\\
&= \left[\left(\frac{\partial^2 Y}{\partial x\partial y} + \frac{\partial^2 Z}{\partial x\partial z}\right) - \left(\frac{\partial^2 X}{\partial y^2} + \frac{\partial^2 X}{\partial z^2}\right)\right]\boldsymbol{i} + \dots\\
&= \left[\frac{\partial}{\partial x}\left(\frac{\partial X}{\partial x} + \frac{\partial Y}{\partial y} + \frac{\partial Z}{\partial z}\right) - \left(\frac{\partial^2 X}{\partial x^2} + \frac{\partial^2 X}{\partial y^2} + \frac{\partial^2 X}{\partial z^2}\right)\right]\boldsymbol{i} + \dots\\
&= \left[\frac{\partial\operatorname{div}\boldsymbol{v}}{\partial x} - \Delta X\right]\boldsymbol{i} + \dots\\
&= \operatorname{grad}\operatorname{div}\boldsymbol{v} - \Delta\boldsymbol{v}.
\end{aligned}$$

Wir wollen nun die Formel (73) auf den Fall anwenden, wo $v = \frac{1}{r}$, also $\Delta v = 0$. Dabei soll der Raumteil, um den es sich handelt, begrenzt sein von zwei Kugeln mit dem Mittelpunkt $A(\xi, \eta, \zeta)$ und den Radien r_0 und R. Es wird dann bei der einen Kugel

$$\frac{dv}{dn} = \frac{1}{r_0^2}, \qquad \frac{du}{dn} = -\frac{du}{dr_0};$$

bei der anderen Kugel

$$\frac{dv}{dn} = -\frac{1}{R^2}, \qquad \frac{du}{dn} = \frac{du}{dR}$$

und weiter bei der einen Kugel

$$d\sigma = r_0^2\,d\omega,$$

bei der anderen Kugel

$$d\sigma = R^2\,d\omega,$$

wenn $d\omega$ die Öffnung eines Elementarkegels mit der Spitze A, d. h. das von einer Kugel mit dem Mittelpunkt A und dem Radius 1 aus diesem Kegel ausgeschnittene Flächenstück, bezeichnet.

Wir lassen nun den Radius R der einen Kugel ins Unbegrenzte wachsen. Dann verschwindet das über diese Kugel erstreckte Flächenintegral, nämlich

$$-\int\left(u + \frac{du}{dR}R\right)d\omega,$$

wenn wir annehmen, daß mit unbegrenzt wachsender Entfernung R u wie $\frac{1}{R}$, also $\frac{du}{dR}$ wie $\frac{1}{R^2}$ abnimmt.

Gleichzeitig lassen wir den Radius r_0 der anderen Kugel unbegrenzt abnehmen, dann wird das über diese Kugel erstreckte Flächenintegral

$$\int\left(u + \frac{du}{dr_0} r_0\right) d\omega = u_A \cdot 4\pi$$

und wir erhalten, jetzt das Raumintegral über den ganzen Raum erstreckt,

$$\int \frac{\Delta u}{r} d\tau = -4\pi u_A.$$

Setzen wir also

(81) $$\Delta u = -4\pi\varrho,$$

indem wir annehmen, daß ϱ eine bekannte Funktion des Ortes ist, so wird

(82) $$u_A = \int \frac{\varrho}{r} d\tau,$$

das Integral über den ganzen Raum erstreckt. Dabei muß, da u im Unendlichen zu $\frac{1}{R}$ proportional genommen werden kann, Δu und damit ϱ im Unendlichen verschwinden.

Die Differentialgleichung (81) heißt die Poissonsche Differentialgleichung, das Integral (82) das Newtonsche Potential. Der an sich beliebig bleibende Punkt A, für den in Gleichung (82) der Wert der Funktion u erscheint, heißt der Aufpunkt.

Ein Vektorfeld, das aus einer skalaren Funktion des Ortes durch Bildung des Gradienten entsteht, ist dadurch gekennzeichnet, daß die Rotation verschwindet. Man kann ein solches Vektorfeld deshalb als rotationsfreies Vektorfeld bezeichnen. Entsteht dagegen ein Vektorfeld durch Bildung der Rotation aus einem allgemeinen Vektorfeld, so verschwindet die Divergenz des so gebildeten Vektorfeldes und wir können es ein divergenzfreies Vektorfeld nennen. Es ergibt sich nun die Aufgabe, ein allgemeines Vektorfeld aus einem rotationsfreien und einem divergenzfreien Vektorfeld zusammenzusetzen. Diese Aufgabe läßt sich mit Hilfe der zuletzt aufgestellten Formeln sofort lösen, wenn über das Verhalten des Vektorfeldes im Unendlichen die angegebenen Voraussetzungen gelten und es die Bedingungen der Eindeutigkeit, Stetigkeit und Differenzierbarkeit erfüllt.

Ist $\mathfrak{v}$ der Vektor an der Stelle $A(\xi, \eta, \zeta)$, so setzen wir

(83) $$\mathfrak{v} = \mathfrak{u} + \mathfrak{w}$$

und nehmen an, es sei

(84) $$\operatorname{rot}\mathfrak{u} = 0, \quad \operatorname{div}\mathfrak{w} = 0.$$

Daraus folgt zuerst

$$\operatorname{div}\mathfrak{v} = \operatorname{div}\mathfrak{u}$$

und es kann hierin

(85) $$\mathfrak{u} = \operatorname{grad}\varphi$$

gesetzt werden. Demnach wird

$$\operatorname{div}\mathfrak{v} = \operatorname{div}\operatorname{grad}\varphi,$$

also, wenn wir

(86) $$\operatorname{div}\mathfrak{v} = -4\pi\varrho$$

machen,

$$-4\pi\varrho = \Delta\varphi.$$

Folglich ergibt sich

$$\varphi = \int \frac{\varrho}{r}\, d\tau = -\int \frac{\operatorname{div} \boldsymbol{v}}{4\pi r}\, d\tau, \tag{87}$$

das Integral über den ganzen Raum erstreckt.

Ferner wird

$$\operatorname{rot} \boldsymbol{v} = \operatorname{rot} \boldsymbol{w}.$$

Setzen wir hierin

$$\boldsymbol{w} = \operatorname{rot} \boldsymbol{p}, \tag{88}$$

was die zweite der Gleichungen (84) unmittelbar nach sich zieht, so folgt, wenn wir noch

$$\operatorname{div} \boldsymbol{p} \equiv 0 \tag{89}$$

annehmen, aus (80)

$$\operatorname{rot} \boldsymbol{v} = \operatorname{rot} \operatorname{rot} \boldsymbol{p} = -\Delta \boldsymbol{p}$$

oder, wenn

$$\operatorname{rot} \boldsymbol{v} = 4\pi(\lambda \boldsymbol{i} + \mu \boldsymbol{j} + \nu \boldsymbol{k}), \qquad \boldsymbol{p} = U \boldsymbol{i} + V \boldsymbol{j} + W \boldsymbol{k} \tag{90}$$

ist,

$$-4\pi\lambda = \Delta U, \qquad -4\pi\mu = \Delta V, \qquad -4\pi\nu = \Delta W, \tag{91}$$

also

$$U = \int \frac{\lambda}{r}\, d\tau, \qquad V = \int \frac{\mu}{r}\, d\tau, \qquad W = \int \frac{\nu}{r}\, d\tau, \tag{92}$$

die Integrale wieder über den ganzen Raum erstreckt. Wir können demnach setzen

$$\boldsymbol{p} = \int \frac{\operatorname{rot} \boldsymbol{v}}{4\pi r}\, d\tau, \tag{93}$$

und es bedeutet dann

$$\boldsymbol{v} = \operatorname{grad} \varphi + \operatorname{rot} \boldsymbol{p} \tag{94}$$

die Lösung der gestellten Aufgabe, wenn φ und $\boldsymbol{p}$ durch die Gleichungen (87) und (93) gegeben sind. $\boldsymbol{p}$ wird als Vektorpotential bezeichnet.

Sachverzeichnis.

(Die Zahlen bedeuten die Seiten.)

Die linearen Differenzengleichungen und ihre Anwendung in der Theorie der Baukonstruktionen. Von Dr. **Paul Funk**, Privatdozent an der deutschen Universität und an der technischen Hochschule in Prag. Mit 24 Textabbildungen. 1920. Preis M. 10,–,

Repetitorium für den Hochbau. Für den Gebrauch an Technischen Hochschulen und in der Praxis. Von Geheimem Hofrat Prof. Dr.-Ing. E. h. **Max Foerster** in Dresden.

1. Heft: **Graphostatik und Festigkeitslehre.** Mit 146 Textfiguren. 1919. Preis M. 66,— (einschl. Teuerungszuschlag).

2. Heft: **Abriß der Statik der Hochbaukonstruktionen.** Mit 157 Textfiguren. 1920. Preis M. 69,— (einschl. Teuerungszuschlag).

3. Heft: **Grundzüge der Eisenkonstruktionen des Hochbaues.** Mit 283 Textfiguren. 1920. Preis M. 78,— (einschl. Teuerungszuschlag).

Kompendium der Statik der Baukonstruktionen. Von Dr.-Ing. **I. Pirlet,** Privatdozent an der Technischen Hochschule zu Aachen. In zwei Bänden. I. Band: Die statisch bestimmten Systeme. II. Band: Die statisch unbestimmten Systeme. Zuerst erschien:

II. Band. I. Teil: **Die allgemeinen Grundlagen zur Berechnung statisch unbestimmter Systeme, die Untersuchung elastischer Formänderungen. Die Elastizitätsgleichungen und deren Auflösung.** Mit 136 Textfiguren. 1921. Preis M. 40,—; gebunden M. 46,—.

II. Band. II Teil: **Anwendungen auf einfachere Aufgaben. Gerade Träger mit Endeinspannungen und mehr als zwei Stützen. Der beiderseits eingespannte Rahmen. Das Gewölbe. Armierte Balken und dergl.** Mit etwa 160 Textfiguren. Erscheint im November 1922.

Statik der Vierendeelträger. Von Dr.-Ing. **K. Kriso.** Mit 185 Textfiguren und 11 Tabellen. 1922. Preis M. 270,—; gebunden M. 330,—.

Taschenbuch für Bauingenieure. Unter Mitwirkung zahlreicher Fachleute herausgegeben von Dr.-Ing. E. h. **Max Foerster,** Geh. Hofrat, ord. Professor für Bauingenieurwesen an der Technischen Hochschule Dresden. Vierte, verbesserte und erweiterte Auflage. Mit 3193 Textfiguren. In zwei Teilen. 1921. Gebunden Preis M. 160,—.

Betriebskosten und Organisation im Baumaschinenwesen. Ein Beitrag zur Erleichterung der Kostenanschläge für Bauingenieure mit zahlreichen Tabellen der Hauptabmessungen der gangbarsten Großgeräte. Von Dipl.-Ing. Dr. **Georg Garbotz,** Privatdozent an der Technischen Hochschule Darmstadt. Mit 23 Textabbildungen. 1922. Preis M. 96,—.

Kalkulation und Zwischenkalkulation im Großbaubetriebe. Gedanken über die Erfassung des Wertes kalkulativer Arbeit und deren Zusammenhänge. Von **Rudolf Kundigraber.** Mit 4 Abbildungen. 1920. Preis M. 6,40.

Kostenberechnung im Ingenieurbau. Von Dr.-Ing. **Hugo Ritter.** 1922. Preis M. 81,—; gebunden M. 126,—.

Die Knickfestigkeit. Von Dr.-Ing. **Rudolf Mayer,** Privat-Doz. an der Technischen Hochschule zu Karlsruhe. Mit 280 Textabbildungen und 87 Tabellen. 1921. Preis M. 120,—; gebunden M. 130,—.

Hierzu Teuerungszuschläge